高等职业学校"十四五"规划土建类工学结合系列教材

U0358748

# 建 筑 材 料（第二版）

## Building Material

主　　编　李江华　李柱凯　颜子博

副 主 编　胡　驰　胡　敏　胡楠楠　王川昌

参编人员　彭　佳　高　燕　安　宁　吴金花

　　　　　何俊辉　宋京泰　周文娟

华中科技大学出版社

中国·武汉

# 内 容 提 要

全书共分十二个单元,主要内容有:建筑材料的基本性质,气硬性胶凝材料,水泥,混凝土,建筑砂浆,墙体材料,建筑钢材,有机材料,石材,木材,玻璃,陶瓷。

本书可作为高等职业学院、高等专科学校及应用型本科院校的建筑工程、工程造价、工程监理、工程检测等专业的教材,也可供相关专业的工程技术人员参考。

**图书在版编目(CIP)数据**

建筑材料/李江华,李柱凯,颜子博主编.—2版.—武汉:华中科技大学出版社,2022.5(2023.8重印)
ISBN 978-7-5680-7916-7

Ⅰ.①建… Ⅱ.①李… ②李… ③颜… Ⅲ.①建筑材料-高等学校-教材 Ⅳ.①TU5

中国版本图书馆 CIP 数据核字(2022)第 015466 号

**建筑材料(第二版)**　　　　　　　　　　　　　李江华　李柱凯　颜子博　主编
Jianzhu Cailiao (Di-er Ban)

责任编辑:陈　忠
封面设计:原色设计
责任校对:周怡露
责任监印:朱　玢
出版发行:华中科技大学出版社(中国•武汉)　　　电话:(027)81321913
　　　　　武汉市东湖新技术开发区华工科技园　　　邮编:430223
录　排:华中科技大学惠友文印中心
印　刷:武汉市籍缘印刷厂
开　本:787mm×1092mm　1/16
印　张:20.5
字　数:524千字
版　次:2023 年 8 月第 2 版第 3 次印刷
定　价:59.80 元(含试验指导、单元练习题)

# 前　言

本书根据建筑类专业高等职业教育及应用型本科院校人才培养目标进行定位,重点介绍了建筑材料的技术性质及材料的验收、储存、检测、选用等与施工实际紧密联系的内容。编写过程主要依据了国家及相关行业的技术标准,一律采用了最新标准和规范。

本书在内容安排上注意重点介绍广泛应用的材料,反映新型材料,减少了过深的理论性知识,以实用性为主。在体例设计上,各单元除主干内容外,加设学习目标、本单元试验技能训练及本单元复习思考题,供教师课堂教学和学生课后学习采用。

另外,为增加本书的知识性、趣味性,通过二维码形式加入了一些拓展内容、试验、知识链接等内容。

本书主要由四川建筑职业技术学院、广安职业技术学院和河北水利电力学院部分老师,四川序州建筑有限公司的专家参与编写,绪论、单元一由广安职业技术学院李柱凯、四川建筑职业技术学院何俊辉编写,单元二由四川建筑职业技术学院安宁编写,单元三由四川建筑职业技术学院胡敏编写,单元四由四川建筑职业技术学院李江华编写,单元五由四川建筑职业技术学院彭佳编写,单元六由四川建筑职业技术学院胡楠楠编写,单元七、单元十由四川建筑职业技术学院胡驰编写,单元八由河北水利电力学院吴金花编写,单元九、单元十一、单元十二由四川建筑职业技术学院颜子博编写。试验指导部分由高燕编写。四川序州建筑有限公司的专家为本书提供了部分案例。本书由李江华、李柱凯、颜子博任主编,胡驰、胡敏、胡楠楠、王川昌任副主编。

由于编者水平和经验有限,书中难免存在疏漏和错误,衷心希望使用本书的读者给予批评指正。

编者

2022 年 3 月

# 本书微课列表

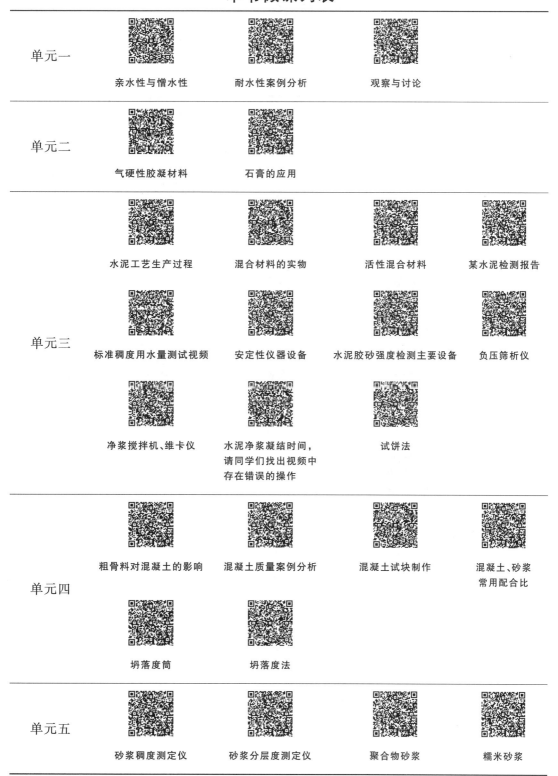

**单元一**
亲水性与憎水性　　耐水性案例分析　　观察与讨论

**单元二**
气硬性胶凝材料　　石膏的应用

**单元三**
水泥工艺生产过程　　混合材料的实物　　活性混合材料　　某水泥检测报告

标准稠度用水量测试视频　　安定性仪器设备　　水泥胶砂强度检测主要设备　　负压筛析仪

净浆搅拌机、维卡仪　　水泥净浆凝结时间，请同学们找出视频中存在错误的操作　　试饼法

**单元四**
粗骨料对混凝土的影响　　混凝土质量案例分析　　混凝土试块制作　　混凝土、砂浆常用配合比

坍落度筒　　坍落度法

**单元五**
砂浆稠度测定仪　　砂浆分层度测定仪　　聚合物砂浆　　糯米砂浆

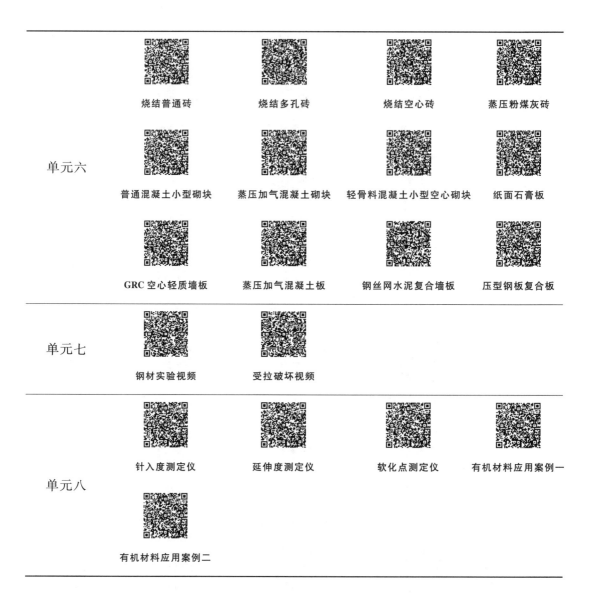

|  | | | | |
|---|---|---|---|---|
| | 烧结普通砖 | 烧结多孔砖 | 烧结空心砖 | 蒸压粉煤灰砖 |
| 单元六 | 普通混凝土小型砌块 | 蒸压加气混凝土砌块 | 轻骨料混凝土小型空心砌块 | 纸面石膏板 |
| | GRC 空心轻质墙板 | 蒸压加气混凝土板 | 钢丝网水泥复合墙板 | 压型钢板复合板 |
| 单元七 | 钢材实验视频 | 受拉破坏视频 | | |
| 单元八 | 针入度测定仪 | 延伸度测定仪 | 软化点测定仪 | 有机材料应用案例一 |
| | 有机材料应用案例二 | | | |

# 目　　录

# 绪　　论

## 一、建筑材料的定义

建筑材料是用于建筑工程中所有材料的总称。按材料所使用的不同工程部位,一般可分为建筑材料和建筑装饰材料。通常所指的建筑材料是用于建筑工程且构成建筑物组成部分的材料,是建筑工程的物质基础。建筑装饰材料主要指用于装饰工程的材料。本书主要讨论应用于建筑工程的建筑材料。

## 二、建筑材料的分类

建筑材料的种类繁多,且性能和组分各异,用途不同,可按多种方法进行分类。通常有以下几种分类方法。

### (一) 按化学成分分类

按化学成分的不同,建筑材料可分为无机材料、有机材料以及复合材料三大类,见表0-1。

表 0-1　建筑材料按化学成分分类

| 分　　类 | | | 实　　例 |
|---|---|---|---|
| 无机材料 | 金属材料 | 黑色金属 | 钢、铁及其合金等 |
| | | 有色金属 | 铜、铝及其合金等 |
| | 非金属材料 | 天然石材 | 砂、石及石材制品等 |
| | | 烧土制品 | 烧结砖、瓦、陶瓷制品等 |
| | | 胶凝材料及制品 | 石灰、石膏及制品、水泥及混凝土制品、硅酸盐制品等 |
| | | 玻璃 | 普通平板玻璃、装饰玻璃、特种玻璃等 |
| | | 无机纤维材料 | 玻璃纤维、矿棉纤维、岩棉纤维等 |
| 有机材料 | 植物材料 | | 木材、竹、植物纤维及制品等 |
| | 沥青类材料 | | 石油沥青、煤沥青及制品等 |
| | 有机合成高分了材料 | | 塑料、涂料等 |
| 复合材料 | 有机与无机非金属材料复合 | | 聚合物混凝土、玻璃纤维增强塑料等 |
| | 金属与无机非金属材料复合 | | 钢筋混凝土、钢纤维混凝土等 |
| | 金属与有机材料复合 | | PVC钢板、有机涂层铝合金板等 |

### (二) 按用途分类

建筑材料按用途可分为结构材料、墙体材料、屋面材料、地面材料,以及其他用途的材料。

**1. 结构材料**

结构材料是构成建筑物受力构件和结构所用的材料,如梁、板、柱、基础、框架及其他受力构件和结构等所用的材料。这类材料的主要技术性质要求是强度和耐久性。常用的主要结构材料有砖、石、水泥、钢材、钢筋混凝土和预应力钢筋混凝土。随着工业的发展,轻钢结构和铝合金结构所占的比例将会逐渐增加。

**2. 墙体材料**

墙体材料是建筑物内、外及分隔墙体所用的材料。由于墙体在建筑物中占有很大比例,因此正确选择墙体材料,对降低建筑物成本、节能和提高建筑物安全性有着重要的实际意义。目前,我国大量采用的墙体材料有砌墙砖、混凝土砌块、加气混凝土砌块以及品种繁多的各类板材,特别是轻质多功能的复合墙板。轻质多功能复合墙板具有强度高、刚度大、保温隔热性能好、装饰性能好、施工方便、效率高等优点,是墙体材料的发展方向。

**3. 屋面材料**

屋面材料是用于建筑物屋面的材料的总称,已由过去较单一的烧结瓦向多种材质的大型水泥类瓦材和高分子复合类瓦材发展,同时屋面承重结构也由过去的预应力钢筋混凝土大型屋面板向承重、保温、防水三合一的轻型钢板结构转变。屋面防水材料由传统的沥青及其制品,向高聚物改性沥青防水卷材、合成高分子防水卷材等新型防水卷材发展。

**4. 地面材料**

地面材料是指用于铺砌地面的各类材料。这类材料品种繁多,不同地面材料铺砌出来的效果相差也很大。

### 三、建筑材料在建筑工程中的地位和作用

首先,建筑材料是建筑工程的物质基础。一方面,不论是高楼大厦,还是普通临时建筑,都是由各种散体建筑材料经缜密设计和复杂施工而建成的;另一方面,建筑材料在建筑工程中体现出巨量性,形成了建筑材料在生产、运输、使用等方面与其他材料的不同,因此,作为一名建筑工程技术人员,无论是从事设计、施工工作还是管理工作,均必须掌握建筑材料的基本性能。其次,建筑材料的发展赋予了建筑物以时代的特征和风格。中国古代的木结构宫廷建筑,西方古典石廊建筑,当代钢筋混凝土结构、钢结构超高层建筑,都呈现出鲜明的时代感。再次,新型建筑材料的诞生推动了建筑结构设计方法和施工工艺的变化,而新的建筑结构设计方法和施工工艺又对建筑材料品种和质量提出了更高和多样化的要求。最后,正确、节约、合理地运用建筑材料直接影响建筑工程的造价和投资。

建筑工程中,建筑材料的费用占土建工程总投资的60%左右,建筑材料的价格直接影响建设投资。因此,深入认识和了解建筑材料的特性,最大限度地发挥其效能,达到经济效益最大化,对工程建设具有非常重要的意义。

### 四、建筑材料的发展方向

社会的进步对建筑材料的发展提出了更高的要求,可持续发展理念已逐渐深入建筑材料中,具有节能、环保、绿色和健康等特点的建筑材料应运而生。建筑材料正向着追求功能多样性、全寿命周期经济性以及可循环再生利用性等方向发展。

**1. 绿色健康建筑材料**

绿色健康建筑材料指的是在对环境有益或对环境负荷很小，并且在使用过程中能满足舒适、健康等功能的建筑材料。绿色健康建筑材料首先要保证其在使用过程中是无害的，并在此基础上实现其净化及改善环境的功能。根据作用的不同，绿色健康建筑材料可分为抗菌材料，净化空气材料，防噪声、防辐射材料和产生负离子材料。

**2. 节能建筑材料**

建筑物的节能是世界各国建筑学、建筑技术、材料学和相应空调技术研究的重点和方向。目前我国已经制定出台了相应的建筑节能设计标准，并对建筑物的能耗作出了相应的规定。建筑物的能耗是由室内环境所要求的温度与室外环境温度的差异造成的，因此有效降低建筑物的能耗主要有两种途径：一是改善室内采暖、空调设备的能耗效率；二是增强建筑物围护结构的保温隔热性能，从而使建筑节能材料广泛应用于建筑物的围护结构当中。围护结构包括墙体、门窗及屋面。墙体节能保温材料种类比较多，分为单一材料和复合材料，包括加气混凝土砌块、保温砂浆、聚氨酯泡沫塑料(PUF)、聚苯乙烯泡沫板(PSF)、聚乙烯泡沫塑料(PEF)、硬质聚氨酯防水保温材料、玻璃纤维增强水泥制品(GRC)、外挂保温复合墙、外保温聚苯板复合墙体、膨胀珍珠岩、防水保温双功能板等。门窗节能材料以玻璃和塑铝材料为主，如中空玻璃、塑铝窗、玻璃钢、真空玻璃等。屋面保温形式有两种，一种是保温层位于防水层之下。保温材料可采用发泡式聚苯乙烯板，发泡式聚苯乙烯导热系数和吸水率均较小，且价格便宜，但密度小、强度低，不能经受自然界各种因素的长期作用，宜位于屋顶防水层的卜面。另一种是保温层位于防水层之上，又叫倒置式保温屋顶。保温材料可采用挤塑式聚苯乙烯板，而挤塑式聚苯乙烯板具有良好的低吸水性(几乎不吸水)、低导热系数、高抗压性和抗老化性，其优良的保温性具有明显有效的节约能源作用，是环保节能的新型保温材料。

**3. 具有全寿命周期经济性的建筑材料**

建筑材料全寿命周期经济性是指建筑材料从生产加工、运输、施工、使用到回收全寿命过程的总体经济效益，用最低的经济成本达到预期的功能。自重轻材料、高性能材料以及地产材料是目前的发展趋势。

**4. 具有可循环再生利用性的建筑材料**

追求建筑材料的可循环再生利用性是根据可持续发展要求来执行的，新型建筑材料的生产、使用及回收全过程都要考虑其对环境和资源的影响，实现材料的可循环再生利用。建筑材料的可循环再生利用包括建筑废料及工业废料的利用，它将成为建筑材料发展的重要方向。

## 五、建筑材料的产品标准

产品标准化是现代工业发展的产物，是组织现代化大生产的重要手段，也是科学管理的重要组成部分。世界各国对材料的标准化都很重视，均制定了各自的标准。

与建筑材料生产、应用有关的标准包括产品标准和工程建设标准两类。产品标准是为了保证建筑材料产品的适用性，对该产品必须达到的某些或全部要求所制定的标准，这些标准一般包括产品规格、分类、技术要求、检验方法、验收规则、标志、运输和储存等方面的内容。工程建设标准是对工程建设中的勘察、规划、设计、施工、安装、验收等需要协调统一的事项所制定的标准，其中结构设计规范、施工验收规范中包含与建筑材料的选用相关的内容。

《中华人民共和国标准化法》规定:我国标准包括国家标准、行业标准、地方标准和团体标准、企业标准。

其中,国家标准分为强制性标准和推荐性标准,行业标准、地方标准是推荐性标准。强制性标准必须执行。国家鼓励采用推荐性标准。国家强制性标准由国务院批准发布或者授权批准发布,国家推荐性标准由国务院标准化行政主管部门制定。

对没有国家推荐性标准、需要在全国某个行业范围内统一的技术要求,可以制定行业标准。行业标准由国务院有关行政主管部门制定,报国务院标准化行政主管部门备案。

为满足地方自然条件、风俗习惯等特殊技术要求,可以制定地方标准。地方标准由省、自治区、直辖市人民政府标准化行政主管部门制定。

团体标准由团体按照自行规定的标准制定程序制定并发布,供团体成员或社会自愿采用的标准。

团体标准的表示方法应由标准名称、团体标准代号、社会团体代号、标准顺序号和年号组成,社会团体代号与标准顺序号之间空半个汉字的间隙,标准顺序号与年号之间的连接号为中一字线。例如:《团体标准的结构和编写指南》(T/CAS 1.1—2017)。

如果由两个社会团体共同制定并共同发布的标准,宜采用双编号的方式在标准封面标出。具体编号方法为将两个社会团体标准编号排为一行,两者之间用一斜线分开。例如:T/CFA 02010122.1—2016/ T/CEEIA 235—2016 。

如果由三个或三个以上团体共同制定并共同发布的标准,宜在前言中说明其他团体的标准编号。

企业可以根据需要自行制定企业标准,或者与其他企业联合制定企业标准。

各级标准代号详见表0-2。

表0-2 我国各级标准代号

| 标准种类 | | 代　号 | | 表示方法(例) |
|---|---|---|---|---|
| 1 | 国家标准 | GB | 国家强制性标准 | 国家标准、行业标准、地方标准和企业标准由标准名称、部门代号、标准编号、颁布年份等组成。 |
| | | GB/T | 国家推荐性标准 | |
| 2 | 行业标准 | JC | 建材行业标准 | 例如:国家强制性标准《通用硅酸盐水泥》(GB 175—2007); |
| | | JGJ | 建设部行业标准 | |
| | | YB | 冶金行业标准 | 国家推荐性标准《建设用卵石、碎石》(GB/T 14685—2022); |
| | | JT | 交通标准 | |
| | | SD | 水电标准 | 住房和城乡建设部行业标准《普通混凝土配合比设计规程》(JGJ 55—2011)。 |
| 3 | 地方标准 | DB | 地方强制性标准 | 团体标准由标准名称、团体标准代号、社会团体代号、标准顺序号和年号组成。 |
| | | DB/T | 地方推荐性标准 | |
| 4 | 团体标准 | T | 团体标准 | 例如:《团体标准的结构和编写指南》(T/CAS 1.1—2017) |
| 5 | 企业标准 | QB | 企业标准指导本企业的生产 | |

建筑材料的技术标准是产品质量的技术依据。对于生产企业,必须按标准生产合格的产品,同时,它可促进企业改善管理,提高生产率,实现生产过程合理化。对于使用部门,则应当按标准选用材料,可使设计和施工标准化,从而可加速施工进度,降低建筑造价。技术标准又是供需双方对产品质量进行验收的依据。

建筑材料的标准内容大致包括材料的质量要求和检验两大方面。由于有些标准的分工细,且相互渗透、联系,有时一种材料的检验要涉及多个标准和规范。

我国加入 WTO 后,采用和参考国际通用标准是加快我国建筑材料工业与国际接轨的重要措施,对促进建筑材料工业的科技进步,提高产品质量和标准化水平,扩大建筑材料的对外贸易有重要作用。

常用的国际标准主要有以下几类:

(1) 美国材料与试验协会标准(ASTM),属于国际团体和公司标准;

(2) 联邦德国工业标准(DIN)、欧洲标准(EN),属于区域性国家标准;

(3) 国际标准化组织标准(ISO),属于国际性标准化组织的标准。

## 六、本课程的内容和任务

建筑材料是一门实用性很强的专业基础课,主要内容包括常用建筑材料的原材料、生产、组成、性质、技术标准(质量要求和检验)、特点与应用、运输与储存等方面。材料的基本性质、水泥、混凝土、建筑钢材为重点章节,学生在学习过程中应足够重视。

本课程的主要任务是使学生通过学习,获得建筑材料的基本知识,掌握建筑材料的技术性质和应用技术及试验检测技能,同时对建筑材料的储运和保管也有相应了解,以便在今后的工作中能正确选择和合理使用建筑材料,亦为学习建筑、结构、施工等后续专业课程打下基础。

【复习思考题】

1. 建筑材料按化学成分和用途分为哪几类?

2. 为什么行业标准和地方标准中的技术标准一般要高于国家标准中的相关要求?

# 单元一　建筑材料的基本性质

➣➔ **学习目标**......

1. 熟练掌握材料的物理性质、力学性质的相关概念、表示方法及影响因素。
2. 理解材料的孔隙情况、含水状态等对材料性质的影响。

　　建筑物是由各种建筑材料建造而成的,这些材料在建筑物的各个部位要承受各种各样的作用,因此要求建筑材料必须具备相应性质。如结构材料必须具备良好的力学性质;墙体材料应具备良好的保温隔热性能、隔声吸声性能;屋面材料应具备良好的防水性能;地面材料应具备良好的耐磨损性能。一种建筑材料要具备哪些性质,这要根据材料在建筑物中的作用和所处环境来决定。一般而言,建筑材料的基本性质包括物理性质、化学性质、力学性质和耐久性。

## 项目一　材料的物理性质

### 一、材料与质量有关的性质

#### 1. 密度、表观密度

材料在绝对密实状态下,单位体积的质量称为密度。用公式表示如下:

$$\rho = \frac{m}{V} \tag{1-1}$$

式中　$\rho$——材料的密度,g/cm³ 或 kg/m³;

　　　$m$——材料在干燥状态下的质量,g 或 kg;

　　　$V$——干燥材料在绝对密实状态下的体积,cm³ 或 m³。

　　材料在绝对密实状态下的体积是指不包括孔隙在内的固体物质部分的体积,也称实体积。在自然界中,绝大多数固体材料内部都存在孔隙,因此固体材料在自然状态下的总体积($V_0$)应由固体物质部分体积($V$)和孔隙体积($V_p$)两部分组成,而材料内部的孔隙又根据是否与外界相连通被分为开口孔隙(浸渍时能被液体填充,其体积用 $V_k$ 表示)和封闭孔隙(与外界不相连通,其体积用 $V_b$ 表示)。固体材料的体积构成如图 1-1 所示。

　　测定固体材料的密度时,须将材料磨成细粉(粒径小于 0.2 mm),经干燥后采用排开液体法测得固体物质部分体积。材料磨得越细,测得的密度值越精确。建筑工程所使用的材料绝大部分是固体材料,但需要测定密度的并不多。大多数材料,如拌制混凝土的砂、石等,一般直接采用排开液体的方法测定其体积——固体物质体积与封闭孔隙体积之和,称为表观体积 $V'$,$V' = V + V_b$,此时测定的密度为材料的近似密度(又称为颗粒的表观密度)。

$$\rho' = \frac{m}{V'} \tag{1-2}$$

式中　$\rho'$——材料的表观密度,g/cm³ 或 kg/m³;

$m$——材料的质量，g 或 kg；

$V'$——材料的表观体积，$cm^3$ 或 $m^3$。

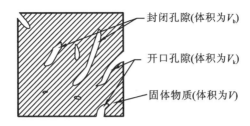

材料在自然状态下总体积：$V_0 = V + V_p$，$V_p$——孔隙体积

孔隙体积：$V_p = V_b + V_k$

**图 1-1　固体材料的体积构成**

**2. 体积密度**

块状固体材料在自然状态下，单位体积的质量称为体积密度，用公式表示如下：

$$\rho_0 = \frac{m}{V_0} \tag{1-3}$$

式中　$\rho_0$——材料的体积密度，$g/cm^3$ 或 $kg/m^3$；

$m$——材料的质量，g 或 kg；

$V_0$——材料在自然状态下的体积，$cm^3$ 或 $m^3$。

块状固体材料在自然状态下的体积是指材料的固体物质部分体积与材料内部所含全部孔隙体积之和，即 $V_0 = V + V_p$。对于外形规则的材料，其体积密度的测定只需测定其外形尺寸；对于外形不规则的材料，要采用排开液体法测定，但在测定前，材料表面应用薄蜡密封，以防液体进入材料内部孔隙而影响测定值。

一定质量的材料，孔隙越多，则体积密度值越小；材料体积密度大小还与材料含水多少有关，含水越多，其值越大。通常所指的体积密度，是指干燥状态下的体积密度。

**3. 堆积密度**

散粒状（粉状、粒状、纤维状）材料在自然堆积状态下，单位体积的质量称为堆积密度，用公式表示如下：

$$\rho'_0 = \frac{m}{V'_0} \tag{1-4}$$

式中　$\rho'_0$——材料的堆积密度，$g/cm^3$ 或 $kg/m^3$；

$m$——散粒材料的质量，g 或 kg；

$V'_0$——散粒材料在自然堆积状态下的体积，又称堆积体积，$cm^3$ 或 $m^3$。

散粒状材料在自然堆积状态下的体积（$V'_0$），是指含有孔隙在内的颗粒材料的总体积（$V_0$）与颗粒之间空隙体积（$V'_k$）之和。测定堆积密度时，采用一定容积的容器，将散粒状材料按规定方法装入容器中，测定材料质量，容器的容积即为材料的堆积体积。

$$V'_0 = V_0 + V'_k \tag{1-5}$$

式中　$V'_0$——堆积体积，$m^3$；

$V_0$——材料在自然状态下的体积，$m^3$；

$V'_k$——颗粒之间空隙体积，$m^3$。

在建筑工程中，计算材料的用量、构件的自重、配料计算、确定材料堆放空间，以及材料运输车辆时,需要用到材料的堆积密度。

**4. 材料的密实度与孔隙率**

1) 密实度

密实度是指块体材料内部固体物质填充的程度,用公式表示如下:

$$D = \frac{V}{V_0} \times 100\% = \frac{\rho_0}{\rho} \times 100\% \qquad (1-6)$$

2) 孔隙率

孔隙率是指块体材料的孔隙体积占自然状态下总体积的百分率,用公式表示如下:

$$P = \frac{V_0 - V}{V_0} \times 100\% = (1 - \frac{V}{V_0}) \times 100\% = (1 - \frac{\rho_0}{\rho}) \times 100\% \qquad (1-7)$$

孔隙率一般通过试验确定的材料密度和体积密度求得。

材料的孔隙率与密实度的关系为 $P + D = 1$。

材料的孔隙率与密实度是相互关联的性质,材料孔隙率的大小可直接反映材料的密实程度,孔隙率越大,则密实度越小。

孔隙按构造可分为开口孔隙和封闭孔隙两种;按尺寸的大小又可分为微孔、细孔和大孔三种。材料孔隙率大小、孔隙特征对材料的许多性质会产生一定影响。

**5. 材料的填充率与空隙率**

1) 填充率

填充率是指装在某一容器的散粒材料,其颗粒填充该容器的程度,用公式表示如下:

$$D' = \frac{V_0}{V_0'} \times 100\% = \frac{\rho_0'}{\rho_0} \times 100\% \qquad (1-8)$$

2) 空隙率

空隙率是指散粒材料(如砂、石等)颗粒之间的空隙体积占材料堆积体积的百分率,用公式表示如下:

$$P' = \frac{V_0' - V_0}{V_0'} \times 100\% = (1 - \frac{V}{V_0'}) \times 100\% = (1 - \frac{\rho_0'}{\rho_0}) \times 100\% \qquad (1-9)$$

式中 $\rho_0$——颗粒状材料的体积密度,$kg/m^3$;

$\rho_0'$——颗粒状材料的堆积密度,$kg/m^3$。

散粒材料的空隙率与填充率的关系为 $P' + D' = 1$。

空隙率与填充率也是相互关联的两个性质,空隙率的大小可直接反映散粒材料的颗粒之间相互填充的程度。散粒状材料,空隙率越大,则填充率越小。在配制混凝土时,砂、石的空隙率是控制集料级配与计算混凝土砂率的重要依据。

## 二、材料与水有关的性质

**1. 亲水性与憎水性**

材料与水接触时,根据材料是否能被水润湿,可将其分为亲水性和憎水性两类。亲水性是指材料表面能被水润湿的性质,憎水性是指材料表面不能被水润湿的性质。

亲水性与
憎水性

当材料与水在空气中接触时,将出现图 1-2 所示的两种情况。在材料、水、空气三相交点处,沿水滴的表面作切线,切线与水和材料接触面所成的夹角称为润湿角(用 $\theta$ 表示)。$\theta$ 越小,表明材料越易被水润湿。一般认为,当 $\theta \leqslant 90°$ 时,如图 1-2(a)所示,材料表面吸附水分,能被水润湿,材料表现出亲水性;当 $\theta > 90°$ 时,如图 1-2(b)所示,则材料表面不易吸附水分,不能被水润湿,材料表现出憎水性。

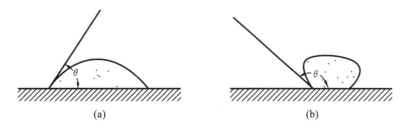

**图 1-2  材料被水润湿示意图**
(a)亲水性材料;(b)憎水性材料

亲水性材料易被水润湿,且水能通过毛细管作用而被吸入材料内部。憎水性材料则能阻止水分渗入毛细管中,从而降低材料的吸水性。建筑材料大多数为亲水性材料,如水泥、混凝土、砂、石、砖、木材等,只有少数材料为憎水性材料,如沥青、石蜡、某些塑料等。建筑工程中憎水性材料常被用作防水材料,或作为亲水性材料的覆面层,以提高其防水、防潮性能。

**2. 吸水性**

材料在水中吸收水分的性质称为吸水性。吸水性的大小用吸水率表示,吸水率有两种表示方法:质量吸水率和体积吸水率。

(1)质量吸水率:材料在吸水饱和时,所吸收水分的质量占材料干质量的百分率。用公式表示如下:

$$W_m = \frac{m_饱 - m_干}{m_干} \times 100\% \tag{1-10}$$

式中  $W_m$——材料的质量吸水率,%;

　　　$m_饱$——材料在饱和水状态下的质量,g;

　　　$m_干$——材料在干燥状态下的质量,g。

(2)体积吸水率:材料在吸水饱和时,所吸收水分的体积占干燥材料总体积的百分率。用公式表示如下:

$$W_v = \frac{m_饱 - m_干}{V_0} \times \frac{1}{\rho_水} \times 100\% \tag{1-11}$$

式中  $W_v$——材料的体积吸水率,%;

　　　$V_0$——干燥材料的总体积,cm³;

　　　$\rho_水$——水的密度,g/cm³。

常用的建筑材料,其吸水率一般采用质量吸水率表示。对于某些轻质多孔材料,如加气混凝土等,由于其质量吸水率往往超过 100%,一般采用体积吸水率表示。

材料吸水率的大小,不仅与材料的亲水性或憎水性有关,而且与材料的孔隙率和孔隙特征有关。材料所吸收的水分是通过开口孔隙吸入的。一般而言,孔隙率越大,开口孔隙越多,则材料的吸水率越大;但如果开口孔隙粗大,则不易存留水分,即使孔隙率较大,材料的吸水率也较小;另外,封闭孔隙水分不能进入,吸水率也较小。

**3. 吸湿性**

材料在潮湿空气中吸收水分的性质称为吸湿性。吸湿性的大小用含水率表示,用公式表示如下：

$$W_{含} = \frac{m_{湿} - m_{干}}{m_{干}} \times 100\%$$  (1-12)

式中　$W_{含}$——材料的含水率，%；

　　　$m_{湿}$——材料在吸湿状态下的质量，g；

　　　$m_{干}$——材料在干燥状态下的质量，g。

材料的含水率随空气的温度、湿度变化而改变。材料既能在空气中吸收水分，又能向外界释放水分，当材料中的水分与空气的湿度达到平衡，此时的含水率就称为平衡含水率。一般情况下，材料的含水率多指平衡含水率。当材料内部孔隙吸水达到饱和时，此时材料的含水率等于吸水率。材料吸水后，会导致自重增加、保温隔热性能降低、强度和耐久性产生不同程度的下降。

#### 4. 耐水性

材料长期在饱和水作用下不破坏，强度也不显著降低的性质称为耐水性。材料耐水性用软化系数表示，用公式表示如下：

$$K_{软} = \frac{f_{饱}}{f_{干}}$$  (1-13)

耐水性
案例分析

式中　$K_{软}$——材料的软化系数；

　　　$f_{饱}$——材料在饱和水状态下的抗压强度，MPa；

　　　$f_{干}$——材料在干燥状态下的抗压强度，MPa。

软化系数的大小反映材料在浸水饱和后强度降低的程度。材料被水浸湿后，强度一般会有所下降，因此软化系数在0~1之间。软化系数越小，说明材料吸水饱和后的强度降低得越多，其耐水性越差。工程中将 $K_{软} > 0.85$ 的材料称为耐水性材料。对于经常位于水中或潮湿环境中的重要结构的材料，必须选用 $K_{软} > 0.85$ 的耐水性材料；对于用于受潮较轻或次要结构的材料，其软化系数不宜小于0.70。

#### 5. 抗渗性

材料抵抗压力水渗透的性质称为抗渗性。材料的抗渗性通常采用渗透系数表示。渗透系数是指一定厚度的材料，在单位压力水头作用下，单位时间内透过单位面积的水量，用公式表示如下：

$$K = \frac{Wd}{Ath}$$  (1-14)

式中　$K$——材料的渗透系数，cm/h；

　　　$W$——透过材料试件的水量，cm³；

　　　$d$——材料试件的厚度，cm；

　　　$A$——透水面积，cm²；

　　　$t$——透水时间，h；

　　　$h$——静水压力水头差，cm。

渗透系数反映了材料抵抗压力水渗透的能力，渗透系数越大，则材料的抗渗性越差。

对于混凝土和砂浆，其抗渗性常采用抗渗等级表示。抗渗等级是以规定的试件，采用标准的试验方法测定试件所能承受的最大水压力来确定，以"P$n$"表示，其中 $n$ 为该材料所能承受的最大水压力（MPa）的10倍值，且为偶数。如P4，表示能承受0.4 MPa的最大水压力。

材料抗渗性的大小，与其孔隙率和孔隙特征有关。材料中存在连通的孔隙，且孔隙率较大时,水分容易渗入,故这种材料的抗渗性较差。孔隙率小的材料具有较好的抗渗性。封闭孔隙水分不能渗入,因此对于孔隙率虽然较大,但以封闭孔隙为主的材料,其抗渗性也较好。对于地下建筑、压力管道、水工构筑物等工程部位,因经常受到压力水的作用,要选择具有良好抗渗性的材料;作为防水材料,则要求其具有更高的抗渗性。

**6. 抗冻性**

材料在饱和水状态下,能经受多次冻融循环作用而不被破坏,且强度也不显著降低的性质,称为抗冻性。材料的抗冻性用抗冻等级表示。抗冻等级是以规定的试件,采用标准试验方法,测得其强度降低不超过规定值,质量损失不超过规定值时所能经受的最大冻融循环次数来确定,以"F$n$"表示,其中 $n$ 为最大冻融循环次数,且为 50 的倍数。

材料经受冻融循环作用而受到破坏,主要是材料内部孔隙中的水结冰所致。水结冰时体积增大,若材料内部孔隙充满了水,则结冰产生的膨胀会对孔隙壁产生很大的应力,当此应力超过材料的抗拉强度时,孔壁将局部开裂;随着冻融循环次数的增加,材料逐渐被破坏。

材料的抗冻性取决于材料的孔隙率、孔隙的特征、吸水饱和程度和自身的抗拉强度。材料的变形能力大,强度高,软化系数大,则抗冻性较高。一般认为,软化系数小于 0.80 的材料,其抗冻性较差。在寒冷地区及寒冷环境中的建筑物或构筑物,必须要考虑所选择材料的抗冻性。

## 三、材料与热有关的性质

为保证建筑物具有良好的室内小气候,降低建筑物的使用能耗,要求建筑材料具有良好的热工性质。通常考虑的热工性质有导热性、热容量。

**1. 导热性**

当材料两侧存在温差时,热量将从温度高的一侧通过材料传递到温度低的一侧,材料这种传导热量的能力称为导热性。材料导热性的大小用导热系数 $\lambda$ 表示,用公式表示如下:

$$\lambda = \frac{Qd}{At(T_2 - T_1)} \tag{1-15}$$

观察与
讨论

式中　$\lambda$——材料的导热系数,W/(m·K);

　　　$Q$——传递的热量,J;

　　　$d$——材料的厚度,m;

　　　$A$——材料的传热面积,m$^2$;

　　　$t$——传热时间,s;

　　　$T_2 - T_1$——材料两侧的温差,K。

导热系数 $\lambda$ 是指厚度为 1 m 的材料,当两侧温差为 1 K 时,在 1 s 时间内通过 1 m$^2$ 面积的热量。导热系数越小,材料的保温隔热性越好。一般将 $\lambda$ 不大于 0.20 W/(m·K)的材料称为绝热材料。

材料的导热系数与下列因素有关。

(1)材料的组成结构。一般金属材料的导热系数大于非金属材料的导热系数,无机材料的导热系数大于有机材料的导热系数,晶体结构材料的导热系数大于玻璃体结构材料的导热系数。

(2)孔隙率大小、孔隙特征。孔隙率较大的材料,内部空气较多,由于密闭空气的导热系数($\lambda$=0.023 W/(m·K))很小,其导热性较差。但如果孔隙粗大,空气会形成对流,材料的导热性反而会增大。

（3）环境的温湿度。材料受潮以后，水分进入孔隙，水的导热系数($\lambda = 0.58$ W/(m·K))比空气的导热系数高很多，从而使材料的导热性大大增加；材料若受冻，水结成冰，冰的导热系数 $\lambda = 2.2$ W/(m·K)是水的导热系数的 4 倍，材料的导热性将进一步增加。因此，保温材料在使用过程中要注意防潮防冻。

建筑物要求具有良好的保温隔热性能。保温隔热性和导热性都是指材料传递热量的能力，在工程中常把 $1/\lambda$ 称为材料的热阻，用 $R$ 表示。材料的导热系数越小，其热阻越大，则材料的导热性能越差，其保温隔热性能越好。

**2. 热容**

热容是指材料加热时吸收热量，冷却时放出热量的性质，其大小用比热容 $C$ 表示。比热容是指单位质量的材料，温度每升高或降低 1 K 时所吸收或放出的热量，用公式表示如下：

$$C = \frac{Q}{m(T_2 - T_1)} \tag{1-16}$$

式中　$C$——材料的比热容，J/(kg·K)；

　　　$Q$——材料吸收或放出的热量，J；

　　　$m$——材料的质量，kg；

　　　$T_2 - T_1$——材料加热或冷却前后的温差，K。

比热容 $C$ 的大小直接反映材料吸热或放热能力。材料的热容能力可以用热容量来反映，热容量等于比热容 $C$ 与质量 $m$ 的乘积，它对于稳定建筑物内部温度的恒定有重要意义。比热容 $C$ 大的材料，能在热流变动或采暖设备供热不均匀时，缓和室内的温度波动。不同的材料其比热容不同，即使是同种材料，由于物态不同，其比热容也不同。常用材料的导热系数和比热容见表 1-1。

**表 1-1　常用材料的导热系数和比热容**

| 材　料 | 导热系数 /[W/(m·K)] | 比热容 /[J/(g·K)] | 材　料 | 导热系数 /[W/(m·K)] | 比热容 /[J/(g·K)] |
|---|---|---|---|---|---|
| 铜 | 370 | 0.38 | 松木(横纹—顺纹) | 0.17~0.35 | 2.50 |
| 钢材 | 58 | 0.48 | 水 | 0.58 | 4.19 |
| 花岗岩 | 3.49 | 0.92 | 冰 | 2.20 | 2.05 |
| 普通混凝土 | 1.51 | 0.84 | 泡沫塑料 | 0.03 | 1.30 |
| 普通黏土砖 | 0.8 | 0.88 | 空气 | 0.023 | 1.00 |

**3. 耐火性和耐燃性**

耐火性指材料在火焰和高温作用下，保持其结构和工作性能的基本稳定而不损坏的能力，用耐火时间(h)表示，称为耐火极限。

耐燃性指材料在火焰和高温作用下能否燃烧的性质，是影响建筑物防火、结构耐火等级的重要因素。

# 项目二　材料的力学性质

材料的力学性质是指材料在外力作用下的变形性和抵抗破坏的性质，它是选用建筑材料时首要考虑的基本性质。

## 一、材料的强度性质

### 1. 材料的强度

材料在荷载(外力)作用下抵抗破坏的能力称为材料的强度。

当材料受到外力作用时,其内部就产生应力,荷载增加,所产生的应力也相应增大,直至材料内部质点间结合力不足以抵抗所作用的外力时,材料即发生破坏。材料破坏时,达到应力极限,这个极限应力值就是材料的强度,又称极限强度。

强度的大小直接反映材料承受荷载能力的大小。由于荷载作用形式不同,材料的强度主要有抗压强度、抗拉强度、抗剪强度及抗弯(抗折)强度等,见表 1-2。

**表 1-2 材料受力作用示意图及计算公式**

| 强 度 | 受力示意图 | 计算公式 | 附 注 |
|---|---|---|---|
| 抗压强度 $f_c$/MPa | | $f_c = \dfrac{F}{A}$ | |
| 抗拉强度 $f_t$/MPa | | $f_t = \dfrac{F}{A}$ | $F$——破坏荷载,N; $A$——受荷面积,mm$^2$; $l$——跨度,mm; $b$——试件宽度,mm; $h$——试件高度,mm |
| 抗剪强度 $f_v$/MPa | | $f_v = \dfrac{F}{A}$ | |
| 抗弯强度 $f_m$/MPa | | $f_m = \dfrac{3Fl}{2bh^2}$ | |

试验测定的强度值除受材料本身的组成、结构、孔隙率大小等内在因素的影响外,还与试验条件有密切关系,如试件形状、尺寸、表面状态、含水率、环境温度及试验时加荷速度等。为了使测定的强度值准确且具有可比性,必须按标准试验方法测定材料的强度。

### 2. 材料的强度等级

强度等级是按照材料的主要强度指标划分的级别。掌握材料的强度等级,对合理选择材料,控制工程质量是十分重要的。

### 3. 材料的比强度

比强度是指材料的强度与其体积密度之比。它是衡量材料轻质高强的一个主要指标。以钢材、木材和混凝土为例,其强度比较见表 1-3。

表 1-3　钢材、木材和混凝土的强度比较

| 材　料 | 体积密度/(kg/m³) | 抗压强度 $f_c$/MPa | 比强度($f_c/\rho$) |
|---|---|---|---|
| 低碳钢 | 7860 | 415 | 0.053 |
| 松木 | 500 | 34.3(顺纹) | 0.069 |
| 普通混凝土 | 2400 | 29.4 | 0.012 |

由表中数值可见,松木的比强度最大,是轻质高强材料。混凝土的比强度最小,是质量大而强度较低的材料。

## 二、材料的弹性与塑性

材料在外力作用下产生变形,当外力取消后,能够完全恢复原来形状的性质称为弹性,这种变形称为弹性变形,其值的大小与外力成正比;不能自动恢复原来形状的性质称为塑性,这种不能恢复的变形称为塑性变形,塑性变形属永久性变形。

完全弹性材料是没有的。一些材料在受力不大时只产生弹性变形,而当外力达到一定限度后,即产生塑性变形,如低碳钢,其变形曲线如图 1-3(a)所示。很多材料在受力时,弹性变形和塑性变形同时产生,如普通混凝土,其变形曲线如图 1-3(b)所示。

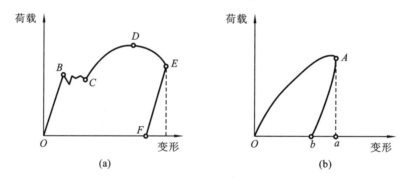

图 1-3　弹性材料的变形曲线

## 三、材料的脆性与韧性

材料受外力作用,当外力达到一定限度时,材料发生突然破坏,且破坏时无明显塑性变形,这种性质称为脆性,具有脆性的材料称为脆性材料。脆性材料的抗压强度远大于其抗拉强度,因此其抵抗冲击荷载或震动作用的能力很差。建筑材料中大部分无机非金属材料均为脆性材料,如混凝土、玻璃、天然岩石、砖瓦、陶瓷等。

材料在冲击荷载或震动荷载作用下,能吸收较大的能量,同时产生较大的变形而不破坏的性质称为韧性。材料的韧性用冲击韧性指标表示。

在建筑工程中,对于要求承受冲击荷载和有抗震要求的结构,如吊车梁、桥梁等所用材料,均应具有较高的韧性。

# 项目三　材料的耐久性

材料在使用过程中能长久保持其原有性质的能力,称为耐久性。

材料在使用过程中,除受到各种外力作用外,还长期受到周围环境因素和各种自然因素的破坏作用。这些破坏作用主要有以下几个方面。

(1)物理作用。包括环境温度、湿度的交替变化,即冷热、干湿、冻融等循环作用。材料经受这些作用后,将发生膨胀、收缩或产生应力,长期的反复作用将使材料逐渐被破坏。

(2)化学作用。包括大气和环境水中的酸、碱、盐等溶液或其他有害物质对材料的侵蚀作用,以及日光、紫外线等对材料的作用。

(3)生物作用。包括菌类、昆虫等的侵害作用,导致材料发生腐朽、虫蛀等而破坏。

(4)机械作用。包括荷载的持续作用,交变荷载对材料引起的疲劳、冲击、磨损等。

耐久性是对材料综合性质的一种评述,它包括如抗冻性、抗渗性、抗风化性、抗老化性、耐化学腐蚀性等内容。对材料耐久性进行可靠的判断,需要很长的时间。一般采用快速检验法,这种方法是模拟实际使用条件,将材料在试验室进行有关的快速试验,根据试验结果对材料的耐久性作出判定。在试验室进行快速试验的项目主要有冻融循环、干湿循环、碳化等。

提高材料的耐久性,对节约建筑材料、保证建筑物长期正常使用、减少维修费用、延长建筑物使用寿命等,均具有十分重要的意义。

【复习思考题】

1. 孔隙率和孔隙特征对材料性质有何影响?
2. 建筑材料是否强度越高越好?

# 单元二　气硬性胶凝材料

➤➤➤| 学习目标 | ......

1. 掌握石灰、石膏、水玻璃这三种常用气硬性胶凝材料的性质、技术要求和应用。
2. 理解石灰、石膏、水玻璃的水化、凝结、硬化的规律。
3. 了解石灰、石膏、水玻璃原料和生产。

在物理、化学作用下,把块状、颗粒状或纤维状材料黏结为整体并具有一定力学强度的材料,称为胶凝材料,又称胶结材料。

胶凝材料按其化学组成可分为有机胶凝材料和无机胶凝材料两大类。

无机胶凝材料是自身经过一系列物理、化学作用,或与其他物质(水或适量的盐类水溶液)混合后,由浆体变成坚硬的固体,并能将散粒材料(如砂、石等)或块、片状材料(如砖、石块等)胶结成整体的物质。

有机胶凝材料是以天然或合成的高分子化合物(例如沥青、树脂、橡胶等)为基本组分的胶凝材料。

无机胶凝材料按硬化条件的不同可分为气硬性胶凝材料和水硬性胶凝材料。气硬性胶凝材料是只能在空气中凝结、硬化、保持和发展强度的胶凝材料,如石灰、石膏、水玻璃;水硬性胶凝材料是指既能在空气中硬化,也能在水中凝结、硬化、保持和发展强度的胶凝材料,如各种水泥。

# 项目一　石　　灰

气硬性
胶凝材料

石灰是在建筑及装饰工程中最早使用的胶凝材料之一,属于气硬性胶凝材料,具有原料广泛、生产工艺简单、成本低廉等特点,所以目前被广泛地应用于建筑及装饰工程中。

## 一、石灰的品种和生产

### 1. 石灰的原材料及品种

石灰的原材料有石灰石、白云石等,其主要化学成分为碳酸钙($CaCO_3$),其次为碳酸镁($MgCO_3$),还有黏土等杂质,一般要求原料中的黏土杂质控制在8%以内。

根据氧化镁含量的不同,生石灰分为钙质生石灰和镁质生石灰。钙质生石灰中的氧化镁含量小于5%,镁质生石灰中的氧化镁含量为5%～24%。

建筑用石灰有块状生石灰(块灰)、生石灰粉、熟石灰粉(又称建筑消石灰粉、消解石灰粉、水化石灰)和石灰膏、石灰乳等几种形态。

### 2. 石灰的生产

石灰的生产是将碳酸钙($CaCO_3$),经适当煅烧、分解、排出二氧化碳($CO_2$)而制得的块状

材料,其主要成分为氧化钙(CaO),其次为氧化镁(MgO),其反应式如下:

$$CaCO_3 \xrightarrow{900\sim1200℃} CaO + CO_2 \uparrow$$

实际生产中,由于石灰石致密程度、杂质含量及块度大小的不同,并考虑到煅烧中的热损失,因此实际的煅烧温度较理论温度偏高。石灰石的块度不宜过大,并力求均匀,以保证煅烧质量的均匀。石灰石越致密,要求的煅烧温度越高。当入窑石灰石块头较大、煅烧温度较高,石灰石块的中心部位达到分解温度时,其表面已超过分解温度,得到的石灰石晶粒粗大,遇水后熟化反应缓慢,这种石灰称为过火石灰。过火石灰结构密实,表面常包覆一层熔融物,熟化很慢,当被用于建筑后,能继续熟化产生体积膨胀,从而引起裂缝和局部脱落现象,会严重影响工程质量。在煅烧过程中,由于石灰石原料的尺寸大、煅烧时窑中温度分布不均或煅烧时间不足等原因,$CaCO_3$不能完全分解,将会生成欠火石灰。欠火石灰缺乏黏结力,降低了生石灰的质量、产灰量、利用率。

## 二、石灰的熟化和硬化

### 1. 石灰的熟化

石灰的熟化也称为消化,指生石灰(CaO)加水之后水化生成熟石灰[$Ca(OH)_2$]的过程。其反应方程式如下:

$$CaO + H_2O == Ca(OH)_2$$

生石灰水化过程中会放出大量的热(64.8 kJ/mol),并伴随着体积膨胀(质量为 1 份的生石灰可生成 1.31 份质量的熟石灰,其体积增大 1~2.5 倍)。

生石灰熟化的方法有淋灰法和化灰法。淋灰法就是在生石灰中均匀加入生石灰质量70%左右的水(理论值为 31.2%),便可得到颗粒细小、分散的熟石灰粉。工地上常采用分层浇水,调制熟石灰粉时,每堆放半米高的生石灰块,淋 60%~80%的水,再堆放再淋,使之成粉且不结块为止。目前,多用机械方法将生石灰熟化为熟石灰粉。化灰法是在生石灰中加入为块灰质量 2.5~3 倍的水,得到的浆体流入化灰池或储灰坑中充分熟化。为了消除过火石灰后期熟化造成的危害,石灰浆体须在储灰坑中存放半个月后方可使用。这一过程叫做"陈伏"。陈伏期间,石灰浆表面应覆盖一层水,以隔绝空气,防止石灰浆表面碳化。

### 2. 石灰的硬化

石灰的硬化过程包括下述内容。

(1) 干燥结晶。浆体中大量水分向外蒸发,或被附着基面吸收,使浆体中形成大量彼此相通的孔隙网,尚留于孔隙内的自由水,由于水的表面张力,产生毛细管压力,使石灰粒子更加紧密,因而获得强度。另外,由于水分的蒸发,氢氧化钙从饱和溶液中析出,晶体长大、相互交错,并产生强度。

(2) 碳化。硬化氢氧化钙与空气中的二氧化碳生成碳酸钙结晶。其反应式如下:

$$Ca(OH)_2 + CO_2 + H_2O \longrightarrow CaCO_3 + H_2O$$

生成的碳酸钙晶体互相共生或与氢氧化钙颗粒共生,构成紧密交织的结晶网,从而使浆体强度提高。因此,碳化层越厚,石灰强度越高。但由于空气中二氧化碳的浓度很低,而且,表面形成碳化薄层以后,二氧化碳不易进入内部,故在自然条件下,石灰浆体的碳化十分缓慢。碳化层还能阻碍水分蒸发,反而会延缓浆体的硬化。

上述硬化过程中的各种变化是同时进行的。

### 三、石灰的技术性质和应用

**1. 石灰的主要技术性质**

（1）良好的保水性：石灰加水后，具有较强的保水性（即材料保持水分不泌出的能力）。这是由于生石灰熟化为石灰浆时，氢氧化钙粒子呈胶体分散状态。其颗粒极细，直径约为 $1\,\mu m$，颗粒表面吸附一层较厚的水膜。由于粒子数量很多，其总表面积很大，这是它保水性良好的主要原因。利用这一性质，将其掺入水泥砂浆中，配合成混合砂浆，克服了水泥砂浆容易泌水的缺点。

（2）凝结硬化慢、强度低：由于空气中的 $CO_2$ 含量低，而且碳化后形成的碳酸钙硬壳阻止 $CO_2$ 向内部渗透，也阻止水分向外蒸发，结果使 $CaCO_3$ 和 $Ca(OH)_2$ 结晶体生成量少且缓慢。已硬化的石灰强度很低，如 $1:3$ 的石灰砂浆 $28\,d$ 的强度只有 $0.2\sim0.5\,MPa$。

（3）吸湿性强：生石灰吸湿性强，保水性好，是传统的干燥剂。

（4）体积收缩大：石灰浆体凝结硬化过程中，蒸发大量水分，由于硬化石灰中的毛细管失水收缩，引起体积收缩，使制品开裂。因此，石灰不宜单独用来制作建筑构件及制品。

（5）耐水性差：若石灰浆体尚未硬化之前，就处于潮湿环境中，由于石灰中水分不能蒸发出去，则其硬化停止；若是已硬化的石灰，长期受潮或受水浸泡，则由于 $Ca(OH)_2$ 易溶于水，会使已硬化的石灰溃散。因此，石灰不宜用于潮湿环境及易受水浸泡的部位。

（6）化学稳定性差：石灰是碱性材料，与酸性物质接触时，容易发生化学反应，生成新物质。因此，石灰及含石灰的材料长期处在潮湿空气中，容易与二氧化碳作用生成碳酸钙，即"碳化"。石灰材料还容易遭受酸性介质的腐蚀。

**2. 石灰的应用**

1）粉刷墙体和配制砂浆

用熟化并陈伏好的石灰膏，稀释成石灰乳，可用作内、外墙及顶棚的涂料，一般多用于内墙涂刷。由于石灰乳为白色或浅灰色，具有一定的装饰效果，还可掺入碱性矿质颜料，使粉刷的墙面具有需要的颜色。以石灰膏为胶凝材料，掺入砂和水后，拌和成的砂浆称为石灰砂浆。它作为抹灰砂浆可用于墙面、顶棚等大面积暴露在空气中的抹灰层，也可以用作要求不高的砌筑砂浆。在水泥砂浆中掺入石灰膏后，可以提高水泥砂浆的保水性和砌筑、抹灰质量，节省水泥，这种砂浆叫做水泥混合砂浆，在建筑工程中用量很大。

2）配制灰土和三合土

熟石灰粉可用来配制灰土（熟石灰＋黏土）和三合土（熟石灰＋黏土＋砂、石或炉渣等填料），用以进行人工地基的加固。常用的三七灰土和四六灰土，分别表示熟石灰和黏土体积比例为 $3:7$ 和 $4:6$。

（1）灰土的特性：灰土的抗压强度一般随土的塑性指数的增加而提高，不随含灰率的增加而一直提高，并且灰土的最佳含灰率与土壤的塑性指数成反比。一般最佳含灰率的重量百分比为 $10\%\sim15\%$；灰土的抗压强度随龄期（灰土制备后的天数）的增加而提高。当天的抗压强度与素土夯实相同，但在 $28\,d$ 以后则可提高 $2.5$ 倍以上；灰土的抗压强度随密实度的增加而提高。对常用的 $3:7$ 灰土（其重量比为 $1:2.5$）多夯打一遍后，其 $90\,d$ 的抗压强度可提高 $44\%$。

灰土的抗渗性随土的塑性指数及密实度的增加而提高，且随着龄期的延长，其抗渗性也有提高。灰土的抗冻性与其是否浸水有很大关系。在空气中养护 $28\,d$ 不经浸水的试件，历经三个冰冻循环,情况良好,其抗压强度不变,无崩裂破坏现象。但养护 14 d 并接着浸水 14 d 后的试件,同上试验后则出现崩裂破坏现象。分析原因,是因为灰土龄期太短,灰土与土作用不完全,致使强度太差。

灰土的主要优点是充分利用当地材料和工业废料(如炉渣灰土),节省水泥,降低工程造价。灰土基础代替混凝土基础可降低造价 60%～75%,在冰冻线以上代替砖或毛石基础可降低造价 30%,用于公路建设时比泥结碎石低 40%～60%。

(2)注意事项:配制灰土或三合土时,一般熟石灰必须充分熟化,石灰不能消解过早,否则熟石灰碱性降低,减缓与土的反应,从而降低灰土的强度;所选土种以黏土、亚黏土及轻亚黏土为宜;准确掌握灰土的配合比;施工时,将灰土或三合土混合均匀并夯实,使彼此黏结为一体。黏土等土中含有 $SiO_2$ 和 $Al_2O_3$ 等酸性氧化物,能与石灰长期作用,生成不溶性的水化硅酸钙和水化铝酸钙,使颗粒间的黏结力不断增强,灰土或三合土的强度及耐水性能也不断提高。

(3)生产无熟料水泥、硅酸盐制品和碳化石灰板。

### 四、石灰的验收与复验

建筑生石灰的验收以同一厂家、同一类别、同一等级不超过 100 t 为一验收批。取样应从不同部位选取,取样点不少于 25 个,每个点不少于 2 kg,缩分至 4 kg。复验的项目有 CaO＋MgO 含量、未消化残渣含量、$CO_2$ 含量和产浆量。

建筑生石灰粉的验收以同一厂家、同一类别、同一等级不超过 100 t 为一验收批。取样应从本批中随机抽取 10 袋,总量不少于 3 kg,缩分至 300 g。复验的项目有 CaO＋MgO 含量、细度、游离水、体积安定性。

### 五、石灰的储存和运输

生石灰要在干燥环境中储存和保管。若储存期过长必须在密闭容器内存放。运输中要有防雨措施。要防止石灰受潮或遇水后水化,甚至由于熟化热量集中放出而发生火灾。磨细的生石灰粉在干燥条件下储存期一般不超过 1 个月,最好是随时生产随时用。

# 项目二　石　　膏

石膏是我国一种应用历史悠久的气硬性胶凝材料。石膏及石膏制品具有许多优良性能,如轻质、高强、隔热、耐火、吸声、容易加工、形体饱满、线条清晰、表面光滑等,因此是建筑工程常用的室内装饰材料。特别是近年来在建筑中广泛采用框架轻板结构,作为轻质板材主要品种之一的石膏板受到普遍重视,其生产和应用都得到迅速发展。生产石膏胶凝材料的原料有二水石膏和天然无水石膏,以及来自化学工业的各种副产物化学石膏。

### 一、石膏的生产与品种

石膏是由二水石膏(或称生石膏)经过破碎、煅烧和磨细而制成的。二水石膏的主要化学成分为 $CaSO_4 \cdot 2H_2O$,其质地较软,也被称为软石膏。将二水石膏在不同的压力和温度下煅烧,可以得到如下几种结构和性质均不同的石膏产品。

**1. 建筑石膏和模型石膏**

建筑石膏是将二水石膏(生石膏)加热至 110～170 ℃时,部分结晶水脱出后得到半水石膏(熟石膏),再经磨细得到粉状的建筑中常用的石膏品种,故称"建筑石膏"。

反应式如下:

$$CaSO_4 \cdot 2H_2O \xrightarrow{110～170 \ ℃} (\beta \ 型)CaSO_4 \cdot 1/2H_2O + H_2O$$

将这种常压下的建筑石膏称为 β 型半水石膏。若在上述条件下煅烧一等或二等的半水石膏,然后磨得更细些,这种类型半水石膏称为模型石膏,是建筑装饰制品的主要原料。

**2. 高强石膏**

将二水石膏在 0.13 MPa、124 ℃的压蒸锅内蒸炼,则生成比 β 型半水石膏晶体粗大的 α 型半水石膏,称为高强石膏。由于高强石膏晶体粗大,比表面积小,调成可塑性浆体时需水量(35%～45%)只是建筑石膏需求量的一半,因此硬化后具有较高的密实度和强度。其 3 h 的抗压强度可达 9～24 MPa,其抗拉强度也很高。7 d 的抗压强度可达 15～39 MPa。高强石膏的密度为 2.6～2.8 g/cm³。高强石膏可以用于室内抹灰,制作装饰制品和石膏板。若掺入防水剂可制成高强抗水石膏,在潮湿环境中使用。

石膏的品种很多,主要有建筑石膏、模型石膏、高强石膏、粉刷石膏等,但是在建筑装饰工程中用量最多、用处最广的是建筑石膏。

## 二、石膏的凝结与硬化

建筑石膏加水拌和后,起初形成均匀的石膏浆体,很快石膏浆体失去塑性,但是强度很低,此过程称为石膏的凝结,然后浆体开始产生强度,并逐渐发展,此过程称为石膏的硬化。

反应式如下:

$$CaSO_4 \cdot 1/2H_2O + H_2O \longrightarrow CaSO_4 \cdot 2H_2O$$

其凝结硬化过程的机理如下:半水石膏遇水后发生溶解,并生成不稳定的过饱和溶液,溶液中的半水石膏经过水化成为二水石膏。由于二水石膏在水中的溶解度(20 ℃为 2.05 g/L)比半水石膏的溶解度(20 ℃为 8.16 g/L)小得多,所以二水石膏溶液会很快达到过饱和状态,因此很快析出胶体微粒并且不断转变为晶体。由于二水石膏的析出破坏了原来半水石膏溶解的平衡状态,这时半水石膏会进一步溶解,以补偿二水石膏析晶在液相中减少的硫酸钙含量。如此不断地进行半水石膏的溶解和二水石膏的析出,直到半水石膏完全水化为止。与此同时,由于浆体中自由水因水化和蒸发逐渐减少,浆体变稠,失去塑性,以后水化物晶体继续增长,直至完全干燥,强度发展到最大值,达到石膏的硬化。

## 三、石膏的性质与应用

**1. 石膏的性质**

(1)凝结硬化快:建筑石膏的初凝和终凝时间很短,加水后 3 min 即开始凝结,终凝不超过 30 min,在室温自然干燥条件下,约 1 周时间可完全硬化。为施工方便,常掺加适量缓凝剂,如硼砂、纸浆废液、骨胶、皮胶等。

(2)孔隙率大,表观密度小,保温、吸声性能好:建筑石膏水化反应的理论需水量仅为其质量的 18.6%,但施工中为了保证浆体有必要的流动性,其加水量常达 60%～80%,多余水分蒸发后,将形成大量孔隙,硬化体的孔隙率可达 50%～60%。由于硬化体的多孔结构特点,建筑石膏制品具有表观密度小、质轻、保温隔热性能好和吸声性强等优点。

（3）具有一定的调湿性：由于多孔结构的特点,石膏制品的热容量大、吸湿性强,当室内温度变化时,制品的"呼吸"作用使环境温度、湿度能得到一定的调节。

（4）耐水性、抗冻性差：石膏是气硬性胶凝材料,吸水性大。长期在潮湿环境中,其晶体粒子间的结合力会削弱,直至溶解,因此不耐水、不抗冻。

（5）凝固时体积微膨胀：建筑石膏在凝结硬化时具有微膨胀性,其体积膨胀率为0.05%～0.15%。这种特性可使成型的石膏制品表面光滑、轮廓清晰、线角饱满、尺寸准确,干燥时不产生收缩裂缝。

（6）防火性好：二水石膏遇火后,结晶水蒸发,形成蒸汽幕,可阻止火势蔓延,起到防火作用。但建筑石膏不宜长期在 65 ℃以上的高温部位使用,以免二水石膏缓慢脱水分解而降低强度。

**2. 石膏的应用**

不同品种的石膏的性质各异,用途也不一样。二水石膏可以用作石膏工业的原料,水泥的调节剂等,煅烧的硬石膏可用来浇筑地板和制造人造大理石,也可以作为水泥的原料；建筑石膏（半水石膏）在建筑工程中可用作室内抹灰、粉刷、油漆打底等材料,还可以制造建筑装饰制品、石膏板,以及水泥原料中的调凝剂和激发剂。

石膏的应用

1）室内抹灰及粉刷

将建筑石膏加水调成浆体,用作室内粉刷材料。石膏浆中还可以掺入部分石灰,或将建筑石膏加水、砂拌和成石膏砂浆,用于室内抹灰或作为油漆打底使用。石膏砂浆具有隔热保温性能好、热容量大、吸湿性大等特点,因此能够调节室内温度和湿度,使之保持均衡状态,给人以舒适感。粉刷后的表面光滑、细腻、洁白美观。这种抹灰墙面还具有绝热、阻火、吸声以及施工方便、凝结硬化快、黏结牢固等特点,所以称其为室内高级粉刷和抹灰材料。石膏抹灰的墙面及顶棚,可以直接涂刷油漆及粘贴墙纸。

2）建筑装饰制品

以模型石膏为主要原料,掺加少量纤维增强材料和胶料,加水搅拌成石膏浆体。将浆体注入各种各样的金属（或玻璃）模具中,就获得了花样、形状不同的石膏装饰制品。如平板、多孔板、花纹板、浮雕板等。石膏装饰板具有色彩鲜艳、品种多样、造型美观、施工方便等优点,是公用建筑物和顶棚常用的装饰制品。

3）石膏板

近年来随着框架轻板结构的发展,石膏板的生产和应用也迅速地发展起来。石膏板具有轻质、隔热保温、吸声、不燃以及施工方便等性能。除此之外,还具有原料来源广泛、燃料消耗低、设备简单、生产周期短等优点。常见的石膏板主要有纸面石膏板、纤维石膏板和空心石膏板。另外,新型石膏板材还在不断涌现。

# 项目三　水　玻　璃

水玻璃俗称"泡花碱",属于气硬性胶凝材料,在建筑工程中常用来配制水玻璃胶泥和水玻璃砂浆、水玻璃混凝土,还可以单独以水玻璃为主要原料配制涂料。水玻璃在防酸工程和耐热工程中的应用甚为广泛。

### 一、水玻璃的组成与生产

**1. 水玻璃的组成**

水玻璃是一种无色或淡黄、青灰色的透明或半透明的黏稠液体,是一种能溶于水的碱金属硅酸盐。其化学通式为 $R_2O \cdot nSiO_2$,其中 $R_2O$ 为碱金属氧化物,$n$ 为水玻璃的模数。

**2. 水玻璃的生产**

制造水玻璃的方法很多,大体分为湿制法和干制法两种。它的主要原料是以含 $SiO_2$ 为主的石英岩、石英砂、砂岩、无定形硅石及硅藻土和含 $Na_2O$ 为主的纯碱($Na_2CO_3$)、小苏打、硫酸钠($Na_2SO_4$)及苛性钠(NaOH)等。湿制法生产硅酸钠水玻璃是根据石英砂能在高温烧碱中溶解生成硅酸钠的原理进行的。干制法生产是根据纯碱($Na_2CO_3$)与石英砂($SiO_2$)在高温(1350 ℃)熔融状态下反应后生成硅酸钠的原理进行的。

### 二、水玻璃的性质

**1. 黏结力和强度较高**

水玻璃硬化后的主要成分为硅凝胶和固体,比表面积大,因而具有较高的黏结力。但水玻璃自身质量、配合料性能及施工养护对强度有显著影响。

**2. 耐酸性好**

可以抵抗除氢氟酸(HF)、热磷酸和高级脂肪酸以外的几乎所有无机酸和有机酸。

**3. 耐热性好**

硬化后形成的二氧化硅网状骨架,在高温下强度下降很小,当采用耐热耐火骨料配制水玻璃砂浆和混凝土时,耐热度可达 1000 ℃以上。因此水玻璃混凝土的耐热度,也可以理解为主要取决于骨料的耐热度。

### 三、水玻璃的应用

水玻璃具有黏结和成膜性好、不燃烧、不易腐蚀、价格便宜、原料易得等优点;多用于建筑涂料、胶结材料及防腐、耐酸材料。

**1. 提高抗风化能力**

水玻璃溶液涂刷或浸渍材料后,能渗入缝隙和孔隙中,固化的硅凝胶能堵塞毛细孔通道,提高材料的密度和强度,从而提高材料的抗风化能力。但水玻璃不得用来涂刷或浸渍石膏制品。因为水玻璃与石膏反应会生成硫酸钠($Na_2SO_4$),在制品孔隙内结晶膨胀,导致石膏制品开裂破坏。

**2. 加固土壤**

将水玻璃与氯化钙溶液交替注入土壤中,两种溶液迅速反应生成硅胶和硅酸钙凝胶,起到胶结和填充孔隙的作用,使土壤的强度和承载能力提高。常用于粉土、砂土和填土的地基加固,称为双液注浆。

**3. 配制速凝防水剂**

水玻璃可与多种矾配制成速凝防水剂,用于堵漏、填缝等局部抢修工程。这种多矾防水剂的凝结速度很快,一般为几分钟,其中四矾防水剂不超过 1 min,故工地上使用时必须做到即配即用。

**4．配制耐酸胶凝**

耐酸胶凝是用水玻璃和耐酸粉料(常用石英粉)配制而成。与耐酸砂浆和混凝土一样，主要用于有耐酸要求的工程，如硫酸池等。

**5．配制耐热砂浆**

水玻璃胶凝主要用于耐火材料的砌筑和修补。水玻璃耐热砂浆和混凝土主要用于高炉基础和其他有耐热要求的结构部位。

**6．防腐工程应用**

改性水玻璃耐酸泥是耐酸腐蚀重要材料，主要特性是耐酸、耐温、密实抗渗、价格低廉、使用方便。可拌和成耐酸胶泥、耐酸砂浆和耐酸混凝土，适用于化工、冶金、电力、煤炭、纺织等部门各种结构的防腐蚀工程，是防酸建筑结构贮酸池、耐酸地坪，以及耐酸表面砌筑的理想材料。

**7．黏结剂**

20世纪50年代，水玻璃吹二氧化碳工艺被广泛应用，该工艺水玻璃加入量高、溃散性差，旧砂不能回用，浪费硅砂资源，大量外排固体废弃物，破坏生态环境，生产铸件质量粗糙，目前已基本被淘汰。

**【复习思考题】**

1．什么是胶凝材料、气硬性胶凝材料、水硬性胶凝材料？

2．生石膏和建筑石膏的成分分别是什么？石膏浆体是如何凝结硬化的？

3．为什么说建筑石膏是功能性较好的建筑材料？

4．建筑石灰按加工方法的不同可分为哪几种？它们的主要化学成分各是什么？

5．什么是欠火石灰和过火石灰？它们对石灰的使用有什么影响？

# 单元三　水　　泥

>>>→ ▌学习目标▐ .......

1. 掌握硅酸盐水泥熟料矿物的组成及特性,硅酸盐水泥的水化产物及其特性,掺混合材料的硅酸盐水泥性质的共同点与不同点,硅酸盐水泥以及掺混合材料的硅酸盐水泥的技术要求、常用性能的检测方法及选用原则。能综合运用所学知识,根据工程要求及所处的环境选择水泥品种。

2. 理解水泥石的腐蚀类型,基本原因及防止措施。

3. 了解其他品种水泥的特性及应用。

凡细磨材料与水混合后成为塑性浆体,经一系列物理、化学作用凝结硬化变成坚硬的石状体,并能将砂、石等散粒状材料胶结成为整体的水硬性胶凝材料,统称为水泥。水泥是主要的建筑材料之一,广泛应用于工业与民用建筑、道路、水利和国防工程。作为胶凝材料与骨料及增强材料制成混凝土、钢筋混凝土、预应力混凝土构件,也可配制砂浆。水泥品种繁多,按其主要水硬性物质的不同,可分为硅酸盐水泥、铝酸盐水泥、硫铝酸盐水泥、铁铝酸盐水泥、氟铝酸盐水泥、磷酸盐水泥等系列,其中以硅酸盐系列水泥应用最为广泛。硅酸盐系列水泥按其性能和用途不同,又可分为通用水泥、专用水泥和特性水泥三大类。

硅酸盐系列水泥 {
　通用水泥 {
　　硅酸盐水泥(P·Ⅰ、P·Ⅱ)
　　普通硅酸盐水泥(P·O)
　　矿渣硅酸盐水泥(P·S·A、P·S·B)
　　火山灰质硅酸盐水泥(P·P)
　　粉煤灰硅酸盐水泥(P·F)
　　复合硅酸盐水泥(P·C)
}
　专用水泥 {
　　砌筑水泥
　　道路水泥
　　油井水泥
}
　特性水泥 {
　　快硬硅酸盐水泥
　　白色硅酸盐水泥
　　硅酸盐膨胀水泥
　　中热、低热矿渣硅酸盐水泥
　　低碱水泥
}
}

## 项目一　通用硅酸盐水泥概述

通用硅酸盐水泥包括硅酸盐水泥、普通硅酸盐水泥、矿渣硅酸盐水泥、火山灰质硅酸盐水泥、粉煤灰硅酸盐水泥和复合硅酸盐水泥。

### 一、通用硅酸盐水泥的生产

通用硅酸盐水泥的生产原料主要有石灰质原料(如石灰石、白垩等)、黏土质原料(如黏土、页岩等),有时为调整化学成分还需加入少量辅助原料(如铁矿石等)。为调整通用硅酸盐水泥的凝结时间,在生产的最后阶段还要加入石膏。

水泥工艺
生产过程

概括地讲,通用硅酸盐水泥的生产工艺就是两磨(磨细生料和熟料)一烧(生料煅烧成熟料)。

### 二、通用硅酸盐水泥的组分与组成材料

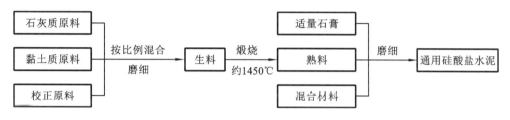

图 3-1　通用硅酸盐水泥生产流程示意图

#### (一) 组分

通用硅酸盐水泥的组分见表 3-1。

表 3-1　通用硅酸盐水泥的组分(GB 175—2007)

| 品　　种 | 代　号 | 组分(质量分数)/(%) | | | | |
|---|---|---|---|---|---|---|
| | | 熟料＋石膏 | 粒化高炉矿渣 | 火山灰质混合材料 | 粉煤灰 | 石灰石 |
| 硅酸盐水泥 | P·Ⅰ | 100 | — | — | — | — |
| | P·Ⅱ | ≥95 | ≤5 | — | — | — |
| | | ≥95 | — | — | — | ≤5 |
| 普通硅酸盐水泥 | P·O | ≥80 且<95 | >5 且≤20 | | | — |
| 矿渣硅酸盐水泥 | P·S·A | ≥50 且<80 | >20 且≤50 | — | — | — |
| | P·S·B | ≥30 且<50 | >50 且≤70 | — | — | — |
| 火山灰质硅酸盐水泥 | P·P | ≥60 且<80 | — | >20 且≤40 | — | — |
| 粉煤灰硅酸盐水泥 | P·F | ≥60 且<80 | — | — | >20 且≤40 | — |
| 复合硅酸盐水泥 | P·C | ≥50 且<80 | >20 且≤50 | | | |

#### (二) 组成材料

通用硅酸盐水泥是以硅酸盐水泥熟料、适量的石膏及规定掺量的混合材料制成的水硬性胶凝材料。

#### 1. 硅酸盐水泥熟料

硅酸盐水泥熟料是由主要含 $CaO$、$SiO_2$、$Al_2O_3$、$Fe_2O_3$ 的原料,按适当比例磨成细粉成为生料,再将生料送入水泥窑中进行高温煅烧(约 1450 ℃),烧至部分熔融,得到以硅酸钙为主

要矿物成分的水硬性胶凝物质。

生料在煅烧过程中,首先是石灰石和黏土分别分解出 CaO、$SiO_2$、$Al_2O_3$ 和 $Fe_2O_3$,然后在 800～1200 ℃的温度范围内经过一系列相互反应后,生成硅酸二钙($2CaO \cdot SiO_2$)、铝酸三钙($3CaO \cdot Al_2O_3$)和铁铝酸四钙($4CaO \cdot Al_2O_3 \cdot Fe_2O_3$);在 1400～1450 ℃的温度范围内,硅酸二钙又与 CaO 在熔融状态下发生反应生成硅酸三钙($3CaO \cdot SiO_2$)。这些经过反应形成的主要化合物——硅酸三钙、硅酸二钙、铝酸三钙和铁铝酸四钙,统称为水泥熟料的矿物组成。

熟料中的各种矿物单独与水作用时,表现出不同的性能,见表 3-2。

表 3-2　水泥熟料矿物的主要组成、含量及特性

| 矿物名称 | | 硅酸三钙 | 硅酸二钙 | 铝酸三钙 | 铁铝酸四钙 |
|---|---|---|---|---|---|
| 矿物组成 | | $3CaO \cdot SiO_2$ | $2CaO \cdot SiO_2$ | $3CaO \cdot Al_2O_3$ | $4CaO \cdot Al_2O_3 \cdot Fe_2O_3$ |
| 简写式 | | $C_3S$ | $C_2S$ | $C_3A$ | $C_4AF$ |
| 矿物含量 | | 37%～60% | 15%～37% | 7%～15% | 10%～18% |
| 矿物特性 | 凝结硬化速度 | 快 | 慢 | 最快 | 快 |
| | 早期强度 | 高 | 低 | 低 | 中 |
| | 后期强度 | 高 | 高 | 低 | 低 |
| | 水化热 | 大 | 小 | 最大 | 中 |
| | 耐腐蚀性 | 差 | 好 | 最差 | 中 |

水泥中各熟料矿物的含量,决定着水泥某一方面的性能。改变熟料矿物成分之间的比例,水泥的性质就会发生相应的变化。比如提高硅酸三钙的相对含量,就可以制得高强水泥或早强水泥;如提高硅酸二钙的相对含量,同时适当降低硅酸三钙与铝酸三钙的相对含量,就可制得低热水泥或中热水泥。

**2. 石膏**

石膏是通用硅酸盐水泥中的重要组成部分,其主要作用是调节水泥的凝结时间,如天然二水石膏(G 类)、硬石膏(A)、混合石膏(M 类二级)以及工业副产石膏(以硫酸钙为主要成分的工业副产品,如磷石膏、氟石膏等,采用前应经过试验证明对水泥性能无害)。

**3. 混合材料**

混合材料
的实物

混合材料主要是指为改善水泥性能,调节水泥强度等级而加入到水泥中的矿物质材料。根据其性能分为活性混合材料与非活性混合材料。

(1)活性混合材料:指具有火山灰性或潜在的水硬性,或兼有火山灰性和潜在水硬性的矿物质材料,其绝大多数为工业废料或天然矿物。活性混合材料的主要作用是改善水泥的某些性能、扩大水泥强度等级范围、降低水化热、增加产量等。

活性混合
材料

活性混合材料主要有粒化高炉矿渣与粒化高炉矿渣粉、火山灰质混合材料和粉煤灰。粒化高炉矿渣是高炉炼铁的熔融矿渣,经水或水蒸气急速冷却处理所得到的质地疏松、多孔的粒状物。将符合规定要求的粒化高炉矿渣经干燥、粉磨,达到一定细度并且符合活性指数的粉体,称为粒化高炉矿渣粉。粒化高炉矿渣在急冷过程中,熔融矿渣的黏度增加很快,来不及结晶,大部分呈玻璃态(一般占80%以上),潜存有

较高的化学能,即潜在活性。粒化高炉矿渣的活性来源主要是其中的活性氧化硅和活性氧化铝,矿渣的化学成分与硅酸盐水泥熟料相近,差别在于氧化钙含量比熟料低,氧化硅含量较高。粒化高炉矿渣中氧化铝和氧化钙含量越高,氧化硅含量越低,则矿渣活性越高,所配制的矿渣水泥强度也越高。

火山灰质混合材料泛指以活性氧化硅及活性氧化铝为主要成分的活性混合材料。它的应用是从天然火山灰开始的,故而得名。火山灰质混合材料结构上的特点是疏松多孔,内比表面积大,易产生反应。

粉煤灰是煤粉锅炉吸尘器所吸收的微细粉尘,又称飞灰。粉煤灰以氧化硅和氧化铝为主要成分,经熔融、急冷成为富含玻璃体的球状体。从化学组分分析,粉煤灰属于火山灰质混合材一类,其活性主要取决于玻璃体的含量以及无定形 $Al_2O_3$ 及 $SiO_2$ 含量,而粉煤灰结构致密,并且颗粒形状及大小对其活性也有较大影响,细小球形玻璃体含量越高,其活性越高。

(2)非活性混合材料:指在水泥中主要起填充作用,而又不损害水泥性能的矿物质材料。它掺在水泥中的主要作用是扩大水泥强度等级范围、降低水化热、增加产量、降低成本等。常用的非活性混合材料主要有石灰石($Al_2O_3$ 的含量小于等于 $2.5\%$)、砂岩以及不符合质量标准的活性混合材料等。

### 三、通用硅酸盐水泥的技术要求

#### (一)化学性质

通用硅酸盐水泥的化学指标见表 3-3。

某水泥
检测报告

表 3-3　通用硅酸盐水泥的化学指标(%)(GB 175—2007)

| 品　　种 | 代号 | 不溶物<br>(质量分数) | 烧失量<br>(质量分数) | 三氧化硫<br>(质量分数) | 氧化镁<br>(质量分数) | 氯离子<br>(质量分数) |
|---|---|---|---|---|---|---|
| 硅酸盐水泥 | P·I | ≤0.75 | ≤3.0 | ≤3.5 | 5.0[a] | ≤0.06[c] |
| | P·II | ≤1.50 | ≤3.5 | | | |
| 普通硅酸盐水泥 | P·O | — | ≤5.0 | | | |
| 矿渣硅酸盐水泥 | P·S·A | — | — | ≤4.0 | ≤6.0[b] | |
| | P·S·B | — | — | | — | |
| 火山灰质硅酸盐水泥 | P·P | — | — | ≤3.5 | ≤6.0[b] | |
| 粉煤灰硅酸盐水泥 | P·F | — | — | | | |
| 复合硅酸盐水泥 | P·C | — | — | | | |

注:[a]如果水泥压蒸试验合格,则水泥中氧化镁的含量(质量分数)允许放宽至 6.0%。

　　[b]如果水泥中氧化镁的含量(质量分数)大于 6.0%,需进行水泥压蒸安定性试验并合格。

　　[c]当有更低要求时,该指标由买卖双方协商确定。

不溶物是指水泥经酸和碱处理后,不能被溶解的残余物。它是水泥中非活性组分的反映,主要由生料、混合材料和石膏中的杂质产生。

烧失量是指水泥经高温灼烧以后烧失的量占原质量的百分率,主要由水泥中未煅烧组分产生,如未烧透的生料、石膏带入的杂质、掺合料及存放过程中的风化物等。当样品在高温下灼烧时,会发生氧化、还原、分解及化合等一系列反应并放出气体。

## (二) 碱含量

碱含量按($Na_2O+0.658K_2O$)的计算值来表示。在混凝土中,如果水泥碱含量过高,而骨料又具有一定的活性,会发生碱集料反应,造成胀裂破坏。因此,国家标准规定:若使用活性骨料,用户要求提供低碱水泥时,水泥中碱含量不得大于 0.6%或由买卖双方商定。

## (三) 物理性质

### 1. 细度

水泥细度是指水泥颗粒的粗细程度。水泥与水的反应从水泥颗粒表面开始,逐渐深入到内部。水泥颗粒越细,其比表面积越大,与水的接触面积就越大,水化反应进行得越快和越充分,一般认为,粒径小于 40 μm 的水泥颗粒才具有较高的活性,大于 90 μm 的颗粒几乎接近惰性。通常情况下,水泥越细,凝结硬化越快,强度(特别是早期强度)越高,收缩也增大。但水泥越细,越易吸收空气中的水分而受潮形成絮凝团,反而使水泥活性降低。此外,提高水泥的细度要增加粉磨时的能耗,降低粉磨设备的生产率,增加成本。

国家标准规定,硅酸盐水泥和普通硅酸盐水泥的细度采用比表面积测定仪(勃氏法)检验,矿渣硅酸盐水泥、火山灰质硅酸盐水泥、粉煤灰硅酸盐水泥和复合矿渣硅酸盐水泥的细度采用 80 μm 方孔筛筛余或 45 μm 方孔筛筛余来表示。

标准稠度用
水量测试视频

### 2. 标准稠度用水量

由于加水量的多少,对水泥的一些技术性质(如凝结时间等)的测定值影响很大,故测定这些性质时,必须在一个规定的稠度下进行,这个规定的稠度称为标准稠度。水泥净浆达到标准稠度时,所需的拌和水量占水泥质量的百分比,称为标准稠度用水量。水泥熟料矿物的成分和细度不相同时,其标准稠度用水量也不相同。

### 3. 凝结时间

水泥从加水开始到失去流动性所需要的时间称为凝结时间。凝结时间又分为初凝时间和终凝时间。初凝时间是指从水泥加水拌和到水泥浆开始失去流动性所需要的时间;终凝时间为从水泥加水拌和到水泥浆完全失去流动性,并开始具有强度所需要的时间。

水泥凝结时间的测定是采用标准稠度的水泥净浆,在规定的温湿度条件下,用标准法维卡仪来测定(见本单元试验技能训练)。

规定水泥的凝结时间,在施工中具有重要意义。初凝时间不宜过早是为了有足够的时间对混凝土进行搅拌、运输、浇筑和振捣等操作;终凝时间不宜过长是为了使混凝土尽快硬化,产生强度,以便尽快拆模,提高模板周转率,缩短工期。

安定性仪
器设备

### 4. 安定性

水泥凝结硬化过程中,体积变化是否均匀稳定的性质称为安定性。硅酸盐水泥在凝结硬化过程中的体积收缩,绝大部分是在硬化之前完成的,因此,水泥石(包括混凝土和砂浆)的体积变化比较均匀稳定,即安定性良好。如果水泥中某些成分的化学反应不能在硬化前完成而在硬化后进行,并伴随体积不均匀的变化,便会在已硬化的水泥石内部产生内应力,达到一定程度时会使水泥石开裂,即安定性不良。水泥安定性不良,一般是熟料中所含游离氧化钙、游离氧化镁过多或生产时掺入的石膏过多等原因所造成的。

国家标准规定:由游离的 CaO 过多引起的水泥安定性不良可用沸煮法(分雷氏法和试饼法)检验,在有争议时以雷氏法为准(见本单元试验技能训练)。

由于游离 MgO 的水化作用比游离 CaO 更加缓慢,所以必须用压蒸方法才能检验出它的危害作用。石膏的危害则需长期浸在常温水中才能发现。

**5. 强度**

水泥的强度是表征水泥力学性能的重要指标,它与水泥的矿物组成、水泥细度、水灰比大小、水化龄期和环境温度等有关,为了统一试验结果的可比性,水泥强度必须按《水泥胶砂强度检验方法(IOS 法)》(GB/T 17671—2021)检验(见本单元试验技能训练)。

水泥胶砂强度
检测主要设备

国家标准规定:将水泥、标准砂及水按规定比例(水泥∶标准砂∶水 = 1∶3∶0.5),用规定方法制成的规格为 40 mm×40 mm×160 mm 的标准试件,在标准条件[1 d 内为(20±1) ℃、相对湿度 90% 以上的养护箱中,1 d 后放入(20±1) ℃的水中]下养护,测定其 3 d 和 28 d 龄期时的抗折强度和抗压强度。根据 3 d 和 28 d 时的抗折强度和抗压强度划分水泥的强度等级,并按照 3 d 强度的大小分为普通型和早强型(用 R 表示)。

**6. 水化热**

水泥在水化过程中所放出的热量,称为水泥的水化热。大部分的水化热是在水化初期(3~7 d 内)放出的,以后则逐步减少。水泥放热量大小及放热速度与水泥熟料的矿物组成和细度有关。硅酸盐水泥水化热很大,冬期施工时,水化热有利于水泥的正常凝结硬化。但对于大体积混凝土工程,如大型基础、大坝、桥墩等,水化热是有害的因素。由于混凝土本身是热的不良导体,积聚在内部的热量不易散出,常使内部温度高达 50~60 ℃。由于混凝土表面散热很快,内外温差引起的应力可使混凝土产生裂缝。所以,水化热是大体积混凝土施工时必须要考虑的问题。水化热还容易在水泥混凝土结构中引起微裂缝,影响混凝土结构的完整性。因此,大体积混凝土中一般要严格控制水泥的水化热。

# 项目二 硅酸盐水泥

硅酸盐水泥是由硅酸盐水泥熟料、0~5% 石灰石或粒化高炉矿渣、适量石膏经磨细制成的水硬性胶凝材料。硅酸盐水泥分为两种类型,一种是不掺加混合材料的,称为 Ⅰ 型硅酸盐水泥,其代号为 P·Ⅰ;另一种是掺加不超过 5% 石灰石或粒化高炉矿渣混合材料的,称为 Ⅱ 型硅酸盐水泥,其代号为 P·Ⅱ。

## 一、硅酸盐水泥的水化、凝结和硬化

### (一)硅酸盐水泥的水化

水泥加水拌和后,水泥颗粒立即分散于水中并与水发生化学反应,生成水化产物并放出热量。其反应式如下:

$$3CaO \cdot SiO_2 + H_2O \longrightarrow 3CaO \cdot 2SiO_2 \cdot 3H_2O + Ca(OH)_2$$
$$\text{(水化硅酸钙)} \qquad \text{(氢氧化钙)}$$
$$2CaO \cdot SiO_2 + H_2O \longrightarrow 3CaO \cdot 2SiO_2 \cdot 3H_2O + Ca(OH)_2$$
$$\text{(水化硅酸钙)} \qquad \text{(氧氧化钙)}$$

$$3CaO \cdot Al_2O_3 + H_2O \longrightarrow 3CaO \cdot Al_2O_3 \cdot 6H_2O$$
$$（水化铝酸三钙）$$

$$4CaO \cdot Al_2O_3 \cdot Fe_2O_3 + H_2O \longrightarrow 3CaO \cdot Al_2O_3 \cdot 6H_2O + CaO \cdot Fe_2O_3 \cdot H_2O$$
$$（水化铝酸三钙）\qquad （水化铁酸钙）$$

$$3CaO \cdot Al_2O_3 \cdot 6H_2O + CaSO_4 \cdot 2H_2O + H_2O \longrightarrow 3CaO \cdot Al_2O_3 \cdot 3CaSO_4 \cdot 31H_2O$$
$$水化硫铝酸钙（钙矾石）$$

水化反应后生成的主要水化产物有两种类型,一种为凝胶体,另一种为晶体。其中,水化硅酸钙和水化铁酸钙为凝胶体,氢氧化钙、水化铝酸三钙、水化硫铝酸钙为晶体。在完全水化的水泥石中,凝胶体约占70%,氢氧化钙约占20%。

**（二）硅酸盐水泥的凝结**

水泥加水拌和后发生剧烈的水化反应,一方面使水泥浆中的自由水分逐渐减少;另一方面,由于结晶和析出的水化产物逐渐增多,水泥颗粒表面的新生物厚度逐渐增大,水泥浆中固体颗粒间的间距逐渐减少,越来越多的颗粒相互连接形成了骨架结构。此时,水泥浆便开始慢慢失去流动性,表现为水泥的初凝。

由于铝酸三钙水化最快,会使水泥很快凝结,使得工程中缺少足够的时间进行操作。为此,水泥中加入了适量的石膏,加入石膏后,一旦铝酸三钙开始水化,石膏会与水化铝酸三钙反应生成针状的钙矾石。而随着钙矾石数量的增多,会形成一层保护膜覆盖在水泥颗粒的表面,阻止水泥颗粒表面的水化产物向外扩散,降低了水泥的水化速度,使水泥的初凝时间得以延缓。

当掺入水泥的石膏消耗殆尽时,水泥颗粒表面的钙矾石覆盖层一旦被水泥水化物的积聚所胀破,铝酸三钙等矿物会再次快速水化,水泥颗粒间逐渐相互靠近,直至连接形成骨架。此过程表现为水泥浆塑性逐渐消失,直到终凝。

**（三）硅酸盐水泥的硬化**

随着水泥水化的不断进行,凝结后的水泥浆结构内部孔隙不断被新生水化物填充,使其结构的强度不断增长,即使已形成坚硬的水泥石,只要条件适宜,其强度仍在缓慢增长。因此,硅酸盐水泥的硬化在长时期内是一个无休止的过程。

硅酸盐水泥的水化速度表现为早期快后期慢,特别是在最初的3～7 d内水泥的水化速度最快,所以硅酸盐水泥的早期强度发展得最快。

硬化后的水泥浆体称为水泥石,主要是由凝胶体(胶体)、晶体、未水化的水泥熟料颗粒、毛细孔及游离水分等组成。

水泥石的硬化程度越高,凝胶体含量越多,未水化的水泥颗粒和毛细孔含量越少,水泥石的强度就越高。

**（四）影响水泥凝结硬化的主要因素**

**1. 水泥的熟料矿物组成及细度**

水泥熟料中各种矿物的凝结硬化特点不同,当水泥中各矿物的相对含量不同时,水泥的凝结硬化特点就不同。水泥熟料的各种矿物凝结硬化特点见表3-2。

水泥磨得愈细,水泥颗粒平均粒径小,比表面积大,水化时与水的接触面大,水化速度快,相应地,水泥凝结硬化速度就快,早期强度就高。

### 2. 水灰比

水灰比是指水泥浆中水与水泥的质量之比。当水泥浆中加水较多时,水灰比较大,此时水泥的初期水化反应得以充分进行;但是水泥颗粒间由于被水隔开的距离较远,颗粒间相互连接形成骨架结构所需的凝结时间长,所以水泥浆凝结得较慢。

水泥完全水化所需的水灰比为 0.3 左右,而实际工程中往往加入更多的水以便利用水的润滑取得较好的塑性。当水泥浆的水灰比较大时,多余的水蒸发后形成的孔隙较多,造成水泥石的强度较低,因此,当水灰比过大时,会明显降低水泥的强度。

### 3. 石膏的掺量

生产水泥时掺入的石膏,主要是作为缓凝剂使用,以延缓水泥的凝结硬化速度。掺入石膏后,由于钙矾石晶体的生成,还能改善水泥石的早期强度。但是石膏的掺量过多时,不仅不能缓凝,而且可能对水泥石的后期性能造成危害。

### 4. 环境温度和湿度

水泥水化反应的速度与环境的温度有关,只有处于适当温度下,水泥的水化、凝结和硬化才能进行。通常,温度较高时,水泥的水化、凝结和硬化速度就较快。温度降低,则水化作用延缓,强度增长缓慢,当环境温度低于 0 ℃时,水化反应停止,水分结冰会导致水泥石冻裂,破坏其结构。温度的影响主要表现在水泥水化的早期阶段,对后期影响不大,水泥水化是水泥与水之间的反应,只有在水泥颗粒表面保持有足够的水分,水泥的水化、凝结硬化才能充分进行。环境湿度大,水分不易蒸发,水泥的水化及凝结硬化就能够保持足够的化学用水。如果环境干燥,水泥浆中的水分蒸发过快,当水分蒸发完毕后,水化作用将无法继续进行,硬化即停止,强度也不再增长,甚至还会在制品表面产生干缩裂缝。因此,使用水泥时必须注意养护,使水泥在适宜的温度及湿度环境中进行硬化,从而使其强度不断增长。

### 5. 龄期

水泥的水化、硬化是一个较长时期内不断进行的过程,随着水泥颗粒内各熟料矿物水化程度的提高,凝胶体不断增加,孔隙不断减少,使水泥的强度随龄期增长而增加。实践证明,水泥一般在 28 d 内强度发展较快,28 d 后强度增长缓慢。

### 6. 外加剂的影响

硅酸盐水泥的水化、凝结硬化受硅酸三钙、铝酸三钙的制约,凡对硅酸三钙和铝酸三钙的水化能产生影响的外加剂,都能改变硅酸盐水泥的水化、凝结硬化性能。如加入促凝剂（$CaCl_2$、$Na_2SO_4$ 等）就能促进水泥水化、硬化,提高早期强度。相反,掺加缓凝剂（木钙、糖类等）就会延缓水泥的水化、硬化,影响水泥早期强度的发展。

## 二、硅酸盐水泥的技术要求

### （一）细度

国家标准《通用硅酸盐水泥》(GB 175—2007)规定:硅酸盐水泥的细度以比表面积表示,其比表面积应不小于 300 $m^2/kg$。

### （二）凝结时间

国家标准《通用硅酸盐水泥》(GB 175—2007)规定:硅酸盐水泥的初凝时间不得早于45 min,终凝时间不得迟于 390 min。

## (三)安定性

国家标准《通用硅酸盐水泥》(GB 175—2007)规定:水泥出厂时,硅酸盐水泥氧化镁的含量(质量分数)不得超过 5.0%,如经压蒸安定性检验合格,允许放宽到 6.0%;硅酸盐水泥中三氧化硫的含量(质量分数)不得超过 3.5%;沸煮法检验必须合格。

## (四)强度

各强度等级的硅酸盐水泥各龄期强度不得低于表 3-4 中的数值,如有一项指标低于表中数值,则应降低强度等级,直到四个数值全部满足表中规定。

表 3-4  硅酸盐水泥各强度等级、各龄期的强度值(GB 175—2007)

| 强度等级 | 抗压强度/MPa | | 抗折强度/MPa | |
|---|---|---|---|---|
| | 3 d | 28 d | 3 d | 28 d |
| 42.5 | ≥17.0 | ≥42.5 | ≥3.5 | ≥6.5 |
| 42.5R | ≥22.0 | ≥42.5 | ≥4.0 | ≥6.5 |
| 52.5 | ≥23.0 | ≥52.5 | ≥4.0 | ≥7.0 |
| 52.5 R | ≥27.0 | ≥52.5 | ≥5.0 | ≥7.0 |
| 62.5 | ≥28.0 | ≥62.5 | ≥5.0 | ≥8.0 |
| 62.5R | ≥32.0 | ≥62.5 | ≥5.5 | ≥8.0 |

注:R 为早强型。

## 三、水泥石的腐蚀与防止措施

### (一)水泥石腐蚀的类型

硅酸盐水泥硬化以后在通常的使用条件下,有较好的耐久性。但在某些腐蚀性介质作用下,会逐渐受到损害,强度降低,性能改变,严重时会引起整个工程结构的破坏。引起水泥石腐蚀的原因很多,腐蚀是一个相当复杂的过程,主要有以下几种腐蚀类型。

**1. 软水侵蚀(溶出性侵蚀)**

软水是不含或仅含少量钙、镁等可溶性盐的水。雨水、雪水、蒸馏水、工厂冷凝水以及含重碳酸盐甚少的河水与湖水等均属软水。软水能使水化产物中的 $Ca(OH)_2$ 溶解,并促使水泥石中其他水化产物发生分解,故软水侵蚀又称为"溶出性侵蚀"。

各种水化产物与水作用时,因为 $Ca(OH)_2$ 的溶解度最大,所以首先被溶出。在水量不多或无水压的静水情况下,由于周围的水迅速被溶出的 $Ca(OH)_2$ 所饱和,溶出作用很快就中止,破坏作用仅发生于水泥石的表面部位,危害不大。但在大量水或流动水中,$Ca(OH)_2$ 会不断溶出,特别是当水泥石渗透性较大而又受压力水作用时,水不仅能渗入水泥石内部,而且还能产生渗流作用,将 $Ca(OH)_2$ 溶解并渗滤出来,因此会减小水泥石的密实度,影响其强度,而且由于液相中 $Ca(OH)_2$ 的浓度降低,还会破坏原来水化物间的平衡碱度,而引起其他水化产物的溶解或分解。最后,变成一些无胶结能力的硅酸凝胶、氢氧化铝、氢氧化铁等,水泥石结构彻底破坏。

**2. 酸类侵蚀(溶解性侵蚀)**

硅酸盐水泥水化生成物呈碱性,其中含有较多的 $Ca(OH)_2$,当遇到酸类或酸性水时则会发生中和反应,生成比 $Ca(OH)_2$ 溶解度大的盐类,导致水泥石受损破坏。

1) 碳酸的侵蚀

在工业污水、地下水中常溶解有较多的二氧化碳,这种碳酸水对水泥石的侵蚀作用如下:

$$Ca(OH)_2+CO_2+H_2O \longrightarrow CaCO_3+H_2O$$

最初生成的 $CaCO_3$ 溶解度不大,但继续处于浓度较高的碳酸水中,则碳酸钙与碳酸水进一步反应。

$$CaCO_3+CO_2+H_2O \longrightarrow Ca(HCO_3)_2$$

该反应为可逆反应,当水中溶有较多的 $CO_2$ 时,则上述反应向右进行。生成的碳酸氢钙溶解度大,水泥石中的 $Ca(OH)_2$ 与碳酸水反应生成碳酸氢钙而溶失,$Ca(OH)_2$ 浓度的降低又会导致其他水化产物的分解,使腐蚀作用进一步加剧。

2) 一般酸的腐蚀

工业废水、地下水、沼泽水中常含有多种无机酸、有机酸。工业窑炉的烟气中常含有 $SO_2$,遇水后生成亚硫酸。各种酸类都会对水泥石造成不同程度的损害。其损害作用是酸类与水泥石中的 $Ca(OH)_2$ 发生化学反应,生成物或者易溶于水,或者体积膨胀使水泥石中产生内应力而导致破坏。无机酸中的盐酸、硝酸、硫酸、氢氟酸和有机酸中的醋酸、蚁酸、乳酸的腐蚀作用尤为严重。以盐酸、硫酸与水泥石中的 $Ca(OH)_2$ 的作用为例,其反应式如下:

$$Ca(OH)_2+HCl \longrightarrow CaCl_2+H_2O$$
$$Ca(OH)_2+H_2SO_4 \longrightarrow CaSO_4 \cdot 2H_2O$$

反应生成的 $CaCl_2$ 易溶于水,生成的二水石膏($CaSO_4 \cdot 2H_2O$)结晶膨胀,还会进一步引起硫酸盐的腐蚀作用。

**3. 盐类腐蚀**

1) 硫酸盐及氯盐腐蚀(膨胀型腐蚀)

在一些湖水、海水、沼泽水、地下水以及某些工业污水中常含硫酸盐,它们会先与硬化的水泥石结构中的氢氧化钙发生置换反应,生成硫酸钙。硫酸钙再与水泥石中的水化铝酸三钙发生反应,生成高硫型水化硫铝酸钙。

$$3CaO \cdot Al_2O_3 \cdot 6H_2O+3(CaSO_4 \cdot 2H_2O)+19H_2O \Longrightarrow 3CaO \cdot Al_2O_3 \cdot 3CaSO_4 \cdot 31H_2O$$

生成的高硫型水化硫铝酸钙含有大量结晶水,其体积较原体积增加 2 倍多,产生巨大的膨胀应力,因此对水泥石的破坏作用大,高硫型水化硫铝酸钙呈针状晶体,俗称"水泥杆菌"。

当水中硫酸盐浓度较高时,硫酸钙会在孔隙中直接结晶成二水石膏,造成膨胀压力,引起水泥石的破坏。

氯盐会对水泥石尤其是钢筋产生严重锈蚀,这里主要介绍对水泥石的影响。氯盐进入水泥石主要有两种途径:一种是施工过程中掺加氯盐外加剂或在拌和水中含有氯盐成分而混入;另一种是由于环境中所含氯盐渗透到水泥石中,腐蚀机理是 $NaCl$ 和 $CaCl_2$ 等氯盐同水泥中的水化铝酸三钙作用生成膨胀性的复盐,使已硬化的水泥石破坏,反应式如下:

$$3CaO \cdot Al_2O_3 \cdot 6H_2O+CaCl_2+H_2O \longrightarrow 3CaO \cdot Al_2O_3 \cdot CaCl_2 \cdot 10H_2O$$

2) 镁盐腐蚀(双重腐蚀)

在海水及地下水中,常含有大量的镁盐,主要是硫酸镁和氯化镁。它们与水泥石中的氢氧化钙发生置换作用,反应式如下:

$$MgSO_4+Ca(OH)_2+H_2O \longrightarrow CaSO_4 \cdot 2H_2O+Mg(OH)_2$$

$$MgCl_2 + Ca(OH)_2 \longrightarrow CaCl_2 + Mg(OH)_2$$

生成的氢氧化镁松软而无胶凝能力,氯化钙易溶于水,二水石膏则引起硫酸盐的破坏作用。因此,镁盐腐蚀属于双重腐蚀,腐蚀特别严重。

**4. 强碱腐蚀**

硅酸盐水泥水化产物呈碱性,一般碱类溶液浓度不大时不会造成明显损害。但铝酸盐($C_3A$)含量较高的硅酸盐水泥遇到强碱(如 NaOH)会发生反应,生成的铝酸钠易溶于水,反应式如下:

$$3CaO \cdot Al_2O_3 + NaOH \longrightarrow Na_2O \cdot Al_2O_3 + Ca(OH)_2$$

当水泥石被氢氧化钠浸透后又在空气中干燥,则溶于水的铝酸钠会与空气中的 $CO_2$ 反应生成碳酸钠,由于失去水分,碳酸钠在水泥石毛细管中结晶膨胀,引起水泥石疏松、开裂。

上述各类型侵蚀作用,可以概括为下列三种破坏形式。

第一种破坏形式是溶解性侵蚀。主要是介质将水泥石中的某些组分逐渐溶解带走,造成溶失性破坏。

第二种破坏形式是离子交换。侵蚀性介质与水泥石的组分发生离子交换反应,生成容易溶解或是没有胶结能力的产物,破坏了原有的结构。

第三种破坏形式是形成膨胀组分。在侵蚀性介质的作用下所形成的盐类结晶长大时体积增加,产生有害的内应力,导致膨胀性破坏。

值得注意的是,在实际工程中,水泥石的腐蚀往往是多种腐蚀介质同时存在的一个极其复杂的物理化学作用过程。引起水泥石腐蚀的外部因素是侵蚀介质。而内在因素主要有:一是水泥石中含有易引起腐蚀的组分,即 $Ca(OH)_2$ 和水化铝酸三钙($3CaO \cdot Al_2O_3 \cdot 6H_2O$);二是水泥石不密实,水泥水化反应理论需水量仅为水泥质量的 23% 左右,而实际应用时拌和用水量多为 40%~70%,多余水分会形成毛细管和孔隙存在于水泥石中,侵蚀性介质不仅在水泥石表面起作用,而且易于进入水泥石内部引起严重破坏。

由于硅酸盐水泥(P·Ⅰ、P·Ⅱ)水化生成物中,$Ca(OH)_2$ 和水化铝酸三钙含量较多,所以其耐侵蚀性较其他水泥差。掺混合材料的水泥水化反应生成物中 $Ca(OH)_2$ 明显减少,其耐侵蚀性比硅酸盐水泥显著提高。

**(二)防止水泥石腐蚀的措施**

**1. 根据侵蚀环境特点,合理选用水泥品种**

水泥石中引起腐蚀的组分主要是氢氧化钙和水化铝酸三钙。当水泥石遭受软水等侵蚀时,可选用水化产物中氢氧化钙含量较少的水泥。水泥石如处在硫酸盐的腐蚀环境中,可采用铝酸三钙含量较低的抗硫酸盐水泥。在硅酸盐水泥熟料中掺入混合材料可提高水泥的抗腐蚀能力。

**2. 提高水泥石的密实度**

水泥石中的毛细管、孔隙是引起水泥石腐蚀加剧的内在原因之一。因此,提高水泥石的密实度,将使水泥石的耐侵蚀性得到改善。如采取强制搅拌、振动成型、真空吸水、掺加外加剂等措施,或在满足施工操作的前提下,努力降低水灰比,这些方法都可以改善水泥石的耐侵蚀性。

**3. 表面加做保护层**

当侵蚀作用比较强烈时,需在水泥制品表面加做保护层。保护层的材料采用耐酸石料

（石英岩、辉绿岩）、耐酸陶瓷、玻璃、塑料、沥青等。

### 四、硅酸盐水泥的特性及应用

（1）强度高：硅酸盐水泥凝结硬化快，强度高，尤其是早期强度增长率大，特别适合早期强度要求高的工程、高强混凝土结构工程和预应力混凝土工程。

（2）水化热高：硅酸盐水泥 $C_3S$ 和 $C_3A$ 含量高，早期强度高，适用于冬期施工。但高放热量对大体积混凝土工程不利，如无可靠的降温措施，不宜用于大体积混凝土工程。

（3）抗冻性好：硅酸盐水泥拌和物不易发生泌水，硬化后的水泥石密实度较大，所以抗冻性优于其他通用水泥。适用于严寒地区受反复冻融作用的混凝土工程。

（4）碱度高、抗碳化能力强：硅酸盐水泥硬化后的水泥石显示强碱性，埋于其中的钢筋在碱性环境中表面会生成一层灰色钝化膜，可保持几十年不生锈。硅酸盐水泥碱性强且密实度高，抗碳化能力强，所以特别适用于重要的钢筋混凝土结构和预应力混凝土工程。

（5）干缩小：硅酸盐水泥在硬化过程中，形成大量的水化硅酸钙凝胶体，使水泥石密实，游离水分少，不易产生干缩裂纹，可用于干燥环境的混凝土工程。

（6）耐磨性好：硅酸盐水泥强度高，耐磨性好，且干缩小，可用于路面与地面工程。

（7）耐腐蚀性差：硅酸盐水泥石中有大量的氢氧化钙和水化铝酸三钙，容易引起软水、酸类和盐类的侵蚀。所以不宜用于受流动水、压力水、酸类和硫酸盐侵蚀的工程。

（8）耐热性差：硅酸盐水泥石在温度为 250 ℃时水化物开始脱水，水泥石强度下降，当受热 700 ℃以上将遭破坏。所以硅酸盐水泥不宜单独用于耐热混凝土工程。

（9）湿热养护效果差：硅酸盐水泥经过蒸汽养护后，再经自然养护的 28 d 测得的抗压强度往往低于未经蒸养的 28 d 抗压强度。

# 项目三　掺混合材料的硅酸盐水泥

掺混合材料的硅酸盐水泥是由硅酸盐水泥熟料，加入适量混合材料及石膏共同磨细而制成的水硬性胶凝材料。

## 一、活性混合材料及其作用

磨细的活性混合材料，它们与水调和后，本身不会硬化或硬化极为缓慢。但在氢氧化钙溶液中，会发生显著水化。其水化反应式如下：

$$Ca(OH)_2 + SiO_2 + H_2O \longrightarrow xCaO_2 \cdot SiO_2 \cdot nH_2O$$
$$Ca(OH)_2 + Al_2O_3 + H_2O \longrightarrow yCa(OH)_2 \cdot Al_2O_3 \cdot nH_2O$$

生成的水化硅酸钙和水化铝酸钙具有水硬性，当有石膏存在时，水化铝酸钙还可以和石膏进一步反应生成水硬性产物水化硫铝酸钙。

当活性混合材料掺入硅酸盐水泥中与水拌和后，首先产生的反应是硅酸盐水泥熟料水化，生成氢氧化钙。然后，它与掺入的石膏作为活性混合材料的激发剂，产生前述的反应（称二次水化反应）。二次反应的速度较慢，受温度影响敏感。温度高，水化加快，强度增长迅速；反之，水化减慢，强度增长缓慢。

可以看出，活性混合材料的活性是在氢氧化钙和石膏作用下才激发出来的，故称它们为活性混合材料的激发剂，前者称为碱性激发剂，后者称为硫酸盐激发剂。

活性混合材料掺入硅酸盐水泥产生二次水化反应,其作用主要表现为强度发展先低后高,水化热降低,抗腐蚀能力加强,节省熟料、降低能耗和成本,可调整硅酸盐水泥的强度等级。

## 二、普通硅酸盐水泥

普通硅酸盐水泥,简称普通水泥,代号为 P·O,其水泥中熟料＋石膏的掺量应在 80％到 95％之间(不含 95％),允许符合标准要求的活性混合材料的掺量大于 5％且小于等于20％,其中允许用不超过水泥质量 5％的符合标准要求的窑灰或不超过水泥质量 8％的非活性混合材料来代替。

普通硅酸盐水泥的技术要求[符合国家标准(GB 175—2007)规定]如下。

(1) 细度:比表面积不小于 300 m²/kg。

(2) 凝结时间:初凝不得早于 45 min,终凝不迟于 600 min。

(3) 强度:根据 3 d 和 28 d 龄期的抗折和抗压强度,将普通硅酸盐水泥划分为 42.5、42.5R、52.5、52.5R 四个强度等级。各强度等级各龄期的强度不得低于表 3-5 中的数值。

表 3-5  普通硅酸盐水泥各强度等级、各龄期强度值(GB 175—2007)

| 强度等级 | 抗压强度/MPa | | 抗折强度/MPa | |
|---|---|---|---|---|
| | 3 d | 28 d | 3 d | 28 d |
| 42.5 | ≥17.0 | ≥42.5 | ≥3.5 | ≥6.5 |
| 42.5R | ≥22.0 | | ≥4.0 | |
| 52.5 | ≥23.0 | ≥52.5 | ≥4.0 | ≥7.0 |
| 52.5R | ≥27.0 | | ≥5.0 | |

普通硅酸盐水泥与硅酸盐水泥的差别仅在于其所含的混合材料稍多,但由于混合材料掺量较少,其矿物组成的比例仍在硅酸盐水泥的范围内,所以其性能、应用范围与硅酸盐水泥相近。与硅酸盐水泥比较,早期硬化速度稍慢;3 d 强度略低;抗冻性、耐磨性及抗碳化性稍差;水化热略有降低;耐腐蚀性稍好。普通硅酸盐水泥的其他技术性质与硅酸盐水泥相同。

## 三、矿渣硅酸盐水泥、火山灰质硅酸盐水泥、粉煤灰硅酸盐水泥和复合硅酸盐水泥

### (一)组成

矿渣硅酸盐水泥(简称矿渣水泥)根据粒化高炉矿渣掺量的不同分为 A 型与 B 型两种,A 型矿渣掺量为 20％～50％(不含 20％),代号为 P·S·A;B 型矿渣掺量为 50％～70％(不含 50％),代号为 P·S·B,其中允许用不超过水泥质量 8％且符合标准要求的活性混合材料、非活性混合材料或符合标准要求的窑灰中的任一种材料代替。

火山灰质硅酸盐水泥(简称火山灰水泥),代号为 P·P,其水泥中熟料＋石膏的掺量应为 60％～80％(不含 80％),混合材料为符合标准要求的火山灰质活性混合材料,其掺量为20％～40％(不含 20％)。

粉煤灰硅酸盐水泥(简称粉煤灰水泥),代号为 P·F。其水泥中熟料＋石膏的掺量应为60％～80％(不含 80％),混合材料为符合标准要求的粉煤灰活性混合材料,其掺量为 20％

～40%（不含20%）。

复合硅酸盐水泥（简称复合水泥），代号为 P·C。其水泥中熟料＋石膏的掺量应为50%～80%（不含80%），混合材料为两种或两种以上的活性混合材料及非活性混合材料，其掺量为20%～50%（不含20%），其中允许用不超过水泥质量8%且符合标准要求的窑灰代替。掺矿渣时混合材料掺量不得与矿渣硅酸盐水泥重复。

### （二）技术要求［符合国家标准（GB 175—2007）规定］

#### 1. 强度等级

矿渣硅酸盐水泥、火山灰质硅酸盐水泥、粉煤灰硅酸盐水泥按 3 d、28 d 龄期抗压强度及抗折强度分为 32.5、32.5R、42.5、42.5R、52.5、52.5R 六个强度等级，各强度等级、各龄期强度值不得低于表3-6中的数值。

表 3-6　矿渣水泥、火山灰水泥、粉煤灰水泥各强度等级、各龄期强度值（GB 175—2007）

| 强 度 等 级 | 抗压强度/MPa | | 抗折强度/MPa | |
| --- | --- | --- | --- | --- |
| | 3 d | 28 d | 3 d | 28 d |
| 32.5 | ≥10.0 | ≥32.5 | ≥2.5 | ≥5.5 |
| 32.5R | ≥15.0 | | ≥3.5 | |
| 42.5 | ≥15.0 | ≥42.5 | ≥3.5 | ≥6.5 |
| 42.5R | ≥19.0 | | ≥4.0 | |
| 52.5 | ≥21.0 | ≥52.5 | ≥4.0 | ≥7.0 |
| 52.5R | ≥23.0 | | ≥4.5 | |

注：R 为早强型。

复合硅酸盐水泥按 3d、28d 龄期抗折强度及抗压强度分为 42.5、42.5R、52.5、52.5R 四个等级，各强度等级、各龄期强度值不得低于表3-7中的数值。

表 3-7　复合水泥各强度等级、各龄期强度值（GB175-2007/XG3-2018通用硅酸盐水泥第3号修改单）

| 强度等级 | 抗压强度/MPa | | 抗折强度/MPa | |
| --- | --- | --- | --- | --- |
| | 3d | 28d | 3d | 28d |
| 42.5 | ≥15.0 | ≥42.5 | ≥3.5 | ≥6.5 |
| 42.5R | ≥19.0 | | ≥4.0 | |
| 52.5 | ≥21.0 | ≥52.5 | ≥4.0 | ≥7.0 |
| 52.5R | ≥23.0 | | ≥4.5 | |

#### 2. 细度

矿渣硅酸盐水泥、火山灰质硅酸盐水泥、粉煤灰硅酸盐水泥和复合硅酸盐水泥的细度以筛余率表示，80 μm 方孔筛筛余不大于10%或45 μm 方孔筛筛余不大于30%（见本单元试验技能训练）。

#### 3. 凝结时间与体积安定性

初凝时间不得早于45 min，终凝时间不大于600 min。体积安定性用沸煮法检验合格。

除上述技术要求外，国家标准还对这四种水泥的氧化镁含量、三氧化硫含量、氯离子含量等化学成分作了明确规定，参见表3-3。

（三）性能与使用

矿渣水泥、火山灰水泥、粉煤灰水泥和复合水泥都是在硅酸盐水泥熟料基础上掺入较多的活性混合材料,再加上适量石膏共同磨细制成的。由于活性混合材料的掺量较多,且活性混合材料的化学成分基本相同,因此它们具有一些相似的性质。这些性质与硅酸盐水泥或普通水泥相比,有明显的不同。又由于混合材料结构上的不同,它们相互之间又具有一些不同的特性,这就决定了它们的特点和应用。所以我们从这些水泥的共性和个性两个方面来阐述它们的性质。

**1. 矿渣水泥、火山灰水泥、粉煤灰水泥和复合水泥的共性**

（1）密度较小。硅酸盐水泥、普通水泥的密度范围一般在 $3.05\sim3.20\ \text{g/cm}^3$ 之间,掺较多混合材料的硅酸盐水泥,由于混合材料的密度较小,密度一般为 $2.7\sim3.10\ \text{g/cm}^3$。

（2）早期强度比较低,后期强度增长较快。掺较多混合材料的硅酸盐水泥中水泥熟料含量相对减少,加水拌和以后,首先是熟料矿物的水化,熟料水化以后析出的氢氧化钙作为碱性激发剂激发混合材料水化,生成水化硅酸钙、水化硫铝酸钙等水化产物。因此早期强度比较低,后期由于二次水化的不断进行,水化产物增多,使得后期强度发展较快。

复合水泥因掺用两种或两种以上混合材料,相互之间能够取长补短,使水泥性能比掺单一混合材料的有所改善,其早期强度要求与同标号普通水泥强度要求相同。

（3）对养护温度、湿度敏感,适合蒸汽养护。掺较多活性混合材料的硅酸盐水泥水化温度降低时,水化速度明显减弱,强度发展慢。提高养护温度可以促进活性混合材料的水化,提高早期强度,且对后期强度发展影响不大。而硅酸盐水泥或普通水泥,蒸汽养护可提高早期强度,但后期强度发展要受到一定影响。

（4）水化热小。由于这几种水泥掺入了大量混合材料,水泥熟料含量较少,放热量大的 $C_3A$、$C_3S$ 相对减少。因此,水化热小,适用于大体积混凝土施工。

（5）耐腐蚀性较好。由于熟料含量少,水化以后生成的氢氧化钙少,且二次水化还要进一步消耗氢氧化钙,使水泥石结构中氢氧化钙的含量更低。因此,抵抗海水、软水及硫酸盐腐蚀性介质的作用较强。

（6）抗冻性、耐磨性不及硅酸盐水泥或普通水泥。

**2. 矿渣水泥、火山灰水泥、粉煤灰水泥和复合水泥的个性**

（1）矿渣水泥:矿渣水泥为玻璃态的物质,难磨细,对水的吸附能力差,故其保水性差,泌水性大。由于矿渣经过高温,矿渣水泥硬化后氢氧化钙的含量又比较少,因此,矿渣水泥的耐热性比较好。

（2）火山灰水泥:火山灰质混合材料的结构特点是疏松多孔,内比表面积大。其特点是易吸水、易反应。在潮湿的条件下养护,可以形成较多的水化产物,水泥石结构致密,从而具有较高的抗渗性和耐水性。如处于干燥环境中,所吸收的水分会蒸发,体积收缩,产生裂缝。因此,火山灰水泥不宜用于长期处于干燥环境和水位变化区的混凝土工程。

（3）粉煤灰水泥:粉煤灰与其他天然火山灰相比,结构较致密,比表面积小,有很多球形颗粒,吸水能力较弱,所以粉煤灰水泥需水量比较低,抗裂性较好。尤其适用于大体积水工混凝土以及地下和海港工程等。

（4）复合水泥:复合水泥中掺用两种以上混合材料,混合材料的作用会相互补充、取长补短。如矿渣水泥中掺石灰石能改善矿渣水泥的泌水性,提高早期强度;在需水性大的火山灰水泥中掺入矿渣等,能有效减少水泥需水量。复合水泥的使用,应搞清楚所掺的主要混合材料。复合水泥包装袋上均标明了主要混合材料的名称。

硅酸盐水泥、普通水泥、矿渣水泥、火山灰水泥、粉煤灰水泥和复合水泥是建设工程中常用的水泥。它们的主要性能与应用见表 3-8。

表 3-8 通用水泥的性能与应用

| 水泥 | 硅酸盐水泥 | 普通水泥 | 矿渣水泥 | 火山灰水泥 | 粉煤灰水泥 | 复合水泥 |
|---|---|---|---|---|---|---|
| 主要成分 | 硅酸盐水泥熟料,0%～5%混合材料,适量石膏 | 硅酸盐水泥熟料,含量大于5%且小于等于20%,混合材料,适量石膏 | 硅酸盐水泥熟料,含量大于20%且小于等于70%,粒化高炉矿渣,适量石膏 | 硅酸盐水泥熟料,含量大于20%小于等于40%,火山灰质混合材料,适量石膏 | 硅酸盐水泥熟料,含量大于20%小于等于40%,粉煤灰,适量石膏 | 硅酸盐水泥熟料,含量大于20%且小于等于50%,两种及两种以上混合材料,适量石膏 |
| 特性 | 1. 强度高 2. 快硬早强 3. 抗冻耐磨性好 4. 水化热大 5. 耐腐蚀性较差 6. 耐热性较差 | 1. 早期强度较高 2. 抗冻性较好 3. 水化热较大 4. 耐腐蚀性较差 5. 耐热性较差 | 1. 强度早期低但后期增长快 2. 强度发展对温湿度敏感 3. 水化热低 4. 耐软水、海水硫酸盐腐蚀性较好 5. 耐热性较好 6. 抗冻、抗渗性较差 | 1. 抗渗性较好,耐热性不及矿渣水泥,干缩大,耐磨性差 2. 其他同矿渣水泥 | 1. 干缩性较小,抗裂性较好 2. 其他同矿渣水泥 | 1. 早期强度较高 2. 其他性能与掺主要混合材料的水泥接近 |
| 适用范围 | 1. 高强度混凝土 2. 预应力混凝土 3. 快硬早强结构 4. 抗冻混凝土 | 1. 一般的混凝土 2. 预应力混凝土 3. 地下与水中结构 4. 抗冻混凝土 | 1. 水中、地下大体积混凝土 2. 一般耐热要求的混凝土 3. 要蒸汽养护的混凝土、耐腐蚀要求的混凝土 | 1. 地下、水中、抗渗大体积混凝土 2. 其他同矿渣水泥 | 1. 地上、地下与水中大体积混凝土 2. 其他同矿渣水泥 | 1. 早期强度较高的工程 2. 其他与掺主要混合材料的水泥类似 |
| 不适用范围 | 1. 大体积混凝土 2. 易受腐蚀的混凝土 3. 耐热混凝土,高温养护混凝土 | 1. 早期强度要求较高的混凝土 2. 严寒地区及处在水位升降的范围内的混凝土 | 1. 干燥环境及处在水位变化范围内的混凝土 2. 有耐磨要求的混凝土 3. 其他同矿渣水泥 | 1. 抗碳化要求的混凝土 2. 有抗渗要求的混凝土 3. 其他同火山灰质水泥 | 与掺主要混合材料的水泥类似 | |

### 四、水泥的储运与验收

#### (一) 质量评定

通用硅酸盐水泥性能中,凡化学指标中任一项及凝结时间、强度、安定性中的任一项不符合标准规定时判定为不合格品。

#### (二) 储运与包装

水泥的包装方式,主要有散装和袋装。散装水泥从出厂、运输、储存到使用,必须通过专用运输工具进行。袋装水泥一般采用 50 kg 包装袋的形式。国家标准规定:袋装水泥每袋净含量为 50 kg,且应不少于标志质量的 99%;随机抽取 20 袋总质量(含包装袋)应不少于1000 kg。其他包装形式由供需双方协商确定,但有关袋装质量要求,应符合标准规定。水泥包装袋上应清楚标明执行标准、水泥品种、代号、强度等级、生产者名称、生产许可证标志(QS)及编号、出厂编号、包装日期、净含量。散装发运时应提交与袋装标志相同内容的卡片。为了便于识别,硅酸盐水泥和普通水泥包装袋上要求用红字印刷,矿渣水泥包装袋上要求采用绿字印刷,火山灰水泥、粉煤灰水泥和复合水泥则要求采用黑字或蓝字印刷。

水泥在运输和保管时,不得混入杂物。不同品种、强度等级的水泥,应分别储存,并标识出来,不得混杂。散装水泥应分库存放。袋装水泥堆放时应考虑防水防潮,堆置高度一般不超过 10 袋,每平方米可堆放 1 t 左右。使用时应考虑先存先用的原则。存放期一般不超过3 个月。即使在储存良好的条件下,因为水泥会吸收空气中的水分缓慢水化而降低强度。袋装水泥储存 3 个月后,强度降低 10%~20%;6 个月后,降低 15%~30%;1 年后降低25%~40%。

### 五、水泥的验收与复验

经确认水泥各项技术指标及包装质量符合要求时方可出厂,水泥出厂时应附检验报告。检验报告内容应包括出厂检验项目、细度、混合材料品种和掺加量、石膏和助磨剂的品种及掺加量、属旋窑或立窑生产及合同约定的其他技术要求。当用户需要时,生产者应在水泥发出之日起 7 d 内寄发除 28 d 强度以外的各项检验结果,32 d 内补报 28 d 强度的检验结果。

交货时水泥的质量验收可抽取实物试样以其检验结果为依据,也可以生产者同编号水泥的检验报告为依据。采取何种方法验收由买卖双方商定,并在合同或协议中注明。卖方有告知买方验收方法的责任。当无书面合同或协议,或未在合同、协议中注明验收方法的,卖方应在发货票上注明"以本厂同编号水泥的检验报告为验收依据"字样。

以抽取实物试样的检验结果为验收依据时,买卖双方应在发货前或交货地共同取样和签封。取样数量为 20 kg,缩分为二等份。一份由卖方保存 40 d,另一份由买方按本标准规定的项目和方法进行检验。

在 40 d 以内,买方检验认为产品质量不符合标准规定要求,而卖方又有异议时,则双方应将卖方保存的另一份试样送省级或省级以上国家认可的水泥质量监督检验机构进行仲裁检验。水泥安定性仲裁检验时,应在取样之日起 10 d 以内完成。

以生产者同编号水泥的检验报告为验收依据时,在发货前或交货时买方在同编号水泥中取样,双方共同签封后由卖方保存 90 d,或认可卖方自行取样、签封并保存 90 d 的同编号水泥的封存样。

在 90 d 内,买方对水泥质量有疑问时,则买卖双方应将共同认可的试样送省级或省级以上国家认可的水泥质量监督检验机构进行仲裁检验。

水泥进场以后应立即进行复验,为确保工程质量,应严格贯彻先检验后使用的原则。水泥复验的周期较长,一般要 1 个月。

# 项目四 其他品种水泥

## 一、高铝水泥

高铝水泥(也称矾土水泥)是以铝矾土和石灰为原料,按一定比例混合,经煅烧、磨细所制得的一种以铝酸盐为主要成分的水硬性胶凝材料,又称铝酸盐水泥。

### (一)高铝水泥的矿物组成

高铝水泥主要矿物成分为铝酸一钙($CaO \cdot Al_2O_3$,简写为 CA),其含量约占高铝水泥质量的 70%,此外还有少量的硅酸二钙($C_2S$)与其他铝酸盐,如七铝酸十二钙($12CaO \cdot 7Al_2O_3$,简写为 $C_{12}A_7$)、二铝酸一钙($CaO \cdot 2Al_2O_3$,简写为 $CA_2$)和硅铝酸二钙($2CaO \cdot Al_2O_3 \cdot SiO_2$,简写为 $C_2AS$)等。

### (二)高铝水泥的水化和硬化

高铝水泥的水化和硬化主要是铝酸一钙的水化和水化物结晶。其水化产物随温度的不同而不同。当温度低于 20 ℃时,其主要的反应式为

$$CaO \cdot Al_2O_3 + H_2O \longrightarrow CaO \cdot Al_2O_3 \cdot 10H_2O$$
水化铝酸一钙(简写为 $CAH_{10}$)

当温度为 20~30 ℃时,其主要的反应式为

$$CaO \cdot Al_2O_3 + H_2O \longrightarrow 2CaO \cdot Al_2O_3 \cdot 8H_2O + Al_2O_3 \cdot 3H_2O$$
水化铝酸二钙(简写为 $C_2AH_8$)

当温度高于 30 ℃时,其主要的反应式为

$$CaO \cdot Al_2O_3 + H_2O \longrightarrow 3CaO \cdot Al_2O_3 \cdot 6H_2O + Al_2O_3 \cdot 3H_2O$$
水化铝酸三钙(简写为 $C_3AH_6$)

水化产物 $CAH_{10}$ 和 $C_2AH_8$ 为针状或板状结晶,能相互交织成坚固的结晶合成体,析出的氢氧化铝,填充于晶体骨架的空隙中,形成比较致密的结构,使水泥石获得很高的强度。水化反应集中在早期,5~7 d 后水化物的数量很少增加。所以,高铝水泥早期强度增长很快。

$CAH_{10}$ 和 $C_2AH_8$ 属亚稳定晶体,随时间增长,会逐渐转化为比较稳定的 $C_3AH_6$,转化过程随着温度的升高而加快。转化结果使水泥石内析出游离水,增大了孔隙体积,同时由于 $C_3AH_6$ 晶体本身缺陷较多,强度较低,因而水泥石强度明显降低。

### (三)高铝水泥的技术性质

高铝水泥呈黄、褐或灰色。国家标准规定:高铝水泥的细度要求比表面积不小于 300 $m^2/kg$ 或 $45\mu m$ 方孔筛筛余不得超过 20%;初凝时间 CA-50、CA-70、CA-80 不得早于 30 min,CA-60 不得早于 60 min;终凝时间 CA-50、CA-70、CA-8 不得迟于 6 h,CA-60 不得迟于

18 h。体积安定性必须合格。高铝水泥分为 CA-50、CA-60、CA-70、CA-80 四种类型,强度要求见表 3-9。

表 3-9　铝酸盐水泥各龄期强度值(GB 201—2015)

| 类型 | | 抗压强度/MPa | | | | 抗折强度/MPa | | | |
|---|---|---|---|---|---|---|---|---|---|
| | | 6h | 1d | 3d | 28d | 6h | 1d | 3d | 28d |
| CA—50 | CA50—Ⅰ | 20 * | 40 | 50 | — | 3.0 * | 5.5 | 6.5 | — |
| | CA50—Ⅱ | | 50 | 60 | — | | 6.5 | 7.5 | — |
| | CA50—Ⅲ | | 60 | 70 | — | | 7.5 | 8.5 | — |
| | CA50—Ⅳ | | 70 | 80 | — | | 8.5 | 9.5 | — |
| CA—60 | CA60—Ⅰ | — | 65 | 85 | — | — | 7.0 | 10.0 | — |
| | CA60—Ⅱ | | 20 | 45 | 85 | | 2.5 | 5.0 | 10.0 |
| CA—70 | | — | 30 | 40 | — | — | 5.0 | 6.0 | — |
| CA—80 | | — | 25 | 30 | — | — | 4.0 | 5.0 | — |

\* 用户要求时,生产厂家应提供试验结果。

### (四)高铝水泥的特性与应用

**1. 高铝水泥的特性**

(1)快硬早强,早期强度增长快,1 d 强度即可达到极限强度的 80% 左右。故宜用于紧急修筑工程(筑路、修桥、堵漏等)和早期强度要求高的工程。但高铝水泥后期强度可能会下降,尤其是在高于 30 ℃ 的湿热环境下,强度下降更快,甚至会引起结构的破坏。因此,结构工程中使用高铝水泥应慎重。

(2)水化热大,而且集中在早期放出。高铝水泥水化初期的 1 d 放热量约相当于硅酸盐水泥 7 d 的放热量,达水化热总量的 70%~80%。因此,高铝水泥适用于冬期施工,不适用于大体积混凝土的工程及高温潮湿环境中的工程。

(3)具有较好的抗硫酸盐侵蚀能力。这是因为其主要成分为低钙铝酸盐,游离的氧化钙极少,水泥石结构比较致密,故适用于有硫酸盐侵蚀要求的工程。

(4)耐碱性差。高铝水泥与碱性溶液接触,甚至混凝土骨料内含有少量碱性化合物时,都会引起侵蚀,故不能用于接触碱性溶液的工程。

(5)耐热性好。因为高温时产生了固相反应,烧结结合代替了水化结合,使得高铝水泥在高温下仍能保持较高的强度。

**2. 高铝水泥使用注意事项**

(1)最适宜的硬化温度为 15 ℃ 左右,一般施工时环境温度不得超过 25 ℃,否则会产生晶型转换,强度降低。高铝水泥拌制的混凝土不能进行蒸汽养护。

(2)高铝水泥使用时,严禁与硅酸盐水泥或石灰混杂使用,也不得与尚未硬化的硅酸盐水泥混凝土接触使用,否则将产生瞬凝,以至无法施工,且强度很低。

(3)由于晶型转化及铝酸盐凝胶体老化等原因,高铝水泥的长期强度有降低的趋势,如需用于工程中,应以最低稳定强度为依据进行设计,其值按《铝酸盐水泥》(GB 201—2015)的规定,经试验确定。

## 二、快硬硅酸盐水泥

由硅酸盐水泥熟料和适量石膏磨细制成的,以 3 d 抗压强度表示强度等级的水硬性胶凝材料称为快硬硅酸盐水泥(简称快硬水泥)。

快硬硅酸盐水泥与硅酸盐水泥的主要区别在于提高了熟料中 $C_3A$ 和 $C_3S$ 的含量,并提高了水泥的粉磨细度,比表面积为 $330\sim450\ m^2/kg$。

快硬水泥的基本技术要求与普通水泥比较相似,初凝不得早于 45 min,终凝不得迟于 10 h。其安定性经沸煮法检验必须合格。强度等级以 3 d 抗压强度表示,分为 32.5、37.5、42.5 三个等级,28 d 强度作为供需双方参考指标。各强度等级要求见表 3-10。

表 3-10 快硬硅酸盐水泥各强度等级、各龄期强度值(JC/T 314—2007)

| 强度等级 | 抗压强度/MPa | | | 抗折强度/MPa | | |
|---|---|---|---|---|---|---|
| | 1 d | 3 d | 28 d * | 1 d | 3 d | 28 d |
| 32.5 | 15.0 | 32.5 | 52.5 | 3.5 | 5.0 | 7.2 |
| 37.5 | 17.0 | 37.5 | 57.5 | 4.0 | 6.0 | 7.6 |
| 42.5 | 19.0 | 42.5 | 62.5 | 4.5 | 6.4 | 8.0 |

* 仅作为供需双方参考指标。

快硬硅酸盐水泥的特点是凝结硬化快,早期强度增长率高,适用于早期强度要求高的工程。可用于紧急抢修工程、低温施工工程、高强度混凝土等。

快硬水泥易受潮变质,在运输和贮存时,必须注意防潮,并应及时使用,不宜久存,出厂一月后,应重新检验强度,合格后方可使用。

## 三、白色硅酸盐水泥

由氧化铁含量少的硅酸盐水泥熟料、适量石膏及 $0\sim10\%$ 的石灰石或窑灰,经磨细制成的水硬性胶凝材料称为白色硅酸盐水泥(简称白水泥),代号 P·W。

硅酸盐水泥呈暗灰色,主要原因是其含 $Fe_2O_3$ 较多($3\%\sim4\%$)。当 $Fe_2O_3$ 含量在 0.5% 以下,则水泥接近白色。白色硅酸盐水泥的生产要求采用纯净的石灰石、纯石英砂及白垩、纯净的高岭土做原料,采用无灰分的可燃气体或液体燃料,磨机衬板采用铸石、陶瓷、花岗岩等,研磨体采用硅质卵石(白卵石)或人造瓷球。生产过程严格控制 $Fe_2O_3$ 并尽可能减少 $MnO$、$TiO_2$ 等着色氧化物。因此,白水泥生产成本较高。

白水泥的细度要求为 $80\ \mu m$,方孔筛筛余不得大于 10%;初凝时间不得早于 45 min;终凝时间不得迟于 10 h;安定性用沸煮法检验必须合格;水泥中三氧化硫的含量不得超过 3.5%;按 3 d、28 d 的强度值将白水泥划分为 32.5、42.5、52.5 三个强度等级,各龄期的强度值不得低于表 3-11 中的规定。

表 3-11 白水泥各强度等级、各龄期的强度值(GB/T 2015—2017)

| 强 度 等 级 | 抗压强度/MPa | | 抗折强度/MPa | |
|---|---|---|---|---|
| | 3 d | 28 d | 3 d | 28 d |
| 32.5 | 12.0 | 32.5 | 3.0 | 6.0 |
| 42.5 | 17.0 | 42.5 | 3.5 | 6.5 |
| 52.5 | 22.0 | 52.5 | 4.0 | 7.0 |

白水泥的白度是指水泥色白的程度,白水泥的 1 级白度值应不低于 89,2 级白度值应不低于 87。

### 四、中热硅酸盐水泥、低热硅酸盐水泥和低热矿渣硅酸盐水泥

以适当成分的硅酸盐水泥熟料,加入适量石膏,磨细制成的具有中等水化热的水硬性胶凝材料,称为中热硅酸盐水泥(简称中热水泥),代号 P·MH。在中热水泥熟料中,$C_3S$ 的含量不应超过 55%,$C_3A$ 的含量不应超过 6%,游离氧化钙的含量不超过 1.0%。

以适当成分的硅酸盐水泥熟料,加入适量石膏,磨细制成的具有低水化热的水硬性胶凝材料,称为低热硅酸盐水泥(简称低热水泥),代号 P·LH。在低热水泥熟料中,$C_2S$ 的含量应不小于 40%,$C_3A$ 的含量不得超过 6%,游离氧化钙的含量应不超过 1.0%。

以适当成分的硅酸盐水泥熟料,加入粒化高炉矿渣、适量石膏,磨细制成的具有低水化热的水硬性胶凝材料,称为低热矿渣硅酸盐水泥(简称低热矿渣水泥),代号 P·SLH。水泥中粒化高炉矿渣掺加量按质量百分比计为 20%~60%,允许用不超过混合材料总量 50% 的粒化电炉磷渣或粉煤灰代替部分粒化高炉矿渣。在低热矿渣水泥熟料中,$C_3A$ 的含量不应超过 8%,游离氧化钙的含量不应超过 1.2%,氧化镁的含量不宜超过 5.0%;如果水泥经压蒸安定性试验合格,则熟料中氧化镁的含量允许放宽到 6.0%。

以上三种水泥性质应符合国家标准《中热硅酸盐水泥、低热硅酸盐水泥》(GB 200—2017)的规定:细度为比表面积大于 250 $m^2/kg$;三氧化硫含量不得超过 3.5%;安定性检验合格;初凝不得早于 60 min,终凝不得迟于 12 h。

中热水泥强度等级为 42.5,低热水泥强度等级为 42.5,低热矿渣水泥强度等级为 32.5。三种水泥的强度等级按规定龄期的抗压强度和抗折强度划分,各龄期的抗压强度和抗折强度应不低于表 3-12 的数值。

表 3-12  中、低热水泥各龄期的强度要求(GB 200—2017)

| 品种 | 强度等级 | 抗压强度/MPa | | | 抗折强度/MPa | | |
|---|---|---|---|---|---|---|---|
| | | 3d | 7d | 28d | 3d | 7d | 28d |
| 中热水泥 | 42.5 | 12.0 | 22.0 | 42.5 | 3.0 | 4.5 | 6.5 |
| 低热水泥 | 32.5 | — | 10.0 | 32.5 | — | 3.0 | 5.5 |
| | 42.5 | — | 13.0 | 42.5 | — | 3.5 | 6.5 |

水泥的水化热允许采用直接法或溶解法进行检验,各龄期的水化热应大于表 3-13 中数值。

表 3-13  中、低热水泥各龄期的水化热要求(GB 200—2017)

| 品　种 | 强度等级 | 水　化　热/(kJ/kg) | |
|---|---|---|---|
| | | 3 d | 7 d |
| 中热水泥 | 42.5 | 251 | 293 |
| 低热水泥 | 42.5 | 230 | 260 |
| 低热矿渣水泥 | 32.5 | 197 | 230 |

中热水泥水化热较低,抗冻性与耐磨性较高,适用于大体积水工建筑水位变动区的覆面层及大坝溢流面,以及其他要求低水化热,高抗冻性和耐磨性的工程。低热水泥、低热矿渣

水泥水化热更低,适用于大体积建筑物或大坝内部要求更低水化热的部位,此外,这几种水泥有一定的抗硫酸盐侵蚀能力,可用于低硫酸盐侵蚀的工程。

# 项目五　本单元试验技能训练

## 试验一　水泥试样的取样

**1. 检测依据**

《通用硅酸盐水泥》(GB 175—2007)、《水泥取样方法》(GB/T 12573—2008)、《水泥细度检验方法　筛析法》(GB/T 1345—2005)、《水泥标准稠度用水量、凝结时间、安定性检验方法》(GB/T 1346—2011)、《水泥胶砂强度检验方法(ISO 法)》(GB/T 17671—2021)等。

**2. 水泥试验的一般规定**

(1) 取样方法:水泥按同品种、同强度等级进行编号和取样。袋装水泥和散装水泥应分别进行编号和取样。每一编号为一取样单位。编号根据水泥厂年生产能力按国家标准进行。取样应有代表性,可连续取,亦可从 20 个以上不同部位取等量样品,总量不得少于 12 kg。

(2) 取得的水泥试样应通过 0.9 mm 方孔筛,充分混合均匀,分成两等份,一份进行水泥各项性能试验,一份密封保存 3 个月,供仲裁检验时使用。

(3) 试验室用水必须是洁净的淡水。

(4) 水泥细度试验对试验室的温、湿度没有要求,其他试验要求试验室的温度应保持在(20±2)℃,相对湿度不低于 50%;湿气养护箱温度为(20±1)℃,相对湿度不小于 90%;养护水的温度为(20±1)℃。

(5) 水泥试样、标准砂、拌和水、仪器和用具的温度均应与试验室温度相同。

## 试验二　水泥细度检测

**1. 检测依据**

《水泥细度检验方法　筛析法》(GB/T 1345—2005)。

**2. 检测目的**

检验水泥颗粒粗细程度,评判水泥质量。

**3. 仪器设备(负压筛法)**

(1) 负压筛析仪:由筛座、负压筛、负压源及收尘器组成。筛座由转速(30±2) r/min 的喷气嘴、负压表、微电机及壳体组成,如图 3-2 所示。

(2) 天平:称量 100 g,感量 0.01 g。

**4. 检测步骤(负压筛法)**

(1) 试验前把负压筛放在筛座上,盖上筛盖,接通电源,检查控制系统,调节负压至 4 000~6 000 Pa 范围内。

(2) 称取水泥试样精确至 0.01 g,80 μm 筛析试验称取 25 g;45 μm 筛析试验称取 10 g。将试样置于洁净的负压筛中,放在筛座上,盖上筛盖。

(3) 启动负压筛析仪,连续筛析 2 min,在此期间若有试样黏附于筛盖上,可轻轻敲击筛盖使试样落下。

(4) 筛毕,取下筛子,倒出筛余物,用天平称量筛余物的质量,精确至 0.01 g。

负压筛析仪

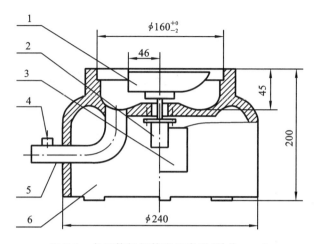

**图 3-2  负压筛析仪筛座示意图(单位:mm)**

1—喷气嘴;2—微电机;3—控制板开口;4—负压表接口;5—负压源及收尘器接口;6—壳体

**5. 结果计算与评定**

水泥试样筛余百分数按下式计算,精确至 0.1%。

$$F = \frac{R_t}{W} \times 100\% \tag{3-1}$$

式中  $F$——水泥试样筛余百分数,%;

$R_t$——水泥筛余物的质量,g;

$W$——水泥试样的质量,g。

合格评定时,每个样品应称取两个试样分别筛析,取筛余平均值为筛析结果。

# 试验三  水泥标准稠度用水量、凝结时间及安定性检测

**(一)水泥标准稠度用水量测定(标准法)**

**1. 检测依据**

《水泥标准稠度用水量、凝结时间、安定性检验方法》(GB/T 1346—2011)。

**2. 检测目的**

测定水泥净浆达到标准稠度时的用水量,为水泥凝结时间和安定性试验做好准备。

净浆搅拌机、维卡仪

**3. 仪器设备**

(1)水泥净浆搅拌机:由搅拌锅、搅拌叶片、传动机构和控制系统组成。搅拌叶片作旋转方向相反的公转和自转,控制系统可自动控制或手动控制。

(2)标准法维卡仪:如图 3-3 所示,由金属滑杆(下部可旋接测标准稠度用试杆或试锥、测凝结时间用试针,滑动部分的总质量为(300±1)g)、底座、松紧螺丝、标尺和指针组成。标准法采用金属圆模。

(3)其他仪器:天平,最大称量不小于 1000 g,分度值不大于 1 g;量筒或滴定管,精度为 ±0.5 mL。

**4. 检测步骤**

(1)调整维卡仪并检查水泥净浆搅拌机。使得维卡仪上的金属棒能自由滑动,并调整至试杆接触玻璃板时的指针对准零点。搅拌机运行正常,并用湿布将搅拌锅和搅拌叶片

擦湿。

（2）称取水泥试样 500 g，拌和水量按经验确定并用量筒量好。

（3）将拌和水倒入搅拌锅内，然后在 5～10 s 内将水泥试样加入水中。将搅拌锅放在锅座上，升至搅拌位，启动搅拌机，先低速搅拌 120 s，停 15 s，同时将叶片和锅壁上的水泥刮入锅中间，再快速搅拌 120 s，然后停机。

标准稠度用水量
代用法，请同学
们找出视频中
存在错误的操作

（4）拌和结束后，立即将水泥净浆装入已置于玻璃底板上的试模中，浆体超过试模上端，用宽约 25 mm 的直边刀轻轻拍打超出试模部分的浆体 5 次以排除浆体中的孔隙，然后在试模上表面约 1/3 处，略倾斜于试模分别向外轻轻锯掉多余净浆，再从试模边沿轻抹顶部一次，使净浆表面光滑。在锯掉多余净浆和抹平的操作过程中，应注意不要压实净浆；抹平后迅速将试模和底板移到维卡仪上，并将其中心定在试杆下，降低试杆直至与水泥净浆表面接触，拧紧螺丝 1～2 s 后，突然放松，使试杆垂直自由地沉入净浆中。

（5）在试杆停止沉入或释放试杆 30 s 时记录试杆距底板之间的距离。整个操作应在搅拌后 1.5 min 内完成。

**5. 结果计算与评定**

以试杆沉入净浆并距底板($6\pm1$) mm 的水泥净浆为标准稠度水泥净浆。标准稠度用水量($P$)以拌和标准稠度水泥净浆的水量除以水泥试样总质量的百分数为结果。

**（二）水泥净浆凝结时间测定**

**1. 检测目的**

测定水泥的初凝时间和凝结时间，评定水泥质量。

**2. 仪器设备**

（1）湿气养护箱：温度控制在($20\pm1$) ℃，相对湿度大于 90%。

（2）其他同标准稠度用水量测定试验。

**3. 检测步骤**

（1）称取水泥试样 500 g，按标准稠度用水量制备标准稠度水泥净浆，并一次装满试模，轻拍数次并刮平，立即放入湿气养护箱中。记录水泥全部加入水中的时间作为凝结时间的起始时间。

水泥净浆凝结
时间，请同学们
找出视频中存在
错误的操作

（2）初凝时间的测定。首先调整凝结时间测定仪，使其试针接触玻璃板时的指针为零。试模在湿气养护箱中养护至加水后 30 min 时进行第一次测定。测定时，从养护箱中取出圆模放到试针下，调整试针与水泥净浆表面接触，拧紧螺丝 1～2 s 后，突然放松，试针垂直自由地沉入水泥净浆。观察试针停止下沉或释放试针 30 s 时指针的读数。临近初凝时，每隔 5 min（或更短时间）测定一次，当试针沉至距底板($4\pm1$) mm 时为水泥达到初凝状态。

（3）终凝时间的测定。为了准确观察试针沉入的状况，在试针上安装一个环形附件。在完成水泥初凝时间测定后，立即将试模连同浆体以平移的方式从玻璃板取下，翻转 180°，直径大端向上，小端向下放在玻璃板上，再放入湿气养护箱中继续养护，临近终凝时间时，每隔 15 min（或更短时间）测定一次，当试针沉入水泥净浆只有 0.5 mm 时，即环形附件开始不能在水泥浆上留下痕迹时，为水泥达到终凝状态。

（4）测定时应注意，在最初的测定操作时应轻轻扶持金属柱，使其徐徐下降，以防试针

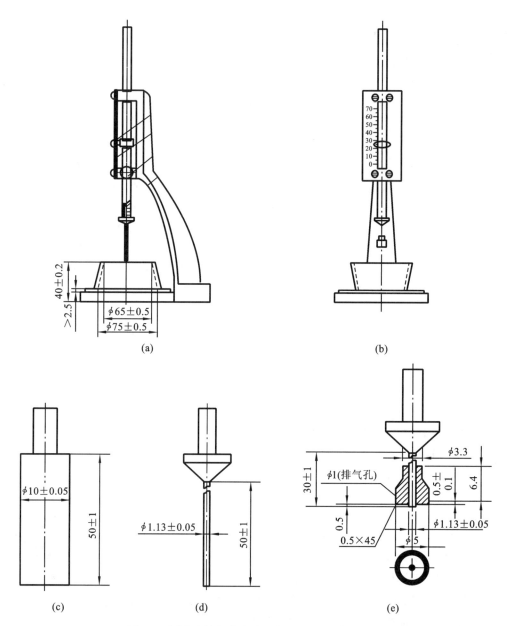

**图 3-3　测定水泥标准稠度和凝结时间用的维卡仪**
(a)标准稠度、初凝时间测定用立式试模侧视图;(b)终凝时间测定用反转试模的前视图;
(c)标准稠度试杆;(d)初凝用试针;(e)终凝用试针

撞弯,但结果以自由下落为准;在整个测试过程中试针沉入的位置至少要距试模内壁 10 mm。达到初凝时应立即重复测一次,当两次结论相同才能定为到达初凝状态;达到终凝时,需在试体另外两个不同点测试,确认结论相同时才能定为到达终凝状态。每次测定不能让试针落入原针孔,每次测定后,须将试模放回湿气养护箱内,并将试针擦净,而且要防止试模受振。

**4. 结果计算与评定**

(1) 由水泥全部加入水中至初凝状态的时间为水泥的初凝时间,用"min"表示。

(2) 由水泥全部加入水中至终凝状态的时间为水泥的终凝时间,用"min"表示。

## （三）水泥体积安定性的测定

**1. 检测目的**

检验水泥是否由于游离氧化钙造成了体积安定性不良,以评定水泥质量。

**2. 仪器设备**

（1）沸煮箱:箱内装入的水,应保证在（30±5）min 内能由室温升至沸腾,并保持 3 h 以上,沸煮过程中不得补充水。

安定性
仪器设备

（2）雷氏夹:如图 3-4 所示。当一根指针的根部先悬挂在一根尼龙丝上,另一根指针的根部再挂上 300 g 的砝码时,两根指针针尖的距离增加应在（17.5±2.5）mm 范围内,即 $2x=(17.5\pm2.5)$mm,去掉砝码后针尖的距离能恢复至挂砝码前的状态,如图 3-5 所示。

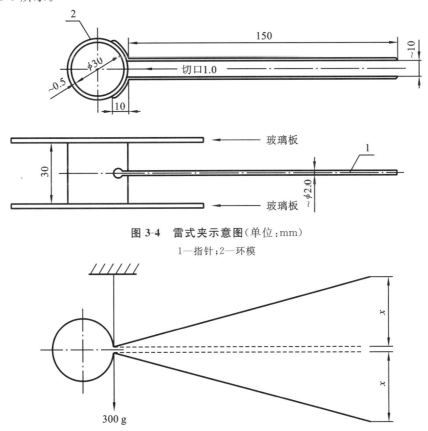

**图 3-4　雷式夹示意图**（单位:mm）

1—指针;2—环模

**图 3-5　雷式夹受力示意图**（单位:mm）

（3）雷氏夹膨胀测定仪:如图 3-6 所示,标尺最小刻度为 0.5 mm。

（4）其他同标准稠度用水量试验。

**3. 检测步骤**

（1）测定前准备工作。每个试样需成型两个试件,每个雷式夹需配备两块边长或直径约 80 mm、厚度为 4～5 mm 的玻璃板,一垫一盖,并先在与水泥接触的玻璃板和雷式夹内表面涂一层机油。

（2）将制备好的标准稠度水泥净浆立即一次装满雷式夹,用小刀插捣数次,抹平,并盖上涂油的玻璃板,然后将试件移至湿气养护箱内养护（24±2）h。

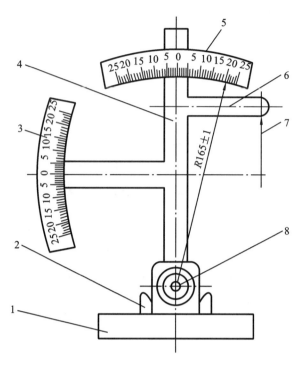

**图 3-6　雷式夹膨胀测定仪**
1—底座;2—模子座;3—测弹性标尺;4—立柱;5—测膨胀值标尺;6—悬臂;7—悬丝;8—弹簧顶钮

(3) 脱去玻璃板取下试件,先测量雷式夹指针尖端间的距离($A$),精确至 0.5 mm。然后将试件放入沸煮箱水中的试件架上,指针朝上,调好水位与水温,接通电源,在(30±5) min 之内加热至沸腾,并保持(180±5) min。

(4) 取出沸煮后冷却至室温的试件,用雷式夹膨胀测定仪测量雷式夹两指针尖端间的距离($C$),精确至 0.5 mm。

试饼法

**4. 结果计算与评定**

当两个试件沸煮后增加的距离($C-A$)的平均值不大于 5.0 mm 时,即认为水泥安定性合格。当两个试件的($C-A$)值相差超过 4.0 mm 时,应用同一样品立即重做一次试验。再如此,则认为该水泥为安定性不合格。

# 试验四　水泥胶砂强度检测

**1. 检测依据**

《水泥胶砂强度检验方法(ISO 法)》(GB/T 17671—2021)。

**2. 检测目的**

测定水泥各龄期的强度,以确定水泥强度等级,或已知强度等级,检验强度是否满足国家标准所规定的各龄期强度数值。

**3. 仪器设备**

(1) 行星式搅拌机:应符合 JC/T 681—2005 的要求,如图 3-7 所示。

(2) 试模:由三个水平的模槽(三联模)组成,可同时成型三条截面为 40 mm×40 mm、长 160 mm 的棱柱体试块。在组装试模时,应用黄甘油等密封材料涂覆模型的外接缝,试模的

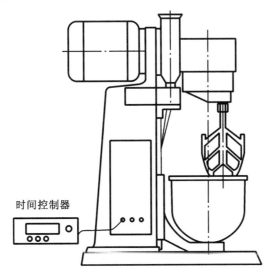

水泥胶砂强度检
测主要仪器设备

图 3-7 胶砂搅拌机示意图

内表面应涂上一薄层模型油或机油。为控制试模内料层厚度和刮平胶砂,应备有两个播料器和一个金属刮平直尺。

(3)振实台:应符合 JC/T 682—2005 的要求,如图 3-8 所示。

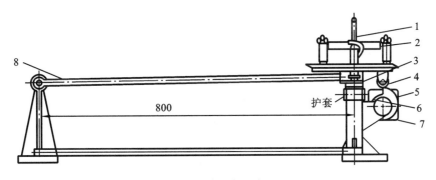

图 3-8 振实台示意图

1—卡具;2—模套;3—突头;4—随动轮;5—凸轮;6—止动器;7—同步电机;8—臂杆

(4)抗折强度试验机:应符合 JC/T 724—2005 的要求,如图 3-9 所示。

(5)抗压强度试验机:试验机的最大荷载以 200～300 kN 为佳,在较大的 4/5 量程范围内记录的荷载应有±1% 精度,并具有按(2400±200) N/s 速率加荷的能力。

(6)抗压夹具:应符合 JC/T 683—2005 的要求,受压面积为 40 mm×40 mm。

(7)其他:称量用的天平精度应为±1 g,滴管精度应为±1 mL。

**4. 检测步骤**

1)制作水泥胶砂试件

(1)水泥胶砂试件是由水泥、中国 ISO 标准砂、拌和用水按 1∶3∶0.5 的比例拌制而成的。一锅胶砂可成型三条试体,每锅材料用量见表 3-14。按规定称量好各种材料。

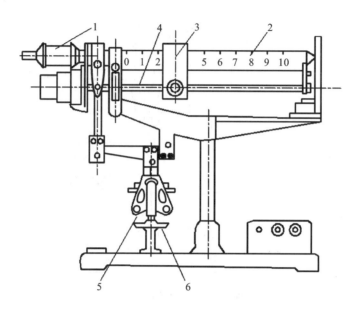

图 3-9 抗折强度试验机示意图

1—平衡砣；2—大杠杆；3—游动砝码；4—丝杆；5—抗压夹具；6—手轮

表 3-14 每锅胶砂的材料用量

| 材料 | 水泥 | 中国 ISO 标准砂 | 水 |
| --- | --- | --- | --- |
| 用量/g | 450±2 | 1350±5 | 225±1 |

(2) 将水加入胶砂搅拌锅内，再加入水泥，把锅放在固定架上，升至固定位置，然后启动机器，低速搅拌 30 s；在第二个 30 s 开始的同时均匀地加入标准砂，再高速搅拌 30 s。停 90 s，在第一个 15 s 内用一胶皮刮具将叶片上和锅壁上的胶砂刮入锅中间。在高速下继续搅拌 60 s。各阶段的搅拌时间误差应在±1 s 内。

(3) 将试模内壁均匀涂刷一层机油，并将空试模和模套固定在振实台上。

(4) 用勺子将搅拌锅内的水泥胶砂分两次装模。装第一层时，每个槽里先放入 300 g 胶砂，并用大播料器垂直架在模套顶部沿每个模槽来回一次将料层播平，接着振动 60 次，再装第二层胶砂，用小播料器刮平，再振动 60 次。

(5) 移走模套，取下试模，用金属直尺以近似 90°的角度架在试模模顶一端，沿试模长度方向做锯割动作慢慢向另一端移动，一次将超过试模部分的胶砂刮去，并用同一直尺以近乎水平的情况下将试件表面抹平。

2) 水泥胶砂试件的养护

(1) 脱模前的处理和养护。去掉试模四周的胶砂并做好标记，立即放入雾室或湿箱的水平架上养护，湿空气应能与试模各边接触。养护时不应将试模放在其他试模上。一直养护到规定的脱模时间再取出试件。脱模前用防水墨汁或颜料笔对试件编号。两个以上龄期的试件，在编号时应将同一试模中的三条试件分在两个以上龄期内。

(2) 脱模。脱模可用塑料锤、橡皮榔头或专门的脱模器，应非常小心。对于 24 h 龄期的，应在破型试验前 20 min 内脱模。对于 24 h 以上龄期的，应在成型后 20～24 h 之间脱模。

（3）水中养护。将脱模后已做好标记的试件立即水平或竖直放在(20±1)℃水中养护，水平放置时刮平面应朝上。

试件放在不易腐烂的箅子上，并彼此间保持一定间距，以让水与试件的六个面接触。养护期间试件之间间隔或试件上表面的水深不得小于5 mm。每个养护池只养护同类型的水泥试件。不允许在养护期间全部换水。

除24 h龄期或延迟至48 h脱模的试件外，任何到龄期的试件应在破型前15 min从水中取出。揩去试件表面沉积物，并用湿布覆盖至试验为止。

（4）水泥胶砂试件养护至各规定龄期。试件龄期是从水泥加水搅拌开始起算。不同龄期的强度在下列时间里进行测定：24 h±15 min；48 h±30 min；72 h±45 min；7 d±2 h；28 d±8 h。

3）水泥胶砂试件的强度测定

（1）抗折强度试验。将试件安放在抗折夹具内，试件的侧面与试验机的支撑圆柱接触，试件长轴垂直于支撑圆柱。启动试验机，以(50±10)N/s的速度均匀地加荷直至试件断裂。

（2）抗压强度试验。抗折强度试验后的六个断块试件保持潮湿状态，并立即进行抗压试验。将断块试件放入抗压夹具内，并以试件的侧面作为受压面。启动试验机，以(2400±200)N/s的速度进行加荷，直至试件破坏。

**5. 结果计算与评定**

1）抗折强度

（1）每个试件的抗折强度 $f_{tm}$ 按下式计算，精确至0.1 MPa。

$$f_{tm} = \frac{3FL}{2b^3} = 0.00234F \tag{3-2}$$

式中　$F$——折断时施加于棱柱体中部的荷载，N；

　　　$L$——支撑圆柱体之间的距离，mm，$L=100$ mm；

　　　$b$——棱柱体截面正方形的边长，mm，$b=40$ mm。

（2）以一组三个棱柱体试件抗折结果的平均值作为试验结果。当三个强度值中有一个超出平均值±10%的强度值时，应剔除该强度值后再取剩余强度值的平均值作为抗折强度试验结果；当三个强度值中有两个超出平均值±10%时，则以剩余一个作为抗折强度结果。试验结果精确至0.1 MPa。

2）抗压强度

（1）每个试件的抗压强度 $f_c$ 按下式计算，精确至0.1 MPa。

$$f_c = \frac{F}{A} = 0.000625F \tag{3-3}$$

式中　$F$——试件破坏时的最大抗压荷载，N；

　　　$A$——受压部分面积，mm²，(40 mm×40 mm＝1600 mm²)。

（2）以一组三个棱柱体上得到的六个抗压强度测定值的算术平均值作为试验结果。如六个测定值中有一个超出六个平均值的±10%，就应剔除这个测定值，而以剩下五个测定值的平均值作为试验结果。如果五个测定值中再有超过它们平均值±10%的，则此组试验结果作废。当六个测定值中同时有两个或两个以上超出平均值的±10%时，则此组结果作废。试验结果精确至0.1 MPa。

## 【复习思考题】

1. 硅酸盐水泥的凝结硬化过程是怎样进行的,影响硅酸盐水泥凝结硬化的因素有哪些?

2. 何谓水泥的体积安定性? 体积安定性不良的原因和危害是什么? 如何测定?

3. 为什么生产硅酸盐水泥时掺适量石膏对水泥不起破坏作用,而硬化水泥石遇到有硫酸盐溶液的环境,产生出与石膏同种成分的物质就有破坏作用?

4. 为什么掺较多活性混合材料的硅酸盐水泥早期强度比较低,后期强度发展比较快?

5. 在下列工程中选择适宜的水泥品种,并说明理由:

(1) 采用湿热养护的混凝土构件;

(2) 厚大体积的混凝土工程;

(3) 水下混凝土工程;

(4) 现浇混凝土梁、板、柱;

(5) 高温设备或窑炉的混凝土基础;

(6) 严寒地区受冻融的混凝土工程;

(7) 接触硫酸盐介质的混凝土工程;

(8) 水位变化区的混凝土工程;

(9) 高强混凝土工程;

(10) 有耐磨要求的混凝土工程。

# 单元四　混　凝　土

**学习目标**......

1. 掌握普通混凝土的组成材料、主要技术性质及其影响因素,配合比设计及计算方法。
2. 熟练掌握普通混凝土原材料、混凝土拌和物及硬化混凝土的技术指标的检测。

## 项目一　混凝土的概述

混凝土是指由胶凝材料、水、粗细骨料以及必要时掺入的外加剂或掺合料,按适当比例拌制、成型、养护硬化而成的人工石材。

根据组成材料及施工要求不同,混凝土有以下几种分类方法,见表4-1。

表 4-1　混凝土的分类

| 1 | 按干表观密度 | 轻混凝土:干表观密度小于 1950 kg/m³ |
|---|---|---|
| | | 普通混凝土:干表观密度 2000～2800 kg/m³ |
| | | 重混凝土:干表观密度大于 2800 kg/m³ |
| 2 | 按胶凝材料 | 水泥混凝土、沥青混凝土、聚合物混凝土等 |
| 3 | 按用途 | 结构混凝土、防水混凝土、道路混凝土、装饰混凝土等 |
| 4 | 按施工方式 | 预拌混凝土、泵送混凝土、碾压混凝土、离心混凝土、喷射混凝土等 |
| 5 | 按强度等级 | 普通混凝土:强度等级小于 C60 |
| | | 高强混凝土:强度等级大于等于 C60,抗压强度小于 100 MPa |
| | | 超高强混凝土:抗压强度大于等于 100 MPa |
| 6 | 按配筋情况 | 素混凝土、钢筋混凝土、预应力混凝土、钢纤维混凝土等 |

混凝土在当今世界上的应用范围广泛,用量巨大,这主要得益于其具有以下几个方面的优点。

**1. 成本较低**

在混凝土总体积中占到 80% 左右的粗细骨料来源广泛,大多可就地取材,有效降低了混凝土的成本。

**2. 可调整性能好**

可通过调整混凝土中各组成材料的比例关系,来满足不同的强度、工作性及耐久性方面的要求。

**3. 与钢筋有良好的共同工作性能**

混凝土与钢筋的线膨胀系数基本相同,能优劣互补,使钢筋混凝土的应用成为可能,并得到广泛应用。

**4. 具有良好的耐久性及耐火性**

正确设计、严格施工的混凝土,几乎不需维修保养费,在高温或大火中能在相当长时间内保持结构的完整性。

当然,混凝土也有着不可忽略的缺点,如自重大、比强度小、抗拉强度低、易开裂、硬化时间长、再生能力差等,但是这些不足可通过合理的设计、适当的选材、相应的工艺设计加以控制和改善。

# 项目二  普通混凝土的组成材料

由水泥、砂、石子、水以及必要时掺入的外加剂或掺合料组成,经凝结硬化后形成的、干表观密度为 2000~2800 kg/m³,具有一定强度和耐久性的人工石材,称为普通混凝土,又称为水泥混凝土,简称为“混凝土”。这类混凝土在工程中应用极为广泛,因此本单元主要讲述普通混凝土。

水泥和水形成水泥浆,均匀填充砂子之间的空隙并包裹砂子表面形成水泥砂浆;水泥砂浆再均匀填充石子之间的空隙并略有富余,形成混凝土拌和物(又称为“新拌混凝土”);凝结硬化后形成硬化混凝土。混凝土各组分在硬化前后的作用见表 4-2。

表 4-2  各组成材料在混凝土硬化前后的作用

| 组 成 材 料 | 硬化前的作用 | 硬化后的作用 |
|---|---|---|
| 水泥＋水 | 润滑作用 | 胶结作用 |
| 砂＋石子 | 填充作用 | 骨架作用 |

## 一、水泥

水泥是决定混凝土质量及成本的主要材料,其选用主要考虑品种和强度等级两方面的要求。

水泥品种应根据工程特点、环境条件及设计施工要求进行选择。

水泥强度等级应与混凝土设计强度等级相适宜,一般情况下,水泥强度等级为混凝土设计强度等级的 1.5~2.0 倍;配制较高强度的混凝土,水泥强度等级为混凝土设计强度等级的 0.9~1.5 倍;配制高强混凝土(>C60)时,水泥强度可不按前面的比例关系选用。

## 二、细骨料——砂

砂按产源分为天然砂、机制砂和混合砂。天然砂是指在自然条件作用下岩石产生破碎、风化、分选、运移、堆(沉)积,形成的粒径小于 4.75 mm 的岩石颗粒。天然砂包括河砂、湖砂、山砂、净化处理的海砂,但不包括软质、风化的颗粒。机制砂是以岩石、卵石、矿山废石和尾矿等为原料,经除土处理、由机械破碎、整形、筛分、粉控等工艺制成的,级配、粒形和石粉含量满足要求且粒径小于 4.75 mm 的颗粒。机制砂不包括软质、风化的颗粒。混合砂是由机制砂和天然砂按一定比例混合所成的砂。

砂按技术要求分为Ⅰ类、Ⅱ类和Ⅲ类。其中Ⅰ类宜用于强度等级不小于 C60 的混凝土;Ⅱ类宜用于强度等级 C30~C60 及抗冻、抗渗或其他要求的混凝土;Ⅲ类宜用于强度等级小于 C30 的混凝土和建筑砂浆。

砂按同分类、规格、类别及日产量每 600 t 为一批,不足 600 t 的亦为一批;日产量超过 2000 t 的,按 1000 t 为一批,不足 1000 t 的亦为一批。

砂应按批次进行出厂检验,天然砂的检验项目有颗粒级配、含泥量、泥块含量、云母含量和松散堆积密度;机制砂的检验项目有颗粒级配、石粉含量(亚甲蓝试验)、泥块含量、压碎指标和松散堆积密度。

**1. 颗粒级配及粗细程度**

砂的颗粒级配是指各级粒径的砂相互搭配的情况。级配良好的砂,空隙率小,不仅可以节省水泥,而且混凝土结构密实,强度和耐久性能得到提高。

从表示骨料颗粒级配的图 4-1 可以看出:如果用同样粒径的砂,空隙率最大[图 4-1(a)];两种粒径的砂搭配起来,空隙率就减小[图 4-1(b)];三种粒径的砂搭配,空隙率就更小[图 4-1(c)]。因此,要减小砂粒间的空隙,就必须合理搭配大小不同的颗粒。

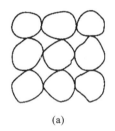 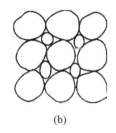 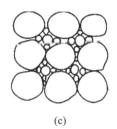

(a)　　　　　　　　　　(b)　　　　　　　　　　(c)

**图 4-1　骨料的颗粒级配**

砂的粗细程度是指不同粒径砂混合在一起总体的粗细程度。质量相同的条件下,粗颗粒砂的总表面积较小,所需水泥浆量就少,可节约水泥。

因此,砂的选用应同时考虑颗粒级配和粗细程度两方面,让空隙率和总表面积都尽量小。砂的颗粒级配和粗细程度采用筛分法测定。筛分试验采用的标准砂筛,由六个标准筛及筛底和筛盖组成,筛孔尺寸为 4.75 mm、2.36 mm、1.18 mm、600 $\mu$m、300 $\mu$m 和 150 $\mu$m。首先,称取小于 9.50 mm 的烘干砂样 500 g,倒入按孔径大小从上到下组合的套筛(附筛底)上,加筛盖,进行筛分。称取各筛的筛余量 $m_1$,$m_2$,$m_3$,…,$m_6$。计算各筛的分计筛余百分率和累计筛余百分率,具体计算方法见表 4-3。

**表 4-3　分计筛余百分率和累计筛余百分率的计算关系**

| 筛孔尺寸 | 筛余量/g | 分计筛余百分率/(%) | 累计筛余百分率/(%) |
|---|---|---|---|
| 4.75 mm | $m_1$ | $a_1 = (m_1/500) \times 100\%$ | $A_1 = a_1$ |
| 2.36 mm | $m_2$ | $a_2 = (m_2/500) \times 100\%$ | $A_2 = a_1 + a_2$ |
| 1.18 mm | $m_3$ | $a_3 = (m_3/500) \times 100\%$ | $A_3 = a_1 + a_2 + a_3$ |
| 600 $\mu$m | $m_4$ | $a_4 = (m_4/500) \times 100\%$ | $A_4 = a_1 + a_2 + a_3 + a_4$ |
| 300 $\mu$m | $m_5$ | $a_5 = (m_5/500) \times 100\%$ | $A_5 = a_1 + a_2 + a_3 + a_4 + a_5$ |
| 150 $\mu$m | $m_6$ | $a_6 = (m_6/500) \times 100\%$ | $A_6 = a_1 + a_2 + a_3 + a_4 + a_5 + a_6$ |

除特细砂外,Ⅰ类砂的累计筛余应符合表 4-4 中 2 区的规定,分计筛余应符合表 4-5 的规定;Ⅱ类和Ⅲ类砂的累计筛余应符合表 4-4 的规定。砂的实际颗粒级配除 4.75 mm 和 0.60 mm 筛档外,可以超出,但各级累计筛余超出值总和不应大于 5%。

表 4-4 砂的颗粒级配(GB/T 14684—2022)

| 砂的分类 | 天然砂 | | | 机制砂 | | |
|---|---|---|---|---|---|---|
| 级配区 | 1 区 | 2 区 | 3 区 | 1 区 | 2 区 | 3 区 |
| 方孔筛 | 累计筛余百分率/(%) | | | | | |
| 4.75 mm | 10~0 | 10~0 | 10~0 | 10~0 | 10~0 | 10~0 |
| 2.36 mm | 35~5 | 25~0 | 15~0 | 35~5 | 25~0 | 15~0 |
| 1.18 mm | 65~35 | 50~10 | 25~0 | 65~35 | 50~10 | 25~0 |
| 600 $\mu$m | 85~71 | 70~41 | 40~16 | 85~71 | 70~41 | 40~16 |
| 300 $\mu$m | 95~80 | 92~70 | 85~55 | 95~80 | 92~70 | 85~55 |
| 150 $\mu$m | 100~90 | 100~90 | 100~90 | 97~85 | 94~80 | 94~75 |

注:砂的实际颗粒级配除 4.75 mm,600 $\mu$m 筛档外,可略有超出,但各级累计筛余超出值总和应不大于 5%;对于砂浆用砂,4.75 mm 筛的累计筛余应为 0。

　　以累计筛余百分率为纵坐标,以筛孔尺寸为横坐标,根据表 4-4 的数值可以画出砂 1、2、3 三个级配区的筛分曲线(图 4-2)。通过观察所计算的砂的筛分曲线是否完全落在三个级配区的任一区内,即可判定该砂级配的合格性。

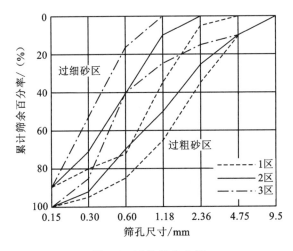

图 4-2 砂的筛分曲线

表 4-5 分计筛余(GB/T 14684—2022)

| 方筛孔尺寸/mm | 4.75 | 2.36 | 1.18 | 0.60 | 0.30 | 0.15 | 筛底 |
|---|---|---|---|---|---|---|---|
| 分计筛余/(%) | 0~10 | 10~15 | 10~25 | 20~31 | 20~30 | 5~15 | 0~20 |

注:1. 对于机制砂,4.75mm 筛的分计筛余不应大于 5%。

　　2. 对于 MB 大于 1.4 的机制砂,0.15mm 筛和筛底的分计筛余之和不应大于 25%。

　　3. 对于天然砂,筛底的分计筛余不应大于 10%。

　　配制混凝土时,宜优先选择级配在 2 区的砂,使混凝土拌和物获得良好的和易性。当采用 1 区砂时,由于砂颗粒偏粗,配制的混凝土流动性大,但黏聚性和保水性较差,应适当提高砂率,以保证混凝土拌和物的和易性;当采用 3 区砂时,由于颗粒偏细,配制的混凝土黏聚性和保水性较好,但流动性较差,应适当减小砂率,以保证混凝土硬化后的强度。

　　砂的粗细程度,用细度模数表示。细度模数 $M_x$ 的计算如下:

$$M_{x} = \frac{(A_2 + A_3 + A_4 + A_5 + A_6) - 5A_1}{100 - A_1} \tag{4-1}$$

式中 $M_{x}$——细度模数;

$A_1$、$A_2$、$A_3$、$A_4$、$A_5$、$A_6$——4.75 mm、2.36 mm、1.18 mm、600 $\mu$m、300 $\mu$m、150 $\mu$m 筛的累计筛余百分率,%。

细度模数是衡量砂粗细程度的指标。混凝土用砂按细度模数分为粗砂、中砂、细砂和特细砂,其细度模数分别为:粗砂:3.1~3.7;中砂:2.3~3.0;细砂:1.6~2.2;特细砂:0.7~1.5。

**2. 含泥量、泥块含量和石粉含量**

含泥量是指天然砂中粒径小于 75 $\mu$m 的颗粒含量;泥块含量是指砂中原粒径大于 1.18 mm,经水浸洗、淘洗等处理后小于 0.60 mm 的颗粒含量;石粉含量是指机制砂中粒径小于 75 $\mu$m 的颗粒含量。

天然砂的含泥量会影响砂与水泥石的黏结,使混凝土达到一定流动性的需水量增加,混凝土的强度降低,耐久性变差,同时硬化后的干缩性较大。机制砂中适量的石粉可弥补机制砂形状和表面特征引起的和易性不足,起到完善砂级配的作用,对混凝土有一定益处。

天然砂中含泥量和泥块含量及机制砂中石粉含量和泥块含量应分别符合表 4-6、表 4-7 的规定。

**表 4-6　天然砂中含泥量和泥块含量**(GB/T 14684—2022)

| 项　　目 | 指　　标 | | |
|---|---|---|---|
| | Ⅰ类 | Ⅱ类 | Ⅲ类 |
| 含泥量(质量分数)/(%) | ≤1.0 | ≤3.0 | ≤5.0 |
| 泥块含量(质量分数)/(%) | 0.2 | ≤1.0 | ≤2.0 |

**表 4-7　机制砂中石粉含量**(GB/T 14684—2022)

| 类别 | 亚甲蓝值(MB) | 石粉含量(质量分数)/(%) |
|---|---|---|
| Ⅰ类 | MB≤0.5 | ≤15.0 |
| | 0.5<MB≤1.0 | ≤10.0 |
| | 1.0<MB≤1.4 或快速试验合格 | ≤5.0 |
| | MB>1.4 或快速试验不合格 | ≤1.0 |
| Ⅱ类 | MB≤1.0 | ≤15.0 |
| | 1.0<MB≤1.4 或快速试验合格 | ≤10.0 |
| | MB>1.4 或快速试验不合格 | ≤3.0 |
| Ⅲ类 | MB≤1.4 或快速试验合格 | ≤15.0 |
| | MB>1.4 或快速试验不合格 | ≤5.0 |

注:砂浆用砂的石粉含量不做限制。

a 根据使用环境和用途,经试验验证,由供需双方协商确定,Ⅰ类砂石粉含量可放宽至不大于 3.0%,Ⅱ类砂石粉含量可放宽至不大于 5.0%,Ⅲ类砂石粉含量可放宽至不大于 7.0%。

注:亚甲蓝 MB 值,是用于判定人工砂中粒径小于 75$\mu$m 颗粒含量主要是泥土,还是与加工母岩化学成分相同的石粉的指标。

**3. 有害物质**

砂中如含有云母、轻物质、有机物、硫化物及硫酸盐、氯化物、贝壳,其含量应符合表 4-8

的规定。

表 4-8　砂中有害物质含量(GB/T 14684—2022)

| 项　　目 | 指　　标 | | |
|---|---|---|---|
| | Ⅰ类 | Ⅱ类 | Ⅲ类 |
| 云母(质量分数)/(%) | ≤1.0 | ≤2.0 | |
| 轻物质(质量分数)/(%) | ≤1.0 | | |
| 有机物 | 合格 | | |
| 硫化物及硫酸盐(SO₃的质量分数)/(%) | ≤0.5 | | |
| 氯化物(氯离子质量分数)/(%) | ≤0.01 | ≤0.02 | ≤0.06 |
| 贝壳(质量分数)/(%) | ≤3.0 | ≤5.0 | ≤8.0 |

注:1. 天然砂中如含有浮石、火山渣等天然轻骨料时,经试验验证后,该指标可不做要求。

　2. 对于钢筋混凝土用净化处理的海砂,其氯化物含量应小于或等于0.02%。

　3. 该指标仅适用于净化处理的海砂,其他砂种不做要求。

**4. 机制砂的压碎指标**

机制砂的坚固性采用压碎指标法进行试验,压碎指标值应符合表4-9的规定。

表 4-9　机制砂的压碎指标(GB/T 14684—2022)

| 项　　目 | 指　　标 | | |
|---|---|---|---|
| | Ⅰ类 | Ⅱ类 | Ⅲ类 |
| 单级最大压碎指标/(%) | ≤20 | ≤25 | ≤30 |

**5. 表观密度、松散堆积密度和空隙率**

除特细砂外,砂的表观密度、松散堆积密度和空隙率应符合以下规定:

(1) 表观密度不小于 2500 kg/m³;

(2) 松散堆积密度不小于 1400 kg/m³;

(3) 空隙率不大于 44%。

## 三、粗骨料——石子

石子按产源分为卵石和碎石,卵石是指在自然条件作用下岩石产生破碎、风化、分选、运移、堆(沉)积而形成的粒径大于 4.75 mm 的岩石颗粒;碎石是采用天然岩石、卵石或矿山废石经破碎、筛分等机械加工而成的,粒径大于 4.75 mm 的岩石颗粒。

石子按技术要求分为Ⅰ类、Ⅱ类和Ⅲ类。其中Ⅰ类宜用于强度等级不小于 C60 的混凝土;Ⅱ类宜用于强度等级 C30～C60 及抗冻、抗渗或其他要求的混凝土;Ⅲ类宜用于强度等级小于 C30 的混凝土。

石子按同分类、规格、类别及日产量每 600 t 为一批,不足 600 t 的亦为一批;日产量超过 2000 t 的,按 1000 t 为一批,不足 1000 t 的亦为一批;日产量超过 5000 t 的,按 2000 t 为一批,不足 2000 t 的亦为一批。

卵石和碎石按批次进行的检验项目有颗粒级配、含泥量、泥块含量、松散堆积密度、针片状颗粒含量、强度,连续粒级的石子应进行空隙率检验。

**1. 颗粒级配和最大粒径**

石子级配按供应情况分为连续粒级和单粒级两种,按使用情况分为连续级配和间断级配。

连续粒级是指颗粒从小到大连续分级,每一粒级都占适当的比例。连续粒级中大颗粒形成的空隙由小颗粒填充,搭配合理,采用连续级配拌制的混凝土和易性较好,且不易产生分层、离析现象,混凝土的密实性较好,在工程中的应用较广泛。

单粒级石子一般不单独使用,主要用以改善级配或配成较大粒度的连续级配。另有一种间断级配,是指人为去除某些中间粒级的颗粒,大颗粒之间的空隙直接由粒径小很多的颗粒填充,由于缺少中间粒级而为不连续的级配。间断级配空隙率较低,拌制混凝土时可节约水泥;但混凝土拌和物易产生离析现象,造成施工困难。间断级配适用于配制采用机械拌和、振捣的低塑性及干硬性混凝土。

石子的级配也是用筛分试验确定,采用方孔筛的尺寸为 2.36 mm、4.75 mm、9.50 mm、16.0 mm、19.0 mm、26.5 mm、31.5 mm、37.5 mm、53.0 mm、63.0 mm、75.0 mm 和90 mm,共十二个筛进行筛分。按规定方法进行筛分试验,计算各号筛的分计筛余百分率和累计筛余百分率,依表 4-10 判定卵石、碎石的颗粒级配。

表 4-10　碎石或卵石的颗粒级配(GB/T 14685—2022)

| 级配情况 | 公称粒级/mm | 累计筛余百分率/(%) | | | | | | | | | | | |
|---|---|---|---|---|---|---|---|---|---|---|---|---|---|
| | | 筛孔尺寸/mm | | | | | | | | | | | |
| | | 2.36 | 4.75 | 9.50 | 16.0 | 19.0 | 26.5 | 31.5 | 37.5 | 53.0 | 63.0 | 75.0 | 90.0 |
| 连续粒级 | 5～16 | 95～100 | 85～100 | 30～60 | 0～10 | 0 | | | | | | | |
| | 5～20 | 95～100 | 90～100 | 40～80 | — | 0～10 | 0 | | | | | | |
| | 5～25 | 95～100 | 90～100 | — | 30～70 | — | 0～5 | 0 | | | | | |
| | 5～31.5 | 95～100 | 90～100 | 70～90 | — | 15～45 | — | 0～5 | 0 | | | | |
| | 5～40 | — | 95～100 | 70～90 | — | 30～65 | — | — | 0～5 | 0 | | | |
| 单粒粒级 | 5～10 | 95～100 | 80～100 | 0～15 | 0 | | | | | | | | |
| | 10～16 | | 95～100 | 80～100 | 0～15 | | | | | | | | |
| | 10～20 | | 95～100 | 85～100 | | 0～15 | 0 | | | | | | |
| | 16～25 | | | 95～100 | 55～70 | 25～40 | 0～10 | | | | | | |
| | 16～31.5 | | 95～100 | | 85～100 | | | 0～10 | 0 | | | | |
| | 20～40 | | | 95～100 | | 80～100 | | | 0～10 | 0 | | | |
| | 25～31.5 | | | | 95～100 | | 80～100 | 0～10 | 0 | | | | |
| | 40～80 | | | | | 95～100 | | | 70～100 | | 30～60 | 0～10 | 0 |

石子的最大粒径是指公称粒级的上限值。当石子的粒径增大时,其表面积随之减小。因此,达到一定流动性时包裹其表面的水泥砂浆数量减小,可节约水泥。

按照《混凝土结构工程施工规范》(GB 50666—2011)的规定,混凝土用粗集料的最大粒径须同时满足:不得超过构件截面最小边长的 1/4,不得超过钢筋间最小净间距的 3/4。对于混凝土实心板,最大粒径不宜超过板厚的 1/3,且不得超过 40 mm。

**2. 含泥量和泥块含量**

含泥量是指卵石中粒径小于 75 mm 的黏土颗粒含量;碎石中粒径小于 75 mm 的黏土和石粉含量。泥块含量是指卵石、碎石中原粒径大于 4.75 mm,经水浸泡、淘洗等处理后小于

2.36 mm 的颗粒含量。卵石、碎石的含泥量和泥块含量应符合表 4-11 的规定。

表 4-11   卵石含泥量、碎石泥粉含量和泥块含量(GB/T 14685—2022)

| 类别 | Ⅰ 类 | Ⅱ 类 | Ⅲ 类 |
|---|---|---|---|
| 卵石含泥量(质量分数)/(%) | ≤0.5 | ≤1.0 | ≤1.5 |
| 碎石泥粉含量(质量分数)/(%) | ≤0.5 | ≤1.5 | ≤2.0 |
| 泥块含量(质量分数)/(%) | ≤0.1 | ≤0.2 | ≤0.7 |

**3. 针片状颗粒**

卵石、碎石颗粒的最大一维尺寸大于该颗粒所属相应粒级的平均粒径 2.4 倍者为针状颗粒;最小一维尺寸小于该颗粒所属粒级的平均粒径 0.4 倍者为片状颗粒。针片状颗粒易折断,还会使石子的空隙率增大,对混凝土的和易性及强度影响很大,其含量应符合表 4-12 的规定。

粗骨料对混凝土的影响

表 4-12   针、片状颗粒含量(GB/T 14685—2022)

| 类　别 | Ⅰ | Ⅱ | Ⅲ |
|---|---|---|---|
| 针、片状颗粒总含量(质量分数)/(%) | ≤5 | ≤8 | ≤15 |

**4. 强度**

为保证混凝土的强度要求,粗骨料应具有足够的强度。碎石或卵石的强度,用岩石抗压强度和压碎指标值表示。卵石的强度用压碎指标值表示,碎石的强度可用岩石抗压强度和压碎指标值表示。

在水饱和状态下,火成岩抗压强度应不小于 80 MPa,变质岩抗压强度应不小于 60 MPa,水成岩抗压强度应不小于 30 MPa。

压碎指标值检验,是将风干或烘干后的 9.5~19.0 mm 的颗粒,分两层装入圆模内。每装完一层试样,在底盘下面放置垫棒,将筒按住,左右交替颠击地面各 25 下,两层颠实后,整平模内试样表面,盖上压头。当圆模装不下 3 000g 试样时,以装至距圆模上口 10 mm 为准。把装有试样的圆模置于压力机上按 1 kN/s 速度均匀加荷至 200 kN 并稳定 5 s,卸载后称取试样质量 $G_1$,然后用孔径为 2.36 mm 的筛筛除被压碎的颗粒,称出剩余在筛上的试样质量 $G_2$,按式(4-2)计算压碎指标值 $Q_c$。

$$Q_c = \frac{G_1 - G_2}{G_1} \times 100\% \tag{4-2}$$

卵石、碎石的压碎指标值越小,则石子抵抗压碎的能力越强。卵石、碎石的压碎指标值应符合表 4-13 的规定。

表 4-13   压碎指标值(GB/T 14685—2022)

| 类　别 | Ⅰ | Ⅱ | Ⅲ |
|---|---|---|---|
| 碎石压碎指标/(%) | ≤10 | ≤20 | ≤30 |
| 卵石压碎指标/(%) | ≤12 | ≤14 | ≤16 |

**5. 表观密度、连续级配松散堆积空隙率**

卵石、碎石表观密度、连续级配松散堆积空隙率应符合以下规定:

(1) 表观密度不小于 2600 kg/m³;

(2) 连续级配松散堆积空隙率应符合表 4-14 的规定。

表 4-14 连续级配松散堆积空隙率（GB/T 14685—2022）

| 类 别 | Ⅰ | Ⅱ | Ⅲ |
|---|---|---|---|
| 空隙率/(%) | ≤43 | ≤45 | ≤47 |

### 四、拌和用水

混凝土拌和用水应符合《混凝土用水标准》(JGJ 63—2006)的规定,不得影响水泥的正常凝结和硬化,不得降低混凝土的耐久性,不加快钢筋锈蚀和预应力钢丝脆断,具体要求见表 4-15。凡符合国家标准的生活饮用水,均能用于拌制混凝土。

混凝土拌和用水不应有漂浮明显的油脂和泡沫,不应有明显的颜色和异味。混凝土企业设备洗刷水不宜用于预应力混凝土、装饰混凝土、加气混凝土和暴露于腐蚀环境的混凝土;不得用于使用碱活性或潜在碱活性骨料的混凝土。未经处理的海水可用于拌制素混凝土,不得用于拌制钢筋混凝土及预应力混凝土;不宜用海水拌制有饰面要求的素混凝土,以免因表面盐析产生白斑而影响装饰效果。

表 4-15 混凝土拌和用水水质要求(JGJ 63—2006)

| 项 目 | 预应力混凝土 | 钢筋混凝土 | 素 混 凝 土 |
|---|---|---|---|
| pH 值,≥ | 5.0 | 4.5 | 4.5 |
| 不溶物/(mg/L),≤ | 2000 | 2000 | 5000 |
| 可溶物/(mg/L),≤ | 2000 | 5000 | 10000 |
| $Cl^-$ 含量/(mg/L),≤ | 500 | 1000 | 3500 |
| $SO_4^{2-}$ 含量/(mg/L),≤ | 600 | 2000 | 2700 |
| 碱含量/(mg /L),≤ | 1500 | 1500 | 1500 |

注:1. 对于设计使用年限为 100 年的结构混凝土,氯离子含量不得超过 500 mg/L;对于使用钢丝或经热处理钢筋的预应力混凝土,氯离子含量不得超过 350 mg/L。

　　2. 碱含量按 $Na_2O+0.658K_2O$ 计算值来表示。采用非碱活性骨料时,可不检验碱含量。

地表水、地下水以及经适当处理或处置过的工业废水,若水质符合《混凝土用水标准》(JGJ 63—2006),且被检验水样与饮用水样进行水泥凝结时间对比试验,水泥初凝时间差、终凝时间差均不大于 30 min,并符合现行国家标准《通用硅酸盐水泥》(GB 175—2007)的规定;强度对比试验,被检验水样配制的水泥胶砂 3 d 和 28 d 强度不低于饮用水配制的水泥胶砂 3 d 和 28 d 强度的 90% 时,也可用于拌制混凝土。

### 五、混凝土外加剂和矿物掺合料

#### (一)混凝土外加剂

混凝土外加剂是除胶凝材料、骨料、水和纤维组分以外,在混凝土拌制之前或拌制过程中加入的、用以改善新拌混凝土和(或)硬化混凝土性能,对人、生物及环境安全无有害影响的材料。

混凝土外加剂在掺量较少的情况下,可以改善混凝土拌和物和易性,调节凝结时间,提高混凝土强度及耐久性等。它在工程中的应用越来越广泛,已逐渐成为混凝土中必不可少的第五种组成材料。

根据国家标准《混凝土外加剂定义、分类、命名与术语》(GB/T 8075—2017)的规定,混凝土外加剂按照其主要使用功能分为如下四类。

(1) 改善混凝土拌和物流变性能的外加剂,如各种减水剂和泵送剂等。

(2) 调节混凝土凝结时间、硬化性能的外加剂,如缓凝剂、早强剂、促凝剂和速凝剂等。

(3) 改善混凝土耐久性的外加剂,如引气剂、防水剂和阻锈剂等。

(4) 改善混凝土其他性能的外加剂,如膨胀剂、防冻剂、着色剂等。

**1. 减水剂**

减水剂是指在混凝土坍落度基本相同的条件下,减水率不小于8%的外加剂。

1) 减水剂的作用机理

在水泥加水拌和形成水泥浆的过程中,由于水泥为颗粒状材料,其比表面积较大,颗粒之间容易吸附在一起,把一部分水包裹在颗粒之间而形成絮凝状结构,包裹的水分不能起到增大流动性的作用,因此混凝土拌和物流动性降低。常用的减水剂属于离子型表面活性剂。当水泥浆中加入表面活性剂后,受水分子的作用,亲水基团指向水分子,溶于水中;憎水基团则吸附于水泥颗粒表面,作定向排列使水泥颗粒表面带有同种电荷,使水泥颗粒分散,絮凝状结构中包裹的水分释放出来,混凝土拌和用水的作用得到充分发挥,拌和物的流动性明显提高,其原理如图4-3所示。

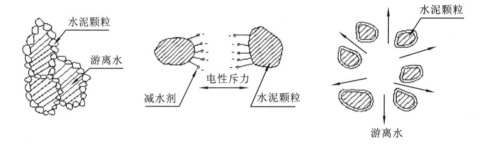

**图 4-3 减水剂的作用示意**

2) 减水剂的作用效果

在混凝土中掺入减水剂后,具有以下技术经济效果。

(1) 提高混凝土强度。在混凝土中掺入减水剂后,可在混凝土拌和物坍落度基本不变的条件下,减少混凝土的单位用水量,从而降低混凝土水灰比,提高混凝土强度。

(2) 提高混凝土拌和物的流动性。在混凝土各组成材料用量一定的条件下,加入减水剂能明显提高混凝土拌和物的流动性。

(3) 节约水泥。在混凝土拌和物流动性、强度一定的条件下,同时减少拌和用水量和水泥用量,可节约水泥。

(4) 改善混凝土拌和物的其他性能。掺入减水剂后,可以减少混凝土拌和物的泌水、离析现象,调节拌和物的凝结时间,减缓水泥水化放热速度,显著提高混凝土硬化后的抗渗性和抗冻性,提高混凝土的耐久性。

3) 减水剂的分类

在工程应用中,通常按减水剂的作用效果分为三类:普通减水剂(在混凝土坍落度基本相同的条件下,减水率不小于8%的外加剂)、高效减水剂(在混凝土坍落度基本相同的条件下,减水率不小于14%的外加剂)、高性能减水剂(高性能减水剂是在混凝土坍落度基本相同的条件下,减水率不小于25%的外加剂。与高效减水剂相比,其坍落度保持性能好、干燥收缩小,且具有一定的引气性能)。另外,根据对凝结时间的影响,这三种减水剂又可分为早强型、标准型和缓凝型。

4)减水剂的掺法

(1)先掺法。将粉状减水剂与水泥先混合后再与骨料和水一起搅拌。

(2)同掺法。先将减水剂溶解于水溶液中,再以此溶液拌制混凝土。

(3)后掺法。混凝土拌和时先不掺减水剂,在运输途中或运至施工现场分一次或几次加入,再经二次或多次搅拌,成为混凝土拌和物。该法特别适合于远距离运输的商品混凝土。

**2. 早强剂**

早强剂是指能加速混凝土早期强度发展的外加剂。早强剂可在不同温度下加速混凝土强度发展,多用于要求早拆模、抢修工程及冬季施工的工程。

工程中常用早强剂的品种主要有无机盐类、有机物类和复合早强剂。常用早强剂的品种、掺量及作用效果见表4-16。

表 4-16 常用早强剂的品种、掺量及作用效果

| 种 类 | 无机盐类早强剂 | 有机物类早强剂 | 复合早强剂 |
|---|---|---|---|
| 主要品种 | 氯化钙、硫酸钠 | 三乙醇胺、三异丙醇胺、尿素等 | 二水石膏＋亚硝酸钠＋三乙醇胺 |
| 适宜掺量 | 氯化钙1%～2%;硫酸钠0.5%～2% | 0.02%～0.05% | 2%二水石膏＋1%亚硝酸钠＋0.05%三乙醇胺 |
| 作用效果 | 氯化钙:可使2～3 d强度提高40%～100%,7 d强度提高25% | — | 能使3 d强度提高50% |
| 注意事项 | 氯盐会锈蚀钢筋,掺量必须符合有关规定 | 对钢筋无锈蚀作用 | 早强效果显著,适用于严格禁止使用氯盐的钢筋混凝土 |

**3. 引气剂**

引气剂是指能通过物理作用引入均匀分布、稳定而封闭的微小气泡,且能将气泡保留在硬化混凝土中的外加剂。引气剂具有降低固-液-气三相表面张力,提高气泡强度,并使气泡排开水分而吸附于固相表面的能力,可减少混凝土拌和物泌水离析,改善其工作性,并能显著提高混凝土的抗冻性和抗渗性。但混凝土含气量的增加,会降低混凝土的强度。近年来,引气剂已逐渐被引气型减水剂代替,这样不仅起到引气的作用,而且对提高强度也有帮助,还可节约水泥。

**4. 缓凝剂**

缓凝剂是指能延缓混凝土凝结时间的外加剂。

缓凝剂具有延缓凝结时间、保持工作性、延长放热时间、消除或减少裂缝以及减水增强等多种作用,适用于气温高、运距长、分层浇筑混凝土的施工,以及大体积混凝土的施工。

**5. 泵送剂**

泵送剂是指能改善混凝土拌和物泵送性能的外加剂。所谓泵送性能,就是混凝土拌和物具有能顺利通过输送管道、不阻塞、不离析、黏塑性良好的性能。泵送剂是由减水剂、调凝

剂、引气剂、润滑剂等多组分复合而成的。

泵送剂具有高流化、黏聚、润滑等功效,适合制作高强或流态型的混凝土,适用于工业与民用建筑物及其他构筑物的泵送施工的混凝土。

**6. 外加剂的验收**

掺量不小于1%同品种的外加剂每一批为100 t,掺量小于1%的外加剂每一批为50 t。不足100 t或50 t的也应按一个批量计,同一批的产品必须混合均匀。

每一批号取样量不少于0.2 t水泥所需用的外加剂量,混合均匀,分成两份,其中一份试验用,另一份密封保存半年以备复验或仲裁。

外加剂的必检项目有pH值、氯离子含量和总碱量,另外,液体外加剂必检项目为含固量和密度,粉状外加剂必检项目为含水率和细度。

掺外加剂混凝土的试验项目包括减水率、含气量、凝结时间、坍落度和含气量的1 h经时变化量、抗压强度比、收缩比和相对耐久性。

外加剂在出厂时应提供产品说明书,产品说明书应包括生产厂名称、产品名称及类型、产品性能特点、主要成分、技术指标、适用范围、推荐掺量、储存条件及有效期、使用方法、注意事项、安全防护提示等。

粉状外加剂可采用有塑料袋衬里的编织袋包装;液体外加剂可采用塑料桶、金属桶包装。包装质量误差不超过1%。液体外加剂也可采用槽车散装。

**(二)矿物掺合料**

矿物掺合料是在混凝土搅拌过程中加入具有一定细度和活性的用于改善混凝土拌和物和硬化混凝土性能的矿物类材料。它是一种辅助胶凝材料,特别是在高强、高性能混凝土中更是一种不可缺少的材料。

主要品种有磨细矿渣、磨细粉煤灰、磨细天然沸石和硅灰:

磨细矿渣——粒状高炉矿渣经干燥、粉磨达到规定细度的产品;

磨细粉煤灰——干燥的粉煤灰经粉磨达到规定细度的产品;

磨细天然沸石——以一定品位纯度的天然沸石为原料,经粉磨至规定细度的产品;

硅灰——在冶炼硅铁合金或工业硅时,通过烟道排出的硅蒸气氧化后,经收尘器收集得到的以无定形二氧化硅为主要成分的产品。

矿物掺合料在混凝土中的掺量应通过试验确定。钢筋混凝土中的矿物掺合料的最大掺量应符合表4-17的规定。

**表4-17 钢筋混凝土中矿物掺合料最大掺量**(JGJ 55—2011)

| 矿物掺合料种类 | 水 胶 比 | 最大掺量/(%) | |
|---|---|---|---|
| | | 硅酸盐水泥 | 普通水泥 |
| 粉煤灰 | ≤0.40 | 45 | 35 |
| | >0.40 | 40 | 30 |
| 粒化高炉矿渣粉 | ≤0.40 | 65 | 55 |
| | >0.40 | 55 | 45 |
| 钢渣粉 | — | 30 | 20 |
| 磷渣粉 | — | 30 | 20 |

续表

| 矿物掺合料种类 | 水 胶 比 | 最大掺量/(%) | |
|---|---|---|---|
| | | 硅酸盐水泥 | 普通水泥 |
| 硅灰 | — | 10 | 10 |
| 复合掺合料 | ≤0.40 | 65 | 55 |
| | ≤0.40 | 55 | 45 |

# 项目三　普通混凝土的技术性质

## 一、混凝土拌和物的和易性

### 1. 和易性的概念

和易性(又称工作性)是指混凝土拌和物易于施工操作(拌和、运输、浇注、捣实),并能获得质量均匀、成型密实的混凝土的性能。和易性是一项综合技术性能,包括流动性、黏聚性和保水性三个方面的含义。

(1)流动性:是指混凝土拌和物在本身自重或施工机械振捣作用下,能产生流动,并均匀密实地填满模板的性能。它决定了施工时浇筑振捣的难易程度和成型的质量。

(2)黏聚性:是指混凝土拌和物各组成材料之间具有一定的黏聚力,在运输和浇筑过程中不致产生离析和分层现象。它反映了混凝土拌和物保持整体均匀性的能力。

(3)保水性:是混凝土拌和物在施工过程中,保持水分不易析出,避免产生严重泌水现象的能力。有泌水现象的混凝土拌和物,易形成开口连通孔隙,影响混凝土的密实性而降低混凝土的质量。

混凝土拌和物的流动性、黏聚性和保水性,三者之间是对立统一的关系。流动性好的拌和物,黏聚性和保水性可能较差;而黏聚性、保水性好的拌和物,流动性可能较差。在实际工程中,应尽可能达到三者统一,既要满足混凝土施工时要求的流动性,同时也具有良好的黏聚性和保水性。

### 2. 和易性的测定

和易性的测定就是对流动性、黏聚性和保水性的测定,定量测定流动性,直观经验评定黏聚性和保水性。对塑性和流动性混凝土拌和物,用坍落度法测定;对干硬性混凝土拌和物,用维勃稠度法测定。

1)坍落度法

坍落度法适用于骨料最大粒径不大于 40 mm、坍落度不小于 10 mm 的混凝土拌和物流动性测定。

坍落度测定方法是将混凝土拌和物按规定的方法装入坍落度筒内,分层插实,装满刮平,垂直向上提起坍落度筒,拌和物因自重而向下坍落,其下落的距离(以 mm 为单位,且精确至 5 mm)即为该拌和物的坍落度值,以 T 表示,如图 4-4 所示。在测定坍落度的同时,应检查混凝土拌和物的黏聚性及保水性。黏聚性的检查方法是用捣棒在已坍落的拌和物锥体一侧轻轻敲打,若锥体缓慢下沉,表示黏聚性良好;如果锥体倒塌、部分崩裂、出现离析现象,则表示黏聚性不好。保水性以混凝土拌和物中稀浆析出的程度评定,提起坍落度筒后,如有较多稀浆从底部析出,拌和物锥体因失浆而骨料外露,表示拌和物的保水性不好。如提起坍落度筒后,无稀浆析出或仅有少量稀浆从底部析出,则表示混凝土拌和物保水性良好。

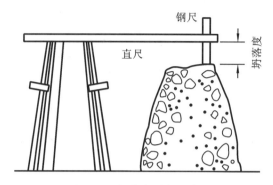

图 4-4　坍落度测定示意

按国家标准《混凝土质量控制标准》(GB 50164—2011)的规定,混凝土拌和物按坍落度值的大小分为五级,见表 4-18。

表 4-18　混凝土按坍落度的分级(GB 50164—2011)

| 级　别 | 名　称 | 坍落度/mm |
|---|---|---|
| S1 | 低塑性混凝土 | 10～40 |
| S2 | 塑性混凝土 | 50～90 |
| S3 | 流动性混凝土 | 100～150 |
| S4 | 大流动性混凝土 | `160～210 |
| S5 | 流态混凝土 | ≥220 |

2)维勃稠度法

对于干硬性混凝土拌和物(坍落度小于 10 mm),采用维勃稠度法测定其和易性。

用维勃稠度仪测定,如图 4-5 所示。将混凝土拌和物按标准方法装入维勃稠度测定仪容量桶的坍落度筒内;缓慢垂直提起坍落度筒;将透明圆盘置于拌和物锥体顶面;开启振动台,并启动秒表计时,测出至透明圆盘底面完全被水泥浆布满所经历的时间(以 s 计),即为维勃稠度值。维勃稠度值越大,混凝土拌和物流动性越小。这种方法适用于骨料粒径不大于 40 mm、维勃稠度在 5～30 s 之间的混凝土拌和物的稠度测定。

**3. 流动性的选择**

混凝土拌和物坍落度的选择,应根据施工条件、构件截面尺寸、配筋情况、施工方法等来确定。一般,构件截面尺寸较小、钢筋较密,或采用人工拌和与振捣时,坍落度应选择大些。反之,如构件截面尺寸较大、钢筋较疏,或采用机械振捣时,坍落度应选择小些。混凝土浇筑时的坍落度,宜按表 4-19 选用。

表 4-19　混凝土浇筑时的坍落度

| 项次 | 结 构 种 类 | 坍落度/mm |
|---|---|---|
| 1 | 基础或地面等的垫层,无配筋的大体积结构或配筋稀疏的结构 | 10～30 |
| 2 | 板、梁和大型及中型截面的柱子等 | 30～50 |
| 3 | 配筋密列的结构(如薄壁、斗仓、筒仓、细柱等) | 50～70 |
| 4 | 配筋特密的结构 | 70～90 |

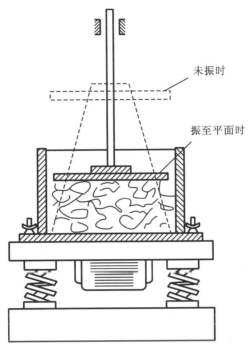

图 4-5 维勃稠度测定示意图

**4. 影响和易性的主要因素**

1）水泥浆数量和单位用水量

混凝土质量
案例分析

在混凝土骨料用量、水灰比一定的条件下,填充在骨料之间的水泥浆数量越多,水泥浆对骨料的润滑作用越充分,混凝土拌和物的流动性越大。但增加水泥浆数量过多,不仅浪费水泥,而且会使拌和物的黏聚性、保水性变差,产生分层、泌水现象。

混凝土中的用水量对拌和物的流动性起决定性的作用。实践证明,在骨料一定的条件下,为了达到拌和物流动性的要求,所加的拌和水量基本是一个固定值,即使水泥用量在一定范围内改变(每立方米混凝土增减 50～100 kg),也不会影响流动性。这一法则在混凝土学中称为固定加水量法则。必须指出,在施工中为了保证混凝土的强度和耐久性,不允许采用单纯增加用水量的方法来提高拌和物的流动性,应在保持水灰比一定时,同时增加水和水泥的数量,骨料绝对数量一定但相对数量减少,使拌和物满足施工要求。

2）砂率

砂率是指混凝土拌和物中砂的质量占砂、石子总质量的百分数。单位体积混凝土中,在水泥浆量一定的条件下,若砂率过小,砂不能填满石子之间的空隙,或填满后不能保证石子之间有足够厚度的砂浆层,不仅会降低拌和物的流动性,而且还会影响拌和物的黏聚性和保水性;若砂率过大,骨料的总表面积及空隙率会增大,包裹骨料表面的水泥浆数量减少,水泥浆的润滑作用减弱,拌和物的流动性变差。因此,砂率不能过小也不能过大,应选取合理砂率,即在水泥用量和水灰比一定的条件下,拌和物的黏聚性、保水性符合要求,同时流动性最大的砂率。同理,在水灰比和坍落度不变的条件下,水泥用量最小的砂率也是合理砂率,如图 4-6 所示。

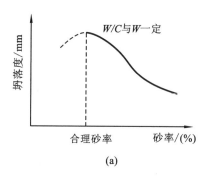 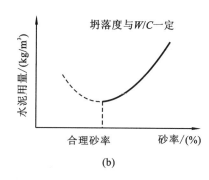

**图 4-6　合理砂率的确定**

(a)砂率与坍落度的关系曲线;(b)砂率与水泥用量的关系曲线

3)原材料品种及性质

水泥的品种、颗粒细度,骨料的颗粒形状、表面特征、级配,外加剂等对混凝土拌和物的和易性都有影响。采用矿渣水泥拌制的混凝土流动性比用普通水泥拌制的混凝土流动性小,且保水性差;水泥颗粒越细,混凝土流动性越小,但黏聚性及保水性较好。卵石拌制的混凝土拌和物比碎石拌制的流动性好;河砂拌制的混凝土流动性好;级配好的骨料,混凝土拌和物的流动性也好。加入减水剂和引气剂可明显提高拌和物的流动性;引气剂能有效地改善混凝土拌和物的保水性和黏聚性。

4)施工方面

混凝土拌制后,随时间的延长和水分的减少而逐渐变得干稠,流动性减小。施工中环境的温度、湿度变化,搅拌时间及运输距离的长短,称料设备及振捣设备的性能等都会对混凝土的和易性产生影响。

## 二、硬化混凝土的性质

### (一)混凝土的强度

混凝土的强度包括抗压强度、抗拉强度、抗剪强度和抗弯强度等,其中抗压强度最高,因此混凝土主要用于承受压力的工程部位。

**1. 立方体抗压强度与强度等级**

按照《普通混凝土力学性能试验方法标准》(GB/T 50081—2019)的规定,混凝土立方体抗压强度是指制作边长为 150 mm 的标准立方体试件,成型后立即用不透水的薄膜覆盖表面,在温度为(20±5) ℃的环境中静置 1~2 昼夜,然后在标准养护条件下[温度为(20±2) ℃,相对湿度95％以上]或在温度为(20±2) ℃的不流动的 $Ca(OH)_2$ 饱和溶液中,养护至 28 d 龄期(从搅拌加水开始计时),采用标准试验方法测得的混凝土极限抗压强度,用 $f_{cu}$ 表示。

立方体抗压强度测定采用的标准试件尺寸为 150 mm×150 mm×150 mm。也可根据粗骨料的最大粒径选择尺寸为 100 mm×100 mm×100 mm 和 200 mm×200 mm×200 mm 的非标准试件,但强度测定结果必须乘以换算系数,具体见表 4-20。

**表 4-20　混凝土试件尺寸选择与强度的尺寸换算系数**

| 试件种类 | 试件尺寸/mm | 粗骨料最大粒径/mm | 换算系数 |
| --- | --- | --- | --- |
| 标准试件 | 150×150×150 | ≤37.5 | 1.00 |

| 试件种类 | 试件尺寸/mm | 粗骨料最大粒径/mm | 换算系数 |
|---|---|---|---|
| 非标准试件 | 100×100×100 | ≤31.5 | 0.95 |
| | 200×200×200 | ≤63.0 | 1.05 |

混凝土强度等级是根据混凝土立方体抗压强度标准值划分的级别,采用符号 C 和混凝土立方体抗压强度标准值($f_{cu,k}$)表示。主要有 C15、C20、C25、C30、C35、C40、C45、C50、C55、C60、C65、C70、C75、C80 等十四个强度等级。

混凝土立方体抗压强度标准值($f_{cu,k}$)系指按标准方法制作养护的边长为 150 mm 的立方体试件,在规定龄期用标准试验方法测得的,具有 95% 保证率的抗压强度值。

**2. 轴心抗压强度**

轴心抗压强度,是以 150 mm×150 mm×300 mm 的棱柱体试件为标准试件,在标准养护条件下养护 28 d,测得的抗压强度,以 $f_{cp}$ 表示。

在钢筋混凝土结构设计中,计算轴心受压构件时都采用轴心抗压强度作为计算依据,因为其接近于混凝土构件的实际受力状态。混凝土轴心抗压强度值比同截面的立方体抗压强度值要小,在结构设计计算时,一般取 $f_{cp}=0.67f_{cu}$。

**3. 抗拉强度**

混凝土的抗拉强度采用劈裂抗拉试验法测得,但其值较低,一般为抗压强度的1/20～1/10。在工程设计时,一般不考虑混凝土的抗拉强度,但混凝土的抗拉强度对抵抗裂缝的产生具有重要意义,在结构设计中,混凝土抗拉强度是确定混凝土抗裂度的重要指标。

**4. 影响混凝土抗压强度的因素**

影响混凝土抗压强度的因素很多,包括原材料的质量、材料用量之间的比例关系、施工方法(拌和、运输、浇筑、养护)以及试验条件(龄期、试件形状与尺寸、试验方法、温度及湿度)等。

混凝土
试块制作

1) 水泥强度等级和水灰比

水泥是混凝土中的活性组分,其强度的大小直接影响着混凝土强度的高低。在配合比相同的条件下,所用的水泥强度等级越高,配制的混凝土强度也越高。当用同一种水泥(品种及强度等级相同)时,混凝土的强度主要取决于水灰比,水灰比愈大,混凝土的强度愈低。

这是因为水泥水化时所需的化学结合水,一般只占水泥质量的23%左右,但在实际拌制混凝土时,为了获得必要的流动性,常需要加入较多的水,占水泥质量的40%～70%。多余的水分残留在混凝土中形成水泡,蒸发后形成气孔,使混凝土密实度降低,强度下降。但是,如果水灰比过小,拌和物过于干硬,在一定的捣实成型条件下,无法保证浇筑质量,混凝土中将出现较多的蜂窝、孔洞,强度也将下降。试验证明,混凝土强度随水灰比的增大而降低,其规律呈曲线关系;而与灰水比呈直线关系(图4-7)。

根据工程实践经验,应用数理统计方法,可建立混凝土强度与水泥实际强度及灰水比等因素之间的线性经验公式:

$$f_{cu} = \alpha_a \cdot f_{ce}(C/W - \alpha_b) \tag{4-3}$$

式中　$f_{cu}$——混凝土 28 d 龄期的抗压强度值,MPa;

$f_{ce}$——水泥 28 d 抗压强度的实测值,MPa;

$C/W$——混凝土灰水比,即水灰比的倒数;

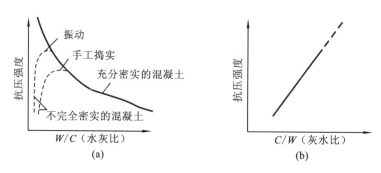

**图 4-7 混凝土强度与水灰比及灰水比的关系**

(a)强度与水灰比的关系；(b)强度与灰水比的关系

$\alpha_a$、$\alpha_b$——回归系数，与水泥、骨料的品种有关。

一般水泥厂为了保证水泥的出厂强度等级，其实际强度往往比其强度等级要高。当无法取得水泥 28 d 抗压强度实测值时，可用式(4-4)估算。

$$f_{ce} = \gamma_c \cdot f_{ce,g} \tag{4-4}$$

式中  $f_{ce,g}$——水泥强度等级值，MPa；

$\gamma_c$——水泥强度等级值的富余系数，可按实际统计资料确定；无相关资料时，可按水泥强度等级值为 32.5、42.5、52.5 时分别取值 1.12、1.16、1.10。

$f_{ce}$ 值也可根据 3 d 强度或快测强度推定 28 d 强度关系式而得出。

强度公式适用于流动性混凝土和低流动性混凝土，不适用于干硬性混凝土。对流动性混凝土而言，只有在原材料相同、工艺措施相同的条件下，$\alpha_a$、$\alpha_b$ 才可视为常数。因此，必须结合工地的具体条件，如施工方法及材料的质量等，进行不同水灰比的混凝土强度试验，求出符合当地实际情况的 $\alpha_a$、$\alpha_b$，这样既能保证混凝土的质量，又能取得较好的经济效果。若无试验条件，可按《普通混凝土配合比设计规程》(JGJ 55—2011)提供的经验数值：采用碎石时，$\alpha_a = 0.53$，$\alpha_b = 0.20$；采用卵石时，$\alpha_a = 0.49$，$\alpha_b = 0.13$。

强度公式可解决两个问题，一是混凝土配合比设计时，估算应采用的 $W/C$ 值；二是混凝土质量控制过程中，估算混凝土 28 d 可以达到的抗压强度。

2) 骨料的种类和级配

骨料中有害杂质过多且品质低劣时，将降低混凝土的强度。骨料表面粗糙，则与水泥石黏结力较大，混凝土强度高。骨料级配好、砂率适当，能组成密实的骨架，混凝土强度也较高。

3) 养护温度和湿度

混凝土浇筑成型后，所处的环境温度，对混凝土的强度影响很大(图 4-8)。混凝土的硬化，在于水泥的水化作用，周围温度升高，水泥水化速度加快，混凝土强度发展也就加快。反之，温度降低时，水泥水化速度降低，混凝土强度发展将相应迟缓。当温度降至冰点以下时，混凝土的强度停止发展，并且由于孔隙内水分结冰而引起膨胀，使混凝土的内部结构遭受破坏。混凝土早期强度低，更容易冻坏。湿度适当时，水泥水化能顺利进行，混凝土强度得到充分发展。如果湿度不够，会影响水泥水化作用的正常进行，甚至停止水化。这不仅严重降低混凝土的强度，而且水化作用未能完成，使混凝土结构疏松，渗水性增大，或形成干缩裂缝，从而影响其耐久性。

《混凝土结构工程施工质量验收规范》(GB 50204—2015)规定，对已浇筑完毕的混凝土，

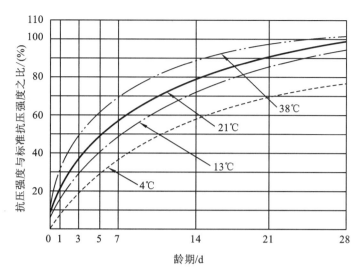

**图 4-8　养护温度对混凝土强度的影响**

应在 12 h 内加以覆盖和浇水。覆盖可采用锯末、塑料薄膜、麻袋片等。对于硅酸盐水泥、普通硅酸盐水泥或矿渣硅酸盐水泥拌制的混凝土,浇水养护时间不得少于 7 d,对掺缓凝型外加剂或有抗渗要求的混凝土不得少于 14 d,浇水次数应能保持混凝土表面长期处于潮湿状态。当日平均气温低于 5 ℃时,不得浇水。

4)硬化龄期

混凝土在正常养护条件下,其强度将随着龄期的增长而增长。最初 7~14 d 内,强度增长较快,28 d 达到设计强度。以后增长缓慢,但若保持足够的温度和湿度,强度的增长将延续几十年。普通水泥制成的混凝土,在标准条件下,混凝土强度的发展大致与其龄期的对数成正比关系(龄期不小于 3 d),如式(4-5)所示:

$$\frac{f_n}{f_{28}} = \frac{\lg n}{\lg 28}\tag{4-5}$$

式中　$f_n$——$n(n\geqslant3)$ d 龄期混凝土的抗压强度,MPa;

　　　$f_{28}$——28 d 龄期混凝土的抗压强度,MPa。

5)混凝土外加剂与掺合料

在混凝土中掺入早强剂可提高混凝土早期强度,掺入减水剂可提高混凝土强度,掺入一些掺合料可配制高强度混凝土。详细内容见混凝土外加剂部分。

6)施工工艺

混凝土的施工工艺包括配料、拌和、运输、浇筑、振捣、养护等工序,每一道工序对其质量都有影响。如配料不准确,误差过大;搅拌不均匀;拌和物运输过程中产生离析;振捣不密实;养护不充分等均会降低混凝土强度。因此,在施工过程中,一定要严格遵守施工规范,确保混凝土的强度。

**(二)混凝土的耐久性**

硬化后的混凝土除了具有设计要求的强度外,还应具有与所处环境相适应的耐久性,混凝土的耐久性是指混凝土抵抗环境条件的长期作用,并保持其稳定良好的使用性能和外观完整性,从而维持混凝土结构安全、正常使用的能力。混凝土的耐久性主要包括抗冻性、抗渗性、抗侵蚀性、抗碳化及碱骨料反应等。

**1. 抗渗性**

抗渗性是指混凝土抵抗压力水、油等液体渗透的性能。混凝土的抗渗性主要与其密实度及内部孔隙的大小和构造特征有关。

混凝土的抗渗性用抗渗等级(P)表示,即以 28 d 龄期的标准试件,按标准试验方法进行试验所能承受的最大水压力(MPa)来确定。混凝土的抗渗等级有 P6、P8、P10、P12 及以上等级。如抗渗等级 P6 表示混凝土能抵抗 0.6 MPa 的静水压力而不发生渗透。

**2. 抗冻性**

混凝土的抗冻性是指混凝土在含水饱和状态下能经受多次冻融循环而不破坏,同时强度也不严重降低的性能。混凝土受冻后,混凝土中水分受冻结冰,体积膨胀,当膨胀力超过其抗拉强度时,混凝土将产生微细裂缝,反复冻融使裂缝不断扩展,混凝土强度降低甚至破坏,影响建筑物的安全。

混凝土的抗冻性用抗冻等级表示。抗冻等级是以 28 d 龄期的混凝土标准试件,在饱和水状态下,承受反复冻融循环,以强度损失不超过 25%,且质量损失不超过 5% 时,混凝土所能承受的最大冻融循环次数来表示。混凝土抗冻等级划分为 F50、F100、F150、F200、F250 和 F300 等,分别表示混凝土能够承受反复冻融循环次数为 50、100、150、200、250 和 300。

混凝土的抗冻性主要取决于混凝土的孔隙率、孔隙特征及吸水饱和程度等因素。孔隙率较小且具有封闭孔隙的混凝土,其抗冻性较好。

**3. 抗侵蚀性**

当混凝土所处环境中含有侵蚀性介质时,混凝土便会遭受侵蚀。侵蚀介质对混凝土的侵蚀主要是对水泥石的侵蚀,其侵蚀机理详见单元三水泥部分。随着混凝土在地下工程、海岸与海洋工程等恶劣环境中的应用,对混凝土的抗侵蚀性提出了更高的要求。

混凝土的抗侵蚀性与所用水泥品种、混凝土的密实程度和孔隙特征等有关,密实和孔隙封闭的混凝土,环境水不易侵入,抗侵蚀性较强。

**4. 抗碳化**

混凝土的碳化是指混凝土内水泥石中的氢氧化钙与空气中二氧化碳,在湿度适宜时发生化学反应,生成碳酸钙和水,碳化也称中性化。碳化是二氧化碳由表及里向混凝土内部逐渐扩散的过程。碳化引起水泥石化学组成及组织结构的变化,对混凝土的碱度、强度和收缩产生影响。

碳化对混凝土性能既有有利影响,也有不利影响。其不利影响是碱度降低减弱了对钢筋的保护作用。这是因为混凝土中水泥水化生成大量的氢氧化钙,使钢筋处在碱性环境中而在表面生成一层钝化膜,保护钢筋,使其不易腐蚀。但当碳化深度穿透混凝土保护层而达钢筋表面时,钢筋钝化膜被破坏而发生锈蚀,此时产生体积膨胀,致使混凝土保护层产生开裂,开裂后的混凝土更有利于二氧化碳、水、氧等有害介质的进入,加剧了碳化的进行和钢筋的锈蚀,最后导致混凝土产生顺筋开裂而破坏。另外,碳化作用会增加混凝土的收缩,引起混凝土表面产生拉应力而出现微细裂缝,从而降低混凝土的抗拉、抗折强度及抗渗性能。

碳化作用对混凝土也有一些有利影响,即碳化作用产生的碳酸钙填充了水泥石的孔隙,以及碳化时放出的水分有助于未水化水泥的水化,从而可提高混凝土碳化层的密实度,对提高抗压强度有利。

影响碳化速度的主要因素有环境中二氧化碳的浓度、水泥品种、水灰比、环境湿度等。二氧化碳浓度高,碳化速度快;当环境中的相对湿度在50%~75%时,碳化速度最快,当相对湿度小于25%或大于100%时,碳化将停止;水灰比愈小,混凝土愈密实,二氧化碳和水不易侵入,碳化速度就慢;掺混合材料的水泥碱度降低,碳化速度随混合材料掺量的增多而加快。

**5. 碱骨料反应**

碱骨料反应是指水泥、外加剂等混凝土组成物及环境中的碱与骨料中碱活性矿物在潮湿环境下缓慢发生并导致混凝土开裂破坏的膨胀反应。常见的碱骨料反应为碱-氧化硅反应,碱骨料反应后,会在骨料表面形成复杂的碱硅酸凝胶,吸水后凝胶不断膨胀而使混凝土产生膨胀性裂纹,严重时会导致结构破坏。碱骨料反应的发生必须具备三个条件:一是水泥、外加剂等混凝土原材料中碱的含量必须高;二是骨料中含有一定的碱活性成分;三是要有潮湿的环境。因此,为了防止碱骨料反应,应严格控制水泥等混凝土原材料中碱的含量和骨料中碱活性物质的含量。

**6. 提高混凝土耐久性的措施**

混凝土所处的环境和使用条件不同,其耐久性的要求也不相同,但影响耐久性的因素却有许多相同之处,混凝土的密实程度是影响耐久性的主要因素,其次是原材料的性质、施工质量等。提高混凝土耐久性的主要措施如下。

1)合理选择混凝土的组成材料

(1)应根据混凝土的工程特点和所处的环境条件,合理选择水泥品种。

(2)选择质量良好、技术要求合格的骨料。

2)提高混凝土制品的密实度

(1)严格控制混凝土的水胶比和水泥用量。混凝土的最大水胶比和最小胶凝材料用量必须符合表4-21的规定。

(2)选择级配良好的骨料及合理砂率值,保证混凝土的密实度。

(3)掺入适量减水剂,可减少混凝土的单位用水量,提高混凝土的密实度。

(4)严格按操作规程进行施工操作,加强搅拌、合理浇筑、振捣密实、加强养护,确保施工质量,提高混凝土制品的密实度。

**表 4-21** 混凝土最大水胶比和最小胶凝材料用量要求(GB 50010—2010)(JGJ 55—2011)

| 环境等级 | 最大水胶比 | 最低强度等级 | 最小胶凝材料用量/(kg/m³) | | |
| --- | --- | --- | --- | --- | --- |
| | | | 素混凝土 | 钢筋混凝土 | 预应力混凝土 |
| 一 | 0.60 | C20 | 250 | 280 | 300 |
| 二 a | 0.55 | C25 | 280 | 300 | 300 |
| 二 b | 0.50(0.55) | C30(C25) | 320 | | |
| 三 a | 0.45(0.50) | C35(C30) | 330 | | |
| 三 b | 0.40 | C40 | | | |

注:环境类别一是指室内干燥环境,无侵蚀性静水浸没环境;

　　二 a 是指室内潮湿环境,非严寒和非寒冷地区的露天环境,非严寒和非寒冷地区与无侵蚀性的水或土壤直接接触的环境,严寒和寒冷地区的冰冻线以下与无侵蚀性的水或土壤直接接触的环境;

　　二 b 是指干湿交替环境,水位频繁变动环境,严寒和寒冷地区的露天环境,严寒和寒冷地区冰冻线以上与无侵蚀性的水或土壤直接接触的环境;

　　三 a 是指严寒和寒冷地区冬季水位变动区环境,受除冰盐影响环境,海风环境;

　　三 b 是指盐渍土环境,受除冰盐作用环境,海岸环境。

在混凝土中掺入适量引气剂,可改善混凝土内部的孔隙结构,可以提高混凝土的抗渗性、抗冻性及抗侵蚀性。

# 项目四 普通混凝土的配合比设计

混凝土配合比是指混凝土中各组成材料用量之间的比例关系。常用的表示方法有两种:①质量法是以 1 m³ 混凝土中各组成材料的质量来表示,如 1 m³ 混凝土中水泥 300 kg、水 180 kg、砂子 600 kg、石子 1200 kg;②比例法是以各组成材料相互间的质量比来表示,通常以水泥质量为 1,将上例换算成质量比为水泥∶砂子∶石子=1∶2∶4,水灰比=0.60。

## 一、配合比设计的基本要求

混凝土配合比设计的任务,就是根据原材料的技术性能及施工条件,确定出各项技术指标都能满足工程要求,并符合经济原则的各组成材料的用量。具体地说,混凝土配合比设计的基本要求包括以下几方面。

(1)满足混凝土结构设计所要求的强度等级。

(2)满足施工所要求的混凝土拌和物的和易性。

(3)满足混凝土的耐久性,如抗冻等级、抗渗等级和抗侵蚀性等。

(4)在满足各项技术性质的前提下,使各组成材料经济合理,尽量节约水泥,降低混凝土成本。

## 二、配合比设计的三个重要参数

1)水胶比

水胶比是混凝土中水与胶凝材料质量的比值,是影响混凝土强度和耐久性的主要因素。其确定原则是在满足工程要求的强度和耐久性的前提下,尽量选择较大值,以节约水泥。

2)砂率

砂率是指混凝土中砂子质量占砂石总质量的百分比。砂率是影响混凝土拌和物和易性的重要指标。砂率的确定原则是在保证混凝土拌和物黏聚性和保水性要求的前提下,尽量取小值。

3)单位用水量

单位用水量是指 1 m³ 混凝土的用水量,反映混凝土中水泥浆与骨料之间的比例关系。在混凝土拌和物中,水泥浆的多少显著影响混凝土的和易性,同时也影响其强度和耐久性。其确定原则是在混凝土拌和物达到流动性要求的前提下取较小值。

水胶比、砂率、单位用水量是混凝土配合比设计的三个重要参数,其选择是否合理,将直接影响混凝土的性能和成本。

混凝土、砂浆
常用配合比

## 三、配合比设计的步骤

混凝土的配合比设计是一个计算、试配、调整的复杂过程,大致可分为四个大步骤:计算配合比→试拌配合比→设计配合比→施工配合比。

(一)计算配合比设计步骤

**1. 确定混凝土的配制强度**($f_{cu,0}$)

为了使所配制的混凝土在工程中使用时其强度标准值具有不小于95%的强度保证率,配合比设计时的混凝土配制强度应高于结构设计要求的强度标准值。当混凝土的设计强度等级小于C60时,配制强度应按式(4-6)计算。

$$f_{cu,0} \geqslant f_{cu,k} + 1.645\sigma \tag{4-6}$$

式中  $f_{cu,0}$——混凝土配制强度,MPa;

  $f_{cu,k}$——混凝土立方体抗压强度标准值,即结构设计要求的混凝土强度等级值,MPa;

  $\sigma$——混凝土强度标准差,MPa。

式(4-6)中$\sigma$的大小表示施工单位的管理水平,$\sigma$越低,说明混凝土施工质量越稳定。当无统计资料计算混凝土强度标准差时,其值按现行国家标准《普通混凝土配合比设计规程》(JGJ 55—2011)的规定取用,见表4-22。

表 4-22  混凝土强度标准差取值(JGJ 55—2011)

| 强度等级 | ≤C20 | C25~C45 | C50~C55 |
|---|---|---|---|
| 标准差 $\sigma$/MPa | 4.0 | 5.0 | 6.0 |

当混凝土的设计强度等级不小于C60时,配制强度应不小于强度标准值的1.15倍。

**2. 确定混凝土水胶比**($W/B$)

(1)满足强度要求的水胶比。当混凝土强度等级小于C60级时,混凝土水胶比宜按式(4-7)计算:

$$W/B = \frac{\alpha_a \cdot f_b}{f_{cu,0} + \alpha_a \cdot \alpha_b \cdot f_b} \tag{4-7}$$

式中  $W/B$——混凝土水胶比;

  $\alpha_a$、$\alpha_b$——回归系数,与水泥、骨料的品种有关;当不具备试验统计资料时,碎石,$\alpha_a = 0.53$,$\alpha_b = 0.20$;卵石,$\alpha_a = 0.49$,$\alpha_b = 0.13$。

  $f_b$——胶凝材料28 d抗压强度的实测值,MPa;无实测值时可按式(4-8)取值。

$$f_b = \gamma_f \gamma_s f_{ce} \tag{4-8}$$

式中  $\gamma_f$——粉煤灰影响系数,根据其掺量0%、10%、20%、30%、40%可分别取1、0.85~0.95、0.75~0.85、0.65~0.75、0.55~0.65。

  $\gamma_s$——粒化高炉矿渣粉影响系数,根据其掺量0%、10%、20%、30%可分别取1、0.95~1、0.90~1、0.80~0.90。

  $f_{ce}$——水泥28 d胶砂抗压强度实测值,无实测值时可用式(4-4)估算。

(2)满足耐久性要求的水胶比。根据表4-21查出满足混凝土耐久性的最大水胶比值。同时满足强度、耐久性要求的水胶比,取以上两种方法求得的水胶比中的较小值。

**3. 确定单位用水量**($m_{w0}$)

混凝土单位用水量的确定,应符合以下规定。

1)塑性混凝土和干硬性混凝土单位用水量的确定

(1)水灰比在0.40~0.80范围时,根据粗骨料的品种、粒径及满足施工要求的混凝土拌和物稠度,其单位用水量分别按表4-23和表4-24选取。

表 4-23　干硬性混凝土的单位用水量(JGJ 55—2011)　　　　　(单位:kg/m³)

| 拌和物稠度 | | 卵石最大粒径/mm | | | 碎石最大粒径/mm | | |
|---|---|---|---|---|---|---|---|
| 项目 | 指标 | 10 | 20 | 40 | 16 | 20 | 40 |
| 维勃稠度/s | 16～20 | 175 | 160 | 145 | 180 | 170 | 155 |
| | 11～15 | 180 | 165 | 150 | 185 | 175 | 160 |
| | 5～10 | 185 | 170 | 155 | 190 | 180 | 165 |

表 4-24　塑性混凝土的单位用水量(JGJ 55—2011)　　　　　(单位:kg/m³)

| 拌和物稠度 | | 卵石最大粒径/mm | | | | 碎石最大粒径/mm | | | |
|---|---|---|---|---|---|---|---|---|---|
| 项目 | 指标 | 10 | 20 | 31.5 | 40 | 16 | 20 | 31.5 | 40 |
| 坍落度/mm | 10～30 | 190 | 170 | 160 | 150 | 200 | 185 | 175 | 165 |
| | 35～50 | 200 | 180 | 170 | 160 | 210 | 195 | 185 | 175 |
| | 55～70 | 210 | 190 | 180 | 170 | 220 | 205 | 195 | 185 |
| | 75～90 | 215 | 195 | 185 | 175 | 230 | 215 | 205 | 195 |

注:1. 本表用水量系采用中砂时的平均取值。采用细砂时,每立方米混凝土用水量可增加 5～10 kg;采用粗砂时,则可减少 5～10 kg。

2. 掺用各种外加剂或掺合料时用水量应相应调整。

(2) 水灰比小于 0.40 的混凝土以及采用特殊成型工艺的混凝土用水量应通过试验确定。

2) 流动性和大流动性混凝土的单位用水量的计算

(1) 以表 4-24 中坍落度为 90 mm 的单位用水量为基础,按坍落度每增大 20 mm,单位用水量增加 5 kg,计算出未掺外加剂时的混凝土的单位用水量。

(2) 掺外加剂时混凝土的单位用水量可按式(4-9)计算:

$$m_{wa} = m_{w0}(1 - \beta) \tag{4-9}$$

式中　$m_{wa}$——掺外加剂时混凝土的单位用水量,kg;

　　　$m_{w0}$——未掺外加剂时混凝土的单位用水量,kg;

　　　$\beta$——外加剂的减水率,%,经试验确定。

**4. 计算胶凝材料用量($m_{b0}$)**

根据已选定的单位用水量($m_{w0}$)和水胶比($W/B$)值,可由式(4-10)求出胶凝材料用量:

$$m_{b0} = \frac{m_{w0}}{W/B} \tag{4-10}$$

根据结构使用环境条件和耐久性要求,查表 4-21,确定混凝土最小的胶凝材料用量,最后取两值中大者作为 1 m³ 混凝土的胶凝材料用量。

矿物掺合料用量可根据表 4-17 确定。

**5. 确定砂率($\beta_s$)**

当无历史资料可参考时,混凝土砂率的确定应符合下列规定。

(1) 坍落度为 10～60 mm 的混凝土砂率,可根据粗骨料品种、粒径及水灰胶比按表 4-25 选取。

表 4-25　混凝土砂率(JGJ 55—2011)　　　　　　　　(单位：%)

| 水胶比 (W/B) | 卵石最大粒径/mm | | | 碎石最大粒径/mm | | |
|---|---|---|---|---|---|---|
| | 10 | 20 | 40 | 16 | 20 | 40 |
| 0.40 | 26~32 | 25~31 | 24~30 | 30~35 | 29~34 | 27~32 |
| 0.50 | 30~35 | 29~34 | 28~33 | 33~38 | 32~37 | 30~35 |
| 0.60 | 33~38 | 32~37 | 31~36 | 36~41 | 35~40 | 33~38 |
| 0.70 | 36~41 | 35~40 | 34~39 | 39~44 | 38~43 | 36~41 |

注：1. 本表数值系中砂的选用砂率,对细砂或粗砂,可相应地减少或增大砂率。

　　2. 只用一个单粒级粗骨料配制混凝土时,砂率应适当增大。

　　3. 采用人工砂配制混凝土时,砂率可适当增大。

(2) 坍落度大于 60 mm 的混凝土砂率,可经试验确定,也可在表 4-25 的基础上,按坍落度每增大 20 mm,砂率增大 1% 的幅度予以调整。

(3) 坍落度小于 10 mm 的混凝土,其砂率应经试验确定。

**6. 计算砂、石子用量**($m_{s0}$、$m_{g0}$)

(1) 体积法。假定混凝土拌和物的体积等于各组成材料绝对体积及拌和物中所含空气的体积之和,用式(4-11)计算 1 m³ 混凝土拌和物的砂石用量。

$$\begin{cases} \dfrac{m_{b0}}{\rho_b} + \dfrac{m_{s0}}{\rho_s} + \dfrac{m_{g0}}{\rho_g} + \dfrac{m_{w0}}{\rho_w} + 0.01\alpha = 1 \\ \beta_s - \dfrac{m_{s0}}{m_{s0} + m_{g0}} \times 100\% \end{cases} \tag{4-11}$$

式中　$\rho_b$——胶凝材料密度,kg/m³,水泥可取 2900~3100 kg/m³;

　　　$\rho_g$——粗骨料的表观密度,kg/m³;

　　　$\rho_s$——细骨料的表观密度,kg/m³;

　　　$\rho_w$——水的密度,kg/m³,可取 1000 kg/m³;

　　　$\alpha$——混凝土的含气量百分数,在不使用引气型外加剂时,可取 $\alpha=1$。

(2) 质量法。根据经验,如果原材料情况比较稳定,所配制的混凝土拌和物的表观密度将接近一个固定值,可先假设每立方米混凝土拌和物的质量为 $m_{cp}$(kg),按式(4-12)计算。

$$\begin{cases} m_{b0} + m_{s0} + m_{g0} + m_{w0} = m_{cp} \\ \beta_s = \dfrac{m_{s0}}{m_{s0} + m_{g0}} \times 100\% \end{cases} \tag{4-12}$$

式中　$m_{b0}$——每立方米混凝土的胶凝材料用量,kg;

　　　$m_{s0}$——每立方米混凝土的细骨料用量,kg;

　　　$m_{g0}$——每立方米混凝土的粗骨料用量,kg;

　　　$m_{w0}$——每立方米混凝土的用水量,kg;

　　　$\beta_s$——砂率,%;

　　　$m_{cp}$——每立方米混凝土拌和物的假定质量,kg。其值可取 2350~2450 kg/m³。

**(二) 试配、调整,确定试拌配合比**

进行混凝土配合比试配时,应采用工程中实际使用的原材料。混凝土的搅拌方法,宜与生产时使用的方法相同。混凝土试配时,每盘混凝土的最小搅拌量应符合表 4-26 的规定。

当采用机械搅拌时,其搅拌量不应小于搅拌机额定搅拌量的 1/4。

**表 4-26 混凝土试配时的最小搅拌量**(JGJ 55—2011)

| 骨料最大粒径/mm | 拌和物数量/L |
|---|---|
| 31.5 及以下 | 20 |
| 40 | 25 |

按计算的初步配合比进行试配时,首先应进行试拌,以检查拌和物的性能。当试拌得出的拌和物坍落度或维勃稠度不能满足要求,或黏聚性和保水性不好时,应进行调整。

调整混凝土拌和物和易性的方法:若流动性太大,可在砂率不变的条件下,适当增加砂、石用量;若流动性太小,应在保持水灰比不变的条件下,增加适量的水和水泥;黏聚性和保水性不良时,实质上是混凝土拌和物中砂浆不足或砂浆过多,可适当增大砂率或适当降低砂率,调整到和易性满足要求时为止。

试拌调整完成后,应测出混凝土拌和物的实际表观密度 $\rho_{c,t}$(kg/m³),并计算各组成材料调整后的拌和用量:水泥 $m_{bb}$、水 $m_{wb}$、砂 $m_{sb}$、石子 $m_{gb}$,则基准配合比为

$$\begin{cases} m_{bj} = \dfrac{m_{bb}}{m_{bb} + m_{wb} + m_{sb} + m_{gb}} \times \rho_{c,t} \\[2mm] m_{wj} = \dfrac{m_{wb}}{m_{bb} + m_{wb} + m_{sb} + m_{gb}} \times \rho_{c,t} \\[2mm] m_{sj} = \dfrac{m_{sb}}{m_{bb} + m_{wb} + m_{sb} + m_{gb}} \times \rho_{c,t} \\[2mm] m_{gj} = \dfrac{m_{gb}}{m_{bb} + m_{wb} + m_{sb} + m_{gb}} \times \rho_{c,t} \end{cases} \qquad (4\text{-}13)$$

式中  $m_{bj}$、$m_{wj}$、$m_{sj}$、$m_{gj}$——基准配合比混凝土每 m³ 的胶凝材料用量、用水量、细骨料用量和粗骨料用量,kg/m³;

$\rho_{c,t}$——混凝土拌和物表观密度实测值,kg/m³。

**(三)强度及耐久性复核,确定设计配合比(又称试验室配合比)**

(1)采用三个不同水胶比的配合比,其中一个是试拌配合比,另两个配合比的水胶比则分别比试拌配合比增加及减少 0.05,其用水量与试拌配合比相同,砂率值可分别增加或减少 1%。每种配合比至少制作一组(三块)试件,每一组都应检验相应配合比拌和物的和易性及测定表观密度,其结果代表这一配合比的混凝土拌和物的性能,将试件标准养护至 28 d 时,进行强度试验。

(2)根据试验所测得的混凝土强度与相应的水胶比关系,用作图法或计算法,求出与混凝土配制强度($f_{cu,0}$)相对应的水胶比,并应按以下原则确定每立方米混凝土的材料用量。

① 用水量($m_w$)。在基准配合比用水量的基础上,根据制作强度试件时测得的坍落度或维勃稠度值,进行调整确定。

② 胶凝材料用量($m_b$)。以用水量乘以选定出来的水胶比计算确定。

③ 砂、石用量($m_s$ 和 $m_g$)。在基准配合比的粗骨料和细骨料用量的基础上,按选定的水胶比进行调整后确定。

(3)强度复核之后的配合比,还应根据实测的混凝土拌和物的表观密度($\rho_{c,t}$)作校正,以确定 1 m³ 混凝土的各组成材料用量。其步骤如下。

① 按下式计算混凝土的表观密度计算值 $\rho_{c,c}$：

$$\rho_{c,c} = m_b + m_w + m_s + m_g \qquad (4\text{-}14)$$

② 计算出校正系数 $\delta$：

$$\delta = \frac{\rho_{c,t}}{\rho_{c,c}} \qquad (4\text{-}15)$$

③ 当混凝土表观密度实测值与计算值之差的绝对值不超过计算值的 2% 时，按上述第 2 条得到的配合比（$m_w$、$m_b$、$m_s$、$m_g$）即为确定的设计配合比；当二者之差超过 2% 时应将配合比中每项材料用量均乘以校正系数 $\delta$，即为确定的设计配合比。

对耐久性有设计要求的混凝土应进行相关耐久性试验验证。

**（四）施工配合比确定**

试验室配合比中的砂、石子均以干燥状态下的用量为准。施工现场的骨料一般采用露天堆放，其含水率随气候的变化而变化，因此施工时必须在设计配合比的基础上进行调整。

假定现场砂、石子的含水率分别为 $a\%$ 和 $b\%$，则施工配合比中 1 m³ 混凝土的各组成材料用量分别为

$$\begin{cases} m'_b = m_b \\ m'_s = m_s(1+a\%) \\ m'_g = m_g(1+b\%) \\ m'_w = m_w - m_s \cdot a\% - m_g \cdot b\% \end{cases} \qquad (4\text{-}16)$$

# 项目五　混凝土质量控制与强度评定

## 一、混凝土的质量控制

混凝土在施工过程中受原材料质量（如水泥的强度、骨料的级配及含水率等）、施工工艺（如配料、拌和、运输、浇筑及养护等）、施工条件和气温变化、施工人员的素质等因素的影响，因此，在正常施工条件下，混凝土的质量总是波动的。

混凝土质量控制的目的就是分析掌握其质量波动规律，控制正常波动因素，发现并排除异常波动因素，使混凝土质量波动控制在规定范围内，以达到既保证混凝土质量又节约用料的目的。

**1. 材料进场质量检验和质量控制**

混凝土原材料包括水泥、骨料、掺合料、外加剂等，运至工地的原材料需具有出厂合格证和出厂检验报告，同时使用单位还应进行进场复验。

对于商品混凝土的原材料质量控制应在混凝土搅拌站进行。

**2. 混凝土的配合比**

混凝土施工前应委托具有相应资质的试验室进行混凝土配合比设计，并且首次使用的混凝土配合比应进行开盘鉴定，其工作性应满足设计的要求。

混凝土拌制前，应测定砂、石含水率并根据测试结果调整材料用量，提出施工配合比。

混凝土原材料每盘称量的偏差应符合表 4-27 的规定。

表 4-27　原材料每盘称量的允许偏差

| 材料名称 | 允许偏差 |
|---|---|
| 胶凝材料 | ±2% |
| 粗、细骨料 | ±3% |
| 拌和用水、外加剂 | ±1% |

**3. 混凝土强度的检验**

现场混凝土质量检验以抗压强度为主，并以边长 150 mm 的立方体试件的抗压强度为标准。用于检查结构构件混凝土强度的试件，应在混凝土的浇筑地点随机抽取。取样与试块留置应符合下列规定。

（1）每拌制 100 盘且不超过 100 m³ 的同配合比的混凝土，取样不得少于一次。

（2）每工作班拌制的同一配合比的混凝土不足 100 盘时，取样不得少于一次。

（3）当一次连续浇筑超过 1000 m³ 时，同一配合比的混凝土每 200 m³ 取样不得少于一次。

（4）每一楼层、同一配合比的混凝土，取样不得少于一次。

（5）每次取样应至少留置一组标准养护试件，同条件养护试件的留置组数应根据实际需要确定。每组 3 个试件应由同一盘或同一车的混凝土中取样制作。

**4. 混凝土质量控制图**

为了掌握分析混凝土质量波动情况，及时分析出现的问题，将水泥强度、混凝土坍落度、混凝土强度等检验结果绘制成质量控制图。

质量控制图的横坐标为按时间测得的质量指标试件编号，纵坐标为质量指标的特征值，中间一条横线为中心控制线，上、下两条线为控制界线，如图 4-9 所示。图中横坐标表示混凝土浇筑时间或试件编号，纵坐标表示强度测定值，各点表示连续测得的强度，中心线表示平均强度，上、下控制线为 $\overline{f_{cu}} \pm 3\sigma$。

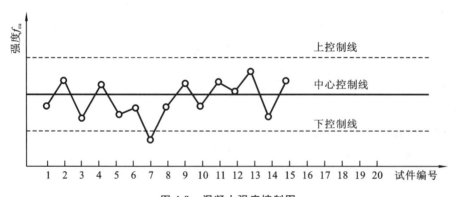

图 4-9　混凝土强度控制图

从质量控制图的变动趋势，可以判断施工是否正常。如果测得的各点几乎全部落在控制界限内，并且控制界限内的点子排列是随机的，即为施工正常。如果各点显著偏离中心线或分布在一侧，尤其是有些点超出上下控制线，说明混凝土质量均匀性已下降，应立即查明原因，加以控制。

## 二、混凝土强度的评定

### 1. 混凝土强度的波动规律

试验表明,混凝土强度的波动规律是符合正态分布的。即在施工条件相同的情况下,对同一种混凝土进行系统取样,测定其强度,以强度为横坐标,以某一强度出现的概率为纵坐标,可绘出混凝土强度正态分布曲线,如图 4-10 所示。正态分布的特点为以强度平均值为对称轴,左右两边的曲线是对称的,距离对称轴愈远的值,出现的概率愈小,并逐渐趋近于零;曲线和横坐标之间的面积为概率的总和,等于 100%;对称轴两边,出现的概率相等,在对称轴两边的曲线上各有一个拐点,拐点距强度平均值的距离即为标准差。

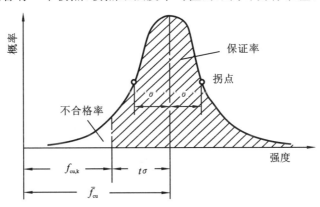

**图 4-10　混凝土强度正态分布曲线**

### 2. 混凝土强度数理统计参数

(1) 强度平均值$\overline{f}_{cu}$。混凝土强度平均值$\overline{f}_{cu}$可用式(4-17)计算:

$$\overline{f}_{cu} = \frac{1}{n} \sum_{i=1}^{n} f_{cu,i} \tag{4-17}$$

式中　$n$——试验组数($n \geqslant 25$);

　　　$f_{cu,i}$——第 $i$ 组试件的立方体强度值,MPa。

在混凝土强度正态分布曲线图(图 4-10)中,强度平均值$\overline{f}_{cu}$处于对称轴上,也称样本平均值,可代表总体平均值。$\overline{f}_{cu}$仅代表混凝土强度总体的平均值,但不能说明混凝土强度的波动状况。

(2) 标准差(均方差)$\sigma$。标准差可用式(4-18)计算:

$$\sigma = \sqrt{\frac{\sum_{i=1}^{n} (f_{cu,i} - \overline{f}_{cu})^2}{n-1}} \tag{4-18}$$

标准差是评定混凝土质量均匀性的主要指标,它在混凝土强度正态分布曲线图中表示分布曲线的拐点距离强度平均值的距离。$\sigma$值愈大,说明其强度离散程度愈大,混凝土质量也愈不稳定。

(3) 变异系数(离差系数)$C_v$。变异系数可由式(4-19)计算:

$$C_v = \frac{\sigma}{\overline{f}_{cu}} \tag{4-19}$$

$C_v$表示混凝土强度的相对离散程度。$C_v$值愈小,说明混凝土的质量愈稳定,混凝土生产的质量水平愈高。

(4) 混凝土强度保证率 $P$。

混凝土强度保证率,是指混凝土强度总体分布中,大于或等于设计要求的强度等级值的概率,以正态分布曲线的阴影部分面积表示,如图 4-10 所示。强度保证率可按如下方法计算。

先根据混凝土设计要求的强度等级($f_{cu,k}$)、混凝土的强度平均值($\overline{f}_{cu}$)、标准差($\sigma$)或变异系数($C_v$),计算出概率度 $t$。

$$t = \frac{\overline{f}_{cu} - f_{cu,k}}{\sigma} \quad 或 \quad t = \frac{\overline{f}_{cu} - f_{cu,k}}{C_v \overline{f}_{cu}} \tag{4-20}$$

再根据 $t$ 值,由表 4-28 查得强度保证率 $P(\%)$。

表 4-28 不同 $t$ 值的保证率 $P$

| $t$ | 0.00 | 0.50 | 0.80 | 0.84 | 1.00 | 1.04 | 1.20 | 1.28 | 1.40 | 1.50 | 1.60 |
|---|---|---|---|---|---|---|---|---|---|---|---|
| $P/(\%)$ | 50.0 | 69.2 | 78.8 | 80.0 | 84.1 | 85.1 | 88.5 | 90.0 | 91.9 | 93.3 | 94.5 |
| $t$ | 1.645 | 1.70 | 1.75 | 1.81 | 1.88 | 1.96 | 2.00 | 2.05 | 2.33 | 2.50 | 3.00 |
| $P/(\%)$ | 95.0 | 95.5 | 96.0 | 96.5 | 97.0 | 97.5 | 97.7 | 98.0 | 99.0 | 99.4 | 99.9 |

《混凝土强度检验评定标准》(GB/T 50107—2010)及《混凝土结构设计规范》(GB 50010—2010)规定,同批试件的统计强度保证率不得小于95%。

**3. 混凝土强度检验评定标准**

根据《混凝土强度检验评定标准》(GB/T 50107—2010)的规定,混凝土强度评定方法可分为统计方法和非统计方法两种。

1) 统计方法评定

(1) 当连续生产的混凝土,生产条件在较长时间内保持一致,且同一品种、同一强度等级混凝土的强度变异性保持稳定时,一个检验批的样本容量应为连续的 3 组试件,其强度应同时符合下列要求:

$$m_{f_{cu}} \geq f_{cu,k} + 0.7\sigma_0 \tag{4-21}$$

$$f_{cu,min} \geq f_{cu,k} - 0.7\sigma_0 \tag{4-22}$$

检验批混凝土立方体抗压强度的标准差应按下式计算:

$$\sigma_0 = \sqrt{\frac{\sum_i^n f_{cu,i}^2 - n m_{f_{cu}}^2}{n-1}} \tag{4-23}$$

当混凝土强度等级不高于 C20 时,其强度的最小值尚应满足下式要求:

$$f_{cu,min} \geq 0.85 f_{cu,k} \tag{4-24}$$

当混凝土强度等级高于 C20 时,其强度的最小值尚应满足下式要求:

$$f_{cu,min} \geq 0.90 f_{cu,k} \tag{4-25}$$

式中 　$m_{f_{cu}}$——同一检验批混凝土立方体抗压强度的平均值,MPa;

　　　$f_{cu,k}$——混凝土立方体抗压强度标准值,MPa;

　　　$f_{cu,min}$——同一检验批混凝土立方体抗压强度的最小值,MPa;

　　　$\sigma_0$——检验批混凝土立方体抗压强度的标准差,MPa;当检验批混凝土强度标准差 $\sigma_0$ 计算值小于 2.5 MPa 时,应取 2.5 MPa;

$f_{cu,i}$——前一个检验期内同一品种、同一强度等级的第 $i$ 组混凝土试件的立方体抗压强度代表值，MPa；该检验期不应少于 60 d，也不得大于 90 d；

$n$——前一检验期内的样本容量，在该期间内样本容量不应少于 45。

（2）当混凝土的生产条件在较长时间内不能保持一致，且混凝土强度变异性不能保持稳定时，或在前一个检验期内的同一品种、同一强度等级混凝土，无足够多的数据用以确定检验批混凝土立方体抗压强度的标准差时，应由样本容量不少于 10 组的试件组成一个检验批，其强度应同时满足下列要求：

$$m_{f_{cu}} \geqslant f_{cu,k} + \lambda_1 \cdot S_{f_{cu}} \tag{4-26}$$

$$f_{cu,min} \geqslant \lambda_2 \cdot f_{cu,k} \tag{4-27}$$

同一检验批混凝土立方体抗压强度的标准差应按下式计算：

$$S_{f_{cu}} = \sqrt{\frac{\sum\limits_{i}^{n} f_{cu,i}^2 - n\, m_{f_{cu}}^2}{n-1}} \tag{4-28}$$

式中　$S_{f_{cu}}$——同一检验批混凝土立方体抗压强度的标准差，MPa；当检验批混凝土强度标准差 $S_{f_{cu}}$ 计算值小于 2.5 MPa 时，应取 2.5 MPa；

$n$——本检验期内的样本容量；

$\lambda_1,\lambda_2$——合格评定系数，按表 4-29 取用。

表 4-29　混凝土强度的合格评定系数

| 试件组数 | 10~14 | 15~19 | ≥20 |
|---|---|---|---|
| $\lambda_1$ | 1.15 | 1.05 | 0.95 |
| $\lambda_2$ | 0.90 | 0.85 | |

2）非统计方法评定

当用于评定的样本容量小于 10 组时，应采用非统计方法评定混凝土强度。

按非统计方法评定混凝土强度时，其强度应同时符合下列规定：

$$m_{f_{cu}} \geqslant \lambda_3 \cdot f_{cu,k} \tag{4-29}$$

$$f_{cu,min} \geqslant \lambda_4 \cdot f_{cu,k} \tag{4-30}$$

式中　$\lambda_3,\lambda_4$——合格评定系数，按表 4-30 取用。

表 4-30　混凝土强度的非统计方法合格评定系数

| 混凝土强度等级 | <C60 | ≥C60 |
|---|---|---|
| $\lambda_3$ | 1.15 | 1.10 |
| $\lambda_4$ | 0.95 | |

3）混凝土强度的合格性评定

混凝土强度应分批进行检验评定，当检验结果满足以上规定时，则该批混凝土强度应评定为合格；当不能满足上述规定时，该批混凝土强度应评定为不合格。对不合格批混凝土制成的结构或构件，可采用钻芯法或其他非破损检验方法，进行进一步鉴定。对不合格的结构或构件，必须及时处理。

# 项目六　其他品种混凝土

## 一、高性能混凝土

1990 年 5 月,美国国家标准与技术研究所(NIST)和美国混凝土协会(NCI)首先提出了高性能混凝土的概念。目前,各国对高性能混凝土的定义尚有争议。综合各国学者的意见,高性能混凝土是以耐久性和可持续发展为基本要求,适应工业化生产与施工,具有高抗渗性、高体积稳定性(低干缩、低徐变、低温度应变率和高弹性模量)、良好的工作性能(高流动性、高黏聚性,达到自密实)的混凝土。

虽然高性能混凝土是由高强混凝土发展而来的,但高强混凝土并不就是高性能混凝土,不能将其混为一谈。高性能混凝土比高强混凝土具有更为有利于工程长期安全使用与便于施工的优异性能,它将会比高强混凝土有更加广阔的应用前景。

高性能混凝土在配制时通常应注意以下几个方面。

(1) 必须掺入与所用水泥具有相容性的高效减水剂,以降低水灰比,提高强度,并使其具有合适的工作性。

(2) 必须掺入一定量活性的磨细矿物掺合料,如硅灰、磨细矿渣、优质粉煤灰等。在配制高性能混凝土时,掺加活性磨细矿物掺合料,可利用其微粒效应和火山灰活性,以增强混凝土的密实性,提高强度和耐久性。

(3) 选用合适的骨料,尤其是粗骨料的品质(如粗骨料的强度、针片状颗粒含量、最大粒径等)对高性能混凝土的强度有较大影响。因此,用于高性能混凝土的粗骨料粒径不宜太大,在配制 60～100 MPa 的高性能混凝土时,粗骨料最大粒径不宜大于 19.0 mm。

高性能混凝土是水泥混凝土的发展方向之一,它符合科学的发展观,随着土木工程技术的发展,它将广泛地应用于桥梁工程、高层建筑、工业厂房结构、港口及海洋工程、水工结构等工程。

## 二、轻骨料混凝土

轻骨料混凝土是指用轻粗骨料、轻砂(或普通砂)、水泥和水配制而成的干表观密度不大于 1950 kg/m³ 的混凝土。粗、细骨料均为轻骨料者,称为全轻混凝土;细骨料全部或部分采用普通砂者,称为轻砂混凝土。

轻骨料按其来源可分为:①工业废料轻骨料,如粉煤灰陶粒、自然煤矸石、膨胀矿渣珠、煤渣及轻砂;②天然轻骨料,如浮石、火山渣及其轻砂;③人造轻骨料,如页岩陶粒、黏土陶粒、膨胀珍珠岩轻砂。

轻骨料混凝土的强度等级按立方体抗压强度标准值划分为 LC5.0、LC7.5、LC10、LC15、LC20、LC25、LC30、LC35、LC40、LC45、LC50、LC55 和 LC60。

强度等级为 LC5.0 的称为保温轻骨料混凝土,主要用于围护结构或热工结构的保温;强度等级小于等于 LC15 的称为结构保温轻骨料混凝土,用于既承重又保温的围护结构;强度等级大于 LC15的称为结构轻骨料混凝土,用于承重构件或构筑物。

轻骨料混凝土的变形比普通混凝土大,弹性模量较小,极限应变大,利于改善构筑物的抗震性能。轻骨料混凝土的收缩和徐变比普通混凝土相应大 20%～50% 和 30%～60%,热膨胀系数比普通混凝土小 20％左右。

轻骨料混凝土的表观密度比普通混凝土减少 1/4～1/3,隔热性能改善,可使结构尺寸变小,增加建筑物使用面积,降低基础工程费用和材料运输费用,其综合效益良好。因此,轻骨料混凝土主要适用于高层和多层建筑、软土地基、大跨度结构、抗震结构、要求节能的建筑等。

### 三、泵送混凝土

泵送混凝土在泵压的作用下经刚性或柔性管道输送到浇筑地点进行浇筑。泵送混凝土除必须满足混凝土设计强度和耐久性的要求外,尚应满足可泵性要求。因此,对泵送混凝土粗骨料、细骨料、水泥、外加剂、掺合料等都必须严格控制。

《混凝土泵送施工技术规程》(JGJ/T 10—2011)规定,泵送混凝土配合比设计时,胶凝材料总量不宜少于 300 kg/m³;用水量与胶凝材料总量之比不宜大于 0.6。粗骨料应满足以下要求:①粗骨料的最大粒径与输送管径之比,应符合表 4-31 的规定;②粗骨料应采用连续级配,且针片状颗粒含量不宜大于 10％。细骨料应满足以下要求:①宜采用中砂,其通过0.315 mm 筛孔的颗粒含量不应小于 15％;②砂率宜为 35％～45％。掺用引气剂型外加剂的泵送混凝土的含气量不宜大于 4％。坍落度对混凝土的可泵性影响很大,泵送混凝土的坍落度应根据泵送的高度和距离,按照《混凝土泵送施工技术规程》(JGJ/T 10—2011)选择。

表 4-31　粗集料的最大粒径与输送管径之比

| 泵送高度/m | 碎石 | 卵石 |
| --- | --- | --- |
| ＜50 | ≤1∶3.0 | ≤1∶2.5 |
| 50～100 | ≤1∶4.0 | ≤1∶3.0 |
| ＞100 | ≤1∶5.0 | ≤1∶4.0 |

由于混凝土输送泵管路可以敷设到吊车或小推车不能到达的地方,并使混凝土在一定压力下充填灌注部位,具有其他设备不可替代的特点,改变了混凝土输送效率低下的传统施工方法,因此,泵送混凝土近年来在钻孔灌注桩工程中开始应用,并广泛应用于公路、铁路、水利、建筑等工程。

### 四、防水混凝土

防水混凝土是通过各种方法提高混凝土的抗渗性能,达到防水要求的混凝土。常用的配制方法有骨料级配法(改善骨料级配)、富水泥浆法(采用较小的水灰比,较高的水泥用量和砂率,改善砂浆质量,减少孔隙率,改变孔隙形态特征)、掺外加剂法(如引气剂、防水剂、减水剂等)、采用特殊水泥(如膨胀水泥等)。

防水混凝土主要用于有防水抗渗要求的水工构筑物、给排水工程构筑物(如水池、水塔等)、地下构筑物,以及有防水抗渗要求的屋面等。

# 项目七　本单元试验技能训练

## 试验一　砂、石试样的取样与处理

### 1. 检测依据

《建设用砂》(GB/T 14684—2022)、《建设用卵石、碎石》(GB/T 14685—2022)等。

**2．取样方法**

（1）在料堆上取样时，取样部位应均匀分布。取样前先将取样部位表层铲除，然后从不同部位抽取大致等量的砂 8 份（石子 15 份），组成一组样品。

（2）从皮带运输机上取样时，应用接料器从皮带运输机机头的出料处全断面定时随机抽取大致等量的砂 4 份（石子 8 份），组成一组样品。

（3）从火车、汽车、货船上取样时，从不同部位和深度随机抽取大致相等的砂 8 份（石子16 份），组成一组样品。

**3．取样数量**

单项试验的最少取样数量应符合表 4-32 和表 4-33 的规定。做几项试验时，如确能保证试样经一项试验后不致影响另一试验的结果，可用同一试样进行几项不同的试验。

表 4-32　砂单项试验取样数量（GB/T 14684—2011）　（单位：kg）

| 序号 | 检验项目 | 最少取样数量 | 序号 | 检验项目 | 最少取样数量 |
|---|---|---|---|---|---|
| 1 | 颗粒级配 | 4.4 | 10 | 坚固性 | 8.0 |
| 2 | 含泥量 | 4.4 | | | |
| 3 | 石粉含量 | 6.0 | 11 | 表观密度 | 2.6 |
| 4 | 泥块含量 | 20.0 | 12 | 堆积密度与空隙率 | 5.0 |
| 5 | 云母含量 | 0.6 | 13 | 碱骨料反应 | 20.0 |
| 6 | 轻物质含量 | 3.2 | 14 | 贝壳含量 | 9.6 |
| 7 | 有机物含量 | 2.0 | 15 | 放射性 | 6.0 |
| 8 | 硫化物及硫酸盐含量 | 0.6 | 16 | 饱和面干吸水率 | 4.4 |
| 9 | 氯化物含量 | 4.4 | 17 | 压碎指标 | 20.0 |

表 4-33　石子单项试验取样数量（GB/T 14685—2011）　（单位：kg）

| 序号 | 检验项目 | 不同最大粒径(mm)的最少取样数量 | | | | | | | |
|---|---|---|---|---|---|---|---|---|---|
| | | 9.5 | 16.0 | 19.0 | 26.5 | 31.5 | 37.5 | 63.0 | 75.0 |
| 1 | 颗粒级配 | 9.5 | 16.0 | 19.0 | 25.0 | 31.5 | 37.5 | 63.0 | 80.0 |
| 2 | 含泥量 | 8.0 | 8.0 | 24.0 | 24.0 | 40.0 | 40.0 | 80.0 | 80.0 |
| 3 | 泥块含量 | 8.0 | 8.0 | 24.0 | 24.0 | 40.0 | 40.0 | 80.0 | 80.0 |
| 4 | 针、片状颗粒含量 | 1.2 | 4.0 | 8.0 | 12.0 | 20.0 | 40.0 | 40.0 | 40.0 |
| 5 | 有机物含量 | 按试验要求的粒级和数量取样 | | | | | | | |
| 6 | 硫化物及硫酸盐含量 | | | | | | | | |
| 7 | 坚固性 | | | | | | | | |
| 8 | 岩石抗压强度 | 随机选取完整石块锯切或钻取成试验用样品 | | | | | | | |
| 9 | 压碎指标值 | 按试验要求的粒级和数量取样 | | | | | | | |
| 10 | 表观密度 | 8.0 | 8.0 | 8.0 | 8.0 | 12.0 | 16.0 | 24.0 | 24.0 |
| 11 | 堆积密度与空隙率 | 40.0 | 40.0 | 40.0 | 40.0 | 80.0 | 80.0 | 120.0 | 120.0 |
| 12 | 碱骨料反应 | 20.0 | 20.0 | 20.0 | 20.0 | 20.0 | 20.0 | 20.0 | 20.0 |
| 13 | 吸水率 | 2.0 | 4.0 | 8.0 | 12.0 | 20.0 | 40.0 | 40.0 | 40.0 |
| 14 | 放射性 | 6.0 | | | | | | | |

续表

| 序号 | 检 验 项 目 | 不同最大粒径(mm)的最少取样数量 | | | | | | | |
|----|---------|------|------|------|------|------|------|------|------|
| | | 9.5 | 16.0 | 19.0 | 26.5 | 31.5 | 37.5 | 63.0 | 75.0 |
| 15 | 含水率 | 按试验要求的粒级和数量取样 | | | | | | | |

**4. 试样处理**

1) 砂试样处理

(1) 分料器法:将样品在潮湿状态下拌和均匀,然后通过分料器,取接料斗中的一份再次通过分料器。重复上述过程,直至把样品缩分到试验所需量为止。

(2) 人工四分法:将所取样品置于平板上,在潮湿状态下拌和均匀,并堆成厚度约为20 mm的"圆饼"状,然后沿互相垂直的两条直径把"圆饼"分成大致相等的四份,取其对角的两份重新拌匀,再堆成"圆饼"。重复上述过程,直至把样品缩分到试验所需量为止。

堆积密度、人工砂坚固性检验所用试样可不经缩分,在拌匀后直接进行试验。

2) 石子试样处理

将所取样品置于平板上,在自然状态下搅拌均匀,并堆成锥体,然后沿互相垂直的两条直径把锥体分成大致相等的四份,取其对角的两份重新拌匀,再堆成锥体,重复上述过程,直至把样品缩分至试验所需的质量为止。

堆积密度检验所用试样可不经缩分,在拌匀后直接进行试验。

# 试验二　砂的颗粒级配检测

**1. 检测目的**

测定混凝土用砂的颗粒级配和粗细程度。

**2. 仪器设备**

(1) 鼓风烘箱:能使温度控制在(105±5)℃。

(2) 天平:称量1000 g,感量1 g。

(3) 方孔筛:孔径为150 $\mu$m、300 $\mu$m、600 $\mu$m、1.18 mm、2.36 mm、4.75 mm及9.50 mm的筛各一只,并附有筛底和筛盖。

(4) 摇筛机,如图4-11所示。

(5)搪瓷盘、毛刷等。

**3. 检测步骤**

1) 试样制备

按规定取样,并将试样缩分至约1100 g,放在烘箱中于(105±5)℃下烘干至恒重,待冷却至室温后,筛除大于9.50 mm的颗粒(并计算出筛余百分率),分为大致相等的两份备用。

2) 筛分

称取试样500 g,精确至1 g。将试样倒入按孔径大

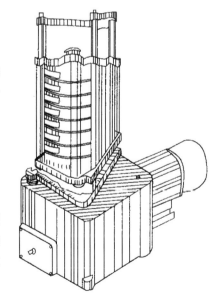

**图 4-11　摇筛机**

小从上到下组合的套筛(附筛底)上,置套筛于摇筛机上筛10 min,取下后逐个用手筛,筛至每分钟通过量小于试样总量0.1%为止。通过的颗粒并入下一号筛中,顺序过筛,直至各号

筛全部筛完。

称取各号筛的筛余量(精确至1 g),试样在各号筛上的筛余量不得超过按式(4-31)计算出的量,超过时应将该粒级试样分成少于按式(4-31)计算的量,分别筛,筛余量之和即为该筛的筛余量。

$$G = \frac{A \times \sqrt{d}}{300} \tag{4-31}$$

式中　$G$——在一个筛上的筛余量,g;

　　　$A$——筛面面积,$mm^2$;

　　　$d$——筛孔尺寸,mm。

筛分后,若各号筛的筛余量与筛底的量之和同原试样质量之差超过1%时,须重新试验。

**4. 结果计算与评定**

(1) 计算分计筛余百分率:各号筛上的筛余量与试样总质量之比,计算精确至0.1%。

(2) 计算累计筛余百分率:该号筛及其以上各筛的分计筛余百分率之和,精确至0.1%。

(3) 砂的细度模数按式(4-1)计算,精确至0.01。

(4) 累计筛余百分率取两次试验结果的算术平均值,精确至1%。细度模数取两次试验结果的算术平均值,精确至0.1;如两次试验的细度模数之差大于0.20,应重新进行试验。

# 试验三　砂的表观密度检测

**1. 检测目的**

测定砂的表观密度,评定砂的质量,为混凝土配合比设计提供依据。

**2. 仪器设备**

(1) 鼓风烘箱:能使温度控制在(105±5)℃。

(2) 天平:称量1000 g,感量1 g。

(3) 容量瓶:500 mL。

(4) 搪瓷盘、干燥器、滴管、毛刷等。

**3. 检测步骤**

(1) 按规定取样,并将试样缩分至约660 g,放在烘箱中于(105±5)℃下烘干至恒重,待冷却至室温后,分为大致相等的两份备用。

(2) 称取试样300 g,精确至1 g。将试样装入容量瓶,注入冷开水至接近500 mL的刻度处,用手旋转摇动容量瓶,使砂样充分摇动,排除气泡,塞紧瓶盖,静置24 h。然后用滴管小心加水至容量瓶500 mL刻度处,塞紧瓶塞,擦干瓶外水分,称出其质量,精确至1 g。

(3) 倒出瓶内水和试样,洗净容量瓶,再向容量瓶内注水至500 mL刻度处,塞紧瓶塞,擦干瓶外水分,称出其质量,精确至1 g。

**4. 结果计算与评定**

(1) 砂的表观密度按式(4-32)计算,精确至10 $kg/m^3$。

$$\rho_0 = \left(\frac{G_0}{G_0 + G_2 - G_1}\right) \times \rho_w \tag{4-32}$$

式中　$\rho_0$、$\rho_w$——砂的表观密度和水的密度,$kg/m^3$;

　　　$G_0$、$G_1$、$G_2$——烘干试样的质量,试样、水及容量瓶的总质量,水及容量瓶的总质量,g。

(2) 表观密度取两次试验结果的算术平均值,精确至10 $kg/m^3$;如两次试验结果之差大于 20 kg/m³,须重新试验。

# 试验四　砂的堆积密度与空隙率检测

**1. 检测目的**

测定砂的堆积密度,计算砂的空隙率,为混凝土配合比设计提供依据。

**2. 仪器设备**

(1) 鼓风烘箱:能使温度控制在(105±5)℃。

(2) 天平:称量 1000 g,感量 1 g。

(3) 容量筒:圆柱形金属筒,内径 108 mm,净高 109 mm,容积 1 L。

(4) 直尺、漏斗或料勺、搪瓷盘、毛刷等。

**3. 检测步骤**

(1) 试样制备。按规定取样,用搪瓷盘装取试样约 3 L,放在烘箱中于(105±5)℃下烘干至恒重,待冷却至室温后,筛除大于 4.75 mm 的颗粒,分为大致相等的两份备用。

(2) 松散堆积密度测定。取试样一份,用漏斗或料勺将试样从容量筒中心上方 50 mm 处徐徐倒入,让试样以自由落体下落,当容量筒上部试样呈锥体,且容量筒四周溢满时,即停止加料。然后用直尺沿筒口中心线向两边刮平,称出试样和容量筒总质量,精确至 1 g。

(3) 紧实堆积密度测定。取试样一份,分两层装入容量筒。装完第一层后,在筒底垫放一根直径为 10 mm 的圆钢,将筒按住,左右交替击地面各 25 次。然后再装入第二层,第二层装满后用同样方法颠实(但筒底所垫钢筋的方向应与第一层时的方向垂直)后,再加试样直全趋过筒口,然后用直尺沿筒口中心线向两边刮平,称出试样和容量筒总质量,精确至 1 g。

**4. 结果计算与评定**

(1) 松散或紧实堆积密度按式(4-33)计算,精确至 10 kg/m³。

$$\rho_0' = \frac{G_1 - G_2}{V} \tag{4-33}$$

式中　$\rho_0'$——砂子的松散堆积密度或紧实堆积密度,kg/m³;

　　　$G_1$——试样和容量筒总质量,g;

　　　$G_2$——容量筒的质量,g;

　　　$V$——容量筒的容积,L。

(2) 空隙率按式(4-34)计算,精确至 1%。

$$P' = \left(1 - \frac{\rho_0'}{\rho_0}\right) \times 100\% \tag{4-34}$$

式中　$P'$——空隙率,%;

　　　$\rho_0'$——试样的松散(或紧实)堆积密度,kg/m³;

　　　$\rho_0$——试样的表观密度,kg/m³。

(3) 堆积密度取两次试验结果的算术平均值,精确至 10 kg/m³。空隙率取两次试验结果的算术平均值,精确至 1%。

## 试验五　普通混凝土拌和物的拌和与现场取样

**1. 检测依据**

《普通混凝土拌合物性能试验方法标准》(GB/T 50080—2016)、《混凝土物理力学性能试验方法标准》(GB/T 50081—2019)等。

**2. 仪器设备**

(1) 搅拌机:容量 50～100 L,转速为 18～22 r/min。

(2) 拌和板(盘):1.5 m×2.0 m。

(3) 磅秤:称量 50 kg,感量 50 g。

(4) 天平:称量 5 kg,感量 1 g。

(5) 拌和铲、盛器、抹布等。

**3. 试验室试样制备**

按所选混凝土配合比备料。拌和时试验室温度应保持在(20±5)℃。

1) 人工拌和

(1) 干拌。拌和前应将拌和板及拌和铲清洗干净,并保持表面润湿。将砂平摊在拌和板上,再倒入水泥,用铲自拌和板一端翻拌至另一端,重复几次直至拌匀;加入石子,再翻拌至少三次至均匀为止。

(2) 湿拌。将混合均匀的干料堆成锥形,将中间扒成凹坑,倒入已称量好的水(外加剂一般先溶于水),小心拌和,至少翻拌六次,每翻拌一次后,用铁铲将全部拌和物铲切一次,直至拌和均匀。

(3) 拌和时间控制。拌和从加水完毕时算起,应在 10 min 内完成。

2) 机械拌和

(1) 预拌。拌和前应将搅拌机冲洗干净,并预拌少量同种混凝土拌和物或水胶比相同的砂浆,使搅拌机内壁挂浆后将剩余料卸出。

(2) 拌和。将称好的石料、胶凝材料、砂料、水(外加剂一般先溶于水)依次加入搅拌机,开动搅拌机搅拌 2～3 min。

(3) 将拌好的混凝土拌和物卸在拌和板上,刮出黏结在搅拌机上的拌和物,人工翻拌 2～3 次,使之均匀。

(4) 材料用量以质量计。称量精度:水泥、掺合料、水和外加剂为±0.5%,骨料为±1%。

**4. 现场取样**

(1) 同一组混凝土拌和物的取样应从同一盘混凝土或同一车混凝土中取样。取样数量应多于试验所需量的 1.5 倍,且不宜小于 20 L。

(2) 混凝土拌和物的取样应具有代表性,宜采用多次采样的方法。一般在同一盘混凝土或同一车混凝土中的约 1/4 处、1/2 处和 3/4 处之间分别取样,从第一次取样到最后一次取样所用时间不宜超过 15 min,然后人工搅拌均匀。

(3) 从取样完毕到开始做各项性能试验的时间间隔不宜超过 5 min。

## 试验六　混凝土拌和物和易性的检测

**1. 检测目的**

测定混凝土拌和物的和易性,为混凝土配合比设计、混凝土拌和物质量评定提供依据。

**2. 仪器设备**

1）坍落度法

（1）坍落度筒：底部内径（200±2）mm，顶部内径（100±2）mm，高度（300±2）mm 的截头圆锥形金属筒，内壁必须光滑，如图 4-12 所示。

（2）捣棒：直径 16 mm，长 650 mm 钢棒，端部磨圆。

（3）小铲、钢尺、漏斗、抹刀等。

坍落度筒

2）维勃稠度法

（1）维勃稠度仪：由振动台、容器、旋转架、坍落度筒四部分组成，如图 4-13 所示。

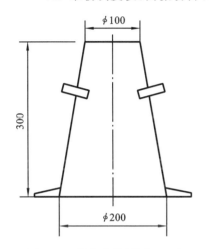

图 4-12　坍落度筒（单位：mm）

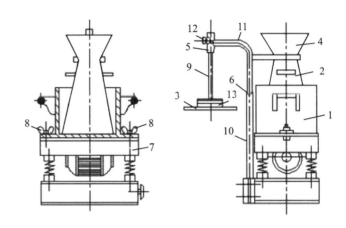

图 4-13　混凝土拌和物维勃稠度测定仪

1—容量筒；2—坍落度筒；3—圆盘；4—漏斗；5—套筒；
6—定位螺丝；7—振动台；8—元宝螺丝；9—滑杆；10—支柱；
11—旋转架；12—螺栓；13—荷重块

（2）其他，同坍落度法。

**3. 检测步骤**

1）坍落度法

本方法适用于骨料最大粒径不大于 40 mm、坍落度值不小于 10 mm 的混凝土拌和物稠度测定。

（1）润湿坍落度筒及底板，在坍落度筒内壁和底板上应无明水。底板应放置在坚实水平面上，并把筒放在底板中心，然后用脚踩住两边的脚踏板，使坍落度筒在装料时位置保持固定。

坍落度法

（2）把按要求取样或制作的混凝土拌和物用小铲分三层均匀地装入筒内，使捣实后每层高度为筒高的 1/3 左右。每层用捣棒插捣 25 次，插捣应沿螺旋方向由外向中心进行，各次插捣应在截面上均匀分布。插捣筒边混凝土时，捣棒可以稍稍倾斜；插捣底层时，捣棒应贯穿整个深度；插捣第二层和顶层时，捣棒应插透本层至下一层的表面；浇灌顶层时，混凝土应灌到高出筒口。插捣过程中，如混凝土沉落到筒口以下，则应随时添加。顶层插捣完毕后，刮去多余的混凝土，并用抹刀抹平。

（3）清除筒边底板上的混凝土后，垂直平稳地提起坍落度筒。坍落度筒的提离过程应在 5～10 s 内完成；从开始装料到提起坍落度筒的整个过程应不间断地进行，并应在 150 s

内完成。

(4)提起坍落度筒后,测量筒高与坍落后混凝土试体最高点之间的高度差,即为该混凝土拌和物的坍落度值,测量精确至 1 mm,结果表达修约至 5 mm。坍落度筒提离后,如试件发生崩坍或一边剪坏现象,则应重新取样另行测定;如第二次试验仍出现上述现象,则表示该混凝土和易性不好,应予记录备查。

(5)观察坍落后的混凝土试体的黏聚性及保水性。黏聚性的检查方法是用捣棒在已坍落的混凝土锥体侧面轻轻敲打,此时如果锥体逐渐下沉,则表示黏聚性良好;如果锥体倒塌、部分崩裂或出现离析现象,则表示黏聚性不好。保水性以混凝土拌和物稀浆析出的程度来评定,坍落度筒提起后如有较多的稀浆从底部析出,锥体部分的混凝土也因失浆而骨料外露,则表明此混凝土拌和物的保水性不好;如坍落度筒提起后无稀浆或仅有少量稀浆自底部析出,则表示此混凝土拌和物的保水性良好。

2)维勃稠度法

本方法适用于骨料最大粒径不大于 40 mm,维勃稠度在 5~30 s 之间的混凝土拌和物稠度测定。

(1)将维勃稠度仪放置在坚实水平的地面上,用湿布把容器、坍落度筒、喂料斗内壁及其他用具润湿。

(2)将喂料斗提到坍落度筒上方扣紧,校正容器位置,使其中心与喂料中心重合,然后拧紧固定螺丝。

(3)把按要求取样或制作的混凝土拌和物用小铲分三层经喂料斗装入坍落度筒内,装料及插捣的方法同坍落度法。

(4)把喂料斗转离,垂直地提起坍落度筒,此时应注意不使混凝土试体产生横向的扭动。

(5)把透明圆盘转到混凝土圆台体顶面,放松测杆螺钉,降下圆盘,使其轻轻地接触到混凝土顶面,拧紧定位螺钉。同时开启振动台和秒表,当透明圆盘的底面被水泥浆布满的瞬间,立即关闭振动台和秒表,记录时间,由秒表读出的时间(s)即为该混凝土拌和物的维勃稠度值,精确至 1 s。

## 试验七　混凝土拌和物表观密度检测

**1. 检测目的**

测定混凝土拌和物的表观密度,用以计算 1 m³ 混凝土的实际材料用量。

**2. 仪器设备**

(1)容量筒:金属制成的圆筒,对骨料最大粒径不大于 40 mm 的拌和物采用容积为 5 L 的容量筒,其内径与内高均为(186±2) mm,筒壁厚为 3 mm;骨料最大粒径大于 40 mm 时,容量筒的内径与内高均应大于骨料最大粒径的 4 倍。

(2)台称:称量 50 kg,感量 50 g。

(3)捣棒、小铲、金属直尺、振动台等。

**3. 检测步骤**

(1)用湿布把容量筒内外擦干净,称出容量筒质量,精确至 50 g。

(2)混凝土的装料及捣实方法应根据拌和物的稠度而定。坍落度不大于 90 mm 的混凝土,用振动台振实为宜;大于 90 mm 的用捣棒捣实为宜。

采用捣棒捣实时,应根据容量筒的大小决定分层与插捣次数:用 5 L 容量筒时,混凝土拌和物应分两层装入,每层的插捣次数应为 25 次;用大于 5 L 的容量筒时,每层混凝土的高度不应大于 100 mm,每层插捣次数应按每 10000 mm² 截面不小于 12 次计算。各次插捣应由边缘向中心均匀地插捣,插捣底层时捣棒应贯穿整个深度,插捣第二层时,捣棒应插透本层至下一层的表面;每一层捣完后用橡皮锤轻轻沿容器外壁敲打 5～10 次,进行振实,直至拌和物表面插捣孔消失并不见大气泡为止。

采用振动台振实时,应一次将混凝土拌和物灌到高出容量筒口。装料时可用捣棒稍加插捣,振动过程中如混凝土低于筒口,应随时添加混凝土,振动至表面出浆为止。

(3)用金属直尺沿筒口将振实后多余的混凝土拌和物刮去,表面如有凹陷应填平。将容量筒外壁擦净,称出混凝土试样与容量筒的总质量,精确至 50 g。

**4. 结果计算与评定**

混凝土拌和物表观密度按式(4-35)计算,精确至 10 kg/m³。

$$\rho_{h} = \left(\frac{m_2 - m_1}{V}\right) \times 1000 \tag{4-35}$$

式中 $\rho_{h}$——表观密度,kg/m³;

$m_1$——容量筒质量,kg;

$m_2$——容量筒与试样总质量,kg;

$V$——容量筒容积,L。

# 试验八　混凝土立方体抗压强度检测

**1. 检测目的**

测定混凝土立方体抗压强度,评定混凝土的质量。

**2. 仪器设备**

(1)压力试验机:精度不低于 ±1%,试件破坏荷载应大于压力机全量程的 20% 且小于压力机全量程的 80%。

(2)试模:由铸铁、钢或塑料制成,应具有足够的刚度,且拆装方便。试模尺寸应根据骨料最大粒径按表 4-20 选择。

(3)捣棒、振动台、养护室、抹刀、金属直尺等。

**3. 检测步骤**

1) 试件制作

(1)混凝土抗压强度试验以三个试件为一组,每一组试件所用的混凝土拌和物应从同一盘或同一车运输的混凝土中取出,或在试验室拌制。

(2)制作试件前,应先检查试模,拧紧螺栓并清刷干净,并在试模的内表面涂一层薄矿物油脂或其他不与混凝土发生反应的脱膜剂。

(3)取样或试验室拌制的混凝土应在拌制后尽量短的时间内成型,一般不宜超过 15 min。

(4)试件成型方法宜根据混凝土拌和物的稠度或试验目的而定,混凝土应充分密实,避免分层离析。

①振动台振实成型。将混凝土拌和物一次装入试模,装料时应用抹刀沿各试模壁插捣,并使混凝土拌和物高出试模口,然后将试模放在振动台上。开动振动台,振动至表面出浆为止。

②人工捣实成型。将混凝土拌和物分两层装入试模,每层的装料厚度大致相等。每装

一层进行插捣,每层插捣次数应按每 10000 mm² 截面不小于 12 次,插捣应按螺旋方向从边缘向中心均匀进行。在插捣底层混凝土时,捣棒应达到试模底部;插捣上层时,捣棒应贯穿上层后插入下层 20~30 mm;插捣时捣棒应保持垂直,不得倾斜。然后用抹刀沿试模内壁插拔数次。插捣后用橡皮锤轻轻敲击试模四周,直至拌和物表面插捣孔消失为止。

③插入式振捣棒振实成型。将混凝土拌和物一次装入试模,装料时应用抹刀沿各试模壁插捣,并使混凝土拌和物高出试模口。宜用直径为 φ25 mm 的插入式振捣棒,插入试模振捣时,振捣棒距试模底板 10~20 mm 且不得触及试模底板,振动应持续到表面出浆为止,且应避免过振,以防止混凝土离析,一般振捣时间为 20 s。振捣棒拔出时要缓慢,拔出后不得留有孔洞。

(5)振实(或捣实)后,用金属直尺刮除试模上口多余的混凝土,待混凝土临近初凝时,用抹刀抹平。

2)试件养护

(1)试件成型后应立即用不透水的薄膜覆盖表面。

(2)进行标准养护的试件,应在温度为(20±5)℃情况下静置 1~2 昼夜,然后编号、拆模。拆模后的试件应立即放在温度为(20±2)℃,相对湿度为 95% 以上的标准养护室内养护,或在温度为(20±2)℃的不流动的 Ca(OH)₂ 饱和溶液中养护。标准养护室内的试件应放在支架上,彼此间隔为 10~20 mm,试件表面应保持潮湿,且不得被水直接冲淋。

(3)同条件养护试件的拆模时间可与实际构件的拆模时间相同,拆模后,试件仍需保持同条件养护。

(4)标准养护龄期为 28 d(从搅拌加水开始计时)。

3)抗压强度试验

(1)试件从养护地点取出后应及时进行试验,将试件表面与上、下承压板面擦干净。

(2)将试件安放在压力机的下压板或垫块上,试件的承压面应与成型时的顶面垂直。试件的中心应与试验机下压板中心对准。开动试验机,当上压板与试件或钢垫板接近时,调整球座,使接触均衡。

(3)在试验过程中应连续均匀地加荷。加荷速度:混凝土强度等级小于 C30 时,为 0.3~0.5 MPa/s;混凝土强度等级在 C30~C60 之间时,为 0.5~0.8 MPa/s;混凝土强度等级大于等于 C60 时,为 0.8~1.0 MPa/s。

(4)当试件接近破坏,开始急剧变形时,停止调整试验机油门,直至试件破坏。然后记录破坏荷载。

**4. 结果计算与评定**

(1)混凝土立方体抗压强度按式(4-36)计算,精确至 0.1 MPa。

$$f_{cu} = \frac{P}{A} \tag{4-36}$$

式中  $f_{cu}$——混凝土立方体试件抗压强度,MPa;

$P$——试件破坏荷载,N;

$A$——试件承压面积,mm²。

(2)以三个试件测值的算术平均值作为该组试件的抗压强度值。三个测值中的最大值或最小值中,如有一个与中间值的差值超过中间值的 15% 时,则把最大值及最小值一并舍去,取中间值作为该组试件的抗压强度值;如最大值和最小值与中间值的差值均超过中间值的 15%,则该组试件的试验结果无效。

（3）混凝土强度等级小于 C60 时,用非标准试件测得的强度值均应乘以尺寸换算系数（见表 4-20）,当混凝土强度等级大于等于 C60 时,宜采用标准试件;使用非标准试件时,尺寸换算系数应由试验确定。

## 【复习思考题】

1. 混凝土拌和物和易性的概念及其影响因素。

2. 混凝土配合比设计的三大参数的确定原则以及配合比设计的方法步骤。

3. 混凝土配合比的表示方法及配合比设计的基本要求。

4. 某工地用砂的筛分析结果如下表所示,试评定该砂的级配和粗细程度。

| 筛孔尺寸 | 4.75 mm | 2.36 mm | 1.18 mm | 600 $\mu$m | 300 $\mu$m | 150 $\mu$m |
|---|---|---|---|---|---|---|
| 分计筛余/g | 27 | 112 | 108 | 103 | 71 | 52 |

5. 采用普通水泥、卵石和天然砂配制混凝土,水灰比为 0.50,制作一组边长为 150 mm 的立方体试件,标准养护 28 d,测得的抗压破坏荷载分别为 610 kN、620 kN 和 750 kN。试计算:

（1）该组混凝土试件的立方体抗压强度;

（2）该混凝土所用水泥的实际抗压强度。

6. 某教学楼工程,现浇钢筋混凝土梁,混凝土设计强度等级为 C25,施工要求坍落度为 30~50 mm（混凝土采用机械搅拌和振捣）,施工单位无历史统计资料。所用原材料情况如下。

水泥:强度等级为 42.5 的普通硅酸盐水泥,实测强度为 45.0 MPa,密度为 3000 kg/m³。

砂:中砂,$M_x = 2.7$,表观密度 $\rho_s = 2650$ kg/m³。

石子:碎石,最大粒径 $D_{max} = 40$ mm,表观密度 $\rho_g = 2700$ kg/m³。

水:自来水。

设计混凝土配合比（按干燥材料计算）,并求施工配合比。已知施工现场砂的含水率为 3%,碎石含水率为 1%。

# 单元五　建筑砂浆

◎→❘学习目标❘......

1. 掌握砌筑砂浆的技术性质及其配合比设计。

2. 了解其他品种砂浆。

　　建筑砂浆是由无机胶凝材料、细骨料、掺合料、水以及必要时掺入的外加剂等组成的工程材料。它与混凝土相比,不含粗骨料,因此,建筑砂浆也常被称为细骨料混凝土。

　　建筑砂浆的分类方法很多。根据用途可分为砌筑砂浆、抹面砂浆、装饰砂浆、防水砂浆、勾缝砂浆,以及耐酸、耐热等特种砂浆。根据生产方式不同,可分为施工现场拌制的砂浆和由搅拌站生产的商品砂浆。根据所用的胶凝材料不同,可分为水泥砂浆、石灰砂浆和混合砂浆(包括水泥石灰砂浆、水泥黏土砂浆、石灰黏土砂浆等)。

　　建筑砂浆是建筑工程中用量最大、用途最广泛的建筑材料之一。它被广泛用于砌筑(砖、石、砌块),抹灰(如室内室外抹灰),勾缝(如大型墙板、砖石墙的勾缝),黏结(镶贴石材,粘贴面砖)等方面。

# 项目一　砌筑砂浆的技术性质

　　砌筑砂浆是将砖、石、砌块等块材经砌筑成为砌体,起黏结、衬垫和传力作用的砂浆。工程中应用的主要品种有水泥砂浆和水泥混合砂浆。

## 一、砌筑砂浆的组成材料

### 1. 水泥

　　水泥是砌筑砂浆的主要胶凝材料。拌制砂浆通常选用通用硅酸盐水泥或砌筑水泥,且应符合现行国家标准《通用硅酸盐水泥》(GB 175—2007)和《砌筑水泥》(GB/T 3183—2017)的相关规定。对于一些特殊工程部位,如配制构件的接头、接缝或用于结构加固、修补裂缝,应采用膨胀水泥。

　　水泥强度等级应根据砂浆品种及强度等级的要求进行选择。一般水泥砂浆采用的水泥,强度不宜大于 32.5 级,水泥混合砂浆采用的水泥,强度不宜大于 42.5 级。M15 及以下强度等级的砌筑砂浆宜选用 32.5 级的通用硅酸盐水泥或砌筑水泥;M15 以上强度等级的砌筑砂浆宜选用 42.5 级通用硅酸盐水泥。通常选用水泥的强度一般为砂浆强度的 4～5 倍。水泥强度过高,水泥用量少,会影响砂浆的和易性,可加入混合材料进行调整。

### 2. 水

　　拌制砂浆用水要求与混凝土拌和水要求相同,应符合《混凝土用水标准》(JGJ 63—2006)的规定。未经试验鉴定的非洁净水、生活污水、工业废水均不能用来拌制及养护砂浆。

### 3. 砂

　　砂浆常用普通砂拌制,要求砂坚固清洁,级配适宜,最大粒径通常应控制在砂浆厚度的

1/5～1/4,使用前必须过筛。砌筑砂浆中,砖砌体宜选用中砂,毛石砌体宜选用粗砂。砂子中的含泥量应有所控制,水泥砂浆、混合砂浆的强度等级大于等于 M5 时,含泥量应小于等于 5%;强度等级小于 M5 时,含泥量应小于等于 10%。若使用细砂配制砂浆,砂子中的含泥量应经试验来确定。拌制特种砂浆时,可以选用白砂、彩色砂和轻砂等。

**4. 掺合料**

为了改善砂浆的性质,减少水泥用量,降低成本,通常可以往砂浆中掺入石灰膏、电石膏、黏土膏及粉煤灰等廉价的工业废料制成混合砂浆。

生石灰熟化成石灰膏时,应用孔径不大于 3 mm×3 mm 的网过滤,熟化时间不得少于 7 d;磨细生石灰粉的熟化时间不得少于 2 d。沉淀池中储存的石灰膏,应采取措施防止干燥、冻结和污染。严禁使用脱水硬化的石灰膏。石灰膏稠度应控制在 120 mm 左右。消石灰粉不得直接用于砌筑砂浆中。

制作电石膏的电石碴应用孔径不大于 3 mm×3 mm 的网过滤,检验时应加热至 70 ℃后至少保持 20 min,并应待乙炔挥发完后再使用。

采用黏土制备黏土膏时,应选用颗粒细、黏性好、含砂量及有机物含量少的原料。黏土膏的稠度应控制在 120 mm 左右。

粉煤灰、粒化高炉矿渣粉、硅灰、天然沸石粉应分别符合国家现行标准《用于水泥和混凝土中的粉煤灰》(GB/T 1596—2017)、《用于水泥、砂浆和混凝土中的粒化高炉矿渣粉》(GB/T 18046—2017)、《砂浆和混凝土用硅灰》(GB/T 27690—2011)和《混凝土和砂浆用天然沸石粉》(JGJ/T 566—2018)的规定。在砂浆中掺入石灰石粉的,应符合《用于水泥、砂浆和混凝土中的石灰石粉》(GB/T 35164—2017)的相关规定。当采用其他品种矿物掺合料时,应有可靠的技术依据,并应在使用前进行试验验证。

采用保水增稠材料时,应在使用前进行试验验证,并应有完整的型式检验报告。

**5. 外加剂**

外加剂应符合国家现行有关标准的规定,引气型外加剂还应有完整的型式检验报告。必要时可以往砂浆中掺入适量的塑化剂,这能有效地改善砂浆的和易性。

## 二、砌筑砂浆主要技术性能

新拌砂浆应具有以下性质:
① 满足和易性要求;
② 满足设计种类和强度等级的要求;
③ 具有足够的黏结力。

**(一) 和易性**

新拌砂浆应具有良好的和易性。和易性良好的砂浆容易在粗糙的砖石底面上铺成均匀的薄层,而且能够和底面紧密黏结,既能提高劳动效率,又能保证工程质量。砂浆的和易性包括流动性、稳定性和保水性。

**1. 流动性**

砂浆的流动性也叫稠度,是指砂浆在自重或外力作用下流动的性能,用指标"沉入度"表示。

砂浆稠度是以砂浆稠度测定仪的标准圆锥自由沉入砂浆 10 s 时的深度

砂浆稠度
测定仪

(mm)来表示。标准圆锥沉入的深度越深,沉入度越大,表明砂浆的流动性越好。但砂浆的流动性不能过大,否则强度会下降,并且会出现分层、析水的现象;流动性也不能过小,否则砂浆偏干,又不便于施工操作,灰缝不易填充。此外,砂浆的流动性还与砌体材料的种类、施工条件及气候条件等因素有关。根据《砌筑砂浆配合比设计规程》(JGJ/T 98—2010)的规定,砌筑砂浆的施工稠度按表 5-1 选用。

表 5-1　砌筑砂浆的施工稠度(JGJ/T 98—2010)

| 砌 体 种 类 | 施工稠度/mm |
|---|---|
| 烧结普通砖砌体、粉煤灰砌体 | 70～90 |
| 烧结多孔砖砌体、烧结空心砖砌体、轻集料混凝土小型空心砌块砌体、蒸压加气混凝土砌块砌体 | 60～80 |
| 混凝土砖砌体、普通混凝土小型空心砌块砌体、灰砂砖砌体 | 50～70 |
| 石砌体 | 30～50 |

砂浆分层
度测定仪

### 2. 稳定性

砂浆的稳定性是指砂浆拌和物在运输及停放时内部各组分保持均匀、不离析的性质。砂浆的稳定性用指标"分层度"表示,用砂浆分层度筒测定。首先将砂浆拌和物按稠度试验方法测定一次稠度;将砂浆拌和物一次装入分层度筒内,静置 30 min 后,去掉上节 200 mm 的砂浆,将剩余的 100 mm 砂浆倒出放在拌和锅内拌 2 min,再测一次稠度。两次测得的稠度之差即为该砂浆的分层度值(mm)。一般分层度在 10～20 mm 之间为宜,不得大于 30 mm。分层度小于 10 mm,容易发生干缩裂缝;大于 20 mm,容易产生离析。

### 3. 保水性

砂浆能够保持水分的能力称为砂浆的保水性。新拌砂浆在运输、停放和使用的过程中,必须保持其中的水分不致很快流失,才能形成均匀密实的砂浆缝,保证砌体的质量。

砂浆的保水性用"保水率"表示,可用保水性试验测定,将砂浆拌和物装入圆环试模(底部有不透水片或自身密封性良好),称量试模与砂浆总质量,在砂浆表面覆盖棉纱及滤纸,并在上面加盖不透水片,用 2 kg 的重物将上部不透水片压住,静止 2 min 后移走重物及上部不透水片,取出滤纸(不包括棉纱)迅速称量滤纸质量,则砂浆保水率可按下式计算:

$$W = \left[1 - \frac{m_4 - m_2}{\alpha(m_3 - m_1)}\right] \times 100\% \tag{5-1}$$

式中　$W$——保水率,%;

$\quad\quad m_1$——底部不透水片与干燥试模的质量,g;

$\quad\quad m_2$——15 片滤纸吸水前的质量,g;

$\quad\quad m_3$——试模、底部不透水片与砂浆总质量,g;

$\quad\quad m_4$——15 片滤纸吸水后的质量,g;

$\quad\quad \alpha$——砂浆含水率,%。

砌筑砂浆的保水率应符合表 5-2 的规定。

表 5-2　砌筑砂浆的保水率(JGJ/T 98—2010)

| 砂浆种类 | 保水率/(%) | 砂浆种类 | 保水率/(%) |
|---|---|---|---|
| 水泥砂浆 | ≥80 | 预拌砂浆 | ≥88 |
| 水泥混合砂浆 | ≥84 | | |

（二）强度

工程上用立方体抗压强度试验来确定砂浆的强度等级。方法是用一组 3 个边长 70.7 mm 的立方体试件，在标准养护条件下，用标准试验方法测得 28 d 龄期的抗压强度来确定。

砂浆立方体抗压强度应按式(5-2)计算确定：

$$f_{m,cu} = K \frac{N_u}{A} \tag{5-2}$$

式中　$f_{m,cu}$——砂浆立方体试件抗压强度，MPa；

　　　$N_u$——试件破坏荷载，N；

　　　$A$——试件承压面积，$mm^2$；

　　　$K$——换算系数，取 1.3。

砂浆立方体试件抗压强度应精确至 0.1 MPa。

应以三个测试值求得的算术平均值作为该组试件的代表值。当三个测试值的最大值或最小值中如有一个与中间值的差值超过中间值的 15% 时，则把最大值及最小值一并舍除，取中间值作为该组试件的抗压强度值；如有两个测值与中间值的差值均超过中间值的 15% 时，则该组试件的试验结果无效。

水泥砂浆及预拌砌筑砂浆的强度等级可分为 M30、M25、M20、M15、M10、M7.5 和 M5；水泥混合砂浆的强度等级可分为 M5、M7.5、M10、M15。

（三）黏结力

砂浆与砌筑材料黏结力的大小，直接影响砌体的强度、耐久性和抗震性能。一般情况下，砂浆的抗压强度越高，与砌筑材料的黏结力也越大。此外，砂浆与砌筑材料的黏结状况与砌筑材料的表面状态、洁净程度、湿润状况、砌筑操作水平以及养护条件等因素也有着直接关系。因此，施工中不允许干砖上墙，砌筑前砖要浇水润湿，以提高砂浆与砖之间的黏结力，保证砌筑质量。

# 项目二　砌筑砂浆配合比设计

根据现行标准《砌筑砂浆配合比设计规程》(JGJ 98—2010)规定，砌筑砂浆配合比设计可通过查有关资料或手册来选用或通过计算来进行，确定初步配合比后，再进行试拌、调整，从而确定最终的施工配合比。

## 一、砌筑砂浆配合比的基本要求

砌筑砂浆配合比应满足以下基本要求。

（1）和易性要求：砂浆拌和物的和易性应利于施工操作。

（2）体积密度要求：水泥砂浆大于等于 1900 $kg/m^3$，水泥混合砂浆和预拌砂浆大于等于 1800 $kg/m^3$。

（3）强度要求：应达到设计要求的强度等级。

（4）耐久性要求：应达到设计要求的耐久年限。

（5）经济性要求：砂浆应尽可能考虑经济性要求，控制水泥和掺合料用量。

## 二、砌筑砂浆初步配合比设计步骤

### （一）水泥混合砂浆配合比计算

**1. 计算砂浆试配强度**($f_{m,o}$)

$$f_{m,o} = k \cdot f_2 \tag{5-3}$$

式中　$f_{m,o}$——砂浆的试配强度（MPa），应精确至 0.1 MPa；

　　　$f_2$——砂浆强度等级值（MPa），应精确至 0.1 MPa；

　　　$k$——系数，按表 5-3 取值。

表 5-3　砂浆强度标准差 $\sigma$ 及 $k$ 值（JGJ 98—2010）

| 施工水平＼强度等级 | 强度标准差 $\sigma$/MPa | | | | | | | $k$ |
|---|---|---|---|---|---|---|---|---|
| | M5 | M7.5 | M10 | M15 | M20 | M25 | M30 | |
| 优良 | 1.00 | 1.50 | 2.00 | 3.00 | 4.00 | 5.00 | 6.00 | 1.15 |
| 一般 | 1.25 | 1.88 | 2.50 | 3.75 | 5.00 | 6.25 | 7.50 | 1.20 |
| 较差 | 1.50 | 2.25 | 3.00 | 4.50 | 6.00 | 7.50 | 9.00 | 1.25 |

砂浆强度标准差的确定应符合下列规定。

（1）当有统计资料时，砂浆强度标准差应按式(5-4)计算：

$$\sigma = \sqrt{\frac{\sum_{i=1}^{n} f_{m,i}^2 - n\mu_{fm}^2}{n-1}} \tag{5-4}$$

式中　$f_{m,i}$——统计周期内同一品种砂浆第 $i$ 组试件的强度，MPa；

　　　$\mu_{fm}$——统计周期内同一品种砂浆 $n$ 组试件强度的平均值，MPa；

　　　$n$——统计周期内同一品种砂浆试件的总组数，$n \geqslant 25$。

（2）当无统计资料时，砂浆强度标准差可按表 5-3 取值。

**2. 计算每立方米砂浆中的水泥用量**($Q_C$)

（1）每立方米砂浆中的水泥用量，应按下式计算：

$$Q_C = 1000(f_{m,o} - \beta)/(\alpha \cdot f_{ce}) \tag{5-5}$$

式中　$Q_C$——每立方米砂浆的水泥用量（kg），应精确至 1 kg；

　　　$f_{ce}$——水泥的实测强度（MPa），应精确至 0.1 MPa；

　　　$\alpha, \beta$——砂浆的特征系数，其中 $\alpha$ 取 3.03，$\beta$ 取 -15.09。

注：各地区也可用本地区试验资料确定 $\alpha$、$\beta$ 值，统计用的试验组数不得少于 30 组。

（2）在无法取得水泥的实测强度值时，可按式(5-6)计算：

$$f_{ce} = \gamma_c \cdot f_{ce,k} \tag{5-6}$$

式中　$f_{ce,k}$——水泥强度等级值，MPa；

　　　$\gamma_c$——水泥强度等级值的富余系数，宜按实际统计资料确定；无统计资料时可取 1.0。

**3. 计算每立方米砂浆中石灰膏用量**($Q_D$)

$$Q_D = Q_A - Q_C \tag{5-7}$$

式中　$Q_D$——每立方米砂浆的石灰膏用量（kg），应精确至 1 kg；石灰膏使用时的稠度宜为（120±5）mm；

　　　$Q_C$——每立方米砂浆的水泥用量（kg），应精确至 1 kg；

$Q_A$——每立方米砂浆中水泥和石灰膏总量,应精确至 1 kg,可为 350 kg。

**4. 确定每立方米砂浆中的砂用量($Q_S$)**

$Q_S$ 为每立方米砂浆中的砂用量,单位为 kg,应按干燥状态(含水率小于 0.5%)的堆积密度值作为计算值。

**5. 按砂浆稠度选每立方米砂浆用水($Q_W$)**

$Q_W$ 每立方米砂浆中的用水量,单位为 kg,可根据砂浆稠度等要求在 210～310 kg 范围内选用。

注:(1)混合砂浆中的用水量,不包括石灰膏中的水;

(2)当采用细砂或粗砂时,用水量分别取上限或下限;

(3)稠度小于 70 mm 时,用水量可小于下限;

(4)施工现场气候炎热或干燥季节,可酌情增加用水量。

## (二)水泥砂浆的配合比选用

水泥砂浆的配合比可按表 5-4 选用。

**表 5-4　每立方米水泥砂浆材料用量**(JGJ 98—2010)　　　　(单位:kg/m³)

| 强度等级 | 水泥 | 砂 | 用水量 |
|---|---|---|---|
| M5 | 200～230 | 砂的堆积密度值 | 270～330 |
| M7.5 | 230～260 | | |
| M10 | 260～290 | | |
| M15 | 290～330 | | |
| M20 | 340～400 | | |
| M25 | 360～410 | | |
| M30 | 430～480 | | |

注:1.M15 及 M15 以下强度等级水泥砂浆,水泥强度等级为 32.5 级;M15 以上强度等级水泥砂浆,水泥强度等级为 42.5 级;

2.当采用细砂或粗砂时,用水量分别取上限或下限;

3.稠度小于 70 mm 时,用水量可小于下限;

4.施工现场气候炎热或干燥季节,可酌情增加用水量;

5.试配强度应按本规程计算。

## (三)水泥粉煤灰砂浆的配合比选用

水泥粉煤灰砂浆的配合比可按表 5-5 选用。

**表 5-5　每立方米水泥粉煤灰砂浆材料用量**(JGJ 98—2010)　　　(单位:kg/m³)

| 强度等级 | 水泥和粉煤灰总量 | 粉煤灰 | 砂 | 用水量 |
|---|---|---|---|---|
| M5 | 210～240 | 粉煤灰掺量可占胶凝材料总量的 15%～25% | 砂的堆积密度值 | 270～330 |
| M7.5 | 240～270 | | | |
| M10 | 270～300 | | | |
| M15 | 300～330 | | | |

注:1.表中水泥强度等级为 32.5 级;

2.当采用细砂或粗砂时,用水量分别取上限或下限;

3.稠度小于 70 mm 时,用水量可小于下限;

4.施工现场气候炎热或干燥季节,可酌情增加用水量;

5.试配强度应按本规程计算。

### 三、砌筑砂浆配合比试配、调整与确定

砌筑砂浆试配时应考虑工程实际要求,搅拌应符合相关规定。按计算或查表所得配合比进行试拌时,应按现行行业标准《建筑砂浆基本性能试验方法标准》(JGJ/T 70—2009)测定砌筑砂浆拌和物的稠度和保水率。当稠度和保水率不能满足要求时,应调整材料用量,直到符合要求为止,然后确定为试配时的砂浆基准配合比。

试配时至少应采用三种不同的配合比,其中一个配合比应为按本规程得出的基准配合比,其余两个配合比的水泥用量应按基准配合比分别增加及减少10%。在保证稠度、保水率合格的条件下,可将用水量、石灰膏、保水增稠材料或粉煤灰等活性掺合料用量作相应调整。砌筑砂浆试配时稠度应满足施工要求,并应按现行行业标准《建筑砂浆基本性能试验方法标准》(JGJ/T 70—2009)分别测定不同配合比砂浆的表观密度及强度;并应选定符合试配强度及和易性要求、水泥用量最低的配合比作为砂浆的试配配合比。

按式(5-8)计算砂浆的理论表观密度值:

$$\rho_t = Q_C + Q_D + Q_S + Q_W \tag{5-8}$$

式中 $\rho_t$——砂浆的理论表观密度值,kg/m³,应精确至 10 kg/m³。

应按下式计算砂浆配合比校正系数 $\delta$:

$$\delta = \rho_c / \rho_t \tag{5-9}$$

式中 $\rho_c$——砂浆的实测表观密度值,kg/m³,应精确至 10 kg/m³。

当砂浆的实测表观密度值与理论表观密度值之差的绝对值不超过理论值的2%时,可将试配配合比确定为砂浆设计配合比;当超过2%时,应将试配配合比中每项材料用量均乘以校正系数 $\delta$ 后,确定为砂浆设计配合比。

**例 5-1** 计算用于砌筑烧结空心砖墙的水泥石灰砂浆的配合比,要求砂浆强度等级为 M7.5、稠度为 60~80 mm、分层小于 30 mm,采用强度等级为 42.5 级的普通硅酸盐碱水泥,含水率为 2% 的中砂,其堆积密度为 1450 kg/m³,用实测稠度为(120±5) mm 的石灰膏,施工水平一般。

**解** (1)确定砂浆试配强度。

$$f_{m,o} = k \cdot f_2$$

$f_2 = 7.5$ MPa,查表 $k = 1.20$

则

$$f_{m,o} = 1.20 \times 7.5 \text{ MPa} = 9.0 \text{ MPa}$$

(2)计算水泥用量。

$$Q_C = \frac{1000(f_{m,o} - \beta)}{\alpha \cdot f_{ce}} = \frac{1000 \times (9.0 + 15.09)}{3.03 \times 42.5} \text{ kg/m}^3 = 187 \text{ kg/m}^3$$

(3)计算石灰膏用量 $Q_D$,取砂浆中水泥和石灰膏总量 $Q_A = 300$( kg/m³),则:

$$Q_D = Q_A - Q_C = (300 - 187) \text{ kg/m}^3 = 113 \text{ kg/m}^3$$

(4)根据砂子堆积密度和含水率,计算用砂量 $Q_S$。

$$Q_S = 1450 \times (1 + 2\%) \text{ kg/m}^3 = 1479 \text{ kg/m}^3$$

(5)确定用水量 $Q_W$,选择用水量 $Q_W = 300$ kg/m³。

(6)该水泥石灰砂浆试配时,其组成材料的配合比如下。

水泥:石灰膏:砂:水 = 187:113:1479:300

(7)试配并调整配合比,对计算配合比砂浆进行试配与调整,并最后确定施工所用的配合比。

# 项目三　其他品种砂浆

## 一、抹面砂浆

抹面砂浆又称抹灰砂浆,是指涂抹于建筑物或构筑物表面,起保护和装饰作用的砂浆。按其功能不同,分为普通抹面砂浆和装饰抹面砂浆。

### (一)普通抹面砂浆

普通抹面砂浆的功用是保护建筑物不受风、雨、雪和大气中有害气体的侵蚀,提高砌体的耐久性并使建筑物保持光洁,增加美观度。抹面砂浆分外墙使用和内墙使用两种。为保证抹灰层表面平整,避免开裂与脱落,施工时通常分底层、中层和面层三个层次涂抹。底层砂浆主要起黏结基底材料的作用。根据所用基底材料的不同,选用不同种类的砂浆。如砖墙常用白灰砂浆,当有防潮、防水要求时,则要选用水泥砂浆;对于混凝土基底,宜选用混合砂浆或水泥砂浆;板条、苇箔上的抹灰,多用掺麻刀或纸筋的砂浆。中层砂浆主要起找平作用,所使用的砂浆基本上与底层相同,有时可以省略中层灰。面层砂浆主要起装饰作用并兼对墙体进行保护,通常要求使用较细的砂子,且要求涂抹平整,色泽均匀。面层砂浆中可以适当加入纤维增强材料,如麻刀、纸筋、稻草、玻璃纤维等,可以提高抹灰层抗拉强度,增加抹灰层的弹性和耐久性,避免抹灰层开裂脱落。

### (二)装饰抹面砂浆

装饰抹面砂浆是用于室内外装饰的砂浆。装饰砂浆可以分为两类,即灰浆类和石碴类。

灰浆类装饰砂浆是通过水泥砂浆着色或水泥砂浆表面形态的艺术加工,获得一定色彩、线条、纹理质感的表面装饰。主要做法有搓毛灰、拉毛灰、甩毛灰、扫毛灰、拉条、假面砖等。灰浆类装饰砂浆的材料来源广泛,施工简单,成本低廉,但装饰效果一般。

石碴类装饰砂浆是在水泥砂浆中掺入各种彩色石碴作骨料,配制成水泥石碴浆涂抹于墙体表面,然后用水洗、斧剁、水磨等手段除去表面水泥浆皮,露出石碴的颜色和质感,起到装饰作用。石碴类饰面主要靠石碴的颜色、颗粒形状来达到装饰目的,色泽更加明亮,质感更加丰富,不易褪色和污染,但成本更高。主要做法有水刷石、斩假石、拉假石、干粘石、水磨石等。

传统装饰工艺有它固有的缺点,如需要多层次湿作业、劳动强度大、效率低等,所以,近年来逐渐被喷涂、弹涂或滚涂等新工艺所替代。

## 二、预拌砂浆

预拌砂浆是指由专业化厂家生产的用于建筑工程中的各种砂浆拌和物。预拌砂浆分为干混(又称干粉、干拌)砂浆和湿拌砂浆两种。

干混砂浆是将精选的细骨料经筛分烘干处理后与水泥、粉料、外加剂按一定比例混合而成的粉状混合物,以袋装或散装方式送到工地,在现场按比例加水拌和使用的砂浆。如按照性能划分,干混砂浆分为普通和特种两类,普通干混砂浆主要用于地面、抹灰和砌筑工程;特种干混砂浆有装饰砂浆、地面自流平砂浆、瓷砖黏结砂浆、抹面抗裂砂浆和修补砂浆等。干混砂浆的种类及代号见表5-6。

**表 5-6　干混砂浆代号**(GB/T 25181—2019)

| 品种 | 干混砌筑砂浆 | 干混抹灰砂浆 | 干混地面砂浆 | 干混普通防水砂浆 | 干混陶瓷砖黏结砂浆 | 干混界面砂浆 |
|---|---|---|---|---|---|---|
| 代号 | DM | DP | DS | DW | DTA | DIT |
| 品种 | 干混聚合物水泥防水砂浆 | 干混自流平砂浆 | 干混耐磨地坪砂浆 | 干混填缝砂浆 | 干混饰面砂浆 | 干混修补砂浆 |
| 代号 | DWS | DSL | DFH | DTG | DDR | DRM |

湿拌砂浆是在搅拌站把水泥、细骨料、掺合料、外加剂和水按比例拌制好,在规定时间运到现场直接使用的砂浆。湿拌砂浆按用途分为湿拌砌筑砂浆、湿拌抹灰砂浆、湿拌地面砂浆和湿拌防水砂浆等。湿拌砂浆的品种和代号见表 5-7。

**表 5-7　湿拌砂浆的品种和代号**(GB 25181—2010)

| 品种 | 湿拌砌筑砂浆 | 湿拌抹灰砂浆 | 湿拌地面砂浆 | 湿拌防水砂浆 |
|---|---|---|---|---|
| 代号 | WM | WP | WS | WW |

干混砂浆和湿拌砂浆的主要性能指标分别见表 5-8 和表 5-9。

**表 5-8　部分干混砂浆性能指标**(GB/T 25181—2019)

| 项目 | | 干混砌筑砂浆 | | 干混抹灰砂浆 | | | 干混地面砂浆 | 干混普通防水砂浆 |
|---|---|---|---|---|---|---|---|---|
| | | 普通砌筑砂浆 | 薄层砌筑砂浆 | 普通抹灰砂浆 | 薄层抹灰砂浆 | 机喷抹灰砂浆 | | |
| 保水率/(%) | | ≥88.0 | ≥99.0 | ≥88.0 | ≥99.0 | ≥92.0 | ≥88.0 | ≥88.0 |
| 凝结时间/h | | 3~12 | —— | 3~12 | —— | —— | 3~9 | 3~12 |
| 2h 稠度损失率/(%) | | ≤30 | —— | ≤30 | —— | ≤30 | ≤30 | ≤30 |
| 压力泌水率/(%) | | —— | —— | —— | —— | <40 | —— | —— |
| 14d 拉伸黏结强度/MPa | | —— | —— | M5:≥0.15<br>>M5:≥0.20 | ≥0.30 | ≥0.20 | —— | ≥0.20 |
| 28d 收缩率/(%) | | —— | —— | ≤0.20 | | | —— | ≤0.15 |
| 抗冻性[a] | 强度损失率/(%) | ≤25 | | | | | | |
| | 质量损失率/(%) | ≤5 | | | | | | |

[a] 有抗冻要求时,应进行抗冻性试验。

**表 5-9　湿拌砂浆的性能指标**(GB/T 25181—2019)

| 项目 | 湿拌砌筑砂浆 | 湿拌抹灰砂浆≥88 | | 湿拌地面砂浆 | 湿拌防水砂浆 |
|---|---|---|---|---|---|
| | | 普通抹灰砂浆 | 机喷抹灰砂浆 | | |
| 保水率/(%) | ≥88.0 | ≥88.0 | ≥92.0 | ≥88.0 | ≥88.0 |
| 压力泌水率/(%) | —— | —— | <40 | —— | —— |
| 14d 拉伸黏结强度/MPa | —— | M5:≥0.15<br>>M5:≥0.20 | ≥0.20 | —— | ≥0.20 |
| 28d 收缩率/(%) | —— | ≤0.20 | | —— | ≤0.15 |

续表

| 项目 | 湿拌砌筑砂浆 | 湿拌抹灰砂浆≥88 | | 湿拌地面砂浆 | 湿拌防水砂浆 |
|------|------------|---------|---------|------------|------------|
| | | 普通抹灰砂浆 | 机喷抹灰砂浆 | | |
| 抗冻性ᵃ | 强度损失率/(%) | ≤25 | | | |
| | 质量损失率/(%) | ≤5 | | | |

ᵃ 有抗冻要求时,应进行抗冻性试验。

预拌砂浆是目前建材行业发展最快、潜力很大的新型产品。推广预拌砂浆能够提高工程质量、实现施工现代化,具有节约资源、改善环境、减少施工现场粉尘排放的优点。同时,推广预拌砂浆符合建设节约型社会,发展循环经济,实现可持续发展的要求。

### 三、特种砂浆

为满足专门工程需要的砂浆称为特种砂浆。特种砂浆的种类很多,现将常用的部分砂浆介绍如下。

聚合物砂浆　糯米砂浆

**1. 防水砂浆**

防水砂浆是在水泥砂浆中掺入防水剂配制而成的特种砂浆。防水砂浆常用来制作刚性防水层。这种刚性防水层只适用于不受振动和具有一定刚度的混凝土或砖石砌体工程,不适用于变形较大或可能发生不均匀沉降的建筑物。常用的防水剂有氯化物金属盐类、硅酸钠类及金属皂类等。

氯化物金属盐类防水剂,简称氯盐防水剂,主要是氯化钙、氯化铝和水按一定的配合比(大致是10∶1∶11)配制成的液体。这种防水剂掺入砂浆后(掺入水泥质量的3%~5%),在砂浆的凝结硬化过程中,能生成一种不透水的复盐,提高了砂浆结构的密实度,从而提高砂浆的抗渗性。

硅酸钠类防水剂又称四矾水玻璃防水剂,这种防水剂是以蓝矾(硫酸铜)、明矾(钾铝矾)、红矾(重铬酸钾)和紫矾(铬矾)各一份溶于60份沸水中,再降温至50 ℃,投入到400份水玻璃中,拌匀即制成四矾水玻璃防水剂。此剂加入水泥浆后,形成大量胶体,堵塞毛细管道和孔隙,提高了砂浆的防水性,但不能用于大面积施工。

金属皂类防水剂是由硬脂酸(皂)、氨水、氢氧化钾(或碳酸钾)和水按比例混合后加热皂化而成的有色浆体。金属皂起填充微细孔隙和堵塞毛细管的作用,具有较好的防水性。掺量为水泥质量的3%左右。

防水砂浆的配合比,一般取水泥∶砂子=1∶3~1∶2.5,水灰比应在0.50~0.55之间。最好选用强度等级在32.5 MPa以上的普通水泥和洗净的中砂,将一定量的防水剂溶于拌和水中,与事先拌匀的水泥、砂混合料再次拌和均匀,即可使用。防水效果很大程度上取决于施工质量,一般分4~5层施工,每层厚度约5 mm,每层在初凝前压实一遍,最后一层要压光处理,同时应加强养护,防止砂浆干裂。

**2. 保温砂浆**

保温砂浆是以水泥作胶结材料,以粒状轻质保温材料为骨料,加水拌和而成的砂浆。保温砂浆常用于施工工程中的现浇保温、隔热层。保温砂浆中常用的轻骨料有膨胀蛭石和膨胀珍珠岩。

蛭石是一种复杂的含铁、镁的水铝硅酸盐矿物,经干燥、破碎、筛选、煅烧、膨胀成层状碎片形颗粒。由于其在高温煅烧时颗粒的形成过程好似水蛭的蠕动,故由此而得名。珍珠岩则是一种酸性火山玻璃质岩石,经破碎、筛分、预热,在1250 ℃的高温下焙烧,体积产生大的膨胀并呈颗粒状,即为膨胀珍珠岩。这两种散粒材料的堆集密度小,导热系数小,成本低,是配制保温砂浆较为理想的骨料。

保温砂浆应选用普通硅酸盐水泥,水泥与轻骨料的体积比为1∶12,水灰比为0.58～0.65。保温砂浆的稠度应以外观疏松、手握成团而不散,挤不出或仅能挤出少量的灰浆时为宜。施抹时铺设虚厚约为设计厚度的1.3倍,然后轻压至要求的高度。施工完成后的保温层平面应用1∶3水泥砂浆找平。

**3. 聚合物水泥砂浆**

聚合物水泥砂浆是在水泥砂浆中加入聚合物乳液配制而成的砂浆。工程上常用的聚合物有聚醋酸乳液、不饱和聚酯树脂以及环氧树脂等。

聚合物水泥砂浆在硬化过程中,聚合物与水泥不发生化学反应,水泥水化物被乳液微粒所包裹,成为相互填充的结构。聚合物水泥砂浆的黏结力很强,同时其耐蚀、耐磨及抗渗性能都得以加强。

在水泥砂浆中掺加具有特殊性能的细骨料,还可以得到具有特殊能力的砂浆。如掺入重晶石砂时,可得到具有防X射线的砂浆;掺入硼砂、硼酸等可配制成具有抗中子辐射能力的砂浆;掺入石英砂后可得到耐磨砂浆等。

**4. 吸声砂浆**

一般由轻质多孔骨料制成的保温砂浆,都具有吸声性能。另外,可以用水泥、石膏、砂、锯末按体积比为1∶1∶3∶5配制成吸声砂浆;或在石灰、石膏砂浆中掺入矿棉、玻璃纤维等松软纤维材料制成。吸声砂浆主要应用于室内墙壁和平顶的吸声。

**5. 耐酸砂浆**

用水玻璃(硅酸钠)与氟硅酸钠拌制可配制成耐酸砂浆,有时可掺入适当石英岩、花岗岩、铸石等细骨料。水玻璃硬化后具有很好的耐酸性能。耐酸砂浆主要应用于衬砌材料、耐酸地面和耐酸容器的内壁防护层。

# 项目四　本单元试验技能训练

## 试验一　砂浆试样的制备与现场取样

**1. 检测依据**

《建筑砂浆基本性能试验方法标准》(JGJ/T 70—2009)。

**2. 取样方法**

(1)建筑砂浆试验用料应根据不同要求,从同一盘砂浆或同一车砂浆中取样。取样量应不少于试验所需量的4倍。

(2)施工中取样进行砂浆试验时,其取样方法和原则按相应的施工验收规范执行。一般在使用地点的砂浆槽、砂浆运送车或搅拌机出料口,至少从三个不同部位取样,试验前应人工搅拌均匀。

(3)从取样完毕到开始进行各项性能试验不宜超过15 min。

### 3.试样的制备

（1）在试验室制备砂浆拌和物,所用材料应提前 24 h 运入室内。拌和时试验室的温度应保持在(20±5)℃,如需要模拟施工条件下所用的砂浆时,所用原材料的温度宜与施工现场一致。

（2）试验所用原材料应与现场使用材料一致。

（3）试验室拌制砂浆时,材料用量应以质量计。称量精度:水泥、外加剂、掺合料等为±0.5%;砂为±1%。

（4）在试验室搅拌砂浆时应采用机械搅拌,搅拌量宜为搅拌机容量的30%～70%,搅拌时间不应少于 120 s。掺有掺合料和外加剂的砂浆,其搅拌时间不应少于 180 s。

# 试验二 砂浆稠度检测

### 1.检测目的

检验砂浆配合比或施工过程中控制砂浆的稠度,以达到控制用水量的目的。

砂浆稠度
测定仪

### 2.仪器设备

（1）砂浆稠度仪:由试锥、容器和支座三部分组成,如图 5-1 所示。试锥高度为 145 mm,锥底直径为 75 mm,试锥连同滑杆的质量应为(300±2)g;盛载砂浆的筒高为 180 mm,锥底内径为 150 mm;支座分底座、支架及刻度显示三个部分。

（2）钢制捣棒:直径 10 mm、长 350 mm,端部磨圆。

（3）秒表等。

### 3.检测步骤

（1）用少量润滑油轻擦滑杆,再将滑杆上多余的油用吸油纸擦净,使滑杆能自由滑动。

（2）用湿布擦净盛装容器和试锥表面,将砂浆拌和物一次装入容器,使砂浆表面约低于容器口 10 mm。用捣棒自容器中心向边缘均匀地插捣 25 次,然后轻轻地将容器摇动或敲击 5、6 下,使砂浆表面平整,然后将容器置于稠度测定仪的底座上。

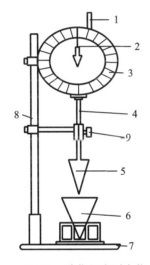

**图 5-1 砂浆稠度测定仪**
1—齿条测杆;2—指针;3—刻度盘;4—滑杆;
5—试锥;6—盛装容器;7—底座;8—支架
9—制动螺丝

（3）拧松制动螺丝,向下移动滑杆,当试锥尖端与砂浆表面刚接触时,拧紧制动螺丝,使齿条测杆下端刚接触滑杆上端,并将指针对准零点。

（4）拧开制动螺丝,同时计时,10 s 时立即拧紧螺丝,将齿条测杆下端接触滑杆上端,从刻度盘上读出下沉深度(精确至 1 mm),即为砂浆稠度值。

（5）盛装容器内的砂浆只允许测定一次稠度,重复测定时,应重新取样。

### 4.结果计算与评定

（1）取两次试验结果的算术平均值,精确至 1 mm。

（2）如两次试验值之差大于 10 mm,应重新取样测定。

# 试验三 砂浆分层度检测

## 1. 检测目的

测定砂浆拌和物在运输及停放时内部组分的稳定性,用来评定和易性。

## 2. 仪器设备

(1)砂浆分层度测定仪:由上、下两层金属圆筒及左右两根连接螺栓组成,如图 5-2 所示。圆筒内径为 150 mm,上节高度为 200 mm,下节带底净高为 100 mm。上、下层连接处需加宽到 3～5 mm,并设有橡胶垫圈。

砂浆分层
度测定仪

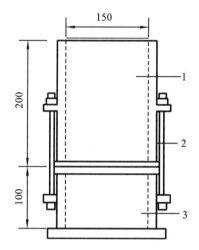

**图 5-2　砂浆分层度测定仪**(单位:mm)

1—无底圆筒;2—连接螺栓;3—有底圆筒

(2)振动台:振幅为(0.5±0.05) mm,频率为(50±3) Hz。

(3)砂浆稠度仪、木锤等。

## 3. 检测步骤

分层度试验一般采用标准法,也可采用快速法,如有争议,则以标准法为准。

1)标准法

(1)首先将砂浆拌和物按稠度检测方法测定其稠度(沉入度)$K_1$。

(2)将砂浆拌和物一次装入分层度筒内,待装满后,用木锤在容器周围距离大致相等的 4 个不同部位分别轻轻敲击 1、2 下,如砂浆沉落到筒口以下,则应随时添加,然后刮去多余砂浆并用抹刀抹平。

(3)静置 30 min 后,去掉上节 200 mm 砂浆,将剩余的 100 mm 砂浆倒出放在拌和锅内拌 2 min,再按上述稠度检测方法测其稠度 $K_2$。

2)快速法

(1)按稠度检测方法测其稠度 $K_1$。

(2)将分层度筒预先固定在振动台上,砂浆一次装入分层度筒内,振动 20 s。

(3)去掉上节 200 mm 砂浆,剩余 100 mm 砂浆倒出放在拌和锅内拌 2 min,再按稠度检测方法测其稠度 $K_2$。

## 4. 结果计算与评定

(1)前后两次测得的稠度之差,为砂浆分层度值,即 $\Delta = K_1 - K_2$。

（2）取两次试验结果的算术平均值作为该砂浆的分层度值。

（3）两次分层度试验值之差如果大于 10 mm，应重新取样测定。

# 试验四 砂浆立方体抗压强度检测

**1. 检测目的**

检测砂浆立方体抗压强度是否满足工程要求。

**2. 仪器设备**

（1）试模：70.7 mm×70.7 mm×70.7 mm 的带底试模，由铸铁、钢或塑料制成，应具有足够的刚度并拆装方便。试模内表面应机械加工，其不平度应为每 100 mm 不超过 0.05 mm，组装后各相邻面的垂直度偏差不应超过±0.5°。

（2）振动台、压力试验机、捣棒、垫板等。

**3. 检测步骤**

1）试件制作及养护

（1）采用立方体试件，每组试件 3 个。

（2）应用黄油等密封材料涂抹试模的外接缝，试模内涂刷薄层机油或脱膜剂，将拌制好的砂浆一次性装满砂浆试模，成型方法根据稠度而定。当稠度大于等于 50 mm 时采用人工振捣成型，当稠度小于 50 mm 时采用振动台振实成型。

人工振捣：将捣棒均匀地由边缘向中心按螺旋方式插捣 25 次，插捣过程中如砂浆沉落低于试模口，应随时添加砂浆，可用油灰刀插捣数次，并用手将试模一边抬高 5～10 mm 各振动 5 次，使砂浆高出试模顶面 6～8 mm。

机械振动：将砂浆一次性装满试模，放置到振动台上，振动时试模不得跳动，振动 5～10 s 或持续到表面出浆为止；不得过振。

（3）待表面水分稍干后，将高出试模部分的砂浆沿试模顶面刮去并抹平。

（4）试件制作后，应在室温（20±5）℃的环境下静置（24±2）h，当气温较低时，可适当延长时间，但不应超过两昼夜，然后对试件进行编号并拆模。试件拆模后应立即放入温度为（20±2）℃，相对湿度为 90% 以上的标准养护室中养护。养护期间，试件彼此间隔不小于 10 mm，混合砂浆试件上表面应覆盖，以防有水滴在试件上。

2）抗压强度试验

（1）试件从养护地点取出后，应尽快进行试验。试验前将试件擦拭干净，测量尺寸，并检查其外观。并据此计算试件的承压面积，如实测尺寸与公称尺寸之差不超过 1 mm，可按公称尺寸进行计算。

（2）将试件安放在试验机下压板（或下垫板）上，试件的承压面应与成型时的顶面垂直，试件的中心应与试验机下压板（或下垫板）中心对准。开动试验机，当上压板与试件（或上垫板）接近时，调整球座，使接触面均衡受压。承压试验应连续而均匀地加荷，加荷速度应为 0.25～1.5 kN/s（砂浆强度小于等于 5 MPa 时，宜取下限；砂浆强度大于 5 MPa 时，宜取上限），当试件接近破坏而开始迅速变形时，停止调整试验机油门，直至试件破坏，然后记录破坏荷载。

**4. 结果计算与评定**

（1）砂浆立方体抗压强度按式（5-10）计算，精确至 0.1 MPa。

$$f_{m,cu} = K \frac{P}{A} \tag{5-10}$$

式中　$f_{m,cu}$——砂浆立方体试件抗压强度,MPa;

　　　$P$——试件破坏荷载,N;

　　　$A$——试件承压面积,mm²;

　　　$K$——换算系数,取 1.3。

(2) 以三个试件测值的算术平均值的 1.3 倍,作为该组试件的砂浆立方体抗压强度平均值,精确至 0.1 MPa。

(3) 当三个测值的最大值或最小值中有一个与中间值的差值超过中间值的 15% 时,则把最大值及最小值一并舍去,取中间值作为该组试件的抗压强度值;如有两个测值与中间值的差值均超过中间值的 15%,则该组试件的试验结果无效。

【复习思考题】

1. 试述建筑砂浆的分类及用途。

2. 砌筑砂浆由哪些材料组成? 对各材料的主要质量要求是什么?

3. 砌筑砂浆的和易性包括哪些指标? 为什么说和易性与砌体强度有直接关系?

4. 怎样测定砌筑砂浆的强度? 分多少个强度等级? 各等级的砂浆应用场合如何?

5. 对抹面砂浆的主要技术要求是什么?

6. 装饰砂浆有几种做法? 其主要功用如何?

# 单元六　墙体材料

»→▌学习目标▐......

1. 掌握烧结普通砖的技术性质及检测方法。
2. 了解非烧结砖、砌块及新型墙板的品种和性质。

墙体材料是指用来砌筑、拼装或用其他方法构成承重墙、非承重墙的材料。如砌墙用的砖、石、砌块，拼墙用的各种墙板等。

墙体材料是建筑工程中十分重要的建筑材料。在一般房屋建筑中，墙体的重量要占整个建筑物自重的 1/2，用工量、造价各约占 1/3。根据墙体在房屋建筑中的作用不同，所选用的材料也有所不同。建筑物的外墙，因其外表面要受外界气温变化的影响及风吹、雨淋、冰雪和大气的侵蚀作用，故对于外墙材料的选择除应满足承重要求外，还要考虑保温、隔热、坚固、耐久、防水、抗冻等方面的要求；对于内墙则应考虑选择防潮、隔声、轻质的材料。

# 项目一　砌墙砖

## 一、烧结普通砖

### （一）烧结普通砖的品种

国家标准《烧结普通砖》（GB 5101—2003）规定：烧结普通砖是以黏土、页岩、煤矸石、粉煤灰、建筑渣土、淤泥（江河湖淤泥）、污泥等为主要原料，经焙烧而成主要用于建筑物承重部位的普通砖。烧结普通砖的外形为直角六面体，其尺寸为长 240 mm、宽 115 mm、高 53 mm。

**烧结普通砖**

烧结普通砖按主要原料分为黏土砖（N）、页岩砖（Y）、煤矸石砖（M）、粉煤灰砖（F）、建筑渣土砖（Z）、淤泥砖（U）、污泥砖（W）、固体废弃物砖（G）。根据抗压强度分为 MU30、MU25、MU20、MU15、MU10 五个强度等级。按砖坯在窑内焙烧气氛及黏土铁的氧化物的变化情况，可将砖分为红砖和青砖。

烧结普通砖的产品标记按产品名称的英文缩写、类别、强度等级和标准编号顺序编写。例如，烧结普通砖，强度等级 MU15 的黏土砖，其标记为：FCB N MU15 GB/T 5101。

### （二）烧结普通砖的技术要求

**1. 尺寸偏差**

为保证砌筑质量，砖的尺寸偏差应符合表 6-1 规定。

表 6-1　烧结普通砖尺寸偏差（GB/T 5101—2017）　　　　　　　　　（单位：mm）

| 公称尺寸 | 指标 | |
| --- | --- | --- |
| | 样本平均偏差 | 样本级差≤ |
| 240 | ±2.0 | 6.0 |
| 115 | ±1.5 | 5.0 |
| 53 | ±1.5 | 4.0 |

**2. 外观质量**

烧结普通砖的外观质量应符合表 6-2 的规定。

表 6-2　烧结普通砖外观质量（GB/T 5101—2017）　　　　　　　　　（单位：mm）

| 项目 | | 指标 |
| --- | --- | --- |
| 两条面高度差 | ≤ | 2 |
| 弯曲 | ≤ | 2 |
| 杂质凸出高度 | ≤ | 2 |
| 缺棱掉角的三个破坏尺寸不得同时大于裂纹长度 | ≤ | 5 |
| a.大面上宽度方向及其延伸至条面的长度 | | 30 |
| b.大面上长度方向及其延伸至顶面的长度或条顶面上水平裂纹的长度完整面ᵃ | | 50 |
| 不得少于 | | 一条面和一顶面 |

注：为砌筑挂浆而施加的凹凸纹、槽、压花等不算作缺陷。

　　ᵃ 凡有下列缺陷之一者，不得称为完整面：

　　　——缺损在条面或顶面上造成的破坏面尺寸同时大于 10 mm×10 mm；

　　　——条面或顶面上裂纹宽度大于 1 mm，其长度超过 30 mm；

　　　——压陷、粘底、焦花在条面或顶面上的凹陷或凸出超过 2 mm，区域尺寸同时大于 10 mm×10 mm。

**3. 强度**

烧结普通砖的强度测定按《砌墙砖试验方法》（GB/T 2542—2012）和《烧结普通砖》（GB 5101—2017）规定进行。按规定抽取 10 块试样，将试样锯成两个半截砖，经过普通制样或模具制样后，在不低于 10 ℃的不通风室内养护 3 d，分别检测 10 块试样的抗压强度。试验后按式(6-1)、式(6-2)分别计算出抗压强度标准差 $s$ 和强度变异系数 $\delta$。在评定强度等级时，若强度变异系数 $\delta \leqslant 0.21$，采用平均值—标准值方法，若强度变异系数 $\delta > 0.21$，则采用平均值—最小值方法。烧结普通砖按抗压强度分为 MU30、MU25、MU20、MU15、MU10 五个强度等级，各等级的强度标准详见表 6-3。

$$s = \sqrt{\frac{1}{9} \sum_{i=1}^{10} (f_i - \overline{f})^2} \tag{6-1}$$

$$\delta = \frac{s}{\overline{f}} \tag{6-2}$$

式中　$s$——10 块试样的抗压强度标准差，MPa；

　　　$\delta$——强度变异系数，精确至 0.01；

　　　$\overline{f}$——10 块试样的抗压强度平均值，MPa；

$f_i$——单块试样抗压强度测定值,MPa。

表 6-3　烧结普通砖强度等级(GB/T 5101—2017)　　　　　　(单位:MPa)

| 强度等级 | 抗压强度平均值 $\overline{f} \geqslant$ | 强度标准值 $f_k \geqslant$ |
|---|---|---|
| MU30 | 30.0 | 22.0 |
| MU25 | 25.0 | 18.0 |
| MU20 | 20.0 | 14.0 |
| MU15 | 15.0 | 10.0 |
| MU10 | 10.0 | 6.5 |

**4. 抗风化能力**

指砖在干湿变化、温度变化、冻融变化等气候条件作用下抵抗破坏的能力,见表 6-4。

表 6-4　抗风化性能(GB 5101—2003)

| 砖种类 | 严重风化区 | | | | 非严重风化区 | | | |
|---|---|---|---|---|---|---|---|---|
| | 5 h 沸煮吸水率/%≤ | | 饱和系数≤ | | 5 h 沸煮吸水率/%≤ | | 饱和系数≤ | |
| | 平均值 | 单块最大值 | 平均值 | 单块最大值 | 平均值 | 单块最大值 | 平均值 | 单块最大值 |
| 黏土砖、建筑渣土砖 | 18 | 20 | 0.85 | 0.87 | 19 | 20 | 0.88 | 0.90 |
| 粉煤灰砖 | 21 | 23 | | | 23 | 25 | | |
| 页岩砖煤矸石砖 | 16 | 18 | 0.74 | 0.77 | 18 | 20 | 0.78 | 0.80 |

注:1. 粉煤灰掺入量(体积比)小于 30％时,按黏土砖规定判定;

　　2. 冻融试验后,每块砖样不允许出现裂纹、分层、掉皮、缺棱、掉角等冻坏现象;质量损失不得大于 2％。

**5. 泛霜**

泛霜也称起霜,是砖在使用过程中的盐析现象。砖内过量的可溶盐受潮吸水而溶解,随水分蒸发而沉积于砖的表面,形成白色粉状附着物,影响建筑美观。如果溶盐为硫酸盐,当水分蒸发呈晶体析出时,产生膨胀,使砖面剥落。国家标准规定每块砖不允许出现严重泛霜。

**6. 石灰爆裂**

石灰爆裂是指砖坯中夹杂着石灰石,焙烧后转变成生石灰,砖吸水后,由于石灰逐渐熟化而膨胀产生的爆裂现象。这种现象影响砖的质量,并降低砌体强度。

砖的石灰爆裂应符合下列规定。

(1) 破坏尺寸大于 2mm 且小于或等于 15mm 的爆裂区域,每组砖不得多于 15 处。其中大于 10mm 的不得多于 7 处。

(2) 不准许出现最大破坏尺寸大于 15mm 的爆裂区域。

(3) 试验后抗压强度损失不得大于 5MPa。

**7. 放射性物质**

砖的放射性物质应符合《建筑材料放射性核素限量》(GB 6566—2010)的规定。

**8. 其他**

产品中不允许有欠火砖、酥砖、螺纹砖;配砖技术要求应符合相应规定。

（三）烧结普通砖的应用

烧结普通砖是传统的墙体材料,除具有比较高的强度和耐久性外,还具有保温绝热、隔声吸声等优点,被广泛用于砌筑建筑物内外墙、柱、拱、烟囱、沟道及构筑物,还可以配筋以代替混凝土构造柱和过梁。

需要指出的是,长期以来,我国一直大量生产和使用的墙体材料是烧结普通砖,这种砖具有块体小,需手工操作,劳动强度大,施工效率低,自重大,抗震性能差等缺点,严重阻碍建筑施工机械化和装配化。尤其是黏土砖,毁坏土地,破坏生态,国家已在大、中城市禁止使用。改革墙体材料,使之朝着轻质、高强、空心、大块、多功能的方向发展是必然趋势。另外,保护土地资源,充分利用工业废料,降低生产能耗,也是今后墙体材料发展的重要方向。

## 二、烧结多孔砖、空心砖和空心砌块

烧结多孔砖

国家标准《烧结多孔砖和多孔砌块》(GB 13544－2011)规定:烧结多孔砖是以黏土、页岩、煤矸石、粉煤灰、淤泥(江河湖淤泥)及其他固体废弃物等为主要原料,经焙烧制成主要用于建筑物承重部位的多孔砖。多孔砖的孔都为竖孔,特点是孔小而多,如图6-1所示。

烧结空心砖

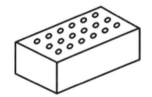 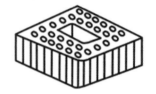

图 6-1 烧结多孔砖

多孔砖的外形一般为直角六面体,在与砂浆的接合面上应设有增加结合力的粉刷槽和砌筑砂浆槽。砖的长度、宽度、高度尺寸应符合下列要求。砖规格尺寸(mm):290、240、190、180、140、115、90。其他规格尺寸由供需双方协商确定。根据抗压强度分为 MU30、MU25、MU20、MU15、MU10 五个强度等级。按主要原料将砖分为黏土砖(N)、页岩砖(Y)、煤矸石砖(M)、粉煤灰砖(F)、淤泥砖(U)、固体废弃物砖(G)。砖的密度等级分为 1000、1100、1200、1300 四个等级。

多孔砖的产品标记按产品名称、品种、规格、强度等级、密度等级和标准编号顺序编写。标记示例:规格尺寸290 mm×140 mm×90 mm,强度等级 MU25,密度1200 级的黏土砖,其标记为:烧结多孔砖 N 290×140×90 MU25 1200 GB 13544—2011。

国家标准《烧结空心砖和空心砌块》(GB/T 13545—2014)规定:烧结空心砖和空心砌块是以黏土、页岩、煤矸石、粉煤灰、淤泥(江、河、湖等淤泥)、建筑渣土及其他固体废弃物为主要原料,经焙烧而成,主要用于建筑物非承重部位的空心砖和空心砌块。

空心砖和空心砌块的外形为直角六面体(图6-2),混水墙用空心砖和空心砌块,应在大面和条面上设有均匀分布的粉刷槽或类似结构,深度不小于2mm。

空心砖和空心砌块的长度、宽度、高度尺寸应符合下列要求。

长度规格尺寸(mm):390、290、240、190、180(175)、140。

宽度规格尺寸(mm):190、180(175)、140、115。

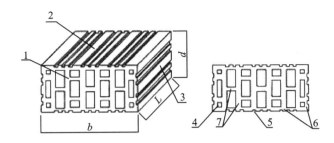

**图 6-2 烧结空心砖**

L—长度；b—宽度；d—高度；1—顶面；2—大面；3—条面；4—壁孔；5—粉刷槽；6—外壁；7—肋

高度规格尺寸(mm)：180(175)、140、115、90。

其他规格尺寸由供需双方协商确定。

抗压强度分为 MU10.0、MU7.5、MU5.0、MU3.5 四个强度等级。按体积密度分为 800 级、900 级、1000 级、1100 级四个密度等级。按主要原料分为黏土空心砖和空心砌块(N)、页岩空心砖和空心砌块(Y)、煤矸石空心砖和空心砌块(M)、粉煤灰空心砖和空心砌块(F)、淤泥空心砖和空心砌块(U)、建筑渣土空心砖和空心砌块(Z)、其他固体废弃物空心砖和空心砌块(G)。

空心砖和空心砌块的产品标记按产品名称、类别、规格、密度等级、强度等级和标准编号顺序编写。

示例 1：规格尺寸 290 mm × 190 mm × 90 mm、密度等级 800、强度等级 MU7.5 的页岩空心砖，其标记为：烧结空心砖 Y(290×190×90) 800 MU7.5 GB 13545—2014。

示例 2：规格尺寸 290 mm × 290 mm × 190 mm、密度等级 1000、强度等级 MU3.5 的黏土空心砌块，其标记为：烧结空心砌块 N(290 × 290 × 190) 1000 MU3.5 GB 13545—2014。

空心砖和空心砌块的强度应符合表 6-5 规定。

**表 6-5 空心砖和空心砌块强度等级**(GB 13545—2014)

| 强度等级 | 抗压强度/MPa | | | 密度等级范围 /(kg/m³) |
|---|---|---|---|---|
| | 抗压强度平均值 $\overline{f}$ ≥ | 变异系数 δ≤0.21 | 变异系数 δ>0.21 | |
| | | 强度标准值 $f_k$ ≥ | 单块最小抗压强度值 $f_{min}$ ≥ | |
| MU10.0 | 10.0 | 7.0 | 8.0 | ≤1100 |
| MU7.5 | 7.5 | 5.0 | 5.8 | |
| MU5.0 | 5.0 | 3.5 | 4.0 | |
| MU3.5 | 3.5 | 2.5 | 2.8 | |

空心砖和空心砌块的密度等级应符合表 6-6 规定。

**表 6-6 空心砖和空心砌块密度等级**(GB 13545—2014)

| 密度等级 | 5 块密度平均值/(kg/m³) |
|---|---|
| 800 | ≤800 |
| 900 | 801～900 |
| 1000 | 901～1000 |
| 1100 | 1001～1100 |

### 三、蒸压砖

蒸压砖又称免烧砖,生产工艺不是经过烧结,而是利用胶凝材料的胶结作用使砖具有一定强度。常见品种有蒸压灰砂实心砖、蒸压粉煤灰砖和炉渣砖三种。

#### 1. 蒸压灰砂实心砖

国家标准《墙体材料术语》(GB/T 18968—2019)规定:蒸压灰砂实心砖是以砂、石灰为主要原料,允许掺入颜料和外加剂,经坯料制备、压制成型、高压蒸汽养护而制成的实心砖。

根据《蒸压灰砂实心砖和实心砌块》(GB/T 11945—2019)的规定,蒸压灰砂实心砖产品代号为 LSSB,颜色分为本色(N)、彩色(C)两类。蒸压灰砂实心砖的规格应考虑工程应用砌筑灰缝的宽度和厚度要求,由供需双方协商后,在订货合约中确定其标示尺寸。

蒸压灰砂实心砖按抗压强度分为 MU10、MU15、MU20、MU25、MU30 五个强度等级。

蒸压灰砂实心砖产品按代号、颜色、等级、规格尺寸和标准编号的顺序进行标记。例如,规格尺寸 240mm×115mm×53mm,强度等级 MU15 的本色实心砖(标准砖),其标记为:LSSB-N MU15 240×115×53 GB/T 11945—2019。

蒸压灰砂砖不得用于长期受热200℃以上、受急冷急热和有酸性介质侵蚀的建筑部位。

#### 2. 蒸压粉煤灰砖

根据《蒸压粉煤灰砖》(JC/T 239—2014)的规定,蒸压粉煤灰砖是以粉煤灰、生石灰为主要原料,可掺加适量石膏等外加剂和其他集料,经坯料制备、压制成型、高压蒸汽养护而制成的砖。

**蒸压粉煤灰砖**

蒸压粉煤灰砖的公称尺寸为 240 mm×115 mm×53 mm。强度等级按抗压强度和抗折强度分为 MU30、MU25、MU20、MU15、MU10 五级。

蒸压粉煤灰砖按产品代号(AFB)、规格尺寸、强度等级、标准编号的顺序标记。例如,规格尺寸为 240mm×115mm×53mm,强度等级为 MU15 的砖标记为:AFB 240×115×53 MU15 JC/T 239。

蒸压粉煤灰砖龄期不足 10d 不得出厂。砖出厂时,应提供产品合格证。砖应按规格、龄期、强度等级分批分别码放,不得混杂。砖装卸时,不应碰撞、扔摔,应轻码轻放,不得翻斗倾卸。砖堆放、运输及施工时,应有可靠的防雨措施。

#### 3. 炉渣砖

根据《炉渣砖》(JC/T 525—2007)的规定,炉渣砖是以炉渣为主要原料,掺入适量(水泥、电石渣)石灰、石膏,经混合、压制成型、蒸养或蒸压养护而成的实心砖。炉渣砖主要用于一般建筑物的墙体和基础部位。

按抗压强度可分为 MU25、MU20、MU15 三个强度等级。

炉渣砖的公称尺寸为 240 mm×115 mm×53 mm。

炉渣砖的产品标记按产品名称(LZ),强度等级以及标准编号顺序编写,如强度等级 MU20 的炉渣砖标记为:LZ MU20 JC/T 525—2007。

炉渣砖应按品种、强度等级、颜色分别包装,包装应牢固,保证运输时不会摇晃碰坏。产品运输和装卸时要轻拿轻放,避免碰撞摔打。炉渣砖应按品种、强度等级分别整齐堆放,不得混杂。炉渣砖龄期不足 28 d 不得出厂。炉渣砖的应用与粉煤灰砖相似。

# 项目二　砌　　块

砌块是用于砌筑的、形体大于砌墙砖的人造块材。砌块的外形多为直角六面体,也有各种异形的。在砌块系列中,主规格的长度、宽度或高度有一项或一项以上分别大于 365 mm、240 mm 或 115 mm,但高度不大于长度或宽度的六倍,长度不超过高度的三倍。

砌块的分类方法很多。按砌块的主规格尺寸可以分为大型砌块(高度大于 980 mm)、中型砌块(高度为 380～980 mm)和小型砌块(115～380 mm);按用途分为承重砌块和非承重砌块;按空心率分为空心砌块和实心砌块;按生产的原料分为混凝土小型空心砌块、粉煤灰砌块、加气混凝土砌块、轻骨料混凝土砌块、矿渣空心砌块和炉渣空心砌块等。

砌块生产工艺简单,能充分利用地方资源和工业废料,提高了施工效率和机械化程度,减轻房屋自重,改善墙体功能,降低工程造价,是重要的新型墙体材料。本节简单介绍几种常见砌块。

## 一、普通混凝土小型砌块

国家标准《普通混凝土小型砌块》(GB/T 8239—2014)规定:普通混凝土小型砌块是以水泥、矿物掺合料、砂、石、水等为原材料,经搅拌、振动成型、养护等工艺制成的小型砌块,包括空心砌块和实心砌块。

普通混凝土小型砌块的外形宜为直角六面体,常用块型的规格尺寸见表 6-7。

表 6-7　普通混凝土小型砌块的规格尺寸(GB/T 8239—2014)　　　(单位:mm)

| 长度 | 宽度 | 高度 |
|---|---|---|
| 390 | 90、120、140、190、240、290 | 90、140、190 |

注:其他规格尺寸可由供需双方协商确定。采用薄灰缝砌筑的块型,相关尺寸可作相应调整。

砌块按空心率分为空心砌块(空心率不小于 25%,代号 H)和实心砌块(空心率小于 25%,代号 S)。砌块按使用时砌筑墙体的结构和受力情况,分为承重结构用砌块(代号 L,简称承重砌块)非承重结构用砌块(代号 N,简称非承重砌块)。普通混凝土小型砌块的强度等级见表 6-8。

表 6-8　普通混凝土小型砌块的强度等级(GB/T 8239—2014)　　　(单位:MPa)

| 砌块种类 | 承重砌块(L) | 非承重砌块(N) |
|---|---|---|
| 空心砌块(H) | 7.5、10.0、15.0、20.0、25.0 | 5.0、7.5、10.0 |
| 实心砌块(S) | 15.0、20.0、25.0、30.0、35.0、40.0 | 10.0、15.0、20.0 |

砌块按下列顺序标记:砌块种类、规格尺寸、强度等级(MU)、标准代号。

标记示例如下。

(1) 规格尺寸 390mm×190mm×190mm、强度等级 MU15.0、承重结构用实心砌块,其标记为:LS 390×190×190 MU15.0 GB/T 8239—2014。

(2) 规格尺寸 395mm×190mm×190mm、强度等级 MU5.0、非承重结构用空心砌块,其标记为:NH 395×190×190 MU5.0 GB/T 8239—2014。

(3) 规格尺寸 190mm×190mm×190mm、强度等级 MU15.0、承重结构用的半块砌块,其标记为:LH 50 190×190×190 MU15.0 GB/T 8239—2014。

普通混凝土小型砌块各部位的名称如图 6-3 所示。

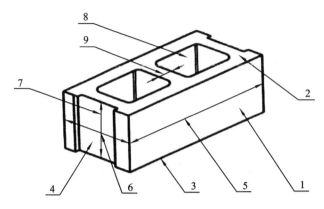

**图 6-3　普通混凝土小型砌块各部位的名称**

1—条面;2—坐浆面(肋厚较小的面);3—铺浆面(肋厚较大的面);

4—顶面;5—长度;6—宽度;7—高度;8—壁;9—肋

普通混凝土小型砌块尺寸允许偏差应符合表 6-9 的要求。

**表 6-9　普通混凝土小型砌块尺寸允许偏差**(GB/T 8239—2014)　　(单位:mm)

| 项目名称 | 技术指标 |
|---|---|
| 长度 | ±2 |
| 宽度 | ±2 |
| 高度 | +3、-2 |

外观质量应符合表 6-10 的规定。

**表 6-10　普通混凝土小型砌块外观质量**(GB/T 8239—2014)

| 项 目 名 称 | | 技术指标 |
|---|---|---|
| 弯曲,mm,不大于 | | 2 |
| 掉角<br>缺棱 | 个数,不多于 | 1 |
| | 三个方向投影尺寸的最大值,mm,不大于 | 20 |
| 裂纹延伸的投影尺寸累计,mm,不大于 | | 30 |

强度等级应符合表 6-11 的规定。

**表 6-11　普通混凝土小型砌块强度等级**(GB/T 8239—2014)　　(单位:MPa)

| 强度等级 | 砌块抗压强度 | |
|---|---|---|
| | 平均值不小于 | 单块最小值不小于 |
| MU5.0 | 5.0 | 4.0 |
| MU7.5 | 7.5 | 6.0 |
| MU10.0 | 10.0 | 8.0 |
| MU15.0 | 15.0 | 12.0 |
| MU20.0 | 20.0 | 16.0 |
| MU25.0 | 25.0 | 20.0 |

普通混凝土小型砌块适用于各种建筑墙体,也可以用于围墙、挡土墙、桥梁、花坛等市政

设施。使用时的注意事项:小砌块必须养护 28 d 方可使用;小砌块必须严格控制含水率,堆放时做好防雨措施,砌筑前不允许浇水。

### 二、蒸压加气混凝土砌块

国家标准《蒸压加气混凝土砌块》(GB/T 11968—2020)规定:蒸压加气混凝土(代号 AAC)是以硅质材料和钙质材料为主要原材料,掺加发气剂及其他调节材料,通过配料浇注、发气静停、切割、蒸压养护等工艺制成的多孔轻质硅酸盐建筑制品。蒸压加气混凝土砌块(代号 AAC-B)是蒸压加气混凝土中用于墙体砌筑的矩形块材。蒸压加气混凝土砌块的规格尺寸见表 6-12。

表 6-12 蒸压加气混凝土砌块的规格尺寸(GB 11968—2020) （单位:mm）

| 长度 L | 宽度 B | 高度 H |
|---|---|---|
| 600 | 100　120　125<br>150　180　200<br>240　250　300 | 200　240　250　300 |

注:如需其他规格,可由供需双方协商解决。

蒸压加气混凝土砌块按尺寸偏差分为Ⅰ型和Ⅱ型,Ⅰ型适用于薄灰缝砌筑,Ⅱ型适用于厚灰缝砌筑;按抗压强度分为 A1.5、A2.0、A2.5、A3.5、A5.0 五个级别,强度级别A1.5、A2.0 适用于建筑保温;按干密度分为 B03、B04、B05、B06、B07 五个级别,干密度级别 B03、B04 适用于建筑保温。

产品以蒸压加气混凝土砌块代号(AAC-B)、强度和干密度分级、规格尺寸和标准编号进行标记。例如,抗压强度为 A3.5、干密度为 B05,规格尺寸为 600 mm×200 mm×250 mm的蒸压加气混凝土Ⅰ型砌块,其标记为:AAC-B A3.5 B05 600×200×250(Ⅰ)(GB/T 11968—2020)。

蒸压加气混凝土砌块的尺寸允许偏差应符合表 6-13 的规定。

表 6-13 蒸压加气混凝土砌块的尺寸允许偏差(GB/T 11968—2020) （单位:mm）

| 项　目 | Ⅰ型 | Ⅱ型 |
|---|---|---|
| 长度 L | ±3 | ±4 |
| 宽度 B | ±1 | ±2 |
| 高度 H | ±1 | ±2 |

蒸压加气混凝土砌块的外观质量应符合表 6-14 的规定。

表 6-14 蒸压加气混凝土砌块的外观质量(GB/T 11968—2020)

| 项　目 | | | Ⅰ型 | Ⅱ型 |
|---|---|---|---|---|
| 缺棱掉角 | 最小尺寸/mm | ≤ | 10 | 30 |
| | 最大尺寸/mm | ≤ | 20 | 70 |
| | 三个方向尺寸之和不大于 120 mm 的掉角个数/个 | ≤ | 0 | 2 |

续表

| 项 目 | | | Ⅰ型 | Ⅱ型 |
|---|---|---|---|---|
| 裂纹长度 | 裂纹长度/mm | ≤ | 0 | 70 |
| | 任意面不大于70 mm裂纹条数/条 | ≤ | 0 | 1 |
| | 每块裂纹总数/条 | ≤ | 0 | 2 |
| 损坏深度/mm | | ≤ | 0 | 10 |
| 表面疏松、分层、表面油污 | | | 无 | 无 |
| 平面弯曲/mm | | ≤ | 1 | 2 |
| 直角度/mm | | ≤ | 1 | 2 |

蒸压加气混凝土砌块的抗压强度和干密度应符合表6-15的规定。

**表6-15 蒸压加气混凝土砌块的抗压强度和干密度**(GB/T 11968—2020)

| 强度级别 | 抗压强度/MPa | | 干密度级别 | 平均干密度/(kg/m³) |
|---|---|---|---|---|
| | 平均值 | 最小值 | | |
| A1.5 | ≥1.5 | ≥1.2 | B03 | ≤350 |
| A2.0 | ≥2.0 | ≥1.7 | B04 | ≤450 |
| A2.5 | ≥2.5 | ≥2.1 | B04 | ≤450 |
| | | | B05 | ≤550 |
| A3.5 | ≥3.5 | ≥3.0 | B04 | ≤450 |
| | | | B05 | ≤550 |
| | | | B06 | ≤650 |
| A5.0 | ≥5.0 | ≥4.2 | B05 | ≤550 |
| | | | B06 | ≤650 |
| | | | B07 | ≤750 |

蒸压加气混凝土砌块质量轻,其表观密度仅为一般黏土砖的1/3;保温隔热性能好,导热系数为0.14~0.28 W/(m·K);隔声性能好,用加气块砌成150 mm厚的墙体,双面抹灰,对100~3150 Hz的平均隔声量为43 dB。加气混凝土砌块可用于一般建筑物墙体的砌筑。加气混凝土砌块还可以用来砌筑框架、框-剪结构的填充墙,也可以用作屋面保温材料。要注意的是加气混凝土砌块不能用于建筑物的基础,不能用于高温(承重表面温度高于80℃)、高湿或有化学侵蚀的建筑部位。

轻骨料混凝土
小型空心砌块

### 三、轻骨料混凝土小型空心砌块

轻骨料混凝土小型空心砌块用轻粗集料、轻砂(普通砂)、水泥和水等原材料配置而成的干表观密度不大于1950kg/m³的混凝土制成的小型空心砌块。

轻骨料混凝土小型空心砌块按砌块孔的排数分为单排孔、双排孔、三排孔、四排孔等。主规格尺寸长×宽×高为390 mm×190 mm×190 mm。其他规格尺寸可由供需双方商定。

轻骨料混凝土小型空心砌块密度等级分为八级:700、800、900、1000、1100、1200、1300、

1400。强度等级分为五级:MU2.5、MU3.5、MU5.0、MU7.5、MU10.0。

轻骨料混凝土小型空心砌块按代号、类别(孔的排数)、密度等级、强度等级、标准编号的顺序进行标记。如符合 GB/T 15229—2011 规定的双排孔,800 密度等级,3.5 强度等级的轻骨料混凝土小型空心砌块标记为 LB 2 800 MU3.5 GB/T 15229—2011。

轻骨料混凝土小型空心砌块尺寸偏差和外观质量应符合表 6-16 的要求;强度等级符合表 6-17 的要求。

**表 6-16** 轻骨料混凝土小型空心砌块的尺寸偏差和外观质量(GB/T 15229—2011)

| 项 目 | | 指标 |
|---|---|---|
| 尺寸偏差/mm | 长度 | ±3 |
| | 宽度 | ±3 |
| | 高度 | ±3 |
| 最小外壁厚/mm | 用于承重墙体 | ≥30 |
| | 用于非承重墙体 | ≥20 |
| 肋厚/mm | 用于承重墙体 | ≥25 |
| | 用于非承重墙体 | ≥20 |
| 缺棱掉角 | 个数/块 | ≤2 |
| | 三个方向投影的最大值/mm | ≤20 |
| 裂缝延伸的累计尺寸/mm | | ≤30 |

**表 6-17** 轻骨料混凝土小型空心砌块的强度等级(GB/T 15229—2011)

| 强度等级 | 抗压强度 /MPa | | 密度等级范围/(kg/m³) |
|---|---|---|---|
| | 平均值 | 最小值 | |
| MU2.5 | ≥2.5 | ≥2.0 | ≤800 |
| MU3.5 | ≥3.5 | ≥2.8 | ≤1000 |
| MU5.0 | ≥5.0 | ≥4.0 | ≤1200 |
| MU7.5 | ≥7.5 | ≥6.0 | ≤1200[a] / ≤1300[b] |
| MU10.0 | ≥10.0 | ≥8.0 | ≤1200[a] / ≤1400[b] |

注:当砌块的抗压强度同时满足 2 个强度等级或 2 个以上强度等级要求时,应以满足要求的最高强度等级为准。
[a] 除自燃煤矸石掺量不小于砌块质量 35% 以外的其他砌块。
[b] 自燃煤矸石掺量不小于砌块质量 35% 的砌块。

与普通混凝土小型砌块相比,轻骨料混凝土砌块重量更轻、保温隔热性能更佳,抗冻性更好,主要用于非承重结构的围护和框架结构的填充墙,也可以用于保温墙体。

## 四、粉煤灰混凝土小型空心砌块

粉煤灰混凝土小型空心砌块是以粉煤灰、水泥、骨料、水为主要组分(也可加入外加剂等)制成的混凝土小型空心砌块,称为粉煤灰混凝土小型空心砌块,代号为 FHB。主规格尺寸为 390 mm×190 mm×190 mm,其他规格尺寸可由供需双方商定。

粉煤灰混凝土小型空心砌块按砌块孔的排数分为单排孔(1)、双排孔(2)和多排孔(D)三类。按砌块密度等级分为 600、700、800、900、1000、1200 和 1400 七个等级。按砌块抗压强度分为 MU3.5、MU5、MU7.5、MU10、MU15 和 MU20 六个等级。

产品按下列顺序进行标记：代号(FHB)、分类、规格尺寸、密度等级、强度等级、标准编号。例如,规格尺寸为 390 mm×190 mm×190 mm、密度等级为 800 级、强度等级为 MU5 的双排孔砌块的标记为:FHB2　390×190×190　800　MU5　JC/T 862—2008。

强度等级应符合表 6-18 的规定。干燥收缩率应不大于 0.060%,碳化系数应不小于 0.80;软化系数应不小于 0.80,放射性应符合 GB 6566—2010 的规定。

表 6-18　粉煤灰混凝土小型空心砌块强度等级(JC/T 862—2008)　　（单位:MPa）

| 强度等级 | 砌块抗压强度 | |
| --- | --- | --- |
| | 平均值不小于 | 单块最小值不小于 |
| MU3.5 | 3.5 | 2.8 |
| MU5.0 | 5.0 | 4.0 |
| MU7.5 | 7.5 | 6.0 |
| MU10.0 | 10.0 | 8.0 |
| MU15.0 | 15.0 | 12.0 |
| MU20.0 | 20.0 | 16.0 |

粉煤灰混凝土小型空心砌块与实心黏土砖相比,可降低墙体自重约 1/3,提高抗震性,降低基础工程造价约 10%,提高施工效率 3～4 倍,可节约砌筑砂浆的用量 60% 以上。另外,还具有隔声、抗渗、节能、方便加工、环保等优点,有明显的经济效益、环境效益和社会效益。

### 五、粉煤灰砌块

粉煤灰砌块是以粉煤灰、石灰、石膏和骨料等为原料,经加水搅拌、振动成型、蒸汽养护而制成的密实砌块。

粉煤灰砌块的主规格外形尺寸有 880 mm×380 mm×240 mm 和 880 mm×430 mm×240 mm 两种。砌块端面应加灌浆槽,坐浆面宜设抗剪槽。按《粉煤灰砌块》(JC 238—1991) 的规定,砌块的强度分为 MU10 和 MU13 两级;根据外观质量、尺寸偏差及干缩性能分为一等品(B)和合格品(C)两个质量等级。

粉煤灰砌块适用于墙体和基础,但不宜用于有酸性介质侵蚀的、密封性要求高的及受震动影响较大的建筑,也不宜用于经常处于高温或经常受潮的承重墙。

# 项目三　墙用板材

墙用板材可分为轻质外墙板和轻质内墙板两大类型。轻质外墙板按其构造和特点分为单一材料板,如加气混凝土板;多层复合板,如石棉水泥板、矿棉板和石膏板组成的复合板,钢丝网水泥板和加气混凝土组成的复合板,陶粒混凝土矿棉夹心板,预应力肋形薄板内复石膏板等。轻质内墙板的品种很多,大体上可划为三种类型:一是利用各种轻质材料制成的内墙板,如加气混凝土板等;二是用各种轻质材料制成的空心板,如石膏膨胀蛭石空心板、石膏膨胀珍珠岩空心板和碳化石灰空心板等;三是用轻质薄板制成的多层复合板,如石膏复合墙板等。本节主要介绍几种具有代表性的板材。

### 一、纸面石膏板

纸面石膏板

纸面石膏板是以半水石膏、废纸浆纤维加入黏结剂和泡沫剂及适量的水，混合搅拌均匀，然后入模刮平，再在上、下表面辊压上一层护面纸而制成的板材。

以纸面石膏板为基材，在其表面进行涂敷、压花、贴膜等加工可以制成装饰石膏板。在石膏芯材和纸面上加入外加剂处理，可以制得耐水纸面石膏板和耐火纸面石膏板。

纸面石膏板具有环保、平整、尺寸稳定、质量轻（表观密度 800～1000 kg/m³）、保温隔热性好、隔声性好的优点，并且加工方便，广泛用于室内装饰工程中。

### 二、GRC 空心轻质墙板

GRC 空心
轻质墙板

GRC 空心轻质墙板是用水泥作胶结材料，玻璃纤维无纺布为增强材料，掺入颗粒状无机绝热材料膨胀珍珠岩或炉渣作骨料，并配入适量的防水剂、发泡剂，经搅拌、浇筑、振动成型和养护而成的。GRC 板的规格为长度 3000 mm，宽度 600 mm，厚度 60 mm、90 mm、120 mm。

GRC 空心轻质墙板具有质量轻（60 mm 厚的板材，每平方米的质量仅为 35 kg）、强度高（60 mm 厚的板材，抗折荷载大于 1400 N；120 mm 厚的板材，抗折荷载大于 2500 N）、隔声性能好、隔热性能好［导热系数小于等于 0.2 W/(m·K)］、阻燃性好（耐火极限 1.3～3 h）、可加工性好（板材可以锯、钻、刨加工）等优点。

GRC 空心轻质墙板主要用于工业和民用建筑的内隔墙和复合墙体的外墙面。

### 三、蒸压加气混凝土板

蒸压加气
混凝土板

《蒸压加气混凝土板》(GB/T 15762—2020)规定：蒸压加气混凝土（代号 AAC）以硅质材料和钙质材料为主要原材料，掺加发气剂及其他调节材料，通过配料浇注、发气静停、切割、蒸压养护等工艺制成的多孔轻质硅酸盐建筑制品。蒸压加气混凝土板（代号 AAC-S）是在蒸压加气混凝土生产中配置经防锈涂层处理的钢筋网笼或钢筋网片的预制板材。

蒸压加气混凝土板按使用部位和功能分为屋面板（AAC-W）、楼板（AAC-L）、外墙板（AAC-Q）、隔墙板（AAC-G）等品种，按抗压强度分为 A2.5、A3.5、A5.0 三个强度级别。其中屋面板、楼板的强度级别不低于 A3.5，外墙板和隔墙板的强度级别不低于 A2.5。蒸压加气混凝土板常用规格见表 6-19。

表 6-19　蒸压加气混凝土板常用规格（GB/T 15762—2020）　　　　（单位：mm）

| 长度 $L$ | 宽度 $B$ | 厚度 $D$ |
| --- | --- | --- |
| 1800～6000 | 600 | 75、100、120、125、150、175、200、250、300 |

注：其他非常用规格和单项工程的实际制作尺寸由供需双方协商确定。

蒸压加气混凝土板多数充作非承重构件或保温材料；配筋的加气混凝土板材可用作承重构件，但层数一般不超过三层。工业和民用建筑中的屋面板、隔墙板广泛采用配筋的加气混凝土板材，尤其是高层建筑。对于一般建筑物基础及与土和水直接接触的部位、室内相对湿度常处于 80%、受化学侵蚀环境或表面温度高于 80 ℃的厂房等均不得使用加气混凝土板材。

### 四、复合墙板

为了提高墙体的综合功能,近年来,工业与民用建筑中采用了多种复合墙板。所谓复合墙板,就是利用多种不同性能的材料,取各自优点制成的板材。一般由外层、中间层和内层组成。外层一般用防水或装饰材料制成;中间层用强度低、表观密度小、绝热性能好的材料填充,内层多用强度高、装饰性强的材料制成。内外层之间多用龙骨或板肋连接,以提高承载力。常用的复合墙板有以下几种。

#### (一)混凝土夹芯板

用 20～30 mm 厚的钢筋混凝土做内外表面层,中间填以矿渣棉毡、岩棉毡、泡沫等保温材料,其厚度视热工计算而定。内外两表面层以钢筋件连接,用于内外墙。

钢丝网水泥
复合墙板

#### (二)钢丝网水泥复合墙板

钢丝网水泥复合墙板又叫泰柏板,是以钢丝网焊接成三维骨架,中间填充泡沫塑料等轻质阻燃材料,两表面涂抹水泥砂浆制成的复合板材。

泰柏板的标准规格为 3 m²,一般为 1.22 m×2.44 m,标准厚度为 100 mm,平均自重为 90 kg/m²,具有良好的隔热性;还具有隔声好、抗冻性好、抗震性强等特点,在工程中广泛用作墙板、屋面板和各种保温板。

压型钢板
复合板

#### (三)压型钢板复合板

压型钢板复合板是以压型镀锌板材为表面,内夹硬质泡沫塑料等保温材料制成的复合板材。常用的保温材料有聚氨酯泡沫塑料、聚氯乙烯泡沫、超细玻璃棉、结构岩棉等。

压型钢板复合板具有重量轻、导热系数低[约为 0.31 W/(m·K)],具有较好的抗剪、抗弯强度,安装灵活,经久耐用,可多次重复使用的特点,可用于墙体和屋面材料。

# 项目四  本单元试验技能训练

## 试验一  烧结砖的取样

**1. 检测依据**

《砌墙砖试验方法》(GB/T 2542—2012)、《烧结普通砖》(GB 5101—2017)、《烧结多孔砖和多孔砌块》(GB 13544—2011)、《烧结空心砖和空心砌块》(GB 13545—2014)。

**2. 取样方法**

烧结砖以 3.5 万～15 万块为一检验批,不足 3.5 万块也按一批计;采用随机取样,外观质量检验的砖样在每一检验批的产品堆垛中抽取,数量为 50 块;尺寸偏差检验的砖样从外观质量检验后的样品抽取,数量为 20 块,其他项目的砖样从外观质量和尺寸偏差检验后的样品中抽取。强度等级检验抽样数量为 10 块。

## 试验二　烧结砖的尺寸测量

**1. 检测目的**

检测砖试样的几何尺寸是否符合标准,评判砖的质量。

**2. 仪器设备**

砖用卡尺(分度值为 0.5 mm)。

**3. 检测方法**

砖样的长度和宽度应在砖的两个大面的中间处分别测量 2 个尺寸,高度应在砖的两个条面的中间处分别测量两个尺寸,如图 6-4 所示,当被测处缺损或凸出时,可在其旁边测量,但应选择不利的一侧进行测量,精确至 0.5 mm。

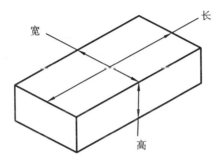

图 6-4　砖的尺寸量法

**4. 结果计算与评定**

每一方向尺寸以两个测量值的算术平均值表示,精确至 1 mm。

## 试验三　烧结砖的外观质量检验

**1. 检测目的**

检查砖外表的完好程度,评判砖的质量。

**2. 仪器设备**

砖用卡尺(分度值为 0.5 mm),钢直尺(分度值 1 mm)。

**3. 检测方法**

(1) 缺损。缺棱掉角在砖上造成的破损程度,以破损部分对长、宽、高三个棱边的投影尺寸来度量,称为破坏尺寸,如图 6-5 所示。缺损造成的破坏面,是指缺损部分对条面、顶面(空心砖为条面、大面)的投影面积,如图 6-6 所示。空心砖内壁残缺及肋残缺尺寸,以长度方向的投影尺寸来度量(图中 $l$ 为长度方向的投影量;$b$ 为宽度方向的投影量;$d$ 为高度方向的投影量)。

(2) 裂纹。裂纹分为长度方向、宽度方向和水平方向三种,以被测方向上的投影长度表示。如果裂纹从一个面延伸至其他面上,则累计其延伸的投影长度 $l$,如图 6-7 所示。多孔砖的孔洞与裂纹相通时,则将孔洞包括在裂纹内一并测量,如图 6-8 所示。裂纹长度以在三个方向上分别测得的最长裂纹作为测量结果。

(3) 弯曲。分别在大面和条面上测量,测量时将砖用卡尺的两支脚沿棱边两端放置,择其弯曲最大处将垂直尺推至砖面,如图 6-9 所示。但不应将因杂质或碰伤造成的凹陷计算在内。以弯曲测量中测得的较大者作为测量结果。

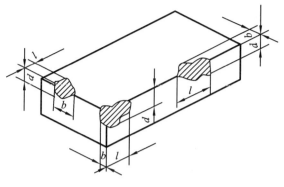

图 6-5 砖的破坏尺寸量法

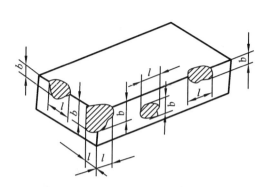

图 6-6 缺损在条、顶面上造成破坏面量法

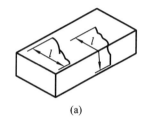

(a)

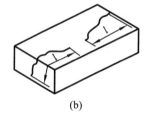

(b)

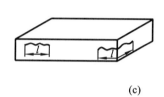

(c)

图 6-7 裂纹长度量法

(a)宽度方向裂纹长度量法;(b)长度方向裂纹长度量法;(c)水平方向裂纹长度量法

(4) 砖杂质凸出高度量法。杂质在砖面上造成的凸出高度,以杂质距砖面的最大距离表示。测量时将砖用卡尺的两支脚置于杂质凸出部分两侧的砖平面上,以垂直尺测量,如图6-10 所示。

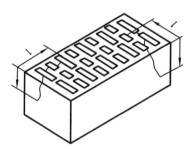

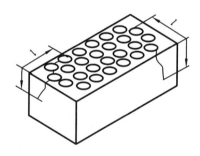

图 6-8 多孔砖裂纹通过孔洞时量法

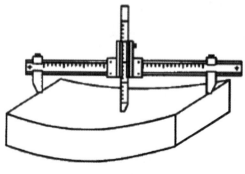

图 6-9 弯曲量法

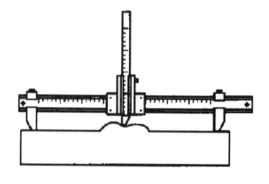

图 6-10 杂质凸出高度量法

**4. 结果计算与评定**

外观测量以 mm 为单位,不足 1 mm 者均按 1 mm 计。

# 试验四 烧结砖的抗压强度检测

**1. 检测目的**

通过测定砖的抗压强度,确定砖的强度等级。

**2. 仪器设备**

(1)压力试验机:加载范围 300～600 kN,示值相对误差不大于±1%,预期最大荷载应为最大量程的 20%～80%。

(2)抗压试件制备平台:其表面必须平整水平,可用金属或其他材料制作。

(3)锯砖机、水平尺(规格为 250～350 mm)、钢直尺(分度值为 1 mm)、抹刀、玻璃板(边长为 160 mm,厚 3～5 mm)等。

**3. 检测方法**

(1)试样制备。试样数量:烧结普通砖、烧结多孔砖为 10 块,空心砖大面和条面抗压各 5 块。

①烧结普通砖。将试样切断或锯成两个半截砖,断开后的半截砖长不得小于 100 mm,如图 6-11 所示。在试样制备平台上将已断开的半截砖放入室温的净水中浸 10～20 min 后取出,并使断口以相反方向叠放,两者中间抹以厚度不超过 5 mm 的水泥净浆黏结,上、下两面用厚度不超过 3 mm 的同种水泥浆抹平。水泥浆用 42.5 强度等级普通硅酸盐水泥调制,稠度要适宜。制成的试件上、下两面须相互平行,并垂直于侧面,如图 6-12 所示。

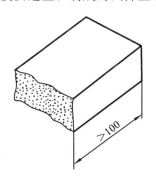

图 6-11 断开的半截砖

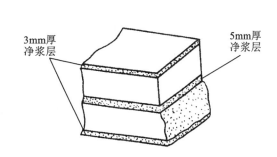

3mm厚净浆层 5mm厚净浆层

图 6-12 砖的抗压试件

②多孔砖、空心砖的试件制备。多孔砖以单块整砖沿竖孔方向加压。空心砖以单块整砖沿大面和条面方向分别加压。试件制作采用坐浆法操作。即用一块玻璃板置于水平的试件制备平台上,其上铺一张湿的垫纸,纸上铺一层厚度不超过 5 mm,用 42.5 强度等级普通硅酸盐水泥制成的稠度适宜的水泥净浆,再将经水中浸泡 10～20 min 的试样平稳地将受压面坐放在水泥浆上,在另一受压面上稍加压力,使整个水泥层与砖的受压面相互黏结,砖的侧面应垂直于玻璃板。待水泥浆适当凝固后,连同玻璃板翻放在另一铺纸放浆的玻璃板上,再进行坐浆,并用水平尺校正上玻璃板,使之水平。

(2)试件养护。制成的抹面试件应置于温度不低于 10 ℃的不通风室内养护 3 d,再进行强度测试。

(3)测量每个试件连接面或受压面的长、宽尺寸各 2 个,分别取其平均值,精确至 1 mm。

将试件平放在加压板的中央,垂直于受压面加荷,加荷过程应均匀平稳,不得发生冲击或振动,加荷速度以 4 kN/s 为宜。直至试件破坏为止,记录最大破坏荷载 $P$。

### 4. 结果计算与评定

(1)结果计算。每块试样的抗压强度 $f_p$ 按下式计算,精确至 0.01 MPa。

$$f_p = \frac{P}{LB} \tag{6-3}$$

式中   $f_p$ —— 砖样试件的抗压强度,MPa;

$P$ —— 最大破坏荷载,N;

$L$ —— 试件受压面(连接面)的长度,mm;

$B$ —— 试件受压面(连接面)的宽度,mm。

(2)结果评定。

按以下公式计算 10 块砖抗压强度的平均值和标准值。

$$\overline{f} = \sum_{i=1}^{10} f_i \tag{6-4}$$

$$s = \sqrt{\frac{1}{9} \sum_{i=1}^{10} (f_i - \overline{f})^2} \tag{6-5}$$

$$f_k = \overline{f} - 1.8s \tag{6-6}$$

式中   $\overline{f}$ ——10 块砖抗压强度的平均值,精确至 0.1MPa;

$\delta$——强度变异系数,精确至 0.01MPa;

$s$ ——10 块砖抗压强度的标准差,精确至 0.01MPa;

$f_i$——分别为 10 块砖的抗压强度值($i=1\sim10$),精确至 0.1MPa;

$f_k$——10 块砖抗压强度的标准值,精确至 0.1MPa。

采用抗压强度平均值和强度标准值来评定砖的强度等级,各等级的强度标准详见表6-3。

### 【复习思考题】

1. 为什么要用多孔砖、空心砖等新型墙体材料来替代烧结普通砖?

2. 烧结普通砖分几个强度等级?根据什么划分?各应用在哪些工程部位?

3. 烧结多孔砖和烧结空心砖的主要性能特点和应用场合如何?

4. 灰砂砖的强度是怎样产生的?为什么说灰砂砖不准用在 200 ℃以上或急冷、急热的建筑部位?

5. 工程上应用的砌块主要有哪些品种?

# 单元七　建 筑 钢 材

»→ ▐学习目标▐ ......
1. 了解钢、铁的定义及钢材的冶炼和脱氧方法。
2. 熟悉钢材的分类。
3. 掌握建筑钢材的技术性能、常用钢材的分类及选用。

建筑钢材主要是指所有用于钢结构中的型钢(圆钢、方钢、角钢、槽钢、工字钢、H 型钢等)、钢板、钢管和用于钢筋混凝土中的钢筋、钢丝等。

建筑钢材具有强度、硬度高,塑性、韧性好的特点;并且品质均匀,易于冷、热加工,同时又与混凝土有良好的黏结性,且二者的线性膨胀系数接近,因此广泛应用于建筑工程中。

# 项目一　建筑钢材的基本知识

## 一、钢、铁的定义

钢是碳含量在 0.0218%~2.11% 的铁碳合金。

碳含量小于 0.0218% 的铁碳合金称为工业纯铁;碳含量大于 2.11% 的铁碳合金称为工业铸铁。

## 二、钢的冶炼和分类

### (一) 钢的冶炼

炼钢主要是以高炉炼成的生铁和直接还原炼铁法炼成的海绵铁以及废钢为原料,用不同的方法炼成钢。主要的炼钢方法有转炉法、平炉法、电炉法三类。

转炉法炼钢是以熔融铁水为原料,由转炉顶部吹入高压纯氧去除杂质,冶炼时间短,约 30 min,钢质较好且成本低。

平炉法炼钢是以铁矿石、废钢、液态或固态生铁为原料,用煤气或重油为燃料,靠吹入空气或氧气及利用铁矿石或废钢中的氧使碳及杂质氧化。这种方法冶炼时间长 4~12 h,钢质好,但成本较高。

电炉法炼钢是以生铁和废钢为原料,利用电能转变为热能来冶炼钢的一种方法。电炉熔炼温度高,而且温度可以自由调节,因此该法去除杂质干净,质量好,但能耗大,成本高。

经冶炼后的钢液须经过脱氧处理后才能铸锭,因钢冶炼后含有以 FeO 形式存在的氧,对钢质量产生影响。通常加入脱氧剂,如锰铁、硅铁、铝等进行脱氧处理,将 FeO 中的氧去除,将铁还原出来。根据脱氧程度的不同,钢可分为沸腾钢、镇静钢、半镇静钢、特殊镇静钢四种。沸腾钢是加入锰铁进行脱氧且脱氧不完全的钢种。脱氧过程中产生大量的 CO 气体外逸,产生沸腾现象,故名沸腾钢。其致密程度较差,易偏析(钢中元素富集于某一区域的现象),强度和韧性较低。镇静钢是用硅铁、锰铁和铝为脱氧剂,脱氧较充分的钢种。其铸锭时平静入模,故称镇静钢。镇静钢结构致密,质量好,机械性能好,但成本较高。半镇静钢是脱氧程度和质量介于沸腾钢和镇静钢之间的钢。

（二）钢的分类

根据国家标准《钢分类》(GB/T 13304.1—2008、GB/T 13304.2—2008)的规定,钢材的主要分类方式如下。

（1）按化学成分可分为碳素钢和合金钢两类。

① 碳素钢根据碳含量不同分为:低碳钢,含碳量小于0.25%;中碳钢,含碳量为0.25%～0.60%;高碳钢,含碳量大于0.60%。

② 合金钢按合金元素含量不同分为:低合金钢,合金元素含量小于5.0%;中合金钢,合金元素含量5.0%～10%;高合金钢,合金元素含大于10%。

（2）按质量等级(S、P等有害物质含量)分为普通钢、优质钢、高级优质钢、特级优质碳素钢。

（3）按成形方法分为锻钢、铸钢、热轧钢、冷轧钢。

（4）按用途分类。

① 建筑及工程用钢:a.普通碳素结构钢;b.低合金结构钢。

② 结构钢。

a.机械制造用钢:(a)调质结构钢;(b)表面硬化结构钢,包括渗碳钢、氮钢、表面淬火用钢;(c)易切结构钢;(d)冷塑性成形用钢,包括冷冲压用钢、冷镦用钢。

b.弹簧钢。

c.轴承钢。

③ 工具钢:a.碳素工具钢;b.合金工具钢;c.高速工具钢。

④ 特殊性能钢:a.不锈耐酸钢;b.耐热钢,包括抗氧化钢、热强钢、气阀钢;c.电热合金钢;d.耐磨钢;e.低温用钢;f.电工用钢。

⑤ 专业用钢:如桥梁用钢、船舶用钢、锅炉用钢、压力容器用钢、农机用钢等。

（5）按冶炼方法分类。

① 按炉种分为:平炉钢,转炉钢,电炉钢。

② 按脱氧程度和浇注制度分为:a.沸腾钢,代号为F;b.半镇静钢,代号为b;镇静钢,代号为Z;d.特殊镇静钢,代号为TZ。

# 项目二 建筑钢材的主要性能

建筑钢材的主要性能有力学性能、工艺性能和化学性能等。

## 一、力学性能

钢材的力学性能主要包括抗拉性能、冲击韧性、疲劳强度、硬度等。

### （一）抗拉性能

抗拉性能是建筑钢材最主要的技术性能。通过拉伸试验可以测得屈服强度、抗拉强度和伸长率,这些是钢材的重要技术性能指标。建筑钢材的抗拉性能可用低碳钢受拉时的应力-应变图(图 7-1)来阐明。低碳钢从受拉至拉断,分为以下四个阶段。

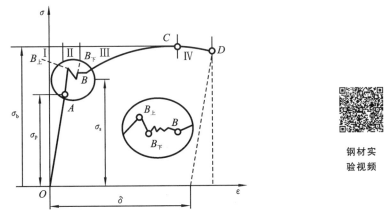

图 7-1 低碳钢受拉的应力-应变图

钢材实
验视频

### 1. 弹性阶段

$OA$ 为弹性阶段。在 $OA$ 范围内,随着荷载的增加,应变随应力成正比增加。如卸去荷载,试件将恢复原状,表现为弹性变形,与 $A$ 点相对应的应力为弹性极限,用 $\sigma_p$ 表示。在这一范围内,应力与应变的比值为一常量,称为弹性模量,用 $E$ 表示,即 $E=\sigma/\varepsilon$。弹性模量反映钢材的刚度,是钢材在受力条件下计算结构变形的重要指标。常用低碳钢的弹性模量 $E=2.0\times10^5\sim2.1\times10^5$ MPa,弹性极限 $\sigma_p=180\sim200$ MPa。

### 2. 屈服阶段

$AB$ 为屈服阶段。在 $AB$ 曲线范围内,应力与应变不成比例,开始产生塑性变形,应变增加的速度大于应力增长速度,钢材抵抗外力的能力发生"屈服"了。图中 $B_上$ 点是这一阶段应力最高点,称为屈服上限,$B_下$ 点为屈服下限。因 $B_下$ 点比较稳定易测,故一般以 $B_下$ 点对应的应力作为屈服点,用 $\sigma_s$ 表示。常用低碳钢的 $\sigma_s$ 为 $195\sim300$ MPa。钢材受力达屈服点后,变形即迅速发展,尽管尚未破坏但已不能满足使用要求。故设计中一般以屈服点作为强度取值依据。

### 3. 强化阶段

$BC$ 为强化阶段。过 $B$ 点后,抵抗塑性变形的能力又重新提高,变形发展速度比较快,随着应力的提高而增强。对应于最高点 $C$ 的应力,称为抗拉强度,用 $\sigma_b$ 表示。常用低碳钢的 $\sigma_b$ 为 $385\sim520$ MPa。抗拉强度不能直接利用,但屈服点与抗拉强度的比值(即屈强比 $\sigma_s/\sigma_b$)能反映钢材的安全可靠程度和利用率。屈强比越小,表明材料的安全性和可靠性越高,结构越安全。但屈强比过小,则钢材有效利用率太低,造成浪费。国家标准规定,有抗震要求的钢筋混凝土工程,钢筋实测抗拉强度与实测屈服强度之比不小于 1.25(屈强比不大于 0.8);钢筋实测屈服强度与标准规定的屈服强度特征值之比不大于 1.30(超屈比)。

### 4. 颈缩阶段

$CD$ 为颈缩阶段。过 $C$ 点后,材料变形迅速增大,而应力反而下降。试件在拉断前,于薄弱处截面显著缩小,产生"颈缩现象",直至断裂。通过拉伸试验,除能检测钢材屈服强度和抗拉强度等强度指标外,还能检测出钢材的塑性。塑性表示钢材在外力作用下发生塑性变形而不破坏的能力,它是钢材的一个重要指标。钢材塑性用伸长率或断面收缩率表示。将拉断后的试件于断裂处对接在一起,如图 7-2 所示,测得其断后标距 $l_1$。试件拉断后标距的伸长量与原始标距($l_0$)的百分比称为伸长率($\delta$)。伸长率的计算公式如下：

$$\delta = \frac{l_1 - l_0}{l_0} \times 100\% \tag{7-1}$$

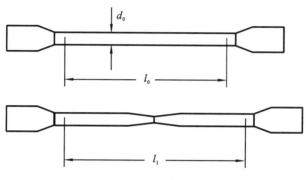

**图 7-2 钢材拉伸试件示意图**

钢材拉伸时塑性变形在试件标距内的分布是不均匀的，颈缩处的伸长较大。所以原始标距($l_0$)与直径($d_0$)之比越大，颈缩处的伸长值在总伸长值中所占的比例就越小，计算出的伸长率($\delta$)也越小。通常钢材拉伸试件取 $l_0 = 5d_0$ 或 $l_0 = 10d_0$，对应的伸长率分别记为 $\delta_5$ 和 $\delta_{10}$，对于同一钢材，$\delta_5 > \delta_{10}$。测定试件拉断处的截面积($A_1$)。试件拉断前后截面积的改变量与原始截面积($A_0$)的百分比称为断面收缩率($\varphi$)。断面收缩率的计算公式如下：

$$\varphi = \frac{A_0 - A_1}{A_0} \times 100\% \tag{7-2}$$

伸长率和断面收缩率都表示钢材断裂前经受塑性变形的能力。伸长率越大或者断面收缩率越高，表示钢材塑性越好。尽管结构是在钢的弹性范围内使用，但在应力集中处，其应力可能超过屈服点，此时产生一定的塑性变形，可使结构中的应力产生重分布，从而使结构免遭破坏。另外，钢材塑性大，则在塑性破坏前，有很明显的塑性变形和较长的变形持续时间，便于人们发现和补救问题，从而保证钢材在建筑上的安全使用；也有利于钢材加工成各种形式。

国家标准规定，有抗震要求的钢筋混凝土工程，钢筋的最大力总伸长率不小于 9%（均匀伸长率）。

最大力总伸长率 $A_{gt}$ 的测试方法如下：选择 Y 和 V 两个标记，这两个标记之间的距离在拉伸试验之前至少应为 100 mm。两个标记都应当位于夹具离断裂点较远的一侧。两个标记离开夹具的距离都不应小于 20 mm 或钢筋公称直径 $d$（取二者之较大者）；两个标记与断裂点之间的距离应不小于 50 mm，如图 7-3 所示。在最大力作用下试样总伸长率 $A_{gt}$（%）按以下公式计算：

$$A_{gt} = \left[ \frac{L - L_0}{L_0} + \frac{R_m}{E} \right] \times 100 \tag{7-3}$$

式中　$L$——断裂后的距离，单位为 mm；

　　　$L_0$——试验前同样标记间的距离，单位为 mm；

　　　$R_m$——抗拉强度实测值，单位为 MPa；

　　　$E$——弹性模量，其值可取 $2 \times 10^5$，单位为 MPa。

中碳钢与高碳钢(硬钢)拉伸时的应力-应变曲线与低碳钢不同，无明显屈服现象，伸长率小，断裂时呈脆性破坏，其应力-应变曲线如图 7-4 所示。这类钢材由于不能测定屈服点，

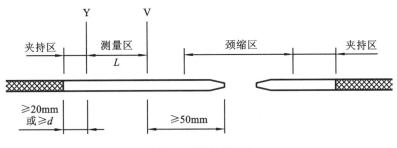

图 7-3 钢材拉伸试件

规范规定以产生 $0.2\%$ 残余变形时的应力值作为名义屈服点,也称条件屈服点,用 $\sigma_{0.2}$ 表示。

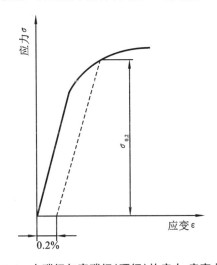

图 7-4 中碳钢与高碳钢(硬钢)的应力-应变曲线

## (二)冲击韧性

冲击韧性是指钢材抵抗冲击荷载作用的能力,用冲断试件所需能量的多少来表示。钢材的冲击韧性试验是采用中部加工有 V 形或 U 形缺口的标准弯曲试件,置于冲击机的支架上,试件非切槽的一侧对准冲击摆,如图 7-5 所示。当冲击摆从一定高度自由落下将试件冲断时,试件吸收的能量等于冲击摆所做的功,以缺口底部处单位面积上所消耗的功,即为冲击韧性指标,冲击韧性计算公式如下:

$$\alpha_k = \frac{mg(H-h)}{A} \tag{7-4}$$

式中 $\alpha_k$——冲击韧性,$J/cm^2$;

    $m$——摆锤质量;

    $A$——试件槽口处断面积。

$\alpha_k$ 值越大,冲击韧性越好,即其抵抗冲击作用的能力越强,脆性破坏的危险性越小。

影响钢材冲击韧性的因素很多,如钢材内硫、磷的含量高,脱氧不完全,存在化学偏析,含有非金属夹杂物及焊接形成的微裂纹,都会使钢材的冲击韧性显著下降。同时环境温度对钢材的冲击韧性影响也很大。

试验表明,冲击韧性随温度的降低而下降,开始时下降缓慢,当达到一定温度范围时,突然下降很快而呈脆性。这种性质称为钢材的冷脆性,这时的温度称为脆性转变温度,如图

7-6所示。脆性转变温度越低,钢材的低温冲击韧性越好。因此,在负温下使用的结构,应当选用脆性转变温度低于使用温度的钢材。脆性临界温度的测定较复杂,规范中通常是根据气温条件规定$-20\ ℃$或$-40\ ℃$的负温冲击值指标。

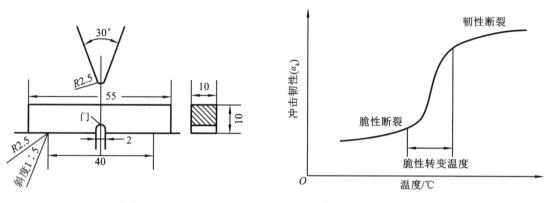

图 7-5　冲击韧性试验示意图　　　　图 7-6　钢材的冲击韧性与温度的关系

冷加工时效处理也会使钢材的冲击韧性下降。钢材的时效是指随时间的延长,钢材强度逐渐提高而塑性、韧性下降的现象。完成时效的过程可达数十年,但钢材如经过冷加工或使用中受振动和反复荷载作用,时效可迅速发展。因时效导致钢材性能改变的程度称为时效敏感性。时效敏感性大的钢材,经过时效后,冲击韧性的降低越显著。为了保证结构安全,对于承受动荷载的重要结构,应当选用时效敏感性小的钢材。

（三）疲劳强度

钢材在交变荷载反复作用下,可在远小于抗拉强度的情况下突然破坏,这种破坏称为疲劳破坏。钢材的疲劳破坏指标用疲劳强度（或称疲劳极限）来表示,它是指试件在交变应力下,作用 $10^7$ 周次,不发生疲劳破坏的最大应力值。

钢材的疲劳破坏一般是由拉应力引起的,首先在局部开始形成细小裂纹,随后由于微裂纹尖端的应力集中而使其逐渐扩大,直至突然发生瞬时疲劳断裂。钢材内部的组织结构、成分偏析及其他缺陷,是决定其疲劳性能的主要因素。钢材的截面变化、表面质量及内应力大小等造成应力集中的因素,都与其疲劳极限有关。如钢筋焊接接头和表面微小的腐蚀缺陷,都可使疲劳极限显著降低。

疲劳破坏经常突然发生,因而有很大的危险性,往往造成严重事故。当疲劳条件与腐蚀环境同时出现时,可促使局部应力集中的出现,大大增加了疲劳破坏的危险,在设计承受反复荷载且须进行疲劳验算的结构时,应当了解所用钢材的疲劳强度。

（四）硬度

钢材的硬度是指其表面抵抗硬物压入产生局部变形的能力。测定钢材硬度的方法有布氏法、洛氏法和维氏法等,建筑钢材常用布氏硬度表示,其代号为HB。布氏法的测定原理是利用直径为 $D(mm)$ 的淬火钢球,以荷载 $P(N)$ 将其压入试件表面,经规定的持续时间后卸去荷载,得直径为 $d(mm)$ 的压痕,以压痕表面积 $A(mm^2)$ 除荷载 $P$,即得布氏硬度（HB）值,此值无量纲。图 7-7 是布氏硬度测定示意图。

在测定前应根据试件厚度和估计的硬度范围,按试验方法的规定选定钢球直径、所加荷载及荷载持续时间。布氏法适用于 HB<450 的钢材,测定时所得压痕直径应在 $0.25D\sim$

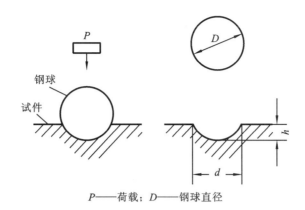

P——荷载；D——钢球直径

**图 7-7 布氏硬度测定示意图**

0.6D范围内，否则测定结果不准确。当被测材料硬度 HB>450 时，钢球本身将发生较大变形，甚至破坏，应采用洛氏法测定其硬度。布氏法比较准确，但压痕较大，不适宜用于成品检验，而洛氏法压痕小，它是以压头压入试件的深度来表示硬度值的，常用于判断工件的热处理效果。

材料的硬度是材料弹性、塑性、强度等性能的综合反映。实验证明，碳素钢的 HB 值与其抗拉强度 $\sigma_b$ 之间存在较好的相关关系，当 HB<175 时，$\sigma_b \approx 3.6HB$；当 HB>175 时，$\sigma_b \approx 3.5HB$。根据这些关系，可以在钢结构原位上测出钢材的 HB 值，来估算钢材的抗拉强度。

## 二、工艺性能

钢材应具有良好的工艺性能，以满足施工工艺的要求。冷弯、冷拉、冷拔及焊接性能是建筑钢材的重要工艺性能。

### （一）冷弯性能

冷弯性能是指钢材在常温下承受弯曲变形的能力。钢材的冷弯性能试验装置如图 7-8 所示(GB/T 232—2010)。

弯曲试验是以圆形、方形、矩形或多边形横截面试样在弯曲装置上经受弯曲塑性变形，不改变加力方向，直至达到规定的弯曲角度。弯曲处若无裂纹、断裂及起层等现象，即认为冷弯试验合格。

钢材的冷弯性能和其伸长率一样，也是表示钢材在静荷载条件下的塑性。但冷弯是钢材处于不利变形条件下的塑性，而伸长率是反映钢材在均匀变形下的塑性。故冷弯试验是一种比较严格的检验。它能揭示钢材内部组织的均匀性，以及存在内应力或夹杂物等缺陷的程度。在拉力试验中，这些缺陷常因塑性变形导致应力重分布而反映不出来。在工程实践中，冷弯试验还被用作检验钢材焊接质量的一种手段，能揭示焊件在受弯表面存在的未熔合、微裂纹和夹杂物。

### （二）焊接性能

建筑工程中，钢材间的连接，90％以上采用焊接方式，因此，要求钢材应有良好的焊接性能。在焊接中，由于高温作用和焊接后急剧冷却作用，焊缝及其附近的过热区将发生晶体组织及结构变化，产生局部变形及内应力，使焊缝周围的钢材产生硬脆倾向，降低了焊接的质

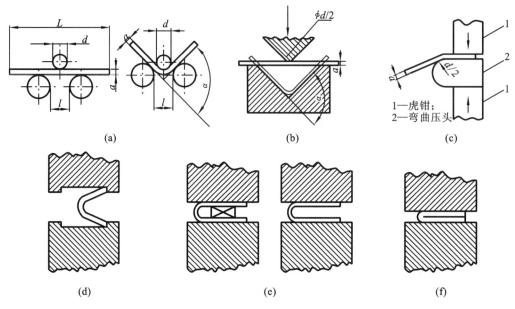

图 7-8  冷弯性能试验示意图

量。可焊性良好的钢材,焊缝处性质应尽可能与母材相同,焊接才牢固可靠。

钢材的化学成分、冶炼质量、冷加工、焊接工艺及焊条材料等都会影响焊接性能。含碳量小于 0.25% 的碳素钢具有良好的可焊性,含碳量大于 0.3% 时可焊性变差;硫、磷及气体杂质会使可焊性降低;加入过多的合金元素,也会降低可焊性。对于高碳钢和合金钢,为改善焊接质量,一般需要采用预热和焊后处理,以保证质量。

钢材焊接后必须取样进行焊接质量检验,一般包括拉伸试验,有些焊接种类还包括弯曲试验,要求试验时试件的断裂不能发生在焊接处,同时还要检查焊缝处有无裂纹、砂眼、咬肉和焊件变形等缺陷。

### 三、冷加工性能及时效处理

#### (一) 冷加工强化与时效处理的概念

将钢材于常温下进行冷拉、冷拔或冷轧,使之产生塑性变形,从而提高强度,但钢材的塑性和韧性会降低,这个过程称为冷加工强化处理。

将经过冷拉的钢筋,于常温下存放 15~20 d,或加热到 100~200 ℃ 并保持 2~3 h 后,则钢筋强度将进一步提高,这个过程称为时效处理。前者称为自然时效,后者称为人工时效。通常对强度较低的钢筋可采用自然时效,强度较高的钢筋则需采用人工时效。对钢材进行冷加工强化与时效处理的目的是提高钢材的屈服强度,以便节约钢材。

#### (二) 常见冷加工方法

建筑工地或预制构件厂常用的冷加工方法是冷拉和冷拔。

(1) 冷拉,将热轧钢筋用冷拉设备进行张拉,拉伸至产生一定的塑性变形后,卸去荷载。冷拉参数的控制直接关系到冷拉效果和钢材质量。一般钢筋冷拉仅控制冷拉率,称为单控,对用作预应力的钢筋,须采用双控,即既控制冷拉应力,又控制冷拉率。冷拉时,若钢筋拉至控制的冷拉应力时未达到控制的冷拉率,则该钢筋应降级使用。钢筋冷拉后,屈服强度可提高 20%～30%,可节约钢材 10%～20%,钢材经冷拉后屈服阶段缩短,伸长率降低,材质变硬。

(2)冷拔,将光圆钢筋通过硬质合金拔丝模孔强行拉拔。每次拉拔断面缩小应在 10%以内。钢筋在冷拔过程中,不仅受拉,同时还受到挤压作用,因而冷拔的作用比纯冷拉作用强烈。经过一次或多次冷拔后的钢筋,表面光滑,屈服强度可提高 40%～60%,但塑性大大降低,具有硬钢的性质。

(三)钢材冷加工强化与时效处理的机理

钢筋经冷拉、时效后的力学性能变化规律,可从其拉伸试验的应力-应变图得到反映,如图 7-9 所示。

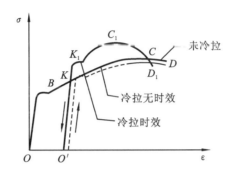

**图 7-9 钢筋经冷拉时效后应力-应变图的变化**

(1)图中 $OBCD$ 曲线为未冷拉,其含义是将钢筋原材一次性拉断,而不是指不拉伸。此时,钢筋的屈服点为 $B$ 点。

(2)图中 $O'KCD$ 曲线为冷拉无时效,其含义是将钢筋原材拉伸至超过屈服点但不超过抗拉强度(使之产生塑性变形)的某一点 $K$,卸去荷载,然后立即再将钢筋拉断。卸去荷载后,钢筋的应力-应变曲线沿 $KO'$ 恢复部分变形(弹性变形部分),保留 $OO'$ 残余变形。

通过冷拉无时效处理,钢筋的屈服点升高至 $K$ 点,以后的应力-应变关系与原来曲线 $KCD$ 相似。这表明钢筋经冷拉后,屈服强度得到提高,抗拉强度和塑性与钢筋原材基本相同。

(3)图中 $O'K_1C_1D_1$ 曲线为冷拉时效,其含义是将钢筋原材拉伸至超过屈服点但不超过抗拉强度(使之产生塑性变形)的某一点 $K$,卸去荷载,然后进行自然时效或人工时效,再将钢筋拉断。通过冷拉时效处理,钢筋的屈服点升高至 $K_1$ 点,以后的应力-应变关系 $K_1C_1D_1$ 比原来曲线 $KCD$ 短。这表明钢筋经冷拉时效后,屈服强度进一步提高,与钢筋原材相比,抗拉强度亦有所提高,塑性和韧性则相应降低。

钢材冷加工强化的原因是钢材经冷加工产生塑性变形后,塑性变形区域内的晶粒产生相对滑移,导致滑移面下的晶粒破碎,晶格歪曲畸变,滑移面变得凹凸不平,对晶粒进一步滑移起阻碍作用,亦即提高了抵抗外力的能力,故屈服强度得以提高。同时,冷加工强化后的钢材,由于塑性变形后滑移面减少,从而使其塑性降低,脆性增大,且变形中产生的内应力,使钢的弹性模量降低。

钢筋经冷拉后,一般屈服点可提高 20%～25%,冷拔钢丝的屈服点可提高 40%～60%。由此可适当减小钢筋混凝土结构设计截面,或减少混凝土中配筋数量,从而达到节约钢材的目的。钢筋冷拉还有利于简化施工工序。冷拉盘条钢筋可省去开盘和调直工序;冷拉直条钢筋则可与矫直、除锈等工序一并完成。

### 四、钢材的组织和化学成分

#### (一)钢材的组织

建筑钢材属晶体材料,晶体结构中原子以金属键方式结合,形成晶粒,晶粒中的原子按照一定的规则排列。如纯铁在 910 ℃ 以下为体心立方晶格,称为 $\alpha$-铁,910～1390 ℃ 之间为面心立方晶格,称为 $\gamma$-铁。每个晶粒表现出的特点是各向异性,但由于许多晶粒是不规则聚集在一起的,因而宏观上表现出的性质为各向同性。

钢材的力学性质,如强度、塑性、韧性等与晶格中的原子密集面、晶格中存在的各种缺陷、晶粒粗细、晶粒中溶入其他元素所形成的固溶体密切相关。

建筑钢材中的铁元素和碳元素在常温下有三种结合形式,即固溶体、化合物、机械混合物。工程上常用的碳素结构钢在常温下形成的基本组织为铁素体、渗碳体和珠光体。

铁素体是碳溶于 $\alpha$-铁中的固溶体,其含碳量少,强度较低,塑性好。

渗碳体是铁碳化合物 $Fe_3C$,其含碳量高,强度高,性质硬脆,塑性较差。

珠光体是铁素体和渗碳体形成的机械混合物,性质介于二者之间。

#### (二)化学成分

钢中的主要成分为铁元素,此外还含有少量的碳、硅、锰、硫、磷、氧、氮等元素,这些元素对钢材性质的影响各不相同。

碳(C):含碳量小于 1％时,随含碳量增加,钢材的强度和硬度提高,塑性、韧性和焊接性能降低,同时,钢的冷脆性和时效敏感性提高,抗大气锈蚀性降低。

硅(Si):可提高钢材强度,对塑性和韧性影响不明显。

锰(Mn):可提高钢材强度,细化晶粒,改善热加工性质。

氮(N):表面富氮时,可提高钢材的耐磨性。

硫(S):为钢中有害元素,易偏析,使钢材产生热脆性。

磷(P):可提高钢材强度,降低塑性、韧性,易偏析,使钢材产生冷脆性。

氧(O)、氢(H):为钢中有害元素,偏析严重,使钢材的塑性、韧性降低,甚至产生微裂纹导致断裂,且随钢材强度提高,危害性增大。

# 项目三  建筑钢材标准及常用建筑钢材

### 一、建筑钢材的标准

#### (一)碳素结构钢(GB/T 700—2006)

**1. 碳素结构钢的牌号**

根据现行国家标准《碳素结构钢》(GB/T 700—2006)的规定,碳素结构钢牌号由字母和数字组合而成,按顺序为屈服点符号、屈服强度值、质量等级及脱氧程度,共有四个牌号,分别为 Q195、Q215、Q235、Q275;按质量等级分为 A、B、C、D 四级;按脱氧程度分为沸腾钢

(F)、镇静钢(Z)、半镇静钢(b)、特殊镇静钢(TZ)四类,Z 和 TZ 在钢号中可省略。

例 Q235A 表示为屈服强度为 235 MPa、质量等级为 A 的镇静钢。

**2. 主要技术标准**

(1) 各牌号钢的主要力学性能见表 7-1,冷弯性能应符合表 7-2 的要求。

表 7-1  碳素结构钢的拉伸性能(GB/T 700—2006)

| 牌号 | 等级 | 拉 伸 试 验 | | | | | | | | | | | | 冲击试验(V 形缺口) | |
| | | 屈服强度[a]/(N/mm²) | | | | | | 抗拉强度[b]/(N/mm²) | 断后伸长率 A%,不小于 | | | | | 温度/℃ | V 形冲击功(纵向)/J |
| | | 厚度(或直径)/mm | | | | | | | 厚度(或直径)/mm | | | | | | |
| | | ≤16 | >16~40 | >40~60 | >60~100 | >100~150 | >150~200 | | ≤40 | >40~60 | >60~100 | >100~150 | >150~200 | | |
| Q195 | — | 195 | 185 | — | — | — | — | 315~430 | 33 | | | | | | |
| Q215 | A | 215 | 205 | 195 | 185 | 175 | 165 | 335~450 | 31 | 30 | 29 | 27 | 26 | — | — |
| | B | | | | | | | | | | | | | +20 | 27 |
| Q235 | A | 235 | 225 | 215 | 215 | 195 | 185 | 370~500 | 26 | 25 | 24 | 22 | 21 | — | — |
| | B | | | | | | | | | | | | | +20 | 27[c] |
| | C | | | | | | | | | | | | | 0 | |
| | D | | | | | | | | | | | | | −20 | |
| Q275 | A | 275 | 265 | 255 | 245 | 225 | 215 | 410~540 | 22 | 21 | 20 | 18 | 17 | — | — |
| | B | | | | | | | | | | | | | +20 | 27 |
| | C | | | | | | | | | | | | | — | |
| | D | | | | | | | | | | | | | −20 | |

注:a. Q195 的屈服强度值仅供参考,不作交货条件;

b. 厚度大于 100 mm 的钢材抗拉强度下限允许降低 20 N/mm²,宽带钢(包括剪切钢板)抗拉强度上限不作交货条件;

c. 厚度小于 25 mm 的 Q235B 级钢材,如供方能保证冲击吸收功值合格,经需方同意,可不做检验。

表 7-2  碳素结构钢的冷弯性能(GB/T 700—2006)

| 牌号 | 试样方向 | 冷弯试验180° B=2a[a] | |
| | | 钢材厚度(或直径)[b]/mm | |
| | | ≤60 | >60~100 |
| | | 弯心直径 d | |
| Q195 | 纵 | 0 | — |
| | 横 | 0.5a | |
| Q215 | 纵 | 0.5a | 1.5a |
| | 横 | a | 2a |
| Q235 | 纵 | a | 2a |
| | 横 | 1.5a | 2.5a |
| Q275 | 纵 | 1.5a | 2.5a |
| | 横 | 2a | 3a |

注:a. B 为试样宽度,a 为试样厚度(或直径);

b. 钢材厚度(或直径)大于 100 mm 时,弯曲试验由双方协商确定。

（2）碳素结构钢的牌号和化学成分(熔炼分析)应符合表 7-3 的规定。

**表 7-3　碳素结构钢的牌号和化学成分(熔炼分析)**（GB/T 700—2006）

| 牌号 | 统一数字代号[a] | 等级 | 厚度(或直径)/mm | 脱氧方法 | 化学成分(质量分数)/(%)，不大于 | | | | |
|------|------|------|------|------|------|------|------|------|------|
| | | | | | C | Si | Mn | P | S |
| Q195 | U11952 | — | — | F、Z | 0.12 | 0.30 | 0.50 | 0.035 | 0.040 |
| Q215 | U12152 | A | — | F、Z | 0.15 | 0.35 | 1.20 | 0.045 | 0.050 |
| | U12155 | B | | | | | | | 0.045 |
| Q235 | U12352 | A | — | F、Z | 0.22 | 0.35 | 1.40 | 0.045 | 0.050 |
| | U12355 | B | | | 0.20[b] | | | | 0.045 |
| | U12358 | C | | Z | 0.17 | | | 0.040 | 0.040 |
| | U12359 | D | | TZ | | | | 0.035 | 0.035 |
| Q275 | U12752 | A | — | F、Z | 0.24 | 0.35 | 1.50 | 0.045 | 0.050 |
| | U12755 | B | ≤40 | Z | 0.21 | | | 0.045 | 0.045 |
| | | | >40 | | 0.22 | | | | |
| | U12758 | C | — | Z | 0.20 | | | 0.040 | 0.040 |
| | U12759 | D | | TZ | | | | 0.035 | 0.035 |

注：a——表中为镇静钢、特殊镇静钢牌号的统一数字，沸腾钢牌号的统一数字代号如下：

Q195F——U11950

Q215AF——U12150，Q215BF——U12153

Q235AF——U12350，Q235BF——U12153

Q275AF——U12750

b——经需方同意，Q235B 的碳含量可不大于 0.22%。

从表 7-1、表 7-2、表 7-3 可看出：碳素结构钢随钢号递增而含碳量提高，强度提高，塑性和冷弯性能降低。

**3. 选用**

碳素结构钢各钢号中 Q195、Q215 强度较低，塑性韧性较好，易于冷加工和焊接，常用作铆钉、螺丝、铁丝等；Q235 强度较高，塑性韧性也较好，可焊性较好，为建筑工程中主要钢号；Q275 强度高、塑性韧性较差，可焊性较差，且不易冷弯，多用于机械零件，极少数用于混凝土配筋及钢结构或制作螺栓。同时，应根据工程结构的荷载情况、焊接情况及环境温度等因素来选择钢的质量等级和脱氧程度。如受震动荷载作用的重要焊接结构，处于计算温度低于−20 ℃的环境下，宜选用质量等级为 D 的特殊镇静钢。

**（二）低合金结构钢**

工程上使用的钢材要求强度高，塑性好，且易于加工，碳素结构钢的性能不能完全满足工程的需要。在碳素结构钢基础上掺入少量(掺量小于 5%)的合金元素(如锰、钒、钛、铌、镍等)即成为低合金结构钢。

低合金钢与碳素钢相比，具有较高的强度，综合性能好，所以在相同使用条件下，其用钢量可比碳素钢节省 20%～30%，这对减轻结构自重十分有利。

低合金钢具有良好的塑性、韧性、可焊性、耐低温性及抗腐蚀等性能，有利于延长结构使用寿命。

低合金钢特别适用于高层建筑、大柱网结构和大跨度结构。

**1. 低合金高强度结构钢的牌号**

根据《低合金高强度结构钢》(GB/T 1591—2018)的规定：低合金高强度结构钢的牌号由代表屈服强度"屈"字的汉语拼音字母 Q 、规定的最小上屈服强度数值、交货状态代号、质量等级符号(B、C、D、E、F)四部分组成。

交货状态为热轧时,交货状态代号 AR 或 WAR 可省略；交货状态为正火或正火轧制状态时,交货状态代号均用 N 表示。

Q＋规定的最小上屈服强度数值＋交货状态代号,简称为"钢级"。

示例：Q355ND 。其中：

Q——钢的屈服强度的"屈"字汉语拼音的首字母；

355——规定的最小上屈服强度数值,单位为兆帕(MPa)；

N ——交货状态为正火或正火轧制；

D ——质量等级为 D 级。

当需方要求钢板具有厚度方向性能时,则在上述规定的牌号后加上代表厚度方向(Z向)性能级别的符号,如：Q355NDZ25。

热轧钢的牌号及化学成分(熔炼分析)应符合表 7-4.1 的规定；正火及正火轧制钢的牌号及化学成分(熔炼分析)应符合表 7-4.2 的规定；热机械轧制钢的牌号及(熔炼分析)应符合表 7-4.3 的规定。

表 7-4.1　热轧钢的牌号及化学成分(GB/T 1591－2018)

| 牌号 | | 化学成分(质量分数)/(%) | | | | | | | | | | | | | |
|---|---|---|---|---|---|---|---|---|---|---|---|---|---|---|---|
| 钢级 | 质量等级 | C 以下公称厚度或直径/mm 不大于 ≤40 / >40 | | Si | Mn | P | S | Nb 不大于 | V | Ti | Cr | Ni | Cu | Mo | N | B |
| Q355 | B | 0.24 | | 0.55 | 1.60 | 0.035 | 0.035 | — | — | — | 0.30 | 0.30 | 0.40 | — | 0.012 | — |
| | C | 0.20 | 0.22 | | | 0.030 | 0.030 | | | | | | | | | |
| | D | 0.20 | 0.22 | | | 0.025 | 0.025 | | | | | | | | — | |
| Q390 | B | 0.20 | | 0.55 | 1.70 | 0.035 | 0.035 | 0.05 | 0.13 | 0.05 | 0.30 | 0.50 | 0.40 | 0.10 | 0.015 | — |
| | C | | | | | 0.030 | 0.030 | | | | | | | | | |
| | D | | | | | 0.025 | 0.025 | | | | | | | | | |
| Q420 | B | 0.20 | | 0.55 | 1.70 | 0.035 | 0.035 | 0.05 | 0.13 | 0.05 | 0.30 | 0.80 | 0.40 | 0.20 | 0.015 | — |
| | C | | | | | 0.030 | 0.030 | | | | | | | | | |
| Q460 | C | 0.20 | | 0.55 | 1.80 | 0.030 | 0.030 | 0.05 | 0.13 | 0.05 | 0.30 | 0.80 | 0.40 | 0.20 | 0.015 | 0.004 |

表 7-4.2 正火、正火轧制钢的牌号及化学成分(GB/T 1591—2018)

| 钢级 | 质量等级 | C | Si | Mn | P | S | Nb | V | Ti | Cr | Ni | Cu | Mo | N | Als |
|---|---|---|---|---|---|---|---|---|---|---|---|---|---|---|---|
| | | 不大于 | | | 不大于 | | | | | 不大于 | | | | | 不小于 |
| Q355N | B | 0.20 | 0.50 | 0.90~1.65 | 0.035 | 0.035 | 0.005~0.05 | 0.01~0.12 | 0.006~0.05 | 0.30 | 0.50 | 0.40 | 0.10 | 0.015 | 0.015 |
| | C | 0.20 | | | 0.030 | 0.030 | | | | | | | | | |
| | D | | | | 0.030 | 0.025 | | | | | | | | | |
| | E | 0.18 | | | 0.025 | 0.020 | | | | | | | | | |
| | F | 0.16 | | | 0.020 | 0.010 | | | | | | | | | |
| Q390N | B | 0.20 | 0.50 | 0.90~1.70 | 0.035 | 0.035 | 0.01~0.05 | 0.01~0.20 | 0.006~0.05 | 0.30 | 0.50 | 0.40 | 0.10 | 0.015 | 0.015 |
| | C | | | | 0.030 | 0.030 | | | | | | | | | |
| | D | | | | 0.030 | 0.025 | | | | | | | | | |
| | E | | | | 0.025 | 0.020 | | | | | | | | | |
| Q420N | B | 0.20 | 0.60 | 1.00~1.70 | 0.035 | 0.035 | 0.01~0.05 | 0.01~0.20 | 0.006~0.05 | 0.30 | 0.80 | 0.40 | 0.10 | 0.015 | 0.015 |
| | C | | | | 0.030 | 0.030 | | | | | | | | | |
| | D | | | | 0.030 | 0.025 | | | | | | | | | |
| | E | | | | 0.025 | 0.020 | | | | | | | | 0.025 | |
| Q460N | C | 0.20 | 0.60 | 1.00~1.70 | 0.030 | 0.030 | 0.01~0.05 | 0.01~0.20 | 0.006~0.05 | 0.30 | 0.80 | 0.40 | 0.10 | 0.015 | 0.015 |
| | D | | | | 0.030 | 0.025 | | | | | | | | | |
| | E | | | | 0.025 | 0.020 | | | | | | | | 0.025 | |

表 7-4.3 热机械轧制钢的牌号及化学成分(GB/T 1591—2018)

| 钢级 | 质量等级 | C | Si | Mn | P | S | Nb | V | Ti | Cr | Ni | Cu | Mo | N | B | Als |
|---|---|---|---|---|---|---|---|---|---|---|---|---|---|---|---|---|
| | | | | | | | 不大于 | | | | | | | | | 不小于 |
| Q355M | B | 0.14 | 0.50 | 1.60 | 0.035 | 0.035 | 0.01~0.05 | 0.01~0.10 | 0.006~0.05 | 0.30 | 0.50 | 0.40 | 0.10 | 0.015 | — | 0.015 |
| | C | | | | 0.030 | 0.030 | | | | | | | | | | |
| | D | | | | 0.030 | 0.025 | | | | | | | | | | |
| | E | | | | 0.025 | 0.020 | | | | | | | | | | |
| | F | | | | 0.020 | 0.010 | | | | | | | | | | |
| Q390M | B | 0.20 | 0.50 | 1.70 | 0.035 | 0.035 | 0.01~0.05 | 0.01~0.12 | 0.006~0.05 | 0.30 | 0.50 | 0.40 | 0.10 | 0.015 | — | 0.015 |
| | C | | | | 0.030 | 0.030 | | | | | | | | | | |
| | D | | | | 0.030 | 0.025 | | | | | | | | | | |
| | E | | | | 0.025 | 0.020 | | | | | | | | | | |
| Q420M | B | 0.16 | 0.50 | 1.70 | 0.035 | 0.035 | 0.01~0.05 | 0.01~0.12 | 0.006~0.05 | 0.30 | 0.80 | 0.40 | 0.020 | 0.015 | — | 0.015 |
| | C | | | | 0.030 | 0.030 | | | | | | | | | | |
| | D | | | | 0.030 | 0.025 | | | | | | | | 0.025 | | |
| | E | | | | 0.025 | 0.020 | | | | | | | | | | |

续表

| 牌号 | 质量等级 | C | Si | Mn | P | S | Nb | V | Ti | Cr | Ni | Cu | Mo | N | B | Als |
|---|---|---|---|---|---|---|---|---|---|---|---|---|---|---|---|---|
| Q460M | C | 0.16 | 0.60 | 1.70 | 0.030 | 0.030 | 0.01~0.05 | 0.01~0.12 | 0.006~0.05 | 0.30 | 0.80 | 0.40 | 0.020 | 0.015 | — | 0.015 |
|  | D |  |  |  | 0.030 | 0.025 |  |  |  |  |  |  |  | 0.025 |  |  |
|  | E |  |  |  | 0.025 | 0.020 |  |  |  |  |  |  |  |  |  |  |
| Q500M | C | 0.18 | 0.60 | 1.80 | 0.030 | 0.030 | 0.01~0.11 | 0.01~0.12 | 0.006~0.05 | 0.60 | 0.80 | 0.55 | 0.020 | 0.015 | 0.004 | 0.015 |
|  | D |  |  |  | 0.030 | 0.025 |  |  |  |  |  |  |  | 0.025 |  |  |
|  | E |  |  |  | 0.025 | 0.020 |  |  |  |  |  |  |  |  |  |  |
| Q550M | C | 0.18 | 0.60 | 2.00 | 0.030 | 0.030 | 0.01~0.11 | 0.01~0.12 | 0.006~0.05 | 0.80 | 0.80 | 0.80 | 0.30 | 0.015 | 0.004 | 0.015 |
|  | D |  |  |  | 0.030 | 0.025 |  |  |  |  |  |  |  | 0.025 |  |  |
|  | E |  |  |  | 0.025 | 0.020 |  |  |  |  |  |  |  |  |  |  |
| Q620M | C | 0.18 | 0.60 | 2.00 | 0.030 | 0.030 | 0.01~0.11 | 0.01~0.12 | 0.006~0.05 | 1.00 | 0.80 | 0.80 | 0.30 | 0.015 | 0.004 | 0.015 |
|  | D |  |  |  | 0.030 | 0.025 |  |  |  |  |  |  |  | 0.025 |  |  |
|  | E |  |  |  | 0.025 | 0.020 |  |  |  |  |  |  |  |  |  |  |
| Q690M | C | 0.18 | 0.60 | 2.00 | 0.030 | 0.030 | 0.01~0.11 | 0.01~0.12 | 0.006~0.05 | 1.00 | 0.80 | 0.80 | 0.30 | 0.015 | 0.004 | 0.015 |
|  | D |  |  |  | 0.030 | 0.025 |  |  |  |  |  |  |  | 0.025 |  |  |
|  | E |  |  |  | 0.025 | 0.020 |  |  |  |  |  |  |  |  |  |  |

**2. 拉伸性能**

热轧钢材的拉伸性能见表 7-5.1;正火、正火轧制钢材的拉伸性能见表 7-5.2;热机械轧制(TMCP)钢材的拉伸性能见表 7-5.3。

表 7-5.1 热轧钢材的拉伸性能(GB/T 1591—2018)

| 牌号 | | 上屈服强度/MPa 不小于 | | | | | | | | | 抗拉强度/MPa | | | |
|---|---|---|---|---|---|---|---|---|---|---|---|---|---|---|
| 钢级 | 质量等级 | 公称厚度或直径/mm | | | | | | | | | | | | |
|  |  | ≤16 | >16~40 | >40~63 | >63~80 | >80~100 | >100~150 | >150~200 | >200~250 | >250~400 | ≤100 | >100~150 | >150~250 | >250~400 |
| Q355 | B、C | 355 | 345 | 335 | 325 | 315 | 295 | 285 | 275 | — | 470~630 | 450~600 | 450~600 | — |
|  | D |  |  |  |  |  |  |  |  | 265 |  |  |  | 450~600 |
| Q390 | B、C、D | 390 | 380 | 360 | 340 | 340 | 320 | — | — | — | 490~650 | 470~620 | — | — |
| Q420 | B、C | 420 | 410 | 390 | 370 | 370 | 350 | — | — | — | 520~680 | 500~650 | — | — |
| Q460 | C | 460 | 450 | 430 | 410 | 410 | 390 | — | — | — | 550~720 | 530~700 | — | — |

表 7-5.2  正火、正火轧制钢材的拉伸性能(GB/T 1591—2018)

| 牌号 | | 上屈服强度/MPa 不小于 | | | | | | | | 抗拉强度/MPa | | |
|---|---|---|---|---|---|---|---|---|---|---|---|---|
| | | 公称厚度或直径/mm | | | | | | | | | | |
| 钢级 | 质量等级 | ≤16 | >16~40 | >40~63 | >63~80 | >80~100 | >100~150 | >150~200 | >200~250 | ≤100 | >100~200 | >200~250 |
| Q355N | B、C、D、E、F | 355 | 345 | 335 | 325 | 315 | 295 | 285 | 275 | 470~630 | 450~600 | 450~600 |
| Q390N | B、C、D、E | 390 | 380 | 360 | 340 | 340 | 320 | 310 | 300 | 490~650 | 470~620 | 470~620 |
| Q420N | B、C、D、E | 420 | 400 | 390 | 370 | 360 | 340 | 330 | 320 | 520~680 | 500~650 | 500~650 |
| Q460N | C、D、E | 460 | 440 | 430 | 410 | 400 | 380 | 370 | 370 | 540~720 | 530~710 | 510~690 |

表 7-5.3  热机械轧制(TMCP)钢材的拉伸性能(GB/T 1591—2018)

| 牌号 | | 上屈服强度/MPa 不小于 | | | | | | 抗拉强度/MPa | | | | |
|---|---|---|---|---|---|---|---|---|---|---|---|---|
| | | 公称厚度或直径/mm | | | | | | | | | | |
| 钢级 | 质量等级 | ≤16 | >16~40 | >40~63 | >63~80 | >80~100 | >100~120 | ≤40 | >40~63 | >63~80 | >80~100 | >100~120 |
| Q355M | B、C、D、E、F | 355 | 345 | 335 | 325 | 325 | 320 | 470~630 | 450~610 | 440~600 | 440~600 | 430~590 |
| Q390M | B、C、D、E | 390 | 380 | 360 | 340 | 340 | 335 | 490~650 | 480~640 | 470~630 | 460~620 | 450~610 |
| Q420M | B、C、D、E | 420 | 400 | 390 | 380 | 370 | 365 | 520~680 | 500~660 | 480~640 | 470~630 | 460~620 |
| Q460M | C、D、E | 460 | 440 | 430 | 410 | 400 | 385 | 540~720 | 530~710 | 510~690 | 500~680 | 490~660 |
| Q500M | C、D、E | 500 | 490 | 480 | 460 | 450 | — | 610~770 | 600~760 | 590~750 | 540~730 | — |
| Q550M | C、D、E | 550 | 540 | 530 | 510 | 500 | — | 670~830 | 620~810 | 600~790 | 590~780 | — |
| Q620M | C、D、E | 620 | 610 | 600 | 580 | — | — | 710~880 | 690~880 | 670~860 | — | — |
| Q690M | C、D、E | 690 | 680 | 670 | 650 | — | — | 770~970 | 750~920 | 730~900 | — | — |

## 3. 选用

Q345、Q390,综合力学性能好,焊接性能、冷热加工性能和耐蚀性能均好,C、D、E级钢具有良好的低温韧性,主要用于工程中承受较高荷载的焊接结构。Q420、Q460,强度高,特别是在热处理后有较高的综合力学性能,主要用于大型工程结构及要求强度高、荷载大的轻型结构。

## 二、常用建筑钢材

钢筋是建筑工程中用途最多、用量最大的钢材品种。常用的有热轧钢筋、冷拉钢筋、冷轧带肋钢筋、冷拔低碳钢丝和钢绞线等。

### (一)热轧钢筋

**1. 热轧光圆钢筋**(GB 1499.1—2017)

热轧光圆钢筋(hot rolled plain bars)是经热轧成型,横截面通常为圆形,表面光滑的成品光圆钢筋。热轧光圆钢筋屈服强度特征值为 300 级,其公称直径范围为 6～22mm,推荐的公称直径为 6mm、8mm、10mm、12mm、16mm、20mm。热轧光圆钢筋的牌号构成及意义见表 7-6。

表 7-6 热轧光圆钢筋的牌号构成及意义

| 类别 | 牌号 | 牌号构成 | 英文字母含义 |
|---|---|---|---|
| 热轧光圆钢筋 | HPB300 | 由 HPB+屈服强度特征值构成 | HPB—热轧光圆钢筋(hot rolled plain bars)的英文缩写 |

热轧光圆钢筋牌号及化学成分应符合表 7-7 的规定。

表 7-7 热轧光圆钢筋的牌号及化学成分

| 牌号 | 化学成分(质量分数)/(%)不大于 | | | | |
|---|---|---|---|---|---|
| | C | Si | Mn | P | S |
| HPB300 | 0.25 | 0.55 | 1.50 | 0.045 | 0.045 |

热轧光圆钢筋的屈服强度 $R_{eL}$、抗拉强度 $R_m$、断后伸长率 $A$、最大力总伸长率 $A_{gt}$ 应符合表 7-8 的规定,并作为交货检验的最小保证值($A$、$A_{gt}$ 可任选测一个,但有争议时,$A_{gt}$ 作为仲裁检验)。

表 7-8 热轧光圆钢筋的力学性能指标

| 牌号 | 下屈服强度 $R_{eL}$ /MPa | 抗拉强度 $R_m$ /MPa | 断后伸长率 $A$/(%) | 最大力总伸长率 $A_{gt}$/(%) | 冷弯试验180° $d$—弯芯直径 $a$—钢筋公称直径 |
|---|---|---|---|---|---|
| | 不小于 | | | | |
| HPB300 | 300 | 420 | 25 | 10.0 | $d=a$ |

**2. 热轧带肋钢筋**(GB 1499.2—2018)

热轧带肋钢筋(hot rolled ribbed bars)分为普通热轧钢筋(hot rolled bars)、细晶粒热轧钢筋(hot rolled bars of fine grains)。其外形如图 7-10 所示。钢筋按屈服强度特征值分为400、500、600 级。普通热轧钢筋分为 HRB400、HRB500、HRB600、HRB400E、HRB500E 五种,细晶粒热轧钢筋分为 HRBF400、HRBF500、HRBF400E、HRBF500E 四种。表示在热轧过程中,通过控轧和控冷工艺形成的细晶粒钢筋,其晶粒度为 9 级或更细。公称直径范围为6～50 mm。热轧带肋钢筋的牌号构成及意义见表 7-9。

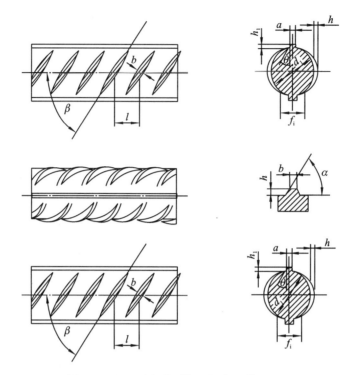

**图 7-10　月牙肋钢筋(带纵肋)表及截面形状**

$d_1$——钢筋内径;$a$——横肋斜角;$h$——横肋高度;$\beta$——横肋与轴线夹角;$h_1$——纵肋高度;

$\theta$——纵肋斜角;$a$——纵肋顶宽;$l$——横肋间距;$b$——横肋顶宽;$f_i$——横肋末端间隙

**表 7-9　热轧带肋钢筋的牌号构成及意义**(GB 1499.2—2018)

| 类别 | 牌号 | 牌号构成 | 英文字母含义 |
|---|---|---|---|
| 普通热轧钢筋 | HRB400 | 由 HRB+屈服强度特征值构成 | HRB——热轧带肋钢筋的英文(hot rolled ribbed bars 缩写)<br>E——地震的英文(earthquake)首字母 |
| | HRB500 | | |
| | HRB600 | | |
| | HRB400E | 由 HRB+屈服强度特征值+E 构成 | |
| | HRB500E | | |
| 细晶粒热轧钢筋 | HRBF400 | 由 HRBF+屈服强度特征值构成 | HRBF——在热轧带肋钢筋的英文缩写后加上"细"的英文(fine)首字母<br>E——地震的英文(earthquake)首字母 |
| | HRBF500 | | |
| | HRBF400E | | |
| | HRBF500E | | |

　　热轧带肋钢筋牌号及化学成分和碳当量应符合表 7-10 的规定。根据需要,钢中还可加入 V、Nb、Ti 等元素。

表 7-10　热轧带肋钢筋牌号及化学成分和碳当量(GB 1499.2—2018)

| 牌号 | 化学成分(质量分数)/(%)不大于 | | | | | |
|---|---|---|---|---|---|---|
| | C | Si | Mn | P | S | 碳当量 Ceq |
| HRB400 | 0.25 | 0.80 | 1.60 | 0.045 | 0.045 | 0.54 |
| HRBF400 | | | | | | |
| HRBF400E | | | | | | |
| HRBF400E | | | | | | |
| HRB500 | | | | | | 0.55 |
| HRBF500 | | | | | | |
| HRBF500E | | | | | | |
| HRBF500E | | | | | | |
| HRB600 | 0.28 | | | | | 0.58 |

注:碳当量 Ceq(百分比)值可按下式计算:

$$Ceq = C + Mn/6 + (Cr + V + Mo)/5 + (Cu + Ni)/15。$$

　　热轧带肋钢筋的屈服强度 $R_{eL}$、抗拉强度 $R_m$、断后伸长率 $A$、最大力总伸长率 $A_{gt}$ 等力学性能特征值应符合表 7-11 的规定,并可作为交货检验的最小保证值。

表 7-11　热轧带肋钢筋的力学性能指标(GB 1499.2—2018)

| 牌号 | 下屈服强度 $R_{eL}$/ MPa | 抗拉强度 $R_m$/ MPa | 断后伸长率 $A$/(%) | 最大力总伸长率 $A_{gt}$/ (%) | $R_m^a/R_{eL}^o$ | $R_{eL}^o/R_{eL}$ |
|---|---|---|---|---|---|---|
| | 不小于 | | | | | 不大于 |
| HRB400<br>HRBF400 | 400 | 540 | 16 | 7.5 | — | — |
| HRB400E<br>HRBF400E | | | — | 9.0 | 1.25 | 1.30 |
| HRB500<br>HRBF500 | 500 | 630 | 15 | 7.5 | — | — |
| HRB500E<br>HRBF500E | | | — | 9.0 | 1.25 | 1.30 |
| HRB600 | 600 | 730 | 14 | 7.5 | — | — |

注:$R_m^o$ 为钢筋实测抗拉强度;$R_{eL}^o$ 为钢筋实测下屈服强度。

　　热轧带肋钢筋的弯曲性能应满足:按表 7-12 规定的弯芯直径弯曲 180°后,钢筋的受弯曲部位表面不得产生裂纹。

表 7-12　热轧带肋钢筋的公称直径与弯芯直径关系表(GB 1499.2—2018)　　(单位:mm)

| 牌号 | 公称直径 $d$ | 弯曲压头直径 |
|---|---|---|
| HRB400<br>HRBF400 | 6~25 | 4d |
| | 28~40 | 5d |
| HRB400<br>HRBF400 | >40~50 | 6d |

续表

| 牌号 | 公称直径 $d$ | 弯曲压头直径 |
|---|---|---|
| HRB500<br>HRBF500<br>HRB500E<br>HRBF500E | 6～25 | 6d |
| | 28～40 | 7d |
| | ＞40～50 | 8d |
| HRB600 | 6～25 | 6d |
| | 28～40 | 7d |
| | ＞40～50 | 8d |

对牌号带 E 的钢筋应进行反向弯曲试验。经反向弯曲试验后,钢筋受弯曲部位表面不得产生裂纹。根据需方要求,其他牌号热轧带肋钢筋也可进行反向弯曲试验。可用反向弯曲试验替代弯曲试验。反向弯曲试验的弯曲压头直径比弯曲试验相应增加一个钢筋公称直径。

### (二)冷轧带肋钢筋

冷轧带肋钢筋按延性高低分为两类:冷轧带肋钢筋(CRB)和高延性冷轧带肋钢筋(CRB＋抗拉强度特征值＋H)。C、R、B、H 分别为冷轧(cold rolled)、带肋(ribbed)、钢筋(bars)、高延性(high elongation)四个词的英文首字母。冷轧带肋钢筋分为 CRB550、CRB650、CRB800、CRB600H、CRB680H、CRB800H 六个牌号。其中,CRB550、CRB600H 为普通钢筋混凝土用钢筋,CRB650、CRB800、CRB800H 为预应力混凝土用钢筋。CRB680H 既可作为普通钢筋混凝土钢筋,也可作为预应力混凝土用钢筋。

CRB550、CRB600H、CRB680H 钢筋的公称直径范围为 4～12 mm。CRB650、CRB800、CRB800H 公称直径为 4 mm、5 mm、6 mm。其力学性能和工艺性能应符合国家标准《冷轧带肋钢筋》(GB13788—2017)的要求,见表 7-13。

当进行弯曲试验时,受弯曲部位表面不得产生裂纹。反复弯曲试验的弯曲半径应符合表 7-14 的规定。

**表 7-13　冷轧带肋钢筋的力学性能和工艺性能**(GB 13788—2017)

| 分类 | 牌号 | $R_{p0.2}$/MPa 不小于 | $R_m$/MPa 不小于 | $R_m/R_{p0.2}$ 不小于 | 伸长率/(％) 不小于 $A$ | 伸长率/(％) 不小于 $A_{100}$ | 最大力总伸长率/(％) 不小于 $A_{gt}$ | 弯曲试验180° | 反复弯曲次数 | 应力松弛初始应力应相当于公称抗拉强度的70％ 1000h松弛率/(％)不大于 |
|---|---|---|---|---|---|---|---|---|---|---|
| 普通钢筋混凝土用 | CRB550 | 500 | 550 | 1.05 | 11.0 | — | 2.5 | $D=3d$ | — | — |
| | CRB600H | 540 | 600 | 1.05 | 14.0 | — | 5.0 | $D=3d$ | — | — |
| | CRB680H | 600 | 680 | 1.05 | 14.0 | — | 5.0 | $D=3d$ | 4 | 5 |
| 预应力混凝土用 | CRB650 | 585 | 650 | 1.05 | — | — | 2.5 | — | 3 | 8 |
| | CRB800 | 720 | 800 | 1.05 | — | — | 2.5 | — | 3 | 8 |
| | CRB800H | 720 | 800 | 1.05 | — | — | 4.0 | — | 4 | 5 |

注:表中 $D$ 为弯心直径;$d$ 为钢筋公称直径。

表 7-14 反复弯曲试验的弯曲半径(GB 13788—2017)　　　　　　　　（单位：mm）

| 钢筋公称直径 | 4 | 5 | 6 |
|---|---|---|---|
| 弯曲半径 | 10 | 15 | 15 |

### （三）冷轧扭钢筋(JG 190—2006)

冷轧扭钢筋(cold-rolled and twisted bars)为低碳钢热轧圆盘条经专用钢筋冷轧扭机调直、冷轧并冷扭（或冷滚）一次成型具有规定截面形式和相应节距的连续螺旋状钢筋(图7-11)。

冷轧扭钢筋按其截面形状不同分为三种类型：近似矩形截面为Ⅰ型，近似正方形截面为Ⅱ型，近似圆形截面为Ⅲ型。冷轧扭钢筋按其强度级别不同分为两级：550级和650级。

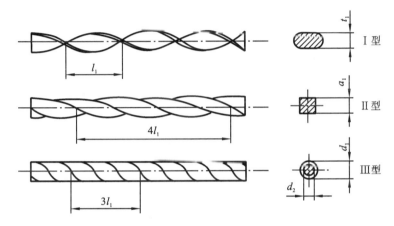

图 7-11 冷轧扭钢筋示意图

冷轧扭钢筋的标记由产品名称代号、强度级别代号、标志代号、主参数代号以及类型代号组成。示例 1：冷轧扭钢筋 550 级Ⅱ型，标志直径 10 mm，标记为 CTB550$\phi^T$10—Ⅱ。

冷轧扭钢筋力学性能和工艺性能应符合表 7-15 的规定。

表 7-15 冷轧扭钢筋力学性能和工艺性能

| 强度级别 | 型号 | 抗拉强度 $\sigma_b$/MPa | 伸长率 $A$/（%） | 180°弯曲试验 （弯心直径=3$d$） | 应力松弛率/（%） 10 h | 1000 h |
|---|---|---|---|---|---|---|
| CTB550 | Ⅰ | ≥550 | $A_{11.3}$≥4.5 | 受弯曲部位钢筋表面 不得产生裂纹 | — | — |
| | Ⅱ | ≥550 | $A$≥10 | | — | — |
| | Ⅲ | ≥550 | $A$≥12 | | — | — |
| CTB650 | Ⅲ | ≥650 | $A_{100}$≥4 | | ≤5 | ≤8 |

注：1. $d$ 为冷轧扭钢筋标志直径。

2. $A$、$A_{11.3}$ 分别表示以标距 5.65 $\sqrt{S_0}$ 或 11.3 $\sqrt{S_0}$($S_0$ 为试样原始截面面积)的试样拉断伸长率，$A_{100}$ 表示以标距 100 mm 的试样拉断伸长率。

### （四）预应力钢丝

预应力筋除了上面冷轧带肋钢筋中提到的 CRB650、CRB800、CRB970 和热处理钢筋外，根据《混凝土结构工程施工质量验收规范》(GB 50204—2015)规定，预应力筋还有钢丝、钢绞线等。

**1. 钢丝**

预应力筋混凝土用钢丝为高强度钢丝,使用优质碳素结构钢经冷拔或再经回火等工艺处理制成。其强度高,柔性好,适用于大跨度屋架、吊车梁等大型构件及 V 形折板等,使用钢丝可节省钢材,施工方便,安全可靠,但成本较高。

预应力钢丝按加工状态分为冷拉钢丝和消除应力钢丝两类。

冷拉钢丝——WCD。

消除应力钢丝——WLR。

钢丝按外形可分为光圆钢丝、螺旋肋钢丝、刻痕钢丝三种,其代号如下。

光圆钢丝——P。

螺旋肋钢丝——H。

刻痕钢丝——I。

经低温回火消除应力后钢丝的塑性比冷拉钢丝要高,刻痕钢丝是经压痕轧制而成,刻痕后与混凝土握裹力大,可减少混凝土产生裂缝。根据《预应力混凝土用钢丝》(GB/T 5223—2014),上述钢丝应符合表 7-16、表 7-17 中所要求的机械性能。

表 7-16 压力管道用冷拉钢丝的力学性能(GB/T 5223—2014)

| 公称直径 $d_n$/mm | 公称抗拉强度 $R_m$/MPa | 最大力的特征值 $F_m$/kN | 最大力的最大值 $F_{m,max}$/kN | 0.2%屈服力 $F_{p0.2}$/kN ≥ | 每210 mm扭矩的扭转次数 $n$≥ | 断面收缩率 $\varphi$/(%)≥ | 氢脆敏感性能负载为70%最大力时,断裂时间 $t$/h≥ | 应力松弛性能初始力为最大力70%时,1000 h应力松弛率 $r$/(%)≤ |
|---|---|---|---|---|---|---|---|---|
| 4.00 | | 18.48 | 20.99 | 13.86 | 10 | 35 | | |
| 5.00 | | 28.86 | 32.79 | 21.65 | 10 | 35 | | |
| 6.00 | 1470 | 41.56 | 47.21 | 31.17 | 8 | 30 | | |
| 7.00 | | 56.57 | 64.27 | 42.42 | 8 | 30 | | |
| 8.00 | | 73.88 | 83.93 | 55.41 | 7 | 30 | | |
| 4.00 | | 19.73 | 22.24 | 14.80 | 10 | 35 | | |
| 5.00 | | 30.82 | 34.75 | 23.11 | 10 | 35 | | |
| 6.00 | 1570 | 44.38 | 50.03 | 33.29 | 8 | 30 | | |
| 7.00 | | 60.41 | 68.11 | 45.31 | 8 | 30 | | |
| 8.00 | | 78.91 | 88.96 | 59.18 | 7 | 30 | 75 | 7.5 |
| 4.00 | | 20.99 | 23.50 | 15.74 | 10 | 35 | | |
| 5.00 | | 32.78 | 36.71 | 24.59 | 10 | 35 | | |
| 6.00 | 1670 | 47.21 | 52.86 | 35.41 | 8 | 30 | | |
| 7.00 | | 64.26 | 71.96 | 48.20 | 8 | 30 | | |
| 8.00 | | 83.93 | 93.99 | 62.95 | 6 | 30 | | |
| 4.00 | | 22.25 | 24.76 | 16.69 | 10 | 35 | | |
| 5.00 | 1770 | 34.75 | 38.68 | 26.06 | 10 | 35 | | |
| 6.00 | | 50.04 | 55.69 | 37.53 | 8 | 30 | | |
| 7.00 | | 68.11 | 75.81 | 51.08 | 6 | 30 | | |

表 7-17　消除应力光圆及螺旋肋钢丝的力学性能（GB/T 5223—2014）

| 公称直径 $d_n$/mm | 公称抗拉强度 $R_m$/MPa | 最大力的特征值 $F_m$/kN | 最大力的最大值 $F_{m,max}$/kN | 0.2%屈服力 $F_{p0.2}$/kN ≥ | 最大力总伸长率 ($L_0=200$ mm) $A_{gt}$/(%)≥ | 反复弯曲性能 | | 应力松弛性能 | |
|---|---|---|---|---|---|---|---|---|---|
| | | | | | | 弯曲次数/(次/180°) ≥ | 弯曲半径 R/mm | 初始力相当于实际最大力的百分数/(%) | 1000 h 应力松弛率 r/(%)≤ |
| 4.00 | 1470 | 18.48 | 20.99 | 16.22 | | 3 | 10 | | |
| 4.80 | | 26.61 | 30.23 | 23.35 | | 4 | 15 | | |
| 5.00 | | 28.86 | 32.78 | 25.32 | | 4 | 15 | | |
| 6.00 | | 41.56 | 47.21 | 36.47 | | 4 | 15 | | |
| 6.25 | | 45.10 | 51.24 | 39.58 | | 4 | 20 | | |
| 7.00 | | 56.57 | 64.26 | 49.64 | | 4 | 20 | | |
| 7.50 | | 64.94 | 73.78 | 56.99 | | 4 | 20 | | |
| 8.00 | | 73.88 | 83.93 | 64.84 | | 4 | 20 | | |
| 9.00 | | 93.52 | 106.25 | 82.07 | | 4 | 25 | | |
| 9.50 | | 104.19 | 118.37 | 91.44 | | 4 | 25 | | |
| 10.00 | | 115.45 | 131.16 | 101.32 | | 4 | 25 | | |
| 11.00 | | 139.69 | 158.70 | 122.59 | | — | — | | |
| 12.00 | | 166.26 | 188.88 | 145.90 | | — | — | | |
| 4.00 | 1570 | 19.73 | 22.24 | 17.37 | 3.5 | 3 | 10 | 70 | 2.5 |
| 4.80 | | 28.41 | 32.03 | 25.00 | | 4 | 15 | | |
| 5.00 | | 30.82 | 34.75 | 27.12 | | 4 | 15 | | |
| 6.00 | | 44.38 | 50.03 | 39.06 | | 4 | 15 | | |
| 6.25 | | 48.17 | 54.31 | 42.39 | | 4 | 20 | | |
| 7.00 | | 60.41 | 68.11 | 53.16 | | 4 | 20 | | |
| 7.50 | | 69.36 | 78.20 | 61.04 | | 4 | 20 | | |
| 8.00 | | 78.91 | 88.96 | 69.44 | | 4 | 20 | | |
| 9.00 | | 99.88 | 112.60 | 87.89 | | 4 | 25 | | |
| 9.50 | | 111.28 | 125.46 | 97.93 | | 4 | 25 | | |
| 10.00 | | 123.31 | 139.02 | 108.51 | | 4 | 25 | 80 | 4.5 |
| 11.00 | | 149.20 | 168.21 | 131.30 | | — | — | | |
| 12.00 | | 177.57 | 200.19 | 156.26 | | — | — | | |
| 4.00 | 1670 | 20.99 | 23.50 | 18.47 | | 3 | 10 | | |
| 5.00 | | 32.78 | 36.71 | 28.85 | | 4 | 15 | | |
| 6.00 | | 47.21 | 52.86 | 41.54 | | 4 | 15 | | |
| 6.25 | | 51.24 | 57.38 | 45.09 | | 4 | 20 | | |
| 7.00 | | 64.26 | 71.96 | 56.55 | | 4 | 20 | | |
| 7.50 | | 73.78 | 82.62 | 64.93 | | 4 | 20 | | |
| 8.00 | | 83.93 | 93.98 | 73.86 | | 4 | 20 | | |
| 9.00 | | 106.25 | 118.97 | 93.50 | | 4 | 25 | | |
| 4.00 | 1770 | 22.25 | 24.76 | 19.58 | | 3 | 10 | | |
| 5.00 | | 34.75 | 38.68 | 30.58 | | 4 | 15 | | |
| 6.00 | | 50.04 | 55.69 | 44.03 | | 4 | 15 | | |
| 7.00 | | 68.11 | 75.81 | 59.94 | | 4 | 20 | | |
| 7.50 | | 78.20 | 87.04 | 68.81 | | 4 | 20 | | |
| 4.00 | 1860 | 23.38 | 25.89 | 20.57 | | 3 | 10 | | |
| 5.00 | | 36.51 | 40.44 | 32.13 | | 4 | 15 | | |
| 6.00 | | 52.58 | 58.23 | 46.27 | | 4 | 15 | | |
| 7.00 | | 71.57 | 79.27 | 62.98 | | 4 | 20 | | |

## 2. 钢绞线

钢绞线是用 2、3、7 或 19 根钢丝在绞线机上,经绞捻后,再经低温回火处理而成的。钢绞线具有强度高、柔性好、与混凝土黏结力好、易锚固等特点。主要用于大跨度、重荷载的预应力混凝土结构。其力学性能应符合标准《预应力混凝土用钢绞线》(GB/T 5224—2014),预应力混凝土用钢绞线力学性能见表 7-18 至表 7-21。

表 7-18　1×2 结构钢绞线力学性能(GB/T 5224—2014)

| 钢绞线结构 | 钢绞线公称直径 $D_n$/mm | 公称抗拉强度 $R_m$/MPa | 整根钢绞线最大力 $F_m$/kN≥ | 整根钢绞线最大力的最大值 $F_{m,max}$/kN≤ | 0.2% 屈服力 $F_{p0.2}$/kN≥ | 最大力总伸长率 ($L_0=400$ mm) $A_{gt}$/(%)≥ | 应力松弛性能 | | |
|---|---|---|---|---|---|---|---|---|---|
| | | | | | | | 初始负荷相当于实际最大力的百分数 /(%) | 1000 h 应力松弛率 $r$/(%)≤ | |
| 1×2 | 8.00 | 1470 | 36.9 | 41.9 | 32.5 | 对所有规格 | 对所有规格 | 对所有规格 | |
| | 10.00 | | 57.8 | 65.6 | 50.9 | | | | |
| | 12.00 | | 83.1 | 94.4 | 73.1 | | | | |
| | 5.00 | 1570 | 15.4 | 17.4 | 13.6 | | | | |
| | 5.80 | | 20.7 | 23.4 | 18.2 | | | | |
| | 8.00 | | 39.4 | 44.4 | 34.7 | | | | |
| | 10.00 | | 61.7 | 69.6 | 54.3 | | | | |
| | 12.00 | | 88.7 | 100 | 78.1 | 3.5 | 70 | 2.5 | |
| | 5.00 | 1720 | 16.9 | 18.9 | 14.9 | | | | |
| | 5.80 | | 22.7 | 25.3 | 20.0 | | | | |
| | 8.00 | | 43.2 | 48.2 | 38.0 | | | | |
| | 10.00 | | 67.6 | 75.5 | 59.5 | | | | |
| | 12.00 | | 97.2 | 108 | 85.5 | | 80 | 4.5 | |
| | 5.00 | 1860 | 18.3 | 20.2 | 16.1 | | | | |
| | 5.80 | | 24.6 | 27.2 | 21.6 | | | | |
| | 8.00 | | 46.7 | 51.7 | 41.1 | | | | |
| | 10.00 | | 73.1 | 81.0 | 64.3 | | | | |
| | 12.00 | | 105 | 116 | 92.5 | | | | |
| | 5.00 | 1960 | 19.2 | 21.2 | 16.9 | | | | |
| | 5.80 | | 25.9 | 28.5 | 22.8 | | | | |
| | 8.00 | | 49.2 | 54.2 | 43.3 | | | | |
| | 10.00 | | 77.0 | 84.9 | 67.8 | | | | |

表 7-19 1×3 结构钢绞线力学性能（GB/T 5224—2014）

| 钢绞线结构 | 钢绞线公称直径 $D_n$/mm | 公称抗拉强度 $R_m$/MPa | 整根钢绞线最大力 $F_m$/kN≥ | 整根钢绞线最大力的最大值 $F_{m,max}$/kN≤ | 0.2%屈服力 $F_{p0.2}$/kN≥ | 最大力总伸长率 ($L_0$=400 mm) $A_{gt}$/(%)≥ | 应力松弛性能 | |
|---|---|---|---|---|---|---|---|---|
| | | | | | | | 初始负荷相当于实际最大力的百分数/(%) | 1000 h应力松弛率 $r$/(%)≤ |
| 1×3 | 8.60 | 1470 | 55.4 | 63.0 | 48.8 | 对所有规格 | 对所有规格 | 对所有规格 |
| | 10.80 | | 86.6 | 98.4 | 76.2 | | | |
| | 12.90 | | 125 | 142 | 110 | | | |
| | 6.20 | 1570 | 31.1 | 35.0 | 27.4 | | | |
| | 6.50 | | 33.3 | 37.5 | 29.3 | | | |
| | 8.60 | | 59.2 | 66.7 | 52.1 | | | |
| | 8.74 | | 60.6 | 68.3 | 53.3 | | | |
| | 10.80 | | 92.5 | 104 | 81.4 | | | |
| | 12.90 | | 133 | 150 | 117 | | | |
| | 8.74 | 1670 | 64.5 | 72.2 | 56.8 | 3.5 | 70 | 2.5 |
| | 6.20 | 1720 | 34.1 | 38.0 | 30.0 | | | |
| | 6.50 | | 36.5 | 40.7 | 32.1 | | | |
| | 8.60 | | 64.8 | 72.4 | 57.0 | | | |
| | 10.80 | | 101 | 113 | 88.9 | | | |
| | 12.90 | | 146 | 163 | 128 | | | |
| | 6.20 | 1860 | 36.8 | 40.8 | 32.4 | | 80 | 4.5 |
| | 6.50 | | 39.4 | 43.7 | 34.7 | | | |
| | 8.60 | | 70.1 | 77.7 | 61.7 | | | |
| | 8.74 | | 71.8 | 79.5 | 63.2 | | | |
| | 10.80 | | 110 | 121 | 96.8 | | | |
| | 12.90 | | 158 | 175 | 139 | | | |
| | 6.20 | 1960 | 38.8 | 42.8 | 34.1 | | | |
| | 6.50 | | 41.6 | 45.8 | 36.6 | | | |
| | 8.60 | | 73.9 | 81.4 | 65.0 | | | |
| | 10.80 | | 115 | 127 | 101 | | | |
| | 12.90 | | 166 | 183 | 146 | | | |
| 1×3I | 8.70 | 1570 | 60.4 | 68.1 | 53.2 | | | |
| | | 1720 | 66.2 | 73.9 | 58.3 | | | |
| | | 1860 | 71.6 | 79.3 | 63.0 | | | |

表 7-20　1×7 结构钢绞线力学性能(GB/T 5224—2014)

| 钢绞线结构 | 钢绞线公称直径 $D_n$/mm | 公称抗拉强度 $R_m$/MPa | 整根钢绞线最大力 $F_m$/kN≥ | 整根钢绞线最大力的最大值 $F_{m,max}$/kN≤ | 0.2%屈服力 $F_{p0.2}$/kN≥ | 最大力总伸长率($L_0$=500 mm)$A_{gt}$/(%)≥ | 应力松弛性能 | |
|---|---|---|---|---|---|---|---|---|
| | | | | | | | 初始负荷相当于实际最大力的百分数/(%) | 1000 h应力松弛率 r/(%)≤ |
| 1×7 | 15.20 (15.24) | 1470 | 206 | 234 | 181 | 对所有规格 | 对所有规格 | 对所有规格 |
| | | 1570 | 220 | 248 | 194 | | | |
| | | 1670 | 234 | 262 | 206 | | | |
| | 9.50 (9.53) | 1720 | 94.3 | 105 | 83.0 | | | |
| | 11.10 (11.11) | | 128 | 142 | 113 | | | |
| | 12.70 | | 170 | 190 | 150 | | | |
| | 15.20 (15.24) | | 241 | 269 | 212 | | | |
| | 17.80 (17.78) | | 327 | 365 | 288 | | | |
| | 18.90 | 1820 | 400 | 444 | 352 | | | |
| | 15.70 | 1770 | 266 | 296 | 234 | | | |
| | 21.60 | | 504 | 561 | 444 | | | |
| | 9.50 (9.53) | 1860 | 102 | 113 | 89.8 | 3.5 | 70 | 2.5 |
| | 11.10 (11.11) | | 138 | 153 | 121 | | | |
| | 12.70 | | 184 | 203 | 162 | | | |
| | 15.20 (15.24) | | 260 | 288 | 229 | | | |
| | 15.70 | | 279 | 309 | 246 | | | |
| | 17.80 (17.78) | | 355 | 391 | 311 | | 80 | 4.5 |
| | 18.90 | | 409 | 453 | 360 | | | |
| | 21.60 | | 530 | 587 | 466 | | | |
| | 9.50 (9.53) | 1960 | 107 | 118 | 94.2 | | | |
| | 11.10 (11.11) | | 145 | 160 | 128 | | | |
| | 12.70 | | 193 | 213 | 170 | | | |
| | 15.20 (15.24) | | 274 | 302 | 241 | | | |
| 1×7I | 12.70 | 1860 | 184 | 203 | 162 | | | |
| | 15.20 (15.24) | | 260 | 288 | 229 | | | |
| (1×7)C | 12.70 | 1860 | 208 | 231 | 183 | | | |
| | 15.20 (15.24) | 1820 | 300 | 333 | 264 | | | |
| | 18.00 | 1720 | 384 | 428 | 338 | | | |

表 7-21 1×19 结构钢绞线力学性能（GB/T 5224—2014）

| 钢绞线结构 | 钢绞线公称直径 $D_n$/mm | 公称抗拉强度 $R_m$/MPa | 整根钢绞线最大力 $F_m$/kN≥ | 整根钢绞线最大力的最大值 $F_{m,max}$/kN≤ | 0.2%屈服力 $F_{p0.2}$/kN≥ | 最大力总伸长率（$L_0$=500 mm）$A_{gt}$/(%)≥ | 应力松弛性能 | |
|---|---|---|---|---|---|---|---|---|
| | | | | | | | 初始负荷相当于实际最大力的百分数/(%) | 1000 h应力松弛率 $r$/(%)≤ |
| 1×19S (1+9+9) | 28.6 | 1720 | 915 | 1021 | 805 | 对所有规格 | 对所有规格 | 对所有规格 |
| | 17.8 | 1770 | 368 | 410 | 334 | | | |
| | 19.3 | | 431 | 481 | 379 | | | |
| | 20.3 | | 480 | 534 | 422 | | | |
| | 21.8 | | 554 | 617 | 488 | | | |
| | 28.6 | | 942 | 1048 | 829 | 3.5 | 70 | 2.5 |
| | 20.3 | 1810 | 491 | 545 | 432 | | | |
| | 21.8 | | 567 | 629 | 499 | | 80 | 4.5 |
| | 17.8 | 1860 | 387 | 428 | 341 | | | |
| | 19.3 | | 454 | 503 | 400 | | | |
| | 20.3 | | 504 | 558 | 444 | | | |
| | 21.8 | | 583 | 645 | 513 | | | |
| 1×19W (1+6+6/6) | 28.6 | 1720 | 915 | 1021 | 805 | | | |
| | | 1770 | 942 | 1048 | 829 | | | |
| | | 1860 | 990 | 1096 | 854 | | | |

预应力混凝土钢丝与钢绞丝具有强度高、柔性好、无接头等优点,且质量稳定,安全可靠,施工时不需冷拉及焊接,主要用作大跨度桥梁、屋架、吊车梁、薄腹梁、电杆、轨枕等预应力钢筋。

**（五）钢结构用钢材**

钢结构用钢材主要是热轧成型的钢板和型钢等;薄壁轻型钢结构中主要采用薄壁型钢、圆钢和小角钢;钢材所用的母材主要是普通碳素结构钢和低合金高强度结构钢。

**1. 热轧型钢**

钢结构常用型钢有工字钢、H 型钢、T 型钢、Z 型钢、槽钢、等边角钢和不等边角钢等。如图 7-12 所示为几种常用型钢示意图。型钢由于截面形式合理,材料在截面上分布对受力最为有利,且构件间连接方便,所以它是钢结构中采用的主要钢材。

钢结构用钢的钢种和钢号,主要根据结构与构件的重要性、荷载的性质(静载或动载)、连接方法(焊接、铆接或螺栓连接)、工作条件(环境温度及介质)等因素来选择。

工字钢广泛应用于各种建筑结构和桥梁,主要用于承受横向弯曲(腹板平面内受弯)的杆件,但不宜单独用作轴心受压构件或双向弯曲的构件。与工字钢相比,H 型钢优化了截面的分布,有翼缘宽、侧向刚度大、抗弯能力强、翼缘两表面相互平行、连接构造方便、省

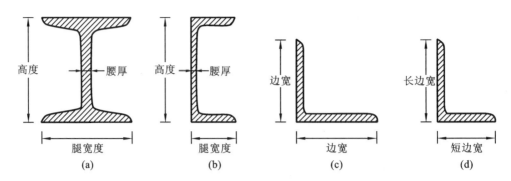

**图 7-12　几种常用热轧型钢截面示意图**
(a)工字钢;(b)槽钢;(c)等边角钢;(d)不等边角钢

劳力、重量轻、节省钢材等优点。常用于承载力大、截面稳定性好的大型建筑,其中,宽翼缘和中翼缘 H 型钢适用于钢柱等轴心受压构件,窄翼缘 H 型钢适用于钢梁等受弯构件。槽钢可用作承受轴向力的杆件、承受横向弯曲的梁以及联系杆件,主要用于建筑结构、车辆制造等。

角钢主要用作承受轴向力的杆件和支撑杆件,也可作为受力构件之间的连接零件。

**2. 钢板**

钢板有热轧钢板和冷轧钢板之分,按厚度分为厚板(厚度大于 4 mm)和薄板(厚度小于等于 4 mm)两种。厚板用热轧方式生产,材质按使用要求相应选取;薄板用热轧或冷轧方式均可生产,冷轧钢板一般质量较好,性能优良,但其成本高,土木工程中使用的薄钢板多为热轧型。

钢板的钢种主要是碳素钢,某些重型结构、大跨度桥梁等也采用低合金钢。厚板主要用于结构,薄板主要用于屋面板、楼板和墙板等。在钢结构中,单块钢板不能独立工作,必须用几块板组合成工字形、箱形等结构来承受荷载。

**3. 钢管**

按照生产工艺,钢结构所用钢管分为热轧无缝钢管和焊接钢管两大类。

1) 热轧无缝钢管

以优质碳素钢和低合金结构钢为原材料,多采用热轧-冷拔联合工艺生产,也可用冷轧方式生产,但后者成本高昂。主要用于压力管道和一些特定的钢结构。

2) 焊接钢管

采用优质或普通碳素钢钢板卷焊而成,表面镀锌或不镀锌(视使用而定)。按其焊缝形式有直缝电焊钢管和螺旋焊钢管,适用于各种结构、输送管道等用途。焊接钢管成本较低,容易加工,但多数情况下抗压性能较差。在土木工程中,钢管多用于制作桁架、塔桅、钢管混凝土等,广泛应用于高层建筑、厂房柱、塔柱、压力管道等工程中。

3) 建筑结构用冷弯矩形钢管(JG/T 178—2005)

建筑结构用冷弯矩形钢管指采用冷轧或热轧钢带,经连续辊式冷弯及高频直缝焊接生产形成的矩形钢管。成型方式包括直接成方和先圆后方两种。冷弯矩形钢管以冷加工状态交货。如有特殊要求,由供需双方协商确定。

按产品截面形状分为冷弯正方形钢管、冷弯长方形钢管。按产品屈服强度等级分为

235、345、390。按产品性能和质量要求等级分为:较高级Ⅰ级,在提供原料的化学性能和产品的机械性能前提下,还必须保证原料的碳当量,产品的低温冲击性能、疲劳性能及焊缝无损检测可作为协议条款;普通级Ⅱ级,仅提供原料的化学性能和机械性能。按产品成型方式分为直接成方(方变方),以 Z 表示;先圆后方(圆变方),以 X 表示。

冷弯矩形钢管用的标记由原料钢种牌号、长×宽×壁厚、产品等级/成型方式、产品标准号四部分组成。例如,原料钢种牌号为 Q235B,产品截面尺寸是 500 mm×400 mm×16 mm,产品性能和质量要求等级达到Ⅰ级,采用直接成方成型方式制造的冷弯矩形钢管标记为 Q235B—500×400×16(Ⅰ/Z)—JG/T178—2005。

4)结构用高频焊接薄壁 H 型钢(JG/T 137—2007)

结构用高频焊接薄壁 H 型钢包括普通高频焊接薄壁 H 型钢和卷边高频焊接薄壁 H 型钢两种。其中,普通高频焊接薄壁 H 型钢是由三条平直钢带经连续高频焊接而成的,截面形式为工字形的型钢。卷边高频焊接薄壁 H 型钢是上下翼缘冷弯成"C"形,其余形式与普通高频焊接薄壁 H 型钢相同的型钢。

普通高频焊接薄壁 H 型钢的标记由代号 LH、截面高度×翼缘宽度×腹板厚度×翼缘厚度组成。卷边高频焊接薄壁 H 型钢的标记由代号 CLH、截面高度×翼缘宽度×翼缘卷边高度×腹板厚度×翼缘厚度组成。

示例 1:截面高度为 200 mm,翼缘宽度为 100 mm,腹板厚度为 3.2 mm,翼缘厚度为 4.0 mm 的普通高频焊接薄壁 H 型钢表示为 LH200×100×3.2×4.0。

示例 2:截面高度为 200 mm,翼缘宽度为 100 mm,卷边高度 25 mm,腹板及翼缘厚度均为 3.2 mm 的卷边高频焊接薄壁 H 型钢表示为 CLH200×100×25×3.2×3.2。

# 项目四　本单元试验技能训练

## 试验一　一般规定

(1)钢筋混凝土用热轧钢筋,同一公称直径和同一炉罐号组成的钢筋应分批检查和验收,每批质量不大于 60 t。

(2)钢筋应有出厂证明或试验报告单。验收时应抽样做力学性能试验:拉伸试验和冷弯试验。两个项目中如有一个项目不合格,该批钢筋即为不合格品。

(3)钢筋在使用中若有脆断、焊接性能不良或机械性能显著不正常时,还应进行化学成分分析。

(4)验收取样时,自每批钢筋中任取两根截取拉伸试样,任取两根截取冷弯试样。在拉伸试验的试件中,若有一根试件的屈服点、抗拉强度和伸长率三个指标中有一个达不到标准中的规定值,或冷弯试验中有一根试件不符合标准要求,则在同一批钢筋中再抽取双倍数量的试件进行该不合格项目的复验,复验结果中只要有一个指标不合格,则该试验项目判定为不合格,整批不得交货。

## 试验二　拉伸试验

(一)试验目的

测定钢筋的屈服点、抗拉强度和伸长率,评定钢筋的强度等级。

### (二) 主要仪器设备

(1) 万能材料试验机:示值误差不大于 1%。量程的选择:试验时达到最大荷载时,指针最好在第三象限(180°~270°)内,或者数显破坏荷载在量程的 50%~75%。

(2) 钢筋打点机或划线机、游标卡尺(精度为 0.1 mm)等。

### (三) 试样制备

拉伸试验用钢筋试件不得进行车削加工,可以用两个或一系列等分小冲点或细划线标出试件原始标距,测量标距长度 $L_0$,精确至 0.1 mm,如图 7-13 所示。

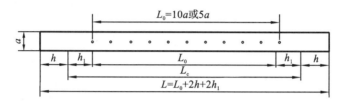

图 7-13　钢筋拉伸试验试件

$a$—试样原始直径;$L_0$—标距长度;$h_1$—取$(0.5\sim1)a$;$h$—夹具长度

### (四) 试验步骤

受拉破
坏视频

(1) 将试件上端固定在试验机上夹具内,调整试验机零点,装好描绘器、纸、笔等,再用下夹具固定试件下端。

(2) 开动试验机进行拉伸,拉伸速度为:屈服前应力增加速度为 10 MPa/s;屈服后试验机活动夹头在荷载下移动速度不大于 $0.5\ L_c$/min,直至试件拉断。

(3) 拉伸过程中,测力度盘指针停止转动时的恒定荷载,或第一次回转时的最小荷载,即为屈服荷载 $F_s$(N)。向试件继续加荷直至试件拉断,读出最大荷载 $F_b$(N)。

(4) 测量试件拉断后的标距长度 $L_1$。将已拉断的试件两端在断裂处对齐,尽量使其轴线位于同一条直线上。

如拉断处距离邻近标距端点大于 $L_0/3$,可用游标卡尺直接量出 $L_1$。如拉断处距离邻近标距端点小于或等于 $L_0/3$,可按下述移位法确定 $L_1$:在长段上自断点起,取等于短段格数得 $B$ 点,再取等于长段所余格数(偶数如图 7-14(a))之半得 $C$ 点;或者取所余格数(奇数如图 7-14(b))减 1 与加 1 之半得 $C$ 与 $C_1$ 点。则移位后的 $L_1$ 分别为 $AB+2BC$ 或 $AB+BC+BC_1$。

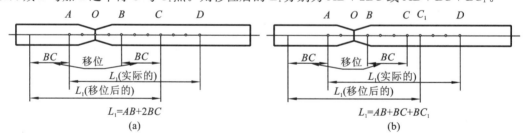

图 7-14　用移位法计算标距

如果直接测量所求得的伸长率能达到技术条件要求的规定值,则可不采用移位法。

## （五）结果评定

（1）钢筋的屈服点 $\sigma_s$ 和抗拉强度 $\sigma_b$ 按下式计算：

$$\sigma_s = \frac{F_s}{A} \tag{7-5}$$

$$\sigma_b = \frac{F_b}{A} \tag{7-6}$$

式中　$\sigma_s$、$\sigma_b$——钢筋的屈服点和抗拉强度，MPa；

　　　$F_s$、$F_b$——钢筋的屈服荷载和最大荷载，N；

　　　$A$——试件的公称横截面积，$mm^2$。

（2）钢筋的断后伸长率确定。

为了测定断后伸长率，应将试样断裂的部分仔细地配接在一起使其轴线处于同一直线上，并采取措施确保试样断裂部分适当接触后测量试样断后标距。这对小横截面试样和低伸长率试样尤为重要。

按式（7-7）计算断后伸长率 $\delta_5$（或 $\delta_{10}$）：

$$\delta_5（或 \delta_{10}） = \frac{L_1 - L_0}{L_0} \times 100\% \tag{7-7}$$

式中　$L_0$——原始标距；

　　　$L_1$——断后标距。

应使用分辨力足够的量具或测量装置测定断后伸长量（$L_1 - L_0$），并准确到 $\pm 0.25$ mm。

原则上只有断裂处与最接近的标距标记的距离不小于原始标距的三分之一情况方为有效。但断后伸长率大于或等于规定值，不管断裂位置处于何处测量均为有效。如规定的最小断后伸长率小于 5%，则应依据 GB/T 228.1—2010 的附录 G 测定；如断裂处与最接近的标距标记的距离小于原始标距的三分之一，应依据 GB/T 228.1—2010 的附录 H 进行测定。

（3）试验结果数值的修约。

根据 GB/T 228.1—2010 的规定，试验测定的性能结果数值应按照相关产品标准的要求进行修约。如未规定具体要求，应按照如下要求进行修约：

——强度性能值修约至 1MPa；

——屈服点延伸率修约至 0.1%，其他延伸率和断后伸长率修约至 0.5%；

——断面收缩率修约至 1%。

# 试验三　冷弯试验

## （一）试验目的

试验根据：《金属材料　弯曲试验方法》（GB/T 232—2010）。

通过冷弯试验，对钢筋塑性进行严格检验，也间接测定钢筋内部的缺陷及可焊性。

## （二）主要仪器设备

弯曲试验应在配备下列弯曲装置之一的试验机或压力机上完成。

（1）配有两个支辊和一个弯曲压头的支辊式弯曲装置，如图 7-15（a）所示。

① 支辊长度和弯曲压头的宽度应大于试样宽度或直径。弯曲压头的直径由产品标准

规定。支辊和弯曲压头应具有足够的强度。

② 除非另有规定,支辊间距离 $l$ 应按 $l=(d+3a)\pm\dfrac{a}{2}$ 确定,此距离在试验期间应保持不变。注意,此距离在试验前期保持不变,对于 180°弯曲试样此距离会发生变化。

(2) 配有一个 V 形模具和一个弯曲压头的 V 形模具式弯曲装置,如图 7-15(b)所示。

模具的 V 形槽其角度应为(180°−α),弯曲角度 α 应在相关产品标准中规定。

模具的支承棱边应倒圆,其倒圆半径应为(1~10)倍试样厚度。模具和弯曲压头宽度应大于试样宽度或直径并应具有足够的硬度。

(3) 虎钳式弯曲装置,如图 7-15(c)所示。

装置由虎钳及有足够硬度的弯曲压头组成,可以配置加力杠杆。弯曲压头直径应按照相关产品标准要求,弯曲压头宽度应大于试样宽度或直径。

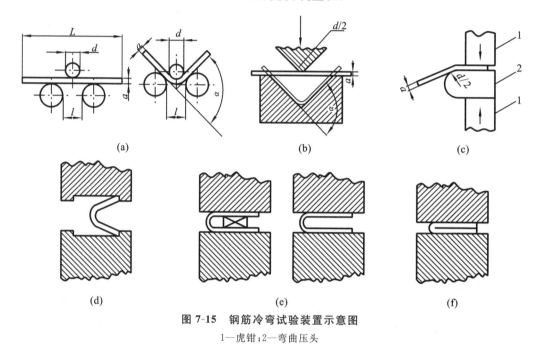

图 7-15  钢筋冷弯试验装置示意图

1—虎钳;2—弯曲压头

## (三) 试验步骤

试验过程中应采取足够的安全措施和防护装置。

(1) 试验一般在 10~35℃的室温范围内进行。对温度要求严格的试验,试验温度应为(23±5)℃。

(2) 按照相关产品标准规定,采用下列方法之一完成试验:

① 试样在给定的条件和力作用下弯曲至规定的弯曲角度(图 7-15(a)、(b)、(c));

② 试样在力作用下弯曲至两臂相距规定值且相互平行(图 7-15(d)、(e));

③ 试样在力作用下弯曲至两臂直接接触(图 7-15(f))。

(3) 试样弯曲至规定弯曲角度的试验,应将试样放于两支辊(图 7-15(a))或 V 形模具(图 7-15(b))上,试样轴线应与弯曲压头轴线垂直,弯曲压头在两支座之间的中点处对试样连续施加力使其弯曲,直至达到规定的弯曲角度。弯曲角度 α 可以通过测量弯曲压头的位移计算得出。

也可以采用图 7-15(c)所示的方法进行弯曲试验。试样一端固定,绕弯曲压头进行弯曲,可以绕过弯曲压头,直至达到规定的弯曲角度。

弯曲试验时,应当缓慢地施加弯曲力,以使材料能够自由地进行塑性变形。

当出现争议时,试验速率应为(1±0.2) mm/s。

使用上述方法如不能直接达到规定的弯曲角度,可将试样置于两平行压板之间(图7-15(d)),连续施加力压其两端使其进一步弯曲,直至达到规定的弯曲角度。

(4)试样弯曲至两臂相互平行的试验,首先对试样进行初步弯曲,然后将试样置于两平行压板之间(图 7-15(d)),连续施加力压其两端使其进一步弯曲,直至两臂平行(图 7-15(e))。试验时可以加或不加内置垫块。垫块厚度等于规定的弯曲压头直径,除非产品标准另有规定。

(5)试样弯曲至两臂接触的试验,首先对试样进行初步弯曲,然后将试样置于两平行压板之间,连续施加力压其两端使其进一步弯曲,直至两臂直接接触(图 7-15(f))。

（四）试验结果评定

(1)应按照相关产品标准的要求评定弯曲试验结果。如未规定具体要求,弯曲试验后不使用放大仪器观察,试样弯曲外表面无可见裂纹应评定为合格。

(2)以相关产品标准规定的弯曲角度作为最小值;若规定弯曲压头直径,以规定的弯曲压头直径作为最大值。

【复习思考题】

1. 为何说屈服点、抗拉强度、伸长率是建筑用钢材的重要技术性能指标?

2. 低碳钢的拉伸经历了哪些阶段,其对应的技术指标分别是什么? 各阶段有何特点?

3. 冷加工和时效对钢材性能有何影响?

4. 解释以下代号:

　　Q235CTZ　　　Q420CZ　　　HPB300　　　HRB335　　　CRB650

5. 建筑上常用的低合金钢有哪些牌号?

6. 工地上为何常对强度偏低而塑性偏大的低碳盘条钢筋进行冷拉?

# 单元八　有机材料

»→ ‖学习目标‖ ......

1. 了解有机材料的含义及分类。

2. 掌握沥青的分类、组分及其特点、沥青主要技术性质的含义及测定方法；建筑涂料的基本概念、组成、分类、使用及基本性能要求；掌握塑料的组成及性质；常用建筑塑料的性能及应用。

3. 熟悉常用防水卷材的分类、性能及应用；掌握熟悉建筑胶黏剂的概念、组成及选用原则。

## 项目一　有机材料概述

有机材料由于其价格较低,易于加工,在建筑工程中使用得越来越广泛,主要包括木材、沥青材料和有机高分子材料。

木材属于天然有机材料,具有轻质高强、导电导热性低、弹性及韧性好、易于加工等优良性能。由于其价格较高、破坏生态环境、易腐朽、易被虫蛀等缺点,通常不用于结构材料；但因其纹理美观,被广泛应用于装饰装修(详见单元十)工程中。

沥青材料是由工业提炼或石油冶炼之后的产物,成分复杂,结构致密,黏结力强,并具有较强的抗腐蚀性及电绝缘性,广泛应用于防水、防潮、防腐、防渗及路面工程。但由于沥青组分不固定,易于老化等特点,常经乳化改性或聚合物改性处理后使用。

有机高分子材料是指主要成分为高分子化合物的材料,根据其生产方式分为天然高分子材料和合成高分子材料。有机高分子材料具有来源广泛、质轻、韧性好、易合成及易成型等优良性能,因而在建筑中得到了广泛的应用,如塑料、合成橡胶、涂料、胶黏剂、高分子防水材料等已成为主要建筑材料。有机高分子材料占建筑材料用量的25%以上,主要用于制作建筑材料与制品、对传统建筑材料进行改性。合成高分子建筑材料,除少数用作结构材料代替钢材和木材外,绝大多数用作非结构材料及装饰装修材料。

## 项目二　防水卷材

防水材料是指能够防止房屋建筑中的雨水、地下水及其他水渗透的材料,在建筑工程中必不可少。防水卷材是建筑防水工程中应用的主要材料,约占整个防水材料的90%。根据其所用原材料不同,防水材料分为沥青卷材、高分子防水卷材、高聚物改性沥青防水卷材、细石防水混凝土等。

### 一、沥青

沥青是一种有机胶凝材料,由复杂的大分子碳氢化合物及非金属(氧、硫、氮等)衍生物混合而成的、常温下为黑色或黑褐色液体、固体或半固体的材料。沥青是一种憎水性材料，结构致密，能抵抗一般酸、碱、盐等侵蚀性液体和气体的侵蚀，是建筑工程中应用最广泛的一种防水材料。

沥青根据其来源分为地沥青和焦油沥青两类。地沥青是天然存在或由石油精制加工得到的沥青，分为天然沥青和石油沥青。焦油沥青是由各种有机物（木材、页岩或烟煤等）干馏加工得到焦油，再分馏提炼出轻质油后所得，分为煤沥青、木沥青和页岩沥青。建筑工程上主要应用的为石油沥青，另有少量煤沥青。

### （一）石油沥青

石油沥青是由石油原油经蒸馏等炼制工艺提炼出各种轻质油（汽油、煤油、柴油等）和润滑油后的残余物，经再加工后的产物，成分复杂，主要组成元素为碳、氢，并包括不到3%的氧、硫、氮等非金属元素。

石油沥青的化学成分很复杂，难以分离出来做化学成分分析，为便于研究，通常将其化合物按化学成分和物理性质比较接近的，并与沥青技术性质有一定联系的几个组群划分，这些组群即为"组分"。根据我国交通行业标准《公路工程沥青及沥青混合料试验规程》(JTG E20—2019)规定，石油沥青可有三组分和四组分两种分析方法，一般常用三组分分析法分析。

三组分分析法是将沥青从不同的有机溶剂中选择性地溶解分离出来，有油分、树脂和沥青质三个组分，其含量及形状见表8-1。

表 8-1 石油沥青三组分分析法各组分特征

| 组分 | 外观特征 | 密度/(g/cm³) | 平均分子量 | 碳氢比 | 含量/(%) |
|---|---|---|---|---|---|
| 油分 | 淡黄色至红褐色油状液体 | 0.7～1.0 | 300～500 | 0.5～0.7 | 40～60 |
| 树脂 | 黄色至黑褐色黏稠状半固体 | 1.0～1.1 | 600～1000 | 0.7～0.8 | 15～30 |
| 沥青质 | 深褐色至黑色无定形固体粉末 | 1.1～1.5 | 1000～6000 | 0.8～1.0 | 5～30 |

油分为淡黄色至红褐色的流动至黏稠的液体，是沥青中分子量及密度均最小的组分，在石油沥青中，其含量为40%～60%。油分使石油沥青具有流动性，在170℃加热较长时间可挥发。其含量越高，黏度越小、软化点越低，沥青流动性越大，但温度稳定性差。

树脂为黄色至黑褐色的黏稠半固体，分子量比油分大，在石油沥青中，树脂的含量为15%～30%，它赋予石油沥青良好的塑性、可流动性和黏结性。其含量越高，塑性及黏结力越好。酸性树脂作为沥青中的表面活性物质，能改善石油沥青对矿物材料的亲和黏附性，并增加了其可乳化性。

沥青质为深褐色至黑色的硬、脆无定形不溶性固体，分子量比树脂大，在石油沥青中，地沥青质含量为10%～30%。沥青质是决定石油沥青热稳定性和黏性的重要组分，其含量增加，软化点越高，黏性愈大，愈硬愈脆。其染色力强、光敏感性强，感光后不溶解。

此外，石油沥青中往往还含有一定量的固体石蜡，是沥青中的有害物质，它会降低沥青的黏结性、塑性、耐热性和稳定性。另外，石油沥青中含有的少量的沥青碳及似碳物，会降低石油沥青的黏结力。

不同组分对石油沥青的性质影响不同，液体沥青中油分、树脂多，流动性好，而固体沥青中树脂、沥青质多，所以热稳定性和黏性好。石油沥青中的组分比例并非固定不变，在高温、阳光、空气和水等外界因素作用下,组分会由油分向树脂、树脂向沥青质转变,油分、树脂逐渐减少,而沥青质逐渐增多,使沥青流动性、塑性逐渐变小,脆性增加直至脆裂,这个现象称为沥青材料的老化。

### (二) 石油沥青的主要技术性质

#### 1. 黏滞性(黏性)

黏滞性是指石油沥青在外力作用下抵抗变形的性能,反映沥青材料内部胶团阻碍其相对流动的特性,也反映了沥青软硬、稀稠程度。沥青黏滞性通常用黏度表示,是其重要指标之一,也是划分沥青牌号的主要依据。

针入度
测定仪

沥青黏度可由针入度仪及标准黏度计测定,测得的值为"相对黏度"。针入度法适用于黏稠石油沥青,反映的是石油沥青抵抗剪切变形的能力,针入度越小,黏度越大。针入度是在规定温度和时间内,附加一定质量的标准针垂直贯入沥青试样的深度,以 0.1 mm 计。参照我国行业标准《公路工程沥青及沥青混合料试验规程》(JTG E20—2019)中 T 0604—2019 沥青针入度试验。对于液体石油沥青或较稀的石油沥青,一般用标准黏度计测定所得的标准黏度表示。标准黏度是在规定温度、规定直径的孔口流出 50 mL 沥青所需的秒数,常用 $C_{t,d}$ 表示,$d$ 表示孔径,$t$ 表示试验温度。显然,试验温度越高,流孔直径越大,流出时间越长,则沥青黏度越大。

当沥青含量较高,有适量树脂,但油分含量较少时,黏滞性较大。在一定温度范围内,当温度升高时,黏滞性随之降低,反之则增大。

#### 2. 塑性

塑性是指石油沥青在外力作用时产生变形而不破坏,除去外力后变形保持不变的性能,是石油沥青的重要指标之一。

石油沥青的塑性与其组分有关。石油沥青中树脂含量大,其他组分含量适当,则塑性较高;温度及沥青膜层厚度会影响塑性,温度升高,塑性增大;膜层增厚,塑性也增大;反之亦然。在常温下,沥青的塑性较好,对振动和冲击作用有一定承受能力,并在被破坏后由于其黏滞性可自行愈合,因此常将沥青铺作路面。另外,沥青能被制成性能良好的柔性防水材料,很大程度上也取决于这种性质。

延伸度
测定仪

沥青的塑性用延度(延伸度)表示。参照我国行业标准《公路工程沥青及沥青混合料试验规程》(JTG E20—2019)中 T 0605—2019 沥青延度试验,延度是将沥青制成倒"8"字形标准试件,在延度仪中以规定拉伸速度[(5±0.25) cm/min]和规定温度下可伸长的最大长度(cm)。延度越大,塑性越好。

#### 3. 温度敏感性(温度稳定性)

沥青是一种有机非晶态热塑性物质,因此没有固定熔点。当温度升高时,沥青由固态或半固态逐渐软化,使沥青胶团之间发生相对滑动,呈现黏流态。反之,温度降低时,沥青由黏流态转变为固态,甚至向硬脆玻璃态转变。这就是沥青随温度变化所呈现的温度敏感性。

软化点
测定仪

温度敏感性是指石油沥青的黏滞性和塑性随温度升降而变化的性质。温度敏感性是评价沥青质量的重要指标。温度敏感性越大,则沥青的温度稳定性越低。

评价沥青温度敏感性的指标很多,通常用"软化点"表示。软化点是指沥青材料由固体状态转变为具有一定流动性膏体的温度。软化点可通过试验测定。参照我国行业标准《公路工程沥青及沥青混合料试验规程》(JTG E20—2019)中

T 0606—2019 软化点("环球法")试验,参照试验部分附录。沥青软化点各不相同,大致在25～100 ℃之间。软化点高,说明沥青的耐热性好,但软化点过高,又不易加工;软化点低的沥青,温度敏感性高,不利于夏季高温使用,易产生变形,甚至流淌。因此,在实际工程应用中要选取合适软化点的沥青,为保证其塑性及温度敏感性,常对沥青作改性处理,如添加增塑剂、胶粉、树脂等。

**4. 大气稳定性**

大气稳定性是指石油沥青在高温、阳光、水分和空气等大气因素作用下抵抗老化的能力,也即沥青材料的耐久性。在外界因素作用下,沥青的化学组成和性能都会发生变化,低分子物质将逐渐转变为大分子物质,即油分和树脂减少而沥青质逐渐增多,流动性和塑性逐渐减小,硬脆性逐渐增大,直至脆裂,甚至完全松散而失去黏结力,这个过程即沥青的老化。

石油沥青的大气稳定性用抗老化性能表征。参照我国行业标准《公路工程沥青及沥青混合料试验规程》(JTG E20—2019)中 T 0608—2019 沥青蒸发损失试验,是以沥青试样经加热蒸发前后的质量损失、针入度变化等试验结果评定。

**5. 施工安全性**

沥青在施工过程中通常需要加热,当加热至一定温度时,沥青挥发的有机物蒸气与空气结合成的混合气体如遇火源易发生闪火,若温度继续升高,则易燃混合气体极易燃烧从而引发火灾。因此,需测定其闪点和燃点温度,以保证沥青施工安全。

闪点也称闪火点,是指沥青加热时挥发的可燃气体与空气组成的混合气体,在规定条件下与火源接触,有蓝色闪光即初次闪火时对应的温度。燃点也称着火点,是指沥青加热时挥发的可燃气体与空气组成的混合气体,与火源接触并能持续燃烧 5 s 以上时对应的温度。燃点一般比闪点高 10 ℃左右,沥青质含量越高,闪点和燃点越大,而液体沥青轻质组分越多,闪点和燃点的温度相差越小。

闪点和燃点的测定参照我国行业标准《公路工程沥青及沥青混合料试验规程》(JTG E20—2019)中 T 0611—2019 沥青闪点与燃点试验(克利夫兰开口杯法)。

**(三)石油沥青的应用**

沥青在使用时,应根据当地气候条件、工程性质(房屋、道路、防腐)、使用部位(屋面、地下)及施工方法具体选择沥青的品种和牌号。对一般温暖地区、受日晒或经常受热部位,为防止受热软化,应选择牌号较小的沥青;在寒冷地区,夏季暴晒、冬季受冻的部位,不仅要考虑受热软化,还要考虑低温脆裂,应选用中等牌号沥青;对一些不易受温度影响的部位,可选用牌号较大的沥青。当缺乏所需牌号的沥青时,可用不同牌号的沥青进行掺配。

石油沥青常用于道路路面及建筑屋面与地下防水、防潮、防腐等工程。

道路石油沥青主要是在道路工程中作为胶凝材料与集料和矿物等共同配合成沥青混合料使用。道路石油沥青黏度低,塑性好,主要用于配制沥青混凝土和沥青砂浆,广泛应用于道路路面和工业厂房地面等工程。

建筑石油沥青针入度较小,软化点较高,但延伸度较小,即其黏性较大,耐热性较好,塑性较差,主要用于生产防水卷材、防水涂料、防水密封材料等,广泛应用于建筑防水工程及管道防腐工程。一般屋面用的沥青,软化点应比本地区屋面可能达到的最高温度高 20～25 ℃,以避免夏季流淌。

防水防潮石油沥青质地较软,温度敏感性较小,适于做卷材涂复层。普通石油沥青因含蜡量较高,性能较差,建筑工程中应用很少。

有机材料
应用案例一

## 二、沥青防水卷材

沥青防水卷材是以沥青(石油沥青或煤焦油、煤沥青)为主要防水原材料,以原纸、织物、纤维毡、塑料薄膜、金属箔等为胎基(载体),用不同矿物粉料或塑料薄膜等作隔离材料所制成的防水卷材,通常称之为油毡。胎基是油毡的骨架,使卷材具有一定的形状、强度和韧性,从而保证了在施工中的铺设性和防水层的抗裂性,对卷材的防水效果有直接影响。沥青防水卷材由于卷材质量轻、价格低廉、防水性能良好、施工方便、能适应一定的温度变化和基层伸缩变形,故多年来在工业与民用建筑的防水工程中得到了广泛应用,据《2009 年中国建筑防水材料行业发展报告》统计,沥青防水卷材占防水材料比重为 17%。通常根据沥青和胎基的种类对油毡进行分类,如石油沥青纸胎油毡、石油沥青玻纤油毡等。

### (一)沥青防水卷材

**1. 石油沥青纸胎油纸、油毡**

凡用低软化点热熔沥青浸渍原纸而制成的防水卷材称油纸;在油纸两面再浸涂软化点较高的沥青后,撒上防粘物料即成油毡。表面撒石粉作隔离材料的称为粉毡,撒云母片作隔离材料的称为片毡。

油纸和油毡均以原纸每平方米质量克数划分标号。石油沥青油纸分为 200,350 两个标号;油毡分为 200,350,500 三个标号;煤沥青油毡分为 200,270,350 三个标号。油纸和油毡幅宽有 915 mm、1000 mm 两种,每卷面积为(20±0.3) m²。

油纸主要用于建筑防潮和包装,也可用于多叠层防水层的下层或刚性防水层的隔离层。油毡适用面广,但石油沥青纸胎油毡的防水性能差、耐久年限低。建设部于 1991 年 6 月颁发的《关于治理屋面渗漏的若干规定》中已明确规定:屋面防水材料选用石油沥青油毡的,其设计应不少于三毡四油。所以,纸胎油毡按规定一般只能用作多叠层防水,其中 500 号粉毡用于"三毡四油"的面层,350 号粉毡用于里层和下层;也可用"二毡三油"的简易做法来做非永久性建筑(如简易宿舍、简易车间等)的防水层;200 号油毡适用于简易防水、临时性建筑防水、建筑防潮及包装等;片毡用于单层防水。

**2. 煤沥青纸胎油毡**

煤沥青纸胎油毡(以下简称油毡)系采用低软化点煤沥青浸渍原纸,然后用高软化点煤沥青涂盖油纸两面,再涂或撒隔离材料所制成的一种纸胎防水材料。

油毡幅宽为 915 mm 和 1000 mm 两种规格。油毡按技术要求分为一等品(B)和合格品(C);按所用隔离材料分为粉状面油毡(F)和片状面油毡(P)两个品种。油毡的标号分为 200 号、270 号和 350 号三种。

**3. 其他纤维胎油毡**

这类油毡是以玻璃纤维布、石棉布、麻布等为胎基,用沥青浸渍涂盖而成的防水卷材。与纸胎油毡相比,其抗拉强度、耐腐蚀性、耐久性都有较大提高。

1)沥青玻璃布油毡

沥青玻璃布油毡是用中蜡石油沥青或用高蜡石油沥青经氧化锌处理后,再配以低蜡沥青,涂盖玻璃纤维两面,并撒布粉状防粘物料而制成的。它是一种以无机纤维为胎基的沥青防水卷材。这种油毡的耐化学侵蚀性好,玻璃布胎不腐烂,耐久性好,抗拉强度高,有较强的防水性能。沥青玻璃布油毡按幅宽可分为 900 mm 和 1000 mm 两种规格。

2)沥青玻纤胎油毡

沥青玻纤胎油毡是以无定向玻璃纤维交织而成的薄毡为胎基,用优质氧化沥青或改性沥青浸涂薄毡两面,再以矿物粉、砂或片状沙砾作撒布料制成的油毡。沥青玻纤胎油毡由于采用 200 号石油沥青或渣油氧化成软化点大于 90 ℃、针入度大于 25 的沥青(或经改性的沥青),故涂层有优良的耐热性和耐低温性,油毡有良好的抗拉强度,其延伸率比 350 号纸胎油毡高一倍,吸水率也低,故耐水性好,因此,其使用寿命大大超过纸胎油毡。另外,沥青玻纤胎油毡优良的耐化学性侵蚀和耐微生物腐烂的特点,使其耐腐蚀性大大提高。沥青玻纤毡油胎的防水性能优于玻璃布胎油毡。

沥青玻纤胎油毡可用于屋面及地下防水层、防腐层及金属管道的防腐层等。由于沥青玻纤胎油毡质地柔软,用于阴阳角部位防水处理,边角服帖、不易翘曲、易于黏结牢固。

### (二)改性沥青防水卷材

由于沥青高温下强度低,低温下缺乏韧性,表现为高温易流淌,低温易脆裂。这是沥青防水屋面渗漏现象严重,使用寿命短的原因之一。如前所述,沥青是由分子量几百到几千的大分子化合物组成的复杂混合物,但分子量比通常高分子材料(几万到几百万或以上)小得多,且其分子量最高(几千)的组分在沥青中的比例比较小,因此沥青材料的强度不高,弹性较差。为此,常添加高分子的聚合物对沥青进行改性。高分子的聚合物分子和沥青分子相互扩散、发生缠结,形成凝聚的网络混合结构,因而具有较高的强度和较好的弹性。据《2009 年中国建筑防水材料行业发展报告》统计,改性沥青防水卷材占防水材料比重为 25%。根据掺用高分子材料的不同,改性沥青可分为橡胶改性沥青、树脂改性沥青、橡胶树脂共混改性沥青三类。

**1. 橡胶改性沥青**

在沥青中掺入适量橡胶后,可使沥青的高温变形性变小,提升常温弹性和低温塑性。常用的橡胶有 SBS 橡胶、氯丁橡胶、废橡胶等。

**2. 树脂改性沥青**

在沥青中掺入适量树脂后,可使沥青具有较好的耐高低温性、黏结性和不透气性。常用树脂有无规聚丙烯(APP)、聚乙烯(PE)、聚丙烯(PP)等。

**3. 橡胶树脂共混改性沥青**

在沥青中掺入适量的橡胶和树脂后,沥青兼具橡胶和树脂的特性,常见的有氯化聚乙烯-橡胶共混改性沥青及聚氯乙烯-橡胶共混改性沥青等。

## 三、合成高分子防水材料

合成高分子防水卷材是以合成橡胶、合成树脂或两者的共混体为基材,加入适量的化学助剂、填充料等,经过塑炼、混炼、压延或挤出成型、硫化、定型、检验、分卷、包装等工序加工制成的无胎防水材料。其具有抗拉强度高、断裂延伸率大、抗撕裂强度好、耐热耐低温性能优良、耐腐蚀、耐老化、可单层施工及冷作业等优点,是继改性石油沥青防水卷材之后发展起来的性能更优的新型防水材料,显示出独特的优异性。据《2009 年中国建筑防水材料行业发展报告》统计,合成高分子防水材料占防水材料比重为 16%。常用的有三元乙丙橡胶、丁基橡胶、氯丁橡胶、再生橡胶、聚氯乙烯、氯化聚乙烯、氯磺化聚乙烯等几十个品种。

## （一）三元乙丙橡胶防水卷材

三元乙丙橡胶防水卷材是以乙烯、丙烯和双环戊二烯三种单体共聚合成的三元乙丙橡胶为主体,掺入适量的丁基橡胶、硫化剂、促进剂、软化剂、补强剂和填充剂等,经密炼、拉片、过滤、挤出(或压延)成型、硫化、检验、分卷、包装等工序加工制成的高弹性防水材料。三元乙丙橡胶防水卷材,与传统的沥青防水材料相比,具有防水性能优异、耐候性好、耐臭氧及耐化学腐蚀性强、弹性和抗拉强度高、对基层材料的伸缩或开裂变形适应性强、质量轻、使用温度范围广(−60 ℃～+120 ℃)、使用年限长(30～50 年)、可以冷施工、施工成本低等优点。适宜高级建筑防水,单层使用,也可复合使用。施工用冷粘法或自粘法。

参照《高分子防水材料 第1部分:片材》(GB 18173.1—2012),三元乙丙橡胶防水卷材的技术性能指标应符合以下规定。

(1) 规格尺寸应符合表 8-2 的规定。

表 8-2 三元乙丙橡胶防水卷材的规格尺寸及允许偏差

| | 厚度 | 宽度 | 长度 |
|---|---|---|---|
| 规格尺寸/mm | 1.0,1.2,1.5,1.8,2.0 | 1.0,1.1,1.2 | 20 m 以上 |
| 允许偏差/(%) | ±10 | ±1 | 不允许出现负值 |

(2) 外观质量应符合表 8-3 的规定。

表 8-3 三元乙丙橡胶防水卷材的外观质量要求

| 1 | 表面应平整、边缘整齐,不能有裂纹、机械损伤、折痕、穿孔及异常黏着部分等影响使用的缺陷 | |
|---|---|---|
| 2 | 在不影响使用的条件下,其表面缺陷应满足下列规定 | 凹痕深度不得超过卷材厚度的30% |
| | | 每 1 m² 卷材,杂质不得超过 9 mm² |
| | | 气泡深度不得超过卷材厚度的30%,且每 1 m² 不得超过 7 mm² |

(3) 物理力学性能应符合表 8-4 的规定。

表 8-4 三元乙丙橡胶防水卷材的物理力学性能

| 项 目 | | 硫化类 | 非硫化类 |
|---|---|---|---|
| 断裂拉伸强度/MPa,≥ | 常温(23 ℃) | 7.5 | 4.0 |
| | 高温(60 ℃) | 2.3 | 0.8 |
| 扯断伸长率/(%),≥ | 常温(23 ℃) | 450 | 400 |
| | 低温(−20 ℃) | 200 | 200 |
| 撕裂强度/(kN/m),≥ | | 25 | 18 |
| 不透水性(30 min 无渗漏) | | 0.3 MPa | 0.3 MPa |
| 低温弯折 | | −40 ℃ 无裂纹 | −30 ℃ 无裂纹 |
| 热空气老化(80 ℃×168 h) | 断裂拉伸强度保持率/(%),≥ | 80 | 90 |
| | 扯断伸长率保持率/(%),≥ | 70 | 70 |
| | 100%伸长率外观 | 无裂纹 | |

续表

| 项　　目 | | 硫化类 | 非硫化类 |
|---|---|---|---|
| 人工气候加速老化 | 断裂拉伸强度保持率/(%),≥ | 80 | 80 |
| | 扯断伸长率保持率/(%),≥ | 70 | 70 |
| | 100%伸长率外观 | 无裂纹 | |

### (二)聚氯乙烯(PVC)防水卷材

聚氯乙烯防水卷材是以聚氯乙烯树脂为主要原料,加入一定量的稳定剂、增塑剂、改性剂、抗氧剂及紫外线吸收剂等辅助材料,经捏合、混炼、造粒、挤出或压延等工序制成的防水卷材,是我国目前用量较大的一种卷材。这种卷材具有较高的拉伸和撕裂强度,延伸率较大,耐老化性能好,耐腐蚀性强。其原料丰富,价格便宜,容易黏结,适用于屋面、地下防水工程和防腐工程。单层或复合使用,采用冷粘法或热风焊接法施工。

聚氯乙烯防水卷材,根据基料的组分及其特性分为两种类型,即 S 型和 P 型。S 型是以煤焦油与聚氯乙烯树脂混溶料为基料的柔性卷材;P 型是以增塑聚氯乙烯为基料的塑性卷材。S 型防水卷材厚度为 1.80 mm、2.00 mm、2.50 mm;P 型防水卷材其厚度为 1.20 mm、1.50 mm、2.00 mm。卷材宽度为 1000 mm、1200 mm、1500 mm、2000 mm。参照《聚氯乙烯(PVC)防水卷材》(GB 12952—2011)聚氯乙烯防水卷材的技术性能指标应符合以下规定。

(1)规格尺寸及允许偏差应符合表 8-5 的规定。

**表 8-5　聚氯乙烯防水卷材的规格尺寸及允许偏差**

| 长度/m | 厚度/mm | 允许偏差/mm | 最小单个值/mm |
|---|---|---|---|
| 10、15、20 | 1.2 | ±0.10 | 1.00 |
| | 1.5 | ±0.15 | 1.30 |
| | 2.0 | ±0.20 | 1.70 |

(2)外观质量应符合表 8-6 的规定。

**表 8-6　聚氯乙烯防水卷材的外观质量要求**

| 1 | 卷材的接头不多于 1 处,其中较短的一段长度不少于 1.5 m,接头处应剪切整齐,并加长 150 mm 备作搭接 |
|---|---|
| 2 | 卷材表面应平整、边缘整齐,无裂纹、孔洞、黏结、气泡和疤痕 |

### (三)氯化聚乙烯防水卷材

氯化聚乙烯防水卷材,是以含氯量为 30%～40%的氯化聚乙烯树脂为主要原料,掺入适量的化学助剂和大量的填充材料,采用塑料(或橡胶)的加工工艺,经过捏合、塑炼、压延等工序加工而成,属于非硫化型高档防水卷材。

氯化聚乙烯防水卷材分为两种类型:Ⅰ型和Ⅱ型。Ⅰ型防水卷材是属于非增强型的,Ⅱ型是属于增强型的。其规格厚度可分为 1.00 mm、1.20 mm、1.50 mm、2.00 mm;宽度为 900 mm、1000 mm、1200 mm、1500 mm。氯化聚乙烯防水卷材的技术性能指标应符合《氯化聚乙烯防水卷材》(GB 12953—2003)的规定。

### （四）氯化聚乙烯-橡胶共混防水卷材

氯化聚乙烯-橡胶共混防水卷材是以氯化聚乙烯树脂与合成橡胶为主体，加入硫化剂、促进剂、稳定剂、软化剂及填料等，经塑炼、混炼、过滤、压延或挤出成型及硫化等工序制成的防水卷材。

这类卷材既具有氯化聚乙烯的高强度和优异的耐久性，又具有橡胶的高弹性和高延伸性以及良好的耐低温性能。其性能与三元乙丙橡胶卷材相近，使用年限保证在 10 年以上，但价格却低得多。与其配套的氯丁黏结剂，较好地解决了与基层黏结的问题。氯化聚乙烯-橡胶共混防水卷材属中高档防水材料，可用于各种建筑、道路、桥梁、水利工程的防水，尤其适用于寒冷地区或变形较大的屋面。这类卷材应单层或复合使用，采用冷粘法施工。

### （五）氯磺化聚乙烯防水卷材

氯磺化聚乙烯防水卷材是以氯磺化聚乙烯橡胶为主，加入适量的软化剂、交联剂、填料、着色剂后，经混炼、压延或挤出、硫化等工序加工而成的弹性防水卷材。

氯磺化聚乙烯防水卷材的耐臭氧、耐老化、耐酸碱等性能突出，且拉伸强度高、耐高低温性好、断裂伸长率高，对防水基层伸缩和开裂变形的适应性强，使用寿命在 15 年以上，属于中高档防水卷材。氯磺化聚乙烯防水卷材可制成多种颜色，用这种彩色防水卷材做屋面外露防水层可起到美化环境的作用。氯磺化聚乙烯防水卷材特别适用于有腐蚀介质影响的部位做防水与防腐处理，也可用于其他防水工程，采用冷粘法施工。

防水卷材要满足建筑防水工程的需求，必须具备一定的耐水性、耐热性、韧性、强度及大气稳定性等。在实际工程应用时，要考虑建筑的特点、地区环境条件、使用条件等实际情况，与卷材特性及性能指标相结合，选择合适品种及性能的防水卷材。

屋面防水等级按照《屋面工程质量验收规范》(GB 50207—2019)的规定分为Ⅰ、Ⅱ、Ⅲ、Ⅳ级。特别重要或对防水有特殊要求的建筑(Ⅰ级)要求防水材料使用年限为 25 年，通常采用三道或三道以上防水设防，宜选用合成高分子防水卷材、高聚物改性沥青防水卷材、金属板材、合成高分子防水涂料、细石防水混凝土等材料；重要的建筑和高层建筑(Ⅱ级)，要求防水材料使用年限为 15 年，通常采用二道防水设防，宜选用高聚物改性沥青防水卷材、合成高分子防水卷材、金属板材、合成高分子防水涂料、高聚物改性沥青防水涂料、细石防水混凝土、平瓦、油毡瓦等材料；一般的建筑(Ⅲ级)要求防水材料使用年限为 10 年，通常采用一道防水设防，宜选用高聚物改性沥青防水卷材、合成高分子防水卷材、三毡四油沥青防水卷材、金属板材、高聚物改性沥青防水涂料、合成高分子防水涂料、细石防水混凝土、平瓦、油毡瓦等材料；非永久性的建筑(Ⅳ级)要求防水材料使用年限为 5 年，采用一道防水设防，可选用二毡三油沥青防水卷材、高聚物改性沥青防水涂料等材料。

# 项目三　建筑涂料

涂料是指涂于物体表面能够形成具有保护装饰或特殊性能(如绝缘、防腐、标准等)的固态涂膜的一类液体或固体材料。建筑涂料则是指使用于建筑物上并起装饰、保护、防水等作用的一类涂料。

### 一、涂料的组成

涂料一般是由四种基本成分组成:成膜物质(也称基料、胶结料等)、颜料、助剂(添加剂)和溶剂。

#### (一)成膜物质(基料)

基料是涂料的主要成分,对涂料和涂膜的性能起主导作用,是构成涂料的基础,决定涂料的基本性能。基料成膜时,随着涂料中水分子或溶剂分子的蒸发逸失,涂料中的聚合物分子或微粒相互靠近而凝聚,或由于聚合物分子发生固化反应而凝聚,将颜料和填料包覆黏结,形成连续涂膜,并牢固附着于被涂物的表面。根据涂料中使用的主要成膜物质可将涂料分为油性涂料、纤维涂料、合成涂料和无机涂料,在建筑涂料中常用的基料有聚乙烯醇及其改性物、苯丙乳液(苯乙烯 丙烯酸酯共聚乳液)、丙烯酸乳液等。

#### (二)颜料

颜料一般分为两种,一种为着色颜料,在涂料中的主要作用是使涂膜具有一定的遮盖力和所需的各种色彩,常见的有钛白粉、铬黄等;另一种为体质颜料,即填料,其主要作用是在着色颜料使涂膜具有一定的遮盖力和色彩以后补充所需要的颜料粉,并对涂膜起填充作用,以增大涂膜厚度,如碳酸钙、滑石粉。此外,它们还具有提高涂膜的耐久性、耐热性和表面硬度,降低涂膜的收缩率以及降低成本的作用。

#### (三)助剂(添加剂)

助剂,如消泡剂、流平剂等,是涂料的辅助材料,用量很少,一般不能成膜,但能明显改善涂料的性能,尤其是对基料形成涂膜的过程与耐久性起着十分重要的作用,常用的助剂有以下几类。

(1)成膜助剂。成膜助剂的作用一般是降低成膜物质的玻璃化温度、最低成膜温度以及增加涂料的流动性,促进涂膜的完整性以及提高涂膜的流平性、附着力、耐洗刷等性能。成膜助剂还能减慢涂膜干燥时水分的蒸发速度,使涂膜边缘保持较长时间的湿润,有利于形成完整涂膜。

(2)湿润分散剂。湿润分散剂的主要作用是湿润分散颜料和填料颗粒,以保证得到良好的分散体,用量一般为 0.1%~0.5%。

(3)消泡剂。消泡剂的作用是降低液体的表面张力,消除在生产涂料时因搅拌和使用分散剂等产生的大量气泡。但消泡剂的用量不能太大(一般小于 0.3%),否则涂膜会出现"发花""鱼眼"等弊病。

(4)增稠剂。增稠剂的作用是增加水相(介质相)的黏度,在涂料贮存时阻止已分散的颜料颗粒凝聚,在涂刷时防止固体颗粒很快聚集而影响涂刷性和流平性。同时它又是一种流变助剂,起到改进涂料流变行为的作用。

(5)防霉防腐剂。在涂料中加入防腐剂的目的是防止涂料在贮存过程中因微生物和酶的作用而变质,并防止涂料涂刷后涂膜霉变。

(6)防冻剂。防冻剂的作用是提高涂料的抗冻性。提高抗冻性的途径有两种,一是加入某些物质,以降低水的冰点;二是使用某些离子型表面活性剂,使乳液微粒带电,以电荷的相互排斥能力抵制冰冻时产生的膨胀压力,从而提高冻融稳定性。

此外,还有增塑剂、抗老化剂、pH 值调节剂、防锈剂、难燃剂、消光剂等。

## (四) 溶剂

溶剂在涂料中作为分散介质,一方面使各种原材料分散而形成均匀的黏稠液体,同时可调整涂料的黏度,便于涂布施工,有利于改善涂膜的某些性能。另一方面,涂料在成膜过程中,依靠溶剂的蒸发,使涂料逐渐干燥硬化,最后形成连续均匀的涂膜,最后溶剂不存留在涂膜之中,因此也将溶剂称为辅助成膜物质。溶剂包括水、烃类溶剂(矿物油精、煤油、汽油、苯、甲苯、二甲苯等)、醇类、醚类、酮类和酯类物质。

有机材料
应用案例二

## 二、建筑涂料的分类

到目前为止,建筑涂料的分类方法较多,如按基料的种类可分为有机涂料、无机涂料、有机-无机复合涂料。有机涂料由于其使用的溶剂不同,又分为有机溶剂型涂料和有机水性(包括水乳型和水溶型)涂料两类。生活中常见的涂料一般都是有机涂料。无机涂料指的是用无机高分子材料为基料所生产的涂料,包括水溶性硅酸盐系、硅溶胶系、有机硅及无机聚合物系。有机-无机复合涂料有两种复合形式,一种是涂料在生产时采用有机材料和无机材料共同作为基料,形成复合涂料;另一种是有机涂料和无机涂料在装饰施工时相互结合。按装饰效果可以分为表面平整光滑的平面涂料,表面呈砂粒状装饰效果的彩砂涂料(或称之为真石漆)和凹凸花纹效果的复层涂料;按在建筑物上的使用部位分为内墙涂料、外墙涂料、地面涂料、门窗涂料和顶棚涂料;按使用功能分类可分为普通涂料和特种功能性建筑涂料(如防火涂料、防水涂料、防霉涂料、道路标线涂料等);按照使用颜色效果分为金属漆、本色漆、透明清漆等。

此外,也可参考国家和行业的有关标准,对建筑涂料进行分类和命名。

### 三、建筑涂料的性能

建筑涂料除了需要具有装饰功能之外,还需具备保护功能或其他特殊功能。主要体现在以下基本性能。

(1) 遮盖力:遮盖力通常用能使规定的黑白格掩盖所需的涂料重量来表示,重量越大遮盖力越小。根据《涂料遮盖力测定法》[GB/T 1726—1979(1989)]中规定测定。

(2) 涂膜附着力:表示涂膜与基层的黏合力。根据《漆膜附着力测定法》[GB/T 1720—1979(1989)]中规定测定。

(3) 黏度:黏度的大小影响施工性能,不同的施工方法要求涂料有不同的黏度。根据《涂料粘度测定法》(GB/T 1723—1993)中规定测定。

(4) 细度:细度大小直接影响涂膜表面的平整性和光泽。根据《涂料细度测定法》[GB/T 1724—1979(1989)]中规定测定。

(5) 其他特殊功能:包括耐污染性、耐久性(耐冻融、耐洗刷性、耐老化性)、耐碱性、最低成膜温度、耐高温性等。

## (一) 装饰功能

所谓装饰功能就是建筑物经涂料涂装后得到美化和装饰的效果,起到美化环境、调节气氛的作用。例如,居室内采用内墙涂料装饰后可显得舒适典雅、明快舒畅;室外墙面经外墙涂料涂饰后可获得各种质感的花纹图案并起到协调环境的作用。

装饰功能的要素主要包括色彩、色泽、图案、光泽、立体感。室内与室外装饰的要素基本相同,但性能要求不同。一般而言,内墙采用比较平服的立体花纹或色彩花纹,避免高光;外墙则要求富有立体感的花纹和高光泽。另外,涂料的装饰功能不是独立的,也就是说,要与建筑物墙体形状、大小、造型及图案设计相配合,才能充分发挥装饰效果。

### (二)保护功能

建筑涂料经过一定的施工工艺涂饰后能够在建筑物的表面形成连续的涂膜,这种涂膜具有一定的厚度、柔韧性和硬度,以及具有耐磨蚀、耐污染、耐紫外线照射、耐气候变化、耐细菌侵蚀和耐化学侵蚀等特性,可以减轻或消除大气、水分、酸雨、灰尘及微生物等对建筑物的损坏作用以及使用过程中的油污等各种污染源的污染,承受一定的摩擦及外力,延长其使用年限。此外,建筑涂料还可以对一部分材料起到增强作用,并改善其性能。但是,不同的建筑材料及环境条件(如室内和室外)对保护功能的具体内容是不同的,因此要根据不同的条件选择使用涂料。

关于涂料的保护功能,日本曾经对不同涂料(涂膜)保护钢筋混凝土结构表面的抑制碳化、抑制盐分侵入的保护能力进行了详细的研究。研究结果认为,对于建筑涂料抑制混凝土碳化、抑制盐分侵入的能力,从总体上来说,有机系列的涂料优于无机系列的涂料;若涂料抑制碳化的效果好(阻止大气中二氧化碳向涂膜中渗入的效果好),则其抑制盐分渗入的效果也好。同时,建筑涂料抑制碳化和抑制盐分侵蚀的性能与装饰涂料的透气性、透水性等有密切的关系。

### (三)调节建筑物的使用功能

使用不同类型的建筑涂料并伴以适当的施工工艺,可以使涂料具有不同的性能。例如,某些顶棚涂料具有吸声的效果;某些地面涂料能够产生一定的色彩、弹性、防潮、防滑的特性;某些墙面涂料可以使墙面具有比较柔和的亮度,能满足不同建筑风格的装饰要求,易于保持清洁或耐水、耐擦洗等,给使用者创造一个优美、舒适的工作或生活环境,更加符合使用功能要求,从而使建筑物的使用功能得到增强,或者在一定程度上调整建筑物的使用功能。

### (四)特种功能

建筑涂料除了以上三种基本功能以外,还有许多特殊功能。例如,用于饮料厂和食品加工厂等场合的防霉涂料可以使涂饰该涂料的墙面具有防止霉菌生长的功能;防火涂料能够使被涂饰的建筑物的结构部分产生防火特性;保温隔热涂料能够降低建筑物的能耗;防结露涂料能够解决墙面或顶棚的结露问题;其他还有防化学腐蚀的耐酸涂料,防腐蚀涂料;具有防水功能的防水涂料;用于冷库的防冻涂料;吸收大气中的毒气的吸毒涂料和具有防静电功能的防静电涂料,等等。这类涂料一般称为特种功能建筑涂料。

涂饰材料除应满足国家相关标准外,对于内墙涂饰材料还应执行现行国家标准《室内装饰装修材料 内墙涂料中有害物质限量》(GB 18582—2008)和《民用建筑工程室内环境污染控制规范》(GB 50325—2020)的环保要求。

### 四、建筑中常用涂料品种介绍

#### （一）内墙涂料

内墙涂料亦可作为顶棚涂料，它的主要功能是装饰及保护室内墙面及顶棚，使其美观整洁，让人们处于舒适的居住环境中。为了获得良好的装饰效果，内墙涂料应具有以下特点。

（1）色彩丰富、细腻、柔和。内墙涂料的色彩一般应浅淡、明亮，同时兼顾居住者不同的喜好，要求色彩品种要丰富。内墙与人的目视距离最近，因此要求内墙涂料应质地平滑、细腻、色调柔和。

（2）耐碱性、耐水性、耐粉化性良好。由于墙面多带碱性，并且为了保持内墙洁净，需经常擦洗墙面，为此必须有一定的耐碱性、耐水性、耐洗刷性，避免脱落造成的烦恼。

（3）好的透气性，吸湿排湿性，否则墙体会因温度变化而结露。

（4）施工容易、价格低廉。为保持居室常新，能够经常进行粉刷翻修，所以，要求施工容易、价格低廉。

内墙涂料的品种很多，曾经盛行的有106内墙涂料、多彩花纹建筑涂料、仿瓷涂料、乳胶涂料等。但真正具有以上特点的只有乳胶涂料。其他各种涂料，不是耐擦洗性不好，就是透气性不好，或者耐粉化性不好，因而成为已淘汰或即将被淘汰的产品。

乳胶涂料是以乳液合成树脂为成膜物质，以水为载体，加入相应的助剂，经分散、研磨、配制而成的。该涂料在贮存及使用过程中，可以用水稀释、清洗，一旦成膜干燥以后，就不能用水溶解，即如油漆一样不怕水洗，故又名乳胶漆。

乳胶漆的品种有很多，如聚醋酸乙烯酯乳胶漆、氯乙烯-偏氯乙烯共聚乳胶漆、纯丙烯酸酯乳胶漆、苯乙烯-丙烯酸酯共聚乳胶漆等。其中，综合性能最好的要数纯丙烯酸酯乳胶漆，但其价格较高，而用苯乙烯代替甲基丙烯酸酯制成的苯乙烯-丙烯酸酯乳胶漆，综合性能仅次于纯丙烯酸酯乳胶漆，具有较好的耐候性、耐水性和抗粉化性，而价格比纯丙烯酸酯乳胶漆便宜，因此成为乳胶漆中使用量最大的一个品种。

#### （二）外墙涂料

外墙涂料的主要功能是装饰和保护建筑物的外墙面，使建筑物外貌整洁美观，从而达到美化城市环境的目的，同时能够起到保护建筑物外墙的作用，延长其使用时间。为了获得良好的装饰与保护效果，外墙涂料一般应具有以下特点。

**1. 装饰性好**

要求外墙涂料色彩丰富多样，保色性好，能较长时间保持良好的装饰性能。

**2. 耐水性好**

外墙面暴露在大气中，要经常受到雨水的冲刷，因而作为外墙涂料应具有很好的耐水性能。某些防水型外墙涂料其抗水性能更佳，当基层墙面发生小裂缝时，涂层仍有防水的功能。

**3. 耐沾污性能好**

大气中经常有灰尘及其他物质落在涂层上，使涂层的装饰效果变差，甚至失去装饰性能，因而要求外墙装饰层不易被这些物质沾污或沾污后容易清除。

**4. 与基层黏结牢固，涂膜不裂**

外墙涂料如出现剥落、脱皮现象，维修较为困难，对装饰性与外墙的耐久性都有较大影响,故外墙涂料在这方面的性能要求较高。

**5. 耐候性和耐久性好**

暴露在大气中的涂层,要经受日光、雨水、风沙、冷热变化等作用。在这些因素反复作用下,一般的涂层会发生开裂、脱粉、变色等现象,使涂层失去原有的装饰和保护功能。因此,作为外墙装饰的涂层要求保持一定的使用年限,不发生上述破坏现象,即有良好的耐候性、耐久性。

### (三)特种功能建筑涂料

特种功能建筑涂料不仅具有保护和装饰作用,还具有某些特殊功能,如防霉、防腐、防锈、防辐射、灭蚊、杀虫、耐高温、防火、防静电等。在我国,这类涂料的发展历史较短,品种和数量也不多,尚处于研究开发和试用阶段。现阶段使用的有防霉涂料及防火涂料等。

防霉涂料是指一种能够抑制霉菌生长的功能涂料,通常是通过在涂料中添加某种抑菌剂而达到目的,具有优良的防霉性能,又具备良好的装饰性能。防火涂料是指涂饰在某些易燃材料表面(如木结构件)或遇火软化变形大的材料表面(如钢结构件),能提高其耐火能力或能减缓火焰蔓延传播速度,在一定时间内能阻止燃烧的一类涂料,既具有一般涂料的装饰性能,又具有出色的防火性能。

### (四)聚氨酯防水涂料

聚氨酯防水涂料有单组分和双组分两类。其中,单组分涂料的物理性能和施工性能均不及双组分涂料,故我国自 20 世纪 80 年代聚氨酯防水涂料研制成功以来,主要应用双组分聚氨酯防水涂料。双组分聚氨酯防水涂料产品,甲组分是聚氨酯预聚体,乙组分是固化剂等多种改性剂组成的液体;按一定的比例混合均匀,经过固化反应,形成富有弹性的整体防水膜。

聚氨酯防水涂料又分为有焦油型和无焦油型。有焦油型即是以焦油等填充剂、改性剂组成固化剂。有焦油型聚氨酯防水涂料的耐久性和反应速度、性能稳定性及其他性能指标低于无焦油型聚氨酯防水涂料。

这两类聚氨酯防水涂料形成的薄膜具有优异的耐候性、耐油性、耐碱性、耐臭氧性、耐海水侵蚀性,使用寿命为 10～15 年,而且强度高、弹性好、延伸率大(可达 350%～500%)。

聚氨酯防水涂料与混凝土、马赛克、大理石、木材、钢材、铝合金黏结良好,且耐久性较好。其中,无焦油聚氨酯防水涂料色浅,可制成铁红、草绿、银灰等彩色涂料,且涂膜反应速度易于控制,属于高档防水涂料,主要用于中高级建筑的屋面、外墙、地下室、卫生间、贮水池及屋顶花园等防水工程。焦油聚氨酯防水涂料,因固化剂中加入了煤焦油,使涂料黏度降低,易于施工,且价格相对较低,使用量大大超过无焦油聚氨酯防水涂料。但煤焦油对人体有害,不能用于冷库内壁和饮用水防水工程,其他适用范围同无焦油聚氨酯防水涂料。

### (五)丙烯酸酯防水涂料

丙烯酸酯防水涂料是以丙烯酸树脂乳液为主,加入适量的颜料、填料等配制而成的水乳型防水涂料。具有耐高低温性好、不透水性强、无毒、无味、无污染、操作简单等优点,可在各种复杂的基层表面上施工,并具有白色、多种浅色、黑色等,使用寿命 10～15 年。丙烯酸防水涂料广泛应用于外墙防水装饰及各种彩色防水层。丙烯酸涂料的缺点是延伸率较小,为此可加入合成橡胶乳液予以改性,使其形成橡胶状弹性涂膜。

### （六）硅橡胶防水涂料

硅橡胶防水涂料是以硅橡胶乳液以及其他乳液的复合物为基料，掺入无机填料及各种助剂配制而成的乳液型防水涂料。该涂料兼有涂膜防水和渗透性防水材料的优良特性，具有良好的防水性、渗透性、成膜性、弹性、黏结性、延伸性、耐高低温性、抗裂性、耐氧化性和耐候性，并且无毒、无味、不燃、使用安全，适用于地下室、卫生间、屋面以及地上地下构筑物的防水防渗和渗漏水修补等工程。

# 项目四　建　筑　塑　料

塑料是指以合成树脂或天然树脂为基础原料，加入（或不加）各种塑料助剂、增强材料和填料，在一定温度、压力下，经加工或交联固化成型得到的制品。建筑塑料通常是指用于塑料门窗、楼梯扶手、踢脚板、隔墙及隔断、塑料地砖、地面卷材、上下水管道、卫生洁具等方面的塑料材料。

## 一、塑料的组成

塑料总体上是由树脂和添加剂两类物质组成。树脂是塑料的基本组成材料，也是塑料中的主要成分，起胶结作用。塑料的工艺性能和使用性能主要是由树脂的性能决定的。其用量占总量的 30%～60%，其余成分为稳定剂、增塑剂、着色剂及填充料等。树脂的品种繁多，按树脂合成方式不同，将树脂分为加聚树脂和缩聚树脂；按受热时性能变化的不同，又分为热塑性树脂和热固性树脂。

热塑性树脂分子呈线型结构，在热作用下，树脂会逐渐变软、塑化，甚至熔融，冷却后则凝固成型，并可重复加热加工，包括聚乙烯、聚丙烯、聚氯乙烯、氯化聚乙烯、聚苯乙烯、聚酰胺、聚甲醛、聚碳酸酯及聚甲基丙烯酸甲酯等。热固性树脂分子呈体型网状结构，在受热时塑化和软化，同时伴随固化反应，冷却定型后若再次受热，不再发生塑化变形，不能再次回收利用。这类树脂包括酚醛树脂、氨基树脂、不饱和聚酯树脂及环氧树脂等。

添加剂能够使塑料易于成型，以及赋予塑料更好的性能，如改善使用温度，提高塑料强度、硬度，增加化学稳定性、抗老化性、抗紫外线性能、阻燃性、抗静电性，提供各种颜色及降低成本等等，除树脂以外，所加入的各种材料统称为添加剂，主要有稳定剂、增塑剂、着色剂、加工助剂及填料等。

（1）稳定剂。稳定剂是为了延缓或抑制塑料过早老化，延长塑料使用寿命所加入的添加剂。按其作用，可分为热稳定剂、光稳定剂及抗氧化剂等。常用稳定剂有多种铅盐、硬脂酸盐、炭黑和环氧化物等。

（2）增塑剂。增塑剂一般是相对分子质量较小，难挥发的液态和熔点低的固态有机物。增塑剂能降低塑料熔融黏度和熔融温度，增加可塑性和流动性，以利于加工成型。对增塑剂的要求是与树脂的相容性要好，增塑效率高，增塑效果持久，挥发性低，而且在光和热作用下比较稳定，无色、无味、无毒，不燃，电绝缘性和抗化学腐蚀性好。常用的增塑剂有邻苯二甲酸酯类、磷酸酯类等。

（3）润滑剂。润滑剂属典型加工助剂，是为了改进塑料熔体的流动性，防止塑料在挤出、压延、注射等加工过程中对设备产生黏附现象，改进制品的表面光洁程度，降低界面黏附为目的而加入的添加剂,是塑料中重要的添加剂之一,对成型加工和制品质量有着重要的影响,尤其对聚氯乙烯塑料在加工过程中是不可缺少的添加剂。常用的润滑剂有液体石蜡、硬脂酸、硬脂酸盐等。

(4)填料。在塑料中加入填充剂的目的一方面是降低产品的成本,另一方面是改善产品的某些性能,如增加制品的硬度、提高尺寸稳定性等。对填料的要求有易被树脂润湿,与树脂有好的黏附性,本身性质稳定,价廉,来源广。根据填料化学组成不同,可分为有机填料和无机填料两类。填料的形状可分为粉状、纤维状和片状等。常用的有机填料有木粉、棉布和纸屑等;常用的无机填料有滑石粉、石墨粉、石棉、云母及玻璃纤维等。

(5)着色剂。着色剂是使塑料制品具有绚丽多彩性的一种添加剂。着色剂除满足色彩要求外,还具有附着力强、分散性好、在加工和使用过程中保持色泽不变、不与塑料组成成分发生化学反应等特性。常用的着色剂是一些有机或无机染料或颜料。

(6)其他添加剂。为使塑料适于各种使用要求和具有各种特殊性能,常加入一些其他添加剂,如掺加阻燃剂可阻止塑料的燃烧,并使之具有自熄性;掺入发泡剂可制得泡沫塑料等。

## 二、塑料的主要特性

作为建筑材料,塑料的主要特性如下。

(1)密度小。塑料的密度一般为 $1000\sim2000\ kg/m^3$,为天然石材密度的 $1/3\sim1/2$,为混凝土密度的 $1/2\sim2/3$,仅为钢材密度的 $1/8\sim1/4$。

(2)比强度高。塑料及制品的比强度高(材料强度与密度的比值)。玻璃钢的比强度超过钢材和木材。

(3)导热性低。密实塑料的导热率一般为 $0.12\sim0.80\ W/(m \cdot K)$。泡沫塑料的导热系数接近于空气的导热系数,是良好的隔热、保温材料。

(4)耐腐蚀性好。大多数塑料对酸、碱、盐等腐蚀性物质的作用具有较高的稳定性。热塑性塑料可被某些有机溶剂溶解;热固性塑料则不能被溶解,仅可能出现一定的溶胀。

(5)电绝缘性好。塑料的导电性低,热导率低,是良好的电绝缘材料。

(6)装饰性好。塑料具有良好的装饰性能,能制成线条清晰、色彩鲜艳、光泽动人的塑料制品。

## 三、建筑中常用塑料及制品

塑料的种类虽然很多,但在建筑上广泛应用的仅有十多种,并均加工成一定形状和规格的制品。

### (一)塑料品种

(1)聚氯乙烯(PVC)。PVC是建筑中应用最广泛的一种塑料,它是一种多功能的材料,通过改变配方,可制成硬质的也可制成软质的。PVC含氯量为 $56.8\%$。由于含有氯,PVC具有自熄性,这对于其用作建材是十分有利的。

(2)聚乙烯(PE)。PE是一种结晶性高聚物,结晶度与密度有关,一般密度愈高,结晶度也愈高。PE按密度大小可分为两大类:高密度聚乙烯(HDPE)和低密度聚乙烯(LDPE)。

(3)聚丙烯(PP)。PP的密度是通用塑料中最小的,为 $0.90$ 左右。PP的燃烧性与PE

接近,易燃而且会滴落,引起火焰蔓延。它的耐热性比较好,在 100 ℃时还能保持常温时抗拉强度的一半。PP 也是结晶性高聚物,其抗拉强度高于 PE、PS。另外,PP 的耐化学性也与 PE 接近,常温下它没有溶剂。

(4) 聚苯乙烯(PS)。PS 为无色透明类似玻璃的塑料,透光度可达 88%～92%。PS 的机械强度较高,但抗冲击性较差,有脆性,敲击时会有金属的清脆声音。燃烧时 PS 会冒出大量的黑烟炭束,火焰呈黄橙色,离开火源后继续燃烧,发出特殊的苯乙烯气味。PS 的耐溶剂性较差,能溶于苯、甲苯、乙苯等芳香族溶剂。

(5) ABS 塑料。ABS 是由丙烯腈、丁二烯和苯乙烯三种单体共聚而成的,具有优良的综合性能。ABS 中的三个组分各显其能,丙烯腈使 ABS 有良好的耐化学性及表面硬度,丁二烯使 ABS 坚韧,苯乙烯使它具有良好的加工性能。其性能取决于这三种单体在 ABS 中的比例。

### (二)塑料制品

随着高分子产业的高速发展,塑料制品越来越广泛地应用在建筑工程中,如塑钢门窗、塑料管材及型材等。

#### 1. 塑料门窗

生产塑料门窗的能耗只有钢窗的 26%,1 t 聚氯乙烯树脂所制成的门窗相当于 10 m³ 杉原木所制成的木门窗,并且塑料门窗的外观平整,色泽鲜艳,经久不褪,装饰性好。其保温、隔热、隔声、耐潮湿、耐腐蚀等性能,均优于木门窗、金属门窗,外表面不需涂装,能在 -40～70 ℃的环境温度下使用 30 年以上。所以塑料门窗是理想的代钢、代木材料,也是国家积极推广发展的新型建筑材料。

目前塑料门窗主要采用改性聚氯乙烯,并加入适量的各种添加剂,经混炼、挤出等工序而制成塑料门窗异型材;再将异型材经机械加工成不同规格的门窗构件,组合拼装成相应的门窗制品。

塑料门窗分为全塑门窗和复合塑料门窗。复合塑料门窗是在门窗框内部嵌入金属型材以增强塑料门窗的刚性,提高门窗的抗风压能力。增强用的金属型材主要为铝合金型材和钢型材。塑料门按其结构形式分为镶嵌门、框板门和折叠门;塑料窗按其结构形式分为平开窗、上旋窗、下旋窗、垂直滑动窗、垂直旋转窗、垂直推拉窗、水平推拉窗和百叶窗等。塑料窗的性能指标应满足 GB/T 11793—2008、JG/T 180—2005、JG/T 140—2005 的规定。

#### 2. 塑料管材

塑料管材代替铸铁管和镀锌钢管,具有重量轻、水流阻力小、不结垢、安装使用方便、耐腐蚀性好、使用寿命长等优点。并且生产能耗低,如塑料上水管比传统钢管节能 62%～75%,塑料排水管比铸铁管节能 55%～68%;塑料管的安装费用约为钢管的 60%,材料费用仅为钢管的 30%～80%,生产能源可省 80%。目前我国生产的塑料管材质,主要有聚氯乙烯、聚乙烯、聚丙烯等通用热塑性塑料及酚醛、环氧、聚酯等类热固性树脂玻璃钢和石棉酚醛塑料、氟塑料等。它们广泛用于房屋建筑的自来水供水系统配管,排水、排气和排污卫生管,地下排水管、雨水管,以及电线安装配套用的电线电缆等。

(1) 硬聚氯乙烯(UPVC)管材。硬聚氯乙烯管材是以聚氯乙烯树脂为主要原料,加入稳定剂、抗冲击改性剂、润滑剂等助剂,经捏合、塑炼、切粒、挤出成型加工而成。广泛适用于化工、造纸、电子、仪表、石油等工业的防腐蚀流体介质的输送管道(但不能用于输送芳烃、脂烃、芳烃的卤素衍生物、酮类及浓硝酸等），农业上的排灌类管，建筑、船舶、车辆扶手及电线电缆的保护套管等。

（2）硬聚氯乙烯（UPVC）生活饮用水和农用排灌管材、管件。硬聚氯乙烯（UPVC）生活饮用水和农用排灌管材，是以卫生级聚氯乙烯树脂为主要原料，加入适当助剂，经挤出和注塑成型的塑胶管材。

（3）聚乙烯塑料管。聚乙烯塑料管以聚乙烯树脂为原料，配以一定量的助剂，经挤出成型、加工而成。一般用于建筑物内外（架空或埋地）输送液体、气体、食用液（如给水用）等。

（4）聚丙烯塑料管。聚丙烯塑料管以聚丙烯树脂为原料，加入适量的稳定剂，经挤出成型加工而成。产品具有质轻、耐腐蚀、耐热性较高、施工方便等特点，适用于化工、石油、电子、医药、饮食等行业及各种民用建筑输送流体介质（包括腐蚀性流体介质），也可用作自来水管、农用排灌、喷灌管道及电器绝缘套管。聚丙烯塑料管的连接多采用胶黏剂黏结，目前市售胶黏剂种类很多，采用沥青树脂胶黏剂较为廉价。

其他常用建筑塑料还有塑料楼梯扶手、塑料装饰板、塑料卷材地板、塑料地板砖及玻璃纤维增强塑料等，具有色彩鲜艳、图案多样、平滑美观、施工简便、重量轻及价格较廉等特点，适用于各类建筑的装饰装修工程。

# 项目五　建筑胶黏剂

胶黏剂又称黏合剂，是指能在两个物体表面之间形成薄膜，并将它们紧密黏结在一起的材料。建筑工程使用的黏结工艺与传统连接工艺（如铆接、焊接等）相比，应力分布均匀，避免应力集中，不同材质材料、形状复杂的微型构件及大面积薄型卷材均可黏结，黏结结构质量轻，外形光滑美观并兼有密封作用。

## 一、组成

（1）黏料。黏料是黏合剂的主要组成成分，起基本黏结作用，要求有良好的黏附性和润湿性。合成树脂、合成橡胶、天然高分子化合物及无机化合物等均可作为黏料物质，结构用黏合剂多采用热固性树脂（强度高，变形小，耐久性好），非结构用黏合剂多采用热塑性树脂。

（2）固化剂。固化剂能使黏合剂和黏结材料发生固化反应，即使线性分子间交联反应后转变为体型空间网络结构，此结构不溶也不熔。常用固化剂为胺类、酸酐类等，能加速固化反应的进行并增加交联键间强度。

（3）填料。填料又称填充剂，是指被填充于物体中的物料。将填料加入胶黏剂中可降低其成本并改善其性能，如增大黏度、减少收缩、提高强度及耐热性等。常用的填料有石棉粉、滑石粉、铁粉等金属与非金属氧化物。

（4）稀释剂。稀释剂用于调节黏合剂的黏度，增加涂敷润湿性。稀释剂有活性和非活性两种，前者参与固化反应，后者不参与固化反应而只起到稀释作用。常用的稀释剂有环氧丙烷、丙酮等。

（5）其他。除上述组成之外，还加入其他助剂以提高胶黏剂的性能，如加入防老化剂以提高其耐老化性能，加入金属粉末以改善胶黏剂导电性，加入防霉剂以防止胶黏剂的细菌霉变等。根据需要还可加入偶联剂、增韧剂、稳定剂、防腐剂等。

## 二、分类

胶黏剂的种类较多,根据不同的分类方法有所不同。胶黏剂按其强度特性不同划分为结构胶黏剂、非结构胶黏剂、次结构胶黏剂。按所用黏料的不同,分为热塑性树脂胶黏剂、热固性树脂胶黏剂、橡胶型胶黏剂及混合型胶黏剂等。按固化条件的不同划分为溶剂型胶黏剂,反应型胶黏剂,热熔型胶黏剂。根据基料组分的不同,分为无机胶黏剂、天然有机胶黏剂和合成有机胶黏剂。

(1)无机胶黏剂。基料是无机盐,如硅酸盐、磷酸盐、硫酸盐和硼酸盐等,胶黏剂品种有水玻璃、硅酸盐水泥、磷酸-氧化铜、石膏等。

(2)天然有机胶黏剂。基料是天然有机化合物,有淀粉、蛋白、天然树脂、天然橡胶、沥青等,胶黏剂品种有淀粉、骨胶、鱼胶、松香、生漆、天然橡胶溶液和沥青脂等。

(3)合成有机胶黏剂。基料是合成树脂、合成橡胶等,胶黏剂品种有聚醋酸乙烯酯、聚乙烯醇、聚丙烯酸酯、聚酰胺、聚氨酯、环氧树脂、酚醛树脂、不饱和聚酯树脂、氯丁橡胶、丁腈橡胶、有机硅橡胶等。

## 三、技术性质

胶黏剂作为建筑装修中的配套材料,其技术性质直接影响着铺设的牢固程度,也影响着饰面的装饰效果。因此,为保证胶黏剂的使用,应重视以下基本性能。

### 1. 工艺性

工艺性是指胶黏剂施工工艺性能,是对黏结操作难易的评价,包括胶黏剂的调制、涂胶、晾置、固化条件等。多组分胶黏剂要在现场调配,化学反应型胶黏剂要求有对应的固化反应的条件,且溶剂型胶黏剂在涂胶后溶剂挥发需要晾置一段时间才能黏结等。

### 2. 黏结强度

黏结强度是保证黏结牢固程度的性能指标,通常以拉伸剪切强度(单面搭接)进行评定。影响黏结强度的因素有黏合剂的性质(黏度、极性、体积收缩等)、被黏材料的性质(极性、表面粗糙度等)、黏结工艺(表面处理、搭接长度、加热加压、胶层厚度等)、环境条件(温度、湿度)等。黏结强度不够,就会使被黏物脱落,若是墙面装饰,被黏物会掉下来,不仅影响装饰质量,有时会造成伤人事故。

### 3. 稳定性

稳定性指黏结试件在指定介质中于一定温度下浸渍一段时间后其强度变化程度,如耐水性、耐油性等。常用实测强度表示或用强度保持率表示。对于要黏结地面、外墙面或浴室、厕所等处的饰面材料的胶黏剂,要有很好的稳定性。

### 4. 耐久性

耐久性,亦称耐老化性,由于高分子材料在使用过程中易老化变质,使黏结层失去效力而脱落,因此胶黏剂在使用过程中随着时间的增长,会逐渐老化,性能发生改变,固化后的大分子在外界因素的作用下会断裂,降低其强度,直至失去黏结强度。

### 5. 耐温性

耐温性是指胶黏剂在规定温度范围内的性能的变化情况,包括耐热性(在高温环境条件下)、耐寒性(在低温环境条件下)及耐高低温变性能。这些温度的变化会使胶黏剂的成分也发生改变,从而使黏结强度降低,直至使胶黏层脱落。

**6. 耐候性**

针对暴露于室外的黏结件,其能够耐气候,如雨水、阳光、风雪及水湿等性能,称为耐候性。耐候性也反映了黏结件在自然条件的长期作用下耐老化的性能。这些自然因素会导致黏结层性能变质,影响黏结强度。

**7. 耐化学性**

大多数合成树脂胶黏剂及某些天然树脂胶黏剂,在化学介质的作用下会发生溶解、膨胀、老化或腐蚀等不同变化,从而引起黏结强度的下降。

**8. 其他性能**

除要考虑各种使用环境条件,如温度、湿度、阳光、化学介质等对胶黏剂的黏结层黏结强度的影响,及黏结层的使用效果之外,还应考虑胶黏剂的其他性能,如有无刺激性气味、有无毒性、胶黏剂的颜色如何、贮存稳定性如何、贮存期多长以及价格高低等。还应根据被黏物体的颜色选择相近颜色的或白色的胶黏剂,以免影响饰面的装饰效果。此外,对于胶黏剂的存贮期也应注意,过期的胶黏剂实际的黏结性能会大大降低,从而影响黏结效果。

### 四、常用建筑黏合剂

建筑上使用较早的有机黏合剂有牛皮胶、鱼胶、虫胶、沥青类材料等,目前大多采用合成高分子材料。

(1)环氧树脂黏合剂。环氧树脂黏合剂是使用最普遍的黏结材料(俗称万能胶),其配方极多,所用固化剂对黏合剂的性能起重要作用。它具有黏合力强、收缩小、稳定性好等特点,对金属、木材、玻璃、硬塑料、混凝土都有很强的黏附力(但对聚乙烯、聚四氟乙烯、硅树脂、硅橡胶等少数几种塑料胶结性较差),还可用于水下作业。在建筑工程中,环氧树脂黏合剂不仅用作结构黏合剂,也是很好的防水、防腐材料。

(2)聚醋酸乙烯(PVAC)黏合剂。俗称白胶,是一种使用方便、价格便宜、应用普遍的非结构黏合剂,对各种极性材料有较好的黏附力,特别对木材、纸张、皮革及某些塑料黏附力强,也可黏结玻璃、陶瓷、混凝土等,应注意其耐热温度低(40 ℃)、耐水性差、徐变大。

(3)聚乙烯醇(PVA)黏合剂。聚乙烯醇是一种水溶性聚合物,其水溶液很适合黏结木材、纸张、织物等,但耐热性、耐水性、耐老化性很差,所以常与热固性黏合剂并用。

(4)聚乙烯醇缩醛黏合剂。聚乙烯醇缩甲醛(PVFL)俗称 107 胶或 801 建筑胶(经氨基化的聚乙烯醇缩甲醛,性能优于 107 胶),水溶性好,成本低,为建筑装修工程常用的黏合剂,如粘贴塑料壁纸;加入水泥砂浆中可粘贴瓷砖、减少地板起尘等。

(5)丙烯酸酯类黏合剂。应用最广泛的是以 α-氰基丙烯酸乙酯为主要原料制得的 501、502 胶,主要用于金属、非金属材料的黏结。

(6)合成橡胶黏合剂。如氯丁橡胶(CR)黏合剂,对水、油、弱酸、弱碱、有机溶剂都有良好的抵抗性,可黏结钢、铜、铝、玻璃、陶瓷、水泥制品、塑料等,在建筑上常用在水泥砂浆墙面或地面上粘贴橡胶及塑料制品;丁腈橡胶(GR-A)黏合剂,对油类及许多有机溶剂的抵抗力极强,剥离强度高,可用于耐油、防腐制件的黏结或涂层。

### 五、胶黏剂的选用原则

胶黏剂的种类多,作用亦有所区别,应根据实际工程选用,主要可遵循以下原则。

(1)根据被黏材料的性质选用胶黏剂。脆性材料硬度高、质地脆、密度大,应选用强度高、硬度大和不易变形的热固性树脂胶黏剂;弹性变形大,质地柔软,选用弹性好、有一定韧性的橡胶类胶黏剂等。

(2)根据黏结材料的使用要求选用胶黏剂。如黏结受力构件必须选用结构型胶黏剂;根据使用环境条件选用。

(3)根据黏结施工工艺选用胶黏剂。在土木工程中,在施工现场进行黏结操作,一般应选用室温、非压力型胶黏剂。

# 项目六　其他建筑高分子材料

除上述材料外,常用于建筑工程的高分子材料还有有机保温材料、橡胶及聚合物混凝土等。

## 一、有机保温材料

国内有机高分子外墙保温材料以膨胀聚苯乙烯泡沫(EPS)、挤塑聚苯乙烯泡沫(XPS)和聚氨酯泡沫(PU)为主,均属可燃材料,具有引发火灾的危险性;近年来酚醛泡沫板在国外广泛投入使用,酚醛泡沫板保温效果好且耐热及防火性良好,但价格相对较高。

### (一)聚苯乙烯泡沫

聚苯乙烯泡沫塑料板是以聚苯乙烯树脂为主要原料,经发泡剂发泡制成的内部具有无数封闭微孔的材料。其密度小、导热系数小、吸水率低、隔声性能好、机械强度高,而且尺寸精度高、结构均匀,因此,在外墙保温材料中其占有率很高。

聚苯乙烯泡沫塑料又分为膨胀聚苯乙烯泡沫塑料(EPS)、挤塑聚苯乙烯泡沫塑料(XPS),其中 EPS 由于价格相对便宜,目前应用最为广泛,其燃烧性能属 B2 级,存在一定的火灾隐患。其危险性在于:①聚苯板受热时发生熔融和滴落,并沿着墙根形成一条熔融带,遇到明火就会燃烧,燃烧会沿着这条熔融带迅速蔓延,造成火势增大;②一旦火灾发生,聚苯板燃烧产生的大量有毒气体和烟雾会给逃生者带来巨大危险;③因聚苯板受热产生的热熔缩变形以及网格布过热折断而导致瓷砖坠落,会造成人员伤亡以及救援人员不易展开内攻和搜救;④当墙体保温材料表面砂浆龟裂、脱落后,也很快会引燃保温材料,火灾迅速向大范围蔓延;⑤外墙着火之后,由于室内的自动消防设施不能覆盖外墙,特别是当高层建筑外墙外保温材料着火后,会使救援人员无计可施。

由于聚苯板防火性能差,许多国家都禁止或限制其在外墙保温中的应用。据报道,北京市住建委 2010 年公布了《北京市推广、限制和禁止使用建筑材料目录(2010 年版)》,在该目录中,膨胀聚苯乙烯保温板及挤塑聚苯乙烯保温板因阻燃性能差,易发生火灾事故,被列入限制类。但是聚苯乙烯保温板价格低廉且施工方便,国内其他地区建筑外墙保温系统还大多使用此类材料。

### (二)聚氨酯泡沫

聚氨酯(PU)板是目前世界上公认的最佳保温绝热材料,导热系数仅有 0.018～0.023 W/(m·K)。当保温隔热效能要求高,保温隔热层要求薄,以便增加建筑物可用面积时,聚氨酯的优越性尤其显著。同时其特有的闭孔结构使其具有更优越的耐水汽性能,由于不需要额外的绝缘防潮,简化了施工程序,降低了工程造价。聚氨酯板的燃烧性能也属 B2 级,存在一定的火灾隐患。其危险性与聚苯板十分相似,但又有其自身特点,具体如下。

(1) 硬质聚氨酯泡沫成品是多孔性的固体,导热性极差,容易造成热量积聚,一旦着火,材料的燃烧速度非常快。

(2) 聚氨酯泡沫塑料在燃烧时多为不完全燃烧,这种不完全燃烧在火灾中表现为冒出很浓很黑的烟气,包括大量的 $CO$、$CO_2$,并释放出大量的热量和有毒气体,包括剧毒气体氰化氢、氰化苯。聚氨酯是现有保温材料里面性能最好的一种,但因其价格较高且易燃,它的使用受到限制。

### (三) 酚醛泡沫

酚醛泡沫(PF)被誉为"保温之王",具有容量轻、绝热性好、刚性大、尺寸稳定性好等特点,并且它有与铝相似的膨胀系数,属于难燃物质,酚醛泡沫的难燃程度是目前建筑业广泛使用的聚苯乙烯、聚氨酯等泡沫所远远不及的。25 mm 厚的酚醛泡沫平板经受 1700 ℃ 的火焰喷射 10 min 后,仅表面略有炭化,没有被烧穿,既不会着火,更不会散发浓烟和毒气,且不会熔融,无滴落物。酚醛泡沫塑料所兼备的这些特性,使它成为最理想的新型有机保温材料,非常适合作为建筑外墙保温、屋面保温和防火门内层防火隔热材料。

目前,酚醛泡沫塑料作为封闭与控制火势的材料,已被发达国家广泛使用。而在国内,酚醛泡沫的技术含量低、生产成本较高,且未出台相关政策,从而限制了酚醛泡沫在外墙保温材料中的使用。但是用酚醛泡沫取代聚苯乙烯、聚氨酯泡沫是利国利民的好事,也是解决建筑外墙保温、防火问题的重大举措。随着我国科学技术水平的提高,酚醛泡沫以其独有的特点,在保温材料市场具有很好的发展前景。

## 二、聚合物混凝土

聚合物混凝土是颗粒型有机-无机复合材料的统称。这类材料在近 30 年来有显著的发展。按其组成和制作工艺,可分为聚合物浸渍混凝土、聚合物水泥混凝土(也称聚合物改性混凝土)、聚合物胶结混凝土(又称树脂混凝土)。聚合物混凝土与普通水泥混凝土相比,具有强度高、耐蚀、耐磨、黏结力强等优点。聚合物可以是由一种单体聚合而成的均聚物,也可以是由两种或更多的单聚体聚合而成的共聚物。常用的聚合物有环氧树脂、氯丁胶乳(CR)、丁苯胶乳(SBR)、丁腈胶乳(NBR)或热塑性树脂乳液等。

### (一) 聚合物浸渍混凝土

聚合物浸渍混凝土是以已硬化的水泥混凝土为基材,将聚合物填充其孔隙而成的一种混凝土-聚合物复合材料,其中,聚合物含量为复合体重量的 5%～15%。其工艺为先将基材作不同程度的干燥处理,然后在不同压力下浸泡在以苯乙烯或甲基丙烯酸甲酯等有机单体为主的浸渍液中,使之渗入基材孔隙,最后用加热、辐射或化学等方法,使浸渍液在其中聚合固化。在浸渍过程中,浸渍液深入基材内部并遍及全体者,称完全浸渍工艺。一般应用于工厂预制构件,各道工序在专门设备中进行。浸渍液仅渗入基材表面层者,称表面浸渍工艺,一般应用于路面、桥面等现场施工。

由于聚合物填充了水泥混凝土中的孔隙和微裂缝,可提高它的密实度,增强水泥石与集料间的黏结力,并缓和裂缝尖端的应力集中,改变普通水泥混凝土的原有性能,使之具有高强度、抗渗、抗冻、抗冲、耐磨、耐化学腐蚀、抗射线等显著优点。其可作为高效能结构材料应用于特种工程,例如,腐蚀介质中的管、桩、柱、地面砖、海洋构筑物和路面、桥面板,以及水利工程中对抗冲、耐磨、抗冻要求高的部位,也可应用于现场修补构筑物的表面和缺陷,以提高其使用性能。

（二）聚合物水泥混凝土

聚合物水泥混凝土是以聚合物(或单体)和水泥共同作为胶凝材料的聚合物混凝土,包括聚合物水泥砂浆和聚合物水泥砂浆防水胶乳。其制作工艺与普通混凝土相似,在加水搅拌时掺入一定量的有机物及其辅助剂,经成型、养护后,其中的水泥与聚合物同时固化而成。聚合物掺加量一般为水泥重量的5%～20%。使用的聚合物一般为合成橡胶乳液,如氯丁胶乳(CR)、丁苯胶乳(SBR)、丁腈胶乳(NBR);或热塑性树脂乳液,如聚丙烯酸酯类乳液(PAE)、聚醋酸乙烯乳液(PVAC)等。此外,环氧树脂及不饱和聚酯类树脂也可应用。

由于聚合物的引入,聚合物水泥混凝土改进了普通混凝土的抗拉强度、耐磨、耐蚀、抗渗、抗冲击等性能,并改善混凝土的和易性,可应用于现场灌筑构筑物、路面及桥面修补,混凝土储罐的耐蚀面层,新老混凝土的黏结以及其他特殊用途的预制品。

（三）聚合物胶结混凝土

聚合物胶结混凝土是以聚合物(或单体)全部代替水泥,作为胶结材料的聚合物混凝土。常用一种或几种有机物及其固化剂、天然或人工集料(石英粉、辉绿岩粉等)混合、成型、固化而成。常用的有机物有不饱和聚酯树脂、环氧树脂、呋喃树脂、酚醛树脂等,或用甲基丙烯酸甲酯、苯乙烯等单体。聚合物在此种混凝土中的含量为重量的8%～25%。与水泥混凝土相比,它具有快硬、高强的特点,且抗渗、耐蚀、耐磨、抗冻融以及黏结等性能显著改善,可现场应用于混凝土工程快速修补、地下管线工程快速修建、隧道衬里等,也可在工厂预制。

【复习思考题】

1. 有机材料的特性是什么?
2. 什么是沥青?沥青为什么广泛用于建筑工程的防水、防潮、防渗及防腐和道路工程?
3. 石油沥青的组分有哪些?各有何影响?
4. 石油沥青的技术性质有哪些?
5. 建筑防水工程对防水卷材的要求有哪些?
6. 何谓石油沥青防水卷材?常用的石油沥青防水卷材有哪些?
7. 何谓高聚物改性沥青防水卷材?高聚物改性沥青防水卷材有哪些优点?常用的高聚物改性沥青防水卷材有哪些?
8. 何谓合成高分子防水卷材?合成高分子防水卷材有何优点?
9. 涂料的主要组成有哪些?其作用如何?
10. 涂料的技术性质有哪些?对其有何基本要求?
11. 塑料的主要组成有哪些?其作用如何?常用建筑塑料有几种?其特性和用途是什么?
12. 胶黏剂的主要组成有哪些?其作用如何?

# 单元九 石 材

»» → ‖学习目标‖ ......
1. 了解石材的概念和性质。
2. 掌握石材的命名和一般性能。
3. 熟悉不同石材的生产工艺。

石材是指从沉积岩、岩浆岩、变质岩的天然岩体中开采的岩石,经过加工、整形而成板状和柱状材料的总称,石材是具有建筑和装饰双重功能的材料;天然饰面石材一般指用于建筑饰面的大理石、花岗岩及部分的板石,主要指其镜面板材,也包括火烧板、亚光板、喷砂板及饰面用的块石、条石、板材。

建筑装饰用石材有天然石材和人造石材两大类,并以天然石材为主,它是一种高级的装饰材料,主要用于装饰等级要求高的工程中,人造石材属于较低档次的装饰材料,只用于中、低档的室内装饰工程中。

# 项目一 天 然 石 材

天然石材是从天然岩体中开采出来的,并经加工成块状或板状材料的总称。建筑装饰用的天然石材主要有花岗岩和大理石两大种,天然石材的主要产品见表 9-1。

大理石是指沉积的或变质的碳酸盐岩类的岩石,有大理岩、白云岩、灰岩、砂岩、页岩和板岩等。如我国著名的汉白玉就是北京房山产的白云岩,云南大理石则是产于大理的大理岩,著名的丹东绿则为镁橄榄石矽卡岩。大理石属于中硬石材,主要用于室内,可用于吧台、料理台、餐柜的台面。大理石材矿物成分简单,易加工,多数质地细腻,镜面效果较好。其缺点是质地较花岗石软,被硬重物体撞击时易受损伤,浅色石材易被污染。

花岗石是一种由火山爆发的熔岩在受到相当的压力的熔融状态下隆起至地壳表层,岩浆不喷出地面,而在地底下慢慢冷却凝固后形成的构造岩,是一种深成酸性火成岩,属于岩浆岩。花岗石是火成岩,也叫酸性结晶深成岩,是火成岩中分布最广的一种岩石,由长石、石英和云母组成,岩质坚硬密实。如北京白虎涧的白色花岗石是花岗岩,济南青是辉长岩,而青岛的黑色花岗石则是辉绿岩。花岗石石材是没有彩色条纹的,多数只有彩色斑点,还有的是纯色。其中矿物颗粒越细越好,说明结构紧密结实。

大理石的花纹属于流动形,像各颜色混杂的水突然凝固,莫氏硬度 2.5。辐射量视其颜色而定,颜色越鲜艳辐射量越大(绿、红、橙等),黑色和白色辐射量较低。花岗石花纹属于雪花形,片状,莫氏硬度 6.0。简单地说,花岗石硬,大理石脆,花岗石污染大,大理石污染小。花岗石与大理石相比质地更坚硬且耐酸,因而在家居装饰装修中更适用于室外阳台、庭院、客餐厅的地面及窗台。

表 9-1　天然石材主要产品表

| 天然石材用途及制品 | | | | | 具体用途 |
|---|---|---|---|---|---|
| 装饰石材 | 饰面石材 | 花岗石 | | 板材、异型制品 | 建筑墙面、地面的湿贴、干挂;各种异型制品及异型饰面的装饰 |
| | | 大理石 | | | |
| | | 砂石 | | | |
| | | 板石 | | 裂分平面板、凸面板 | 墙面、地面的湿贴、盖瓦、蘑菇石 |
| | 文化石材 | 花岗石 | | 片石、毛石、板材、蘑菇石等 | 文化墙、背景墙、铺路石、假山、瓦板 |
| | | 大理石 | | | |
| | | 砂石 | | | |
| | | 板石 | | 片状板石、异型石 | |
| | | 砾石 | | 鹅卵石、风化石、冲击石 | |
| | | 品石 | 抽象石 | 灵璧石、红河石、风砺石 | 案几、园林摆设、观赏 |
| | | | | 太湖石、海蚀石、风蚀石 | 园林、公园、街景构景 |
| | | | 无象石 | 黄山石、泰山石、上水石 | |
| | | | 象形石 | 大型象形山石 | 风景、园林构景 |
| | | | | 鱼、鸟、花、草、木等化石 | 案几、工艺品摆设 |
| | | | | 雨花石、钟乳石 | |
| | | | 图案石 | 石中有近似图案平面板石 | 家具、背景墙、屏风 |
| | | 宝石 | | 玉石、宝石、彩石 | 首饰、工艺雕刻 |
| 建筑石材 | 建筑辅料用石 | | | 碎石、角石、石米 | 人造石材、混凝土原料 |
| | | | | 块石、毛石、整形石 | 千基石、基础石、铺路石 |
| | | | | 河海石、砺石、碎石 | 建筑混凝土用石 |
| 石材用品 | 陵墓用石 | | | 花岗石、大理石 | 碑石、雕刻石、环境石 |
| | 雕刻用石 | | | 花岗石、大理石、砂石 | 各种手法雕刻品 |
| | 工艺用石 | | | 滑石、叶蜡石、高岭石、蛇纹石等 | 工艺品雕刻 |
| | 生活用石 | | | 花岗石、大理石、块石、条石、异型石 | 石材家具、日常用石 |
| | 化学工业用石 | | | 块石、条石 | 酸碱、废水、废油、电镀、电解池槽 |
| | 工业原料用石 | | | 海河砂、辉长石、花岗石、大理石、白云石 | 铸石、玻璃、铸造、水泥原料 |
| | 农业用石 | | | 大部分硬质石类 | 水利用石、平衡土壤酸碱性 |
| | 轻工业用石 | | | 重钙石、轻钙石、超细级碳酸钙粉 | 造纸、油漆、涂料填料、制药 |

# 项目二　人造石材

　　人造石材是人工合成的装饰材料。按照所用黏结剂不同,可分为有机类人造石材和无机类人造石材两类。按其生产工艺过程的不同,又可分为聚酯型人造大理石、复合型人造大理石、硅酸盐型人造大理石、烧结型人造大理石四种类型。四种人造石质装饰材料中,以有机类(聚酯型)最常用,其物理、化学性能亦最好。

石材的分类方法不统一,依工艺商业分类为大理石类、花岗石类、板石类。

**1. 大理石**

具有装饰性、成块性及可加工性的各类碳酸盐岩或镁质碳酸盐岩以及有关的变质岩统称为大理石。其主要造岩矿物是方解石或白云石,其化学成分为碳酸盐(碳酸钙、碳酸镁)。纯大理石为白色(我国常称汉白玉),一般大理石中常含有其他杂质,含碳则呈黑色,含氧化铁呈玫瑰色、橘红色,含氧化亚铁、铜则呈绿色,因此,大理石呈现出白、黑、红、黄、墨绿、灰、褐等各色斑纹;因大理石的主要化学成分为 CaO、MgO,故其耐酸碱性差,一般不作室外饰面板材。

**2. 花岗石**

具有装饰性、成块性及可加工性的各类岩浆岩和以硅酸盐岩矿物为主的变质岩统称为花岗石。花岗石是岩浆岩中最坚固、最稳定、色彩最多的岩石,其性能优于大理石及其他岩石,其体积密度为 $2.63\sim2.8$ g/cm³,压缩强度为 $100\sim300$ MPa。花岗石是由石英、长石及少量云母和暗色矿物组成的全晶质岩石,其耐久性好、耐冻性强,使用年限达 75~200 年。花岗石按表面加工程度分为细面板材(RB),表面平整光滑;镜面板材(PL),表面平整,具有镜面光泽;粗面板材(RU),表面粗糙平整。

**3. 板石**

具有板状构造,沿板理面可剥成片,可作装饰材料用,经过轻微变质作用形成的浅变质岩统称为板石。

**4. 其他饰面石材**

(1) 微晶石:是在与花岗石形成条件相似的高温状态下,通过特殊工艺烧结而成的。

(2) 石材蜂窝板:将天然石材切割成 5 mm 厚的薄板,再与航空用的铝蜂窝材料进行复合。

(3) 人造石材:以水泥或树脂为胶黏剂,配以天然大理石、花岗石、方解石、白云石等无机矿物粉料,及适宜的稳定剂、颜料等经配料混合、浇筑、振动、挤压、切割等方法制成。

(4) 彩色水磨石板:以水泥和彩色粒石拌和,经成型、养护、研磨、抛光等工艺制成。

# 项目三 石材产品的加工工艺流程

**1. 平板**

(1) 大理石平板:大理石拉锯切割荒料(或背网、粗磨、正面刮胶)→磨光(酸洗、喷砂、凿荔枝面等)→切边→排版(补胶)→再加工→检验→防护→包装。

(2) 大理石复合板:大理石拉锯切割荒料→面板、底板切边(标准规格、厚度 20 mm 以下的加余量 8 mm,多规格及厚度超过 20 mm 的加余量 15 mm)→黏结→对剖→定厚(粗磨)→正面刮胶→磨光(酸洗、喷砂、凿荔枝面等)→切边(标准规格、厚度 20 mm 以下的双刀切,多规格及厚度超过 20 mm 的单刀切)→排版(补胶)→再加工→检验→防护→包装。

(3) 大理石薄板(非标准规格):大理石拉锯切割荒料→双面背网→对剖→定厚(粗磨)→正面刮胶→手扶磨磨光→切边→排版(补胶)→再加工→检验→防护→包装。

(4) 大理石薄板(标准规格):圆盘锯切割荒料→双面背网→对剖→定厚(粗磨)→正面刮胶→流水线生产→检验→防护→包装。

(5) 花岗岩平板:圆盘锯(砂锯)切割荒料→磨光(火烧、斧剁、凿荔枝面、喷砂等)→切边

→排版→再加工→检验→防护→包装。

(6) 花岗石薄板(非标准规格):圆盘锯切割荒料→定厚→手扶磨磨光→切边→再加工→检验→防护→包装。

(7) 花岗石薄板(标准规格):圆盘锯切割荒料→流水线生产→检验→防护→包装。

(8) 平板再加工:

① 背倒(按照一定的角度和尺寸在石材的背面沿边切割)→由切边机执行即可。

② 正倒(按照一定的角度和尺寸在石材的正面沿边切割)→5 mm×5 mm 以上的由切边机执行、手加工拼接,5 mm×5 mm 及以下的由手加工执行,需要磨光的由手加工执行。

③ 正开槽(按照一定的深度和宽度在石材的正面沿边或以一定角度切割 U 型、V 型或半圆槽)→切边机执行,手加工打平拼接,需要磨光的由手加工执行。

④ 背开槽(按照一定的深度和宽度在石材的背面沿边切割)→切边机执行,需要磨光的由手加工执行。

⑤ 侧边磨光(对板的侧边进行磨光)→同规格有多片的可由手扶磨夹在一起磨光,规格较杂的由手加工执行。

⑥ 切角(按照一定角度,在板的正面进行切割,使板面成特定的几何形状)→直线形状由切边机执行,如果有曲线边则由手加工或水刀执行。

⑦ 开孔(在板面开各种几何形状的孔)→根据需要可分别通过钻床、水刀或手加工完成。

⑧ 粘边(为使板边厚度复合特殊要求,而在板的正面或背面沿边粘贴长条型板材)→手加工执行。

⑨ 半圆边、1/4 圆边、鸭嘴边、法国边等(按照客户特殊要求在板边加工特定形状,增强装饰效果)→特定造型磨轮加工→手加工打平、拼接、磨光。

⑩ 拼花(用多种颜色的石材拼成一定的平面图案)→水刀切割→手加工拼装、黏结→手扶磨重磨光。

**2. 弧板**

(1) 花岗岩弧板:桶锯或绳锯加工毛坯→(定厚)→手持磨机磨光(斧剁、火烧、喷砂等)→切边机切边→排版→再加工→检验→防护→包装。

(2) 大理石弧板:桶锯或绳锯加工毛坯→(定厚)→正面刮胶→手持磨机磨光(酸洗、喷砂等)→切边机切边→排版(补胶)→再加工→检验→防护→包装。

**3. 线条**

(1) 大理石直线条:圆盘锯或大理石拉锯切割荒料→切边机切毛坯→仿形线条机造型→手加工拼接再造型→(正面刮胶)→手加工磨光(酸洗、喷砂等)→排版(补胶)→切边机切头→检验→防护→包装。

(2) 大理石弧形线条:圆盘锯或大理石拉锯切割荒料→切边机切毛坯→手加工造型→(正面刮胶)→手加工磨光(酸洗、喷砂等)→排版(补胶)→切边机切割头→检验→防护→包装。

(3) 花岗石直线条:圆盘锯切割荒料→切边机切割毛坯→仿形线条机造型→手加工拼接再造型→手加工磨光(火烧、斧剁、喷砂等)→切边机切头→检验→防护→包装。

(4) 花岗石弧形线条:圆盘锯切割荒料→切边机切割毛坯→手加工造型→手加工磨光(火烧、斧剁、喷砂等)→切边机切头→检验→防护→包装。

**4. 圆柱**

(1) 大理石圆柱:圆盘锯切割荒料→车床粗车造型→表面刮胶→车床磨光(酸洗、喷砂等)→排版(补胶)→切边机截头→检验→防护→包装。

（2）花岗岩圆柱:圆盘锯切割荒料→车床粗车造型→车床磨光(火烧、斧剁、喷砂等)→切边机截头→检验→防护→包装。

**5. 异型雕刻**

（1）大理石平面雕刻:圆盘锯或大理石拉锯切割荒料→切边机切割毛坯→手加工雕刻造型→(表面刮胶)→手加工磨光(喷砂等)→检验→防护→包装。

（2）花岗石平面雕刻:圆盘锯切割荒料→切边机切割毛坯→手加工雕刻造型→手加工磨光(火烧、斧剁、喷砂等)→检验→防护→包装。

（3）大理石立体雕刻(圆雕):圆盘锯或大理石拉锯切割荒料→手加工雕刻造型→(表面刮胶)→手加工磨光(喷砂等)→检验→防护→包装。

（4）花岗石立体雕刻(圆雕):圆盘锯切割荒料→手加工雕刻造型→手加工磨光(火烧、斧剁、喷砂等)→检验→防护→包装。

**6. 蘑菇石**

圆盘锯切割毛坯→手工开裂自然面→排版→切边机切边→手工修边→检验→防护→包装。

# 项目四　石材的性能及应用方面知识

## 一、石材的物理性能

**1. 石材的颜色**

（1）石材的致色机理。

① 自色:由矿物的成分、结构所决定,是光波与矿物晶格中的电子相互作用的结果。它可以是晶格中金属阳离子内部的电子跃迁或离子间电子的转移,也可以是不同能带间电子跃迁吸收了能量而呈现的颜色。石材的特殊颜色很多是由于色心而致色。

② 他色:石材因含外来杂质所引起的颜色。

③ 假色:由矿物内部的微裂隙、节理或包裹体引起光的干涉所呈现的颜色。但是石材的颜色不会永远不变,也会有褪色、变色的现象。

**2. 石材的光泽**

石材的光泽是石材表面对可见光的反射能力,主要影响因素有颜色、结晶程度、透明度结构和加工效果。

**3. 石材的强度**

石材的强度主要有三种:抗拉强度、抗折强度(或称抗弯强度)和抗压强度。石材的抗压强度较大,抗拉强度只有其抗压强度的 $1/20 \sim 1/10$。

主要影响因素:矿物成分、结构构造、风化程度、含水率、微裂隙发育程度、锯切方向。

**4. 石材的耐磨性**

石材的耐磨性是石材抵抗磨损的能力,一般用研磨率来表示,即 $M = G/A$(一定面积大小的试样在一定压力下经过一定次数的研磨后,试样所失去的重量 $G$ 与试样截面积 $A$ 之比)。

**5. 石材的体积密度**

石材的体积密度是石材包含实体积、开口和密闭孔隙状态下单位体积的质量,主要受石材的成分、孔隙率、风化程度等因素的影响。

**6. 石材的吸水性**

石材的吸水性就是石材吸收水分的性能,主要受孔隙率与孔隙特征等因素的影响。

**7. 石材的耐酸、碱性**

石材的耐酸、碱性是石材耐化学腐蚀的性能,主要受石材成分的影响。

**8. 石材的放射性**

天然岩石因含有天然放射性核素而具有天然放射性,而天然放射性元素属于微量元素,在岩石中分布极不均匀,即使同一品种的石材产品也会由于开采的坑口不同,开采的时间不同而有差异,因此需对市场流通的石材产品进行放射性分类检测。

## 二、石材的命名及编号

**1. 石材的命名方法**

石材的命名有以下几种。

(1) 地名+颜色(印度红、卡拉拉白、莱阳绿、天山蓝)。

(2) 形象命名(雪花、碧波、螺丝转、木纹、浪花、虎皮)。

(3) 形象+颜色(琥珀红、松香红、黄金玉)。

(4) 人名(官职)+颜色(关羽红、贵妃红、将军红)。

(5) 动植物+颜色(芝麻白、孔雀绿、菊花红)。

**2. 天然石材的统一编号**

天然石材统一编号为:英文+数字①+数字②+数字③+数字④。

英文部分:花岗石用 G,大理石用 M,板石用 S。

数字部分:①②为我国各省、自治区、直辖市行政区域代码,③④为我国各省、自治区、直辖市所编的石材品种序号。

**3. 石材荒料的命名与标记的认识方法**

石材荒料命名为:石材编号+规格尺寸+等级+大面标识+标准号。

例如,北京房山高庄汉白玉 M1101,尺寸为 300 cm×150 cm×150 cm,一等品的大理石荒料的命名与标记如下。

命名:房山高庄汉白玉大理石　标记:M1101　300×150×150　Ⅰ~JC/T 202—2011

## 三、石材的病变及成因

石材的病变有化学病变(锈蚀、酸雨、溶蚀、白华),物理病变(冻融、应力、渗水),生物病变(苔藓、地衣、草木附生)。

水斑:石材表面湿润含水,使石材表面产生整体或部分暗沉现象。

白华:石材表面或是填缝处有白色粉末析出的现象。

锈黄:一是原始材料本身含不稳定铁矿物发生的基础性锈黄,二是石材加工过程中处理不当所产生的锈黄,三是安装后配件生锈的污染。

污斑:茶、咖啡、酱油、墨水长时间滞留在石材表面。

泛碱:石材表面出现粉末状、细丝状、粒状、蜂窝状的白色结晶或颗粒。

石灰剥蚀:水泥砂浆中的石灰膏通过砌缝、孔隙、微裂纹挂在石材板面外形成白色的"流泪"或"挂泪"。

苔藓植物破坏:表现为石材变黑、变乌。

龟裂:因自然力作用使石材风化、裂纹加大或脱离原粘贴层掉下的一种现象。

## 四、石材清洗

### 1．物理清洗法

石材的物理清洗法分为以下几种:

(1) 水清洗法(水浸泡、低压喷水、高压喷水、水蒸气喷射、雾化水淋);

(2) 离子喷射法;

(3) 激光清洗;

(4) 抛丸清洗。

### 2．化学清洗法

石材的化学清洗法分为以卜几种:

(1) 表面活性剂;

(2) 化学溶剂;

(3) 酸碱络合反应;

(4) 生物化学清洗。

大理石清洗切忌使用酸性清洗剂,即使在非使用不可时,也得加水稀释。

## 五、石材翻新

### 1．抛光石材地面施工工艺流程

成品保护→施工前对已铺装石材地面的检查→裁缝处理→防渗强化处理→修补、嵌缝处理→粗磨部分→细磨部分→抛光部分→再次修补处理→结晶强化处理→拆除成品保护→清物。

### 2．花岗岩石材整体研磨处理施工工艺

施工前成品保护→施工前对已铺装石材地面的检查→对地面石材进行裁缝处理→对地面石材进行防护处理→对地面石材进行嵌缝、修补处理→地面石材整体研磨的粗磨处理→地面石材整体研磨的细磨处理→地面石材整体研磨的抛光处理→对研磨后地面石材进行再次修补处理→地面石材的水晶加硬处理→拆除成品保护→清物→报验及销项。

## 六、天然石材常见的表面加工方法

### 1．抛光

表面非常平滑,高度磨光,有镜面效果,有高光泽。花岗石、大理石和石灰石通常是抛光处理,并且需要不同的维护以保持其光泽。

### 2．亚光

表面平滑,但是低度磨光,产生漫反射,无光泽,不产生镜面效果,无光污染。

### 3．粗磨

表面简单磨光,把毛板切割过程中形成的机切纹磨没即可,是很粗糙的亚光加工。

### 4．机切

直接由圆盘锯、砂锯或桥切机等设备切割成型,表面较粗糙,带有明显的机切纹路。

**5. 酸洗**

用强酸腐蚀石材表面,使其有小的腐蚀痕迹,外观比磨光面更为质朴。大部分的石头都可以酸洗,但是最常见的是大理石和石灰石。酸洗也是软化花岗石光泽的一种方法。

**6. 荔枝**

表面粗糙,凹凸不平,是用凿子在表面上密密麻麻地凿出小洞,模仿水滴经年累月滴在石头上的一种效果。

**7. 菠萝**

表面比荔枝加工更加凹凸不平,就像菠萝的表皮一般。

**8. 剁斧**

也叫龙眼面,是用斧剁敲在石材表面上,形成非常密集的条状纹理,有些像龙眼表皮的效果。

**9. 火烧**

表面粗糙。这种表面主要用于室内如地板或作商业大厦的饰面,劳动力成本较高。高温加热之后快速冷却就形成了火烧面。火烧面一般是花岗岩。

**10. 开裂**

俗称自然面,其表面粗糙,不过不像火烧那样粗糙。这种表面处理通常是用手工切割或在矿山錾以露出石头自然的开裂面。

**11. 翻滚**

表面光滑或稍微粗糙,边角光滑且呈破碎状。有几种方法可以达到翻滚效果。20 mm的砖可以在机器里翻滚,3 cm的砖也可以翻滚处理,然后分裂成两块砖。大理石和石灰石是翻滚处理的首选材料。

**12. 刷洗**

表面古旧。处理过程是刷洗石头表面,模仿石头自然的磨损效果。

**13. 水冲**

用高压水直接冲击石材表面,剥离质地较软的成分,形成独特的毛面装饰效果。

**14. 仿古**

模仿石材使用一定年限后的古旧效果的面加工,一般是用仿古研磨刷或是仿古水来处理,仿古研磨刷的效果和性价比更高,也更环保。火烧仿古:先火烧再做仿古加工。酸洗仿古:先酸洗后做仿古加工。

**15. 喷砂**

用普通河沙或是金刚砂来代替高压水来冲刷石材的表面,形成有平整的磨砂效果的装饰面。

**16. 拉沟**

在石材表面上开一定的深度和宽度的沟槽。

**17. 蘑菇**

一般是用人工劈凿,效果和自然劈相似,但是石材的表面却呈中间凸起四周凹陷的高原的形状。

**【复习思考题】**

1. 如果你发现了一种新的石材,应该如何命名?
2. 应该如何辨析石材的病变和处理病变,有什么样的方法?

# 单元十　木　　材

»→ ▌学习目标▐ ……

1. 了解木材的构造、木材的腐蚀与防止措施。
2. 掌握木材的主要物理力学性质。
3. 熟悉木材的分等及木材的综合利用。

木材是具有悠久使用历史的传统建筑材料。尽管现代建筑材料迅速发展,研究和生产了很多新型建筑材料来取代木材,但由于木材有其独特的性质,在建筑工程上仍占有一定的地位。

木材的特点如下。

(1) 轻质高强。木材的表观密度小但强度高(顺纹抗拉强度可达 $50\sim150$ MPa),比强度大。

(2) 具有良好的弹性和韧性,抵抗冲击和振动荷载作用的能力比较强。

(3) 加工方便,可锯、刨、钉、钻。

(4) 在干燥环境或水中有良好的耐久性。

(5) 绝缘性能好。

(6) 保温性能好。

(7) 有美丽的天然纹理。

但是,木材有各向异性、易燃易腐、湿胀干缩变形大等缺点。这些缺点在采取一些措施后能有所改善。

木材是一种天然资源,其生长受环境等多种因素的影响,过度采伐树木,会直接破坏生态及环境。因此,应尽量节约木材的使用并注意综合利用。木材由树木砍伐后加工而成,树木可分为针叶树和阔叶树两大类。

针叶树,叶形呈针状,树干通直部分较长,材质较软,胀缩变形小,耐腐蚀性较好,强度较高。工程上主要用作结构材料,如梁、柱、桩、屋架、门窗等。此类树种有杉木、松木、柏木等。

阔叶树,叶脉呈网状,树干通直部分较短,材质较硬,胀缩翘曲变形较大,强度高,加工较困难,有美丽的纹理。工程上主要用于装饰或制作家具等。此类树种有樟木、榉木、柚木、水曲柳、柞木、桦木等。

## 项目一　木材的构造

木材的构造可从宏观和微观两方面研究。由于树木的生长受自然环境的影响,木材的构造差异很大,从而对其性质影响也很大。因此,对木材的构造进行研究是掌握木材性质的主要依据。

## 一、宏观构造

宏观构造是用眼睛和放大镜观察到的木材的构造。通常通过三个不同的锯切面来进行分析,即横切面、径切面和弦切面。

从横切面上观察,木材由树皮、木质部和髓心三个部分组成(图10-1),其中,木质部又分为边材和心材(靠近树皮的色浅部分为边材;靠近髓心的色深部分为心材),是木材的主要取材部分。从横切面上可看到木质部有深浅相间的同心圆,称为年轮,即树木一年中生长的部分。在同一年轮中,春季生长的部分,色较浅,材质较软,称为春材(或早材);夏秋季生长的部分,色较深,材质较硬,称为夏材(或晚材)。

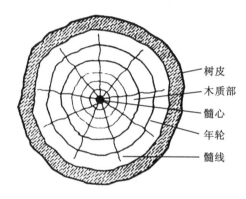

树皮
木质部
髓心
年轮
髓线

**图 10-1　木材横切面图**

从横切面上还可看到从髓心向四周辐射的线条,称为髓线。树种不同,髓线宽细不同,髓线宽大的树种易沿髓线产生干裂。

## 二、微观构造

微观构造是在显微镜下观察到的木材的构造。

在显微镜下观察,可看到木材由无数的管状细胞组成,大多数细胞之间为横向连接,极少数为纵向连接。细胞分为细胞壁和细胞腔两部分。细胞壁由细纤维组成,细胞壁的厚薄对木材的表观密度、强度、变形都有影响。细胞壁愈厚,木材的表观密度愈大、强度愈高,湿胀干缩变形也愈大。

一般阔叶树细胞壁比针叶树厚,夏材比春材厚。

木材细胞的种类有管胞、导管、树脂道、木纤维等。髓线由联系很弱的薄壁细胞所组成。针叶树主要由管胞和木纤维组成,阔叶树主要由导管、木纤维及髓线组成。

# 项目二　木材的主要性质

## 一、含水率

木材中的水分有吸附水、自由水和化学水三种。吸附水存在于细胞壁中,自由水存在于细胞腔和细胞间隙中,化学水存在于化学成分中。当细胞壁中的吸附水达到饱和,而细胞腔和细胞间隙中无自由水时,木材的含水率称为纤维饱和点。它是木材物理力学性质变化的转折点,一般为 25%～35%。含水率的测试方法参照《木材含水率测定方法》(GB/T 1931—2009)执行。

木材具有很强的吸湿性,随着环境中温度、湿度变化,木材的含水率也会随之变化。当木材中的水分与环境湿度相平衡时,木材的含水率称为平衡含水率,是选用木材的一个重要指标。

## 二、干湿变形

木材的干湿变形较大,木材的细胞壁吸收或蒸发水分使木材产生湿胀或干缩。木材的湿胀干缩与纤维饱和点有关,当木材中的含水率大于纤维饱和点,只有自由水增减变化时,木材的体积无变化;当含水率小于纤维饱和点时,含水率降低,木材体积收缩,含水率提高,木材体积膨胀。因此,从微观上讲,木材的胀缩实际上是细胞壁的胀缩。

木材的干湿变形是各向异性的,顺纹方向胀缩最小,为 0.1%～0.2%;径向次之,为 3%～6%;弦向最大,为 6%～12%。木材弦向变形最大,是因管胞横向排列而成的髓线与周围联结较差所致;径向因受髓线制约而变形较小。一般阔叶树变形大于针叶树;夏材因细胞壁较厚,故胀缩变形比春材大。

## 三、强度

木材的强度可分为抗压强度、抗拉强度、抗剪强度、抗弯强度等,木材强度具有明显的方向性。

抗压强度、抗拉强度、抗剪强度有顺纹、横纹之分,而抗弯强度无顺纹、横纹之分。其中,顺纹抗拉强度最大,可达 50～150 MPa,横纹抗拉强度最小。若以顺纹抗压强度为1,则木材各强度之间的关系见表 10-1。

**表 10-1　木材各强度之间关系**

| 抗压强度 | | 抗拉强度 | | 抗弯强度 | 抗剪强度 | |
|---|---|---|---|---|---|---|
| 顺纹 | 横纹 | 顺纹 | 横纹 | | 顺纹 | 横纹 |
| 1 | 1/10～1/3 | 2～3 | 1/20～1/3 | 3/2～2 | 1/7～1/3 | 1/2～1 |

木材的强度除取决于本身的组织构造外,还与下列因素有关。

**1. 含水率**

根据现行标准《木材顺纹抗拉强度试验方法》(GB/T 1938—2009)规定,试样含水率为 $W$ 时的顺纹抗拉强度,应按式(10-1)计算,精确至 0.1 MPa。

$$\sigma_w = \frac{P_{max}}{bt} \tag{10-1}$$

式中　$\sigma_w$——试样含水率为 $W$ 时的顺纹抗拉强度,MPa;

$P_{max}$——破坏荷载,N;

$b$——试样宽度,mm;

$t$——试样厚度,mm。

当试样含水率为 12% 时的阔叶树材的顺纹抗拉强度,应按式(10-2)计算,精确至0.1 MPa。

$$\sigma_{12} = \sigma_w[1 + 0.015(W - 12)] \tag{10-2}$$

式中　$\sigma_{12}$——含水率为 12% 时的顺纹抗拉强度,MPa;

　　　$W$——试样含水率,%。

试样含水率在 9%~15% 范围内,按式(10-2)计算有效。

当试样含水率在 9%~15% 范围内时,对针叶树材可取 $\sigma_{12}=\sigma_w$。

**2. 荷载作用时间**

荷载作用持续时间越长,木材抵抗破坏的强度越低。木材的持久强度(长期荷载作用下不引起破坏的最大强度)一般仅为短期极限强度的 50%~60%。

**3. 疵病**

木材中存在的缺陷,如腐朽、木节(死节、漏节、活节)、斜纹、乱纹、干裂、虫蛀等都会导致木材的强度降低。

**4. 温度**

木材不宜用于长期受较高温度作用的环境中,因为随温度升高,木材中的有机胶质会软化。若长期处于 40~60 ℃的环境中,会引起木材缓慢炭化;若超过 100 ℃,则导致木质分解,使木材强度降低。

# 项目三　木材的腐蚀与防腐、阻燃与防火

## 一、腐蚀与防腐

木材在适合的条件下,有良好的耐久性,但处于干湿交替环境中,木材会产生腐蚀。俗语说:"干千年,湿千年,干干湿湿两三年。"这就说明环境条件对木材的影响很大。木材的腐朽是由于真菌腐蚀所致,影响木材的真菌有霉菌和腐朽菌。霉菌以细胞腔内物质为养料,对木材无影响;腐朽菌则以细胞壁为养料,是造成木材腐朽的主要原因。腐朽菌生存和繁殖必须同时具备水分、温度、空气这三个条件。当木材处于含水率 15%~50%、温度为 25~30 ℃,又有足够的空气的条件下,腐朽菌最易生存和繁殖,木材也最易腐朽。若处于干燥条件下或水中,由于腐朽菌难以生存,因而木材具有良好的耐久性。

木材防腐的途径是破坏真菌的生存和繁殖条件。常用的方法有干燥法和化学防腐法两种。干燥法是将木材干燥至含水率 20% 以下,置于干燥通风的环境中。

化学防腐法是将木材用化学防腐剂涂刷或浸渍,从而起到防腐、防虫的目的。常用的防腐剂有水溶性和油溶性两类。水溶性防腐剂有氟化钠、硼铬合剂、氯化锌及铜铬合剂等。油溶性防腐剂有林丹、五氯酚合剂等。

## 二、阻燃与防火

木材是木质纤维材料,其燃烧点很低,仅为 220 ℃,极易燃烧。木材在燃烧过程中,木质纤维燃烧并炭化(固相燃烧),同时受热分解,形成大量含高能活化基的可燃气体,活化基的燃烧又产生新的活化基(气相燃烧),燃烧温度高达 800~1300 ℃,形成气固相燃烧链。因此,对木材进行阻燃及防火处理是个相当重要的问题。对木材进行阻燃处理,是通过抑制热分解、热传递、隔断可燃气体和空气的接触等途径,从而达到阻滞木材的固相燃烧和气相燃烧的目的。木材的防火处理是对木材表面进行涂刷或浸注防火涂料,在高温或火中产生膨胀,或者形成海绵状的隔热层,或者形成大量灭火性气体、阻燃气体,以达到防火的目的。

常用的阻燃剂和防火剂有磷酸铵、硼酸、氯化铵、溴化铵、氢氧化镁、含水氧化铝、CT-01-03 微珠防火涂料、A60-1 型改性氨基膨胀防火涂料、B60-1 膨胀型丙烯酸水性防火涂料等。

# 项目四　木材的分等和人造木材

## 一、木材的分等

建筑用木材根据材种(按制材规定可提供的木材商品种类及加工程度)可分为原木和锯材两种。原木是指去除根、皮、梢,并按一定尺寸规格和直径要求锯切和分类的圆木段,可分为加工用原木、直接用原木和特级原木。锯材是指原木经纵向锯解加工而成的材种,分为普通锯材和特等锯材。

根据现行标准规定,加工用原木与普通锯材根据各种缺陷的容许限度分为一、二、三等。

建筑上承重结构所用的木材,按受力要求分成Ⅰ、Ⅱ、Ⅲ三级。Ⅰ级用于受拉或受弯构件,Ⅱ级用于受弯或受压弯的构件,Ⅲ级用于受压构件及次要受弯构件。

木材可用作桁架、屋顶、梁、柱、门窗、楼梯、地板及施工中所用的模板等。

## 二、人造木材

天然木材的生长受到自然条件的制约,木材的物理力学性质也受到很多因素的影响。与天然木材相同,人造木材具有很多特点:可以节约优质木材,消除木材各向异性的缺点,能消除木材疵病对木材的影响,不易变形,小直径原木可制得宽幅板材等。因此,人造木材在建筑工程(尤其是装饰工程)中得到广泛的应用。

### (一)胶合板

胶合板是将原木蒸煮软化后经旋切机切成薄木单片,经干燥、上胶、按纹理互相垂直叠加再经热压而成。层数为 3～13 层(均为单数)不等。其特点是面积大、可弯曲、轻而薄、变形小、纹理美丽、强度高、不易翘曲等。胶合板依胶合质量和使用胶料不同,分为四类。其名称、特性和用途见表 10-2。

表 10-2　胶合板分类、特性及适用范围

| 种类 | 分类 | 名称 | 胶种 | 特性 | 适用范围 |
|---|---|---|---|---|---|
| 阔叶材普通胶合板 | Ⅰ类 | NFQ(耐气候、耐沸水胶合板) | 酚醛树脂胶或其他性能相当的胶 | 耐久、耐煮沸或蒸汽处理、耐干热、抗菌 | 室外工程 |
| | Ⅱ类 | NS(耐水胶合板) | 脲醛树脂胶或其他性能相当的胶 | 耐冷水浸泡及短时间热水浸泡、抗菌、不耐煮沸 | 室外工程 |
| | Ⅲ类 | NC(耐潮胶合板) | 血胶、带有多量填料的脲醛树脂胶或其他性能相当的胶 | 耐短期冷水浸泡 | 室内工程(一般常态下使用) |
| | Ⅳ类 | BNS(不耐水胶合板) | 豆胶或其他性能相当的胶 | 有一定胶合强度但不耐水 | 室内工程(一般常态下使用) |

续表

| 种类 | 分类 | 名称 | 胶种 | 特性 | 适用范围 |
|---|---|---|---|---|---|
| 松木普通胶合板 | Ⅰ类 | Ⅰ类胶合板 | 酚醛树脂胶或其他性能相当的合成树脂胶 | 耐水、耐热、抗真菌 | 室外工程 |
| | Ⅱ类 | Ⅱ类胶合板 | 脱水脲醛树脂胶、改性脲醛树脂胶或其他性能相当的胶 | 耐水、抗真菌 | 潮湿环境下使用的工程 |
| | Ⅲ类 | Ⅲ类胶合板 | 血胶和加少量填料的脲醛树脂胶 | 耐湿 | 室外工程 |
| | Ⅳ类 | Ⅳ类胶合板 | 豆胶和加多量填料的脲醛树脂胶 | 不耐水湿 | 室内工程(干燥环境下使用) |

胶合板的尺寸规格：阔叶树材胶合板的厚度为 2.5 mm,2.7 mm,3 mm,3.5 mm,4 mm,5 mm,6 mm,…,24 mm,自 4 mm 起,按 1 mm 递增；针叶树材胶合板的厚度为 3 mm,3.5 mm,4 mm,5 mm,6 mm,…,自 4 mm 起,按 1 mm 递增。宽度有 915 mm,1220 mm,1525 mm 三种规格,长度有 915 mm,1525 mm,1830 mm,2135 mm,2440 mm 五种规格。常用的规格为 1220 mm×2440 mm×(3～3.5)mm。

（二）纤维板

纤维板是将树皮、刨花、树枝干及边角料等经破碎浸泡、研磨成木浆,使其植物纤维重新交织,再经湿压成型、干燥处理而成。根据成型时温度与压力不同,可分为硬质纤维板、半硬质纤维板和软质纤维板三种。

纤维板具有构造均匀,含水率低,不易翘曲变形,力学性质均匀,隔声、隔热、电绝缘性能较好,无疵病,加工性能好等特点。常用规格见表 10-3。

**表 10-3 纤维板常用规格** （单位:mm）

| 规格 | 硬质纤维板 | 软质纤维板 |
|---|---|---|
| 长 | 1830,2000,2135,2440,3050,5490 | 1220,1835,2130,2330 |
| 宽 | 610,915,1000,1220 | 610,915 |
| 厚 | 3,4,5,8,10,12,16,20 | 10,12,13,15,19,25 |

硬质纤维板密度大,强度高,可用于建筑物的室内装修、车船装修和制作家具,也可用于制造活动房屋及包装箱。半硬质纤维板可作为其他复合板材的基材及复合地板。软质纤维板密度低,吸湿性大,但其保温、吸声、绝缘性能好,故可用于建筑物的吸声、保温及装修。

（三）细木工板

细木工板是上下两层为夹板、中间为小块木条压挤连接作芯材复合而成的一种板材。

细木工板按制作方法可分为热压和冷压两种。冷压是芯材和夹板胶合,只经过重压,所以表面夹板易翘起；热压是芯材和夹板经过高温、重压、胶合等工序制作而成,板材不易脱胶,比较牢固。

细木工板按面板材质和加工工艺质量,分为一、二、三三个等级,其常用尺寸为 2440 mm

× 1220 mm×16 mm。

细木工板具有较大的硬度和强度,质轻,耐久且易加工,适于制作家具底材或饰面板,也是装修木作工程的主要材料。但若采用质量较差的细木工板,则空隙太大,费工较多,容易变形。因此,使用时应谨慎选用。

**（四）刨花板**

刨花板是将木材加工后的剩余物、木屑等,经切碎、筛选后拌入胶料、硬化剂、防水剂等经成型、热压而成的一种人造板材。

刨花板具有板面平整挺实、强度高、板幅大、质轻、保温、较经济、加工性能好等特点。如经过特殊处理后,还可制得防火、防霉、隔声等不同性能的板材。

刨花板常用规格为 2440 mm×1220 mm×(6,8,10,13,16,19,22,25,30,…)mm 等。

刨花板适于制作各种木器或家具,制作时不宜用钉子钉,因刨花板中木屑、木片、木块结合疏松,易使钉孔松动。因此,在通常情况下,应采用木螺丝或小螺栓固定。

**（五）木丝板**

木丝板是将木材碎料刨锯成木丝,经化学处理,用水泥、水玻璃胶结压制而成,表面木丝纤维清晰,有凹凸,呈灰色。

木丝板具有质轻,隔热,吸声,隔声,韧性强,美观,可任意粉刷、喷漆、调配色彩,耐用度高,不易变质腐烂,防火性能好,施工简便,价低等特点。

木丝板规格尺寸为长 1800～3600 mm,宽 600～1 200 mm,厚 4 mm,6 mm,8 mm,10 mm,12 mm,16 mm,…,自 12 mm 起,按 4 mm 递增。

木丝板主要用于天花板、壁板、隔断、门板内材、家具装饰侧板、广告或浮雕底板等。

**（六）中密度纤维板（MDF）**

中密度纤维板是以木质粒片在高温蒸汽热力下研化为木纤维,再加入合成树脂,经加压、表面砂光而制得的一种人造板材。

中密度纤维板具有密度均匀、结构强、耐水性高等特点。规格有 2440 mm×1220 mm,1830 mm×1220 mm,2135 mm×1220 mm,2135 mm×915 mm,1830 mm×915 mm 等;厚度有 3.6 mm,6 mm,9 mm,10 mm,12 mm,15 mm,16 mm,18 mm,19 mm,25 mm。

中密度纤维板主要用于隔断、天花板、门扇、浮雕板、踢脚板、家具、壁板等,还可用作复合木地板的基材。

**【复习思考题】**

1. 木材的纤维饱和点、平衡含水率有什么实用意义?
2. 木材的宏观构造由哪几部分组成?
3. 影响木材强度的因素有哪些? 如何影响?
4. 简述木材综合利用的方式有哪些?
5. 简述木材腐蚀的原因和防止对策。

# 单元十一　玻　　璃

1. 了解玻璃的概念。
2. 掌握玻璃的生产工艺。
3. 熟悉常见的建筑玻璃的性质和应用。

## 项目一　玻璃的概述

目前,玻璃这一名词包括了玻璃态、玻璃材料和玻璃制品。玻璃态是指物质的一种结构;玻璃材料指用作结构材料、功能材料或新材料的玻璃,如建筑玻璃等;玻璃制品指玻璃器皿、玻璃瓶罐等。玻璃的定义应该包括玻璃态、玻璃材料与玻璃制品的内涵和特征。随着人们认识的深化,玻璃的定义也在不断地修改和补充,有狭义和广义的玻璃定义类型。

狭义的定义:玻璃是采用无机矿物为原料,经熔融、冷却、固化,具有无规则结构的非晶态固体。广义的定义:玻璃是呈现玻璃转变现象的非晶态固体。玻璃转变现象是指当物质由固体加热或由熔体冷却时,在相当于晶态物质熔点绝对温度的 1/2～2/3 温度附近出现热膨胀、比热等性能的突变,这一温度称为玻璃转变温度。

### 一、原料

原料包括主要原料和辅助原料。前者指引入玻璃的形成网络结构的氧化物、中间体氧化物和网络外氧化物等原料;后者可以加速玻璃熔制,或使其获得某种必要的性质。

**1. 主要原料**

根据引入氧化物的性质,主要原料分为酸性氧化物原料、碱金属氧化物原料和碱土金属氧化物原料。

(1) 酸性氧化物原料:有 $SiO_2$、$B_2O_3$、$Al_2O_3$ 的原料。$SiO_2$ 是硅酸盐玻璃中玻璃结构的骨架。它赋予玻璃高强度、良好的化学稳定性、耐热性和低膨胀性,但会使玻璃的熔融温度增高,黏度增大。$SiO_2$ 的引用原料是硅砂或砂岩、石英岩。玻璃中加 $B_2O_3$,可降低玻璃的热膨胀性,提高折射率、耐热急变性和耐化学侵蚀性,在温度较高时能降低玻璃黏度,温度较低时提高玻璃黏度。$B_2O_3$ 的引用原料是硼砂或硼酸。玻璃中加 $Al_2O_3$ 能降低玻璃析晶倾向和增强化学稳定性,提高强度,增大玻璃黏度。$Al_2O_3$ 的引用原料通常是伴含 $K_2O$ 或 $Na_2O$ 和 $SiO_2$ 的长石,也可以用工业氧化铝等。

(2) 碱金属氧化物原料:有 $Na_2O$、$K_2O$ 的原料。玻璃中加 $Na_2O$ 和 $K_2O$ 成分可降低熔融温度,减小黏度,但会使玻璃的化学稳定性变差。其引用原料是纯碱($Na_2CO_3$)和钾碱($K_2CO_3$)。

(3) 碱土金属氧化物原料:有 $CaO$、$MgO$、$BaO$、$ZnO$、$PbO$ 的原料。玻璃中加 $CaO$ 和

MgO 能减弱钠硅玻璃析晶倾向,增强化学稳定性,高温时能降低玻璃黏度,促进玻璃熔化和澄清,但温度降低时黏度增加很快,成型操作困难。其引用原料是石灰石($CaCO_3$)和菱苦土($MgCO_3$),或用同时含 CaO 和 MgO 的白云石。玻璃中常加 BaO 和 ZnO 以调节玻璃的化学稳定性和折射率等性质,其引用原料常为工业 ZnO 和 $BaCO_3$、$BaSO_4$ 或 $Ba(NO_3)_2$。玻璃中加 PbO 可显著提高折射率和色散,使玻璃吸收短波长射线,同时,比重增大,熔融温度降低,与金属浸润性好。PbO 的引用原料是红丹和黄丹或工业硝酸铅。

此外,碎玻璃也是一种主要原料,常称为熟料,能够在较低的温度下熔融,有助于玻璃配合料的溶化。

**2. 辅助原料**

辅助原料一般包括澄清剂、着色剂、脱色剂、乳浊剂、助熔剂等。

(1)澄清剂:在玻璃熔制时分解排放气体,加速玻璃熔体排出气泡。有白砒、氧化锑、硝酸盐、锑酸钠、芒硝等。

(2)着色剂:使玻璃具有各种不同颜色,通常是过渡金属 Co、Ni、Mn、Cr、Cu、Fe 的化合物,CdS、CdSe 及 Se、Au、Ag 的化合物等。

(3)脱色剂:脱色分化学脱色和物理脱色。化学脱色是加入氧化剂,将带色化合物氧化成无色或浅色。物理脱色是根据互补色原理,加入着色剂以抵消 FeO、$Fe_2O_3$、$Cr_2O_3$、$TiO_2$ 等杂质呈现的颜色。如氧化铁使玻璃呈青绿色,通常加入硝酸盐、氧化铈将铁氧化成高价后,着色力减弱。还可加入 Se、Co、Ni、Mn 的化合物产生红紫色,与 Fe 化合物的青绿色互补成无色,但降低了光透过率。

(4)乳浊剂:使玻璃冷却时析出密布晶体,对光线产生散射而不透明。常用水晶石、氟硅酸钠等氟化物和磷酸钙等磷酸盐。

## 二、玻璃的生产工艺

玻璃的生产工艺流程如图 11-1 所示。

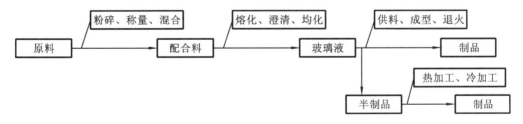

**图 11-1　玻璃生产工艺流程简图**

**1. 原料及配制**

主要原料:石英砂($SiO_2$)、纯碱($Na_2CO_3$)、方解石(CaO)、石灰石($CaCO_3$)、硼化合物($B_2O_3$)、碳酸钡($BaCO_3$)。辅助原料:橙色剂、着色剂、乳浊、助熔。在配方上,各厂商要依据具体的产品而定,作出适当的调整。在原料中加入适量的氧化锌可增加产品的韧性,加入适量的有色物质可能使产品着色,如加入氧化铜,产品呈绿色或海蓝色;加入氧化钴着色;加入硒粉呈红色,加入的量影响色的深浅。在配料中一般允许 20% 的干净回收料,回收料不宜过多,否则产品易出现粒状、凸起、气泡等。在配料入炉前,必须将所有料混合在一起,搅拌均匀。

**2. 熔料**

将配好的原料经过高温加热,玻璃的熔制温度大多在 1300~1600 ℃,形成均匀的无气泡的玻璃液。这是一个很复杂的物理、化学反应过程。玻璃的熔制在熔窑内进行。熔窑主要有两种类型。一种是坩埚窑,玻璃料盛在坩埚内,在坩埚外面加热。小的坩埚窑只能放一个坩埚,大的可多到 20 个坩埚。坩埚窑是间隙式生产的,一般的坩埚窑只有一个口,进料与出料都在此口,这种只有一个口的炉常要在晚上进行加料,然后密闭,一般新加入的料要熔化 8 个小时方可使用,所以加料是不可以随时进行的,往往等到料已用完后再加,故一般一个缸的料可用一天,为600~900 L。现在仅有光学玻璃和颜色玻璃采用坩埚窑生产。另一种是池窑,玻璃料在窑池内熔制,明火在玻璃液面上部加热。池窑可能进料口与出料口分开(视工厂规模)。

**3. 玻璃成型**

一般的成型方法有吹制(机吹、人工吹)、压制、离心旋转、烧制(辅助作用)。玻璃模具一般采用生铁铸件。模具质量的好坏也会影响产品品质,有的铁质有砂子,则出来的产品就粗糙,有凸粒,在高温下,易脱铁屑而沾在产品上。而人工操作则完全依靠工人的经验,所以人工操作时,量的多少是很重要的,量太多,易使边太厚;量太少,则可能产品不完整。因人工剪料控制的问题,易出现产品边壁和底的厚薄以及产品轻重不一致等问题。吹制产品靠气压而成,所以与气压的大小有很大的关系,气压太大,可能出现底部薄、口部厚;气压太小,则口部可能太薄或根本吹不到,造成口部缺失。一般的吹制产品有瓶类、罐类。压制是通过内模压入外模,把玻璃料挤压成型。两模间的空隙影响产品的厚薄,而内模是通过气压来控制的,所以气压太大可能减少两模上下的空隙,使产品底变薄;若气压太小,则相反。一般直筒的杯状结构都采用压制,如果产品比较高且边要求较薄,则一般用吹制,而这种产品最薄处在中部,所以中部易破。离心旋转是将模具安装在电动机上,以一定的转速把料甩开成型。电动机转速太小,可能甩不开,而使产品不完整,转速太大,可能把料甩出去或甩到上部,使上端厚,底部薄,一般盘类制品采用此方法。

玻璃在成型过程中经受了激烈的温度变化和形状变化,这种变化在玻璃中留下了热应力。这种热应力会降低玻璃制品的强度和热稳定性。如果直接冷却,很可能在冷却过程或以后的存放、运输和使用过程中自行破裂(俗称玻璃的冷爆)。为了消除冷爆现象,玻璃制品在成型后必须进行退火。退火就是在某一温度范围内保温或缓慢降温一段时间以消除或减少玻璃中热应力到允许值。

# 项目二　玻　璃　品　种

## 一、净片玻璃

净片玻璃是指未经深加工的平板玻璃,也称为白片玻璃。净片玻璃有良好的透视、透光性能。对太阳光中热射线的透过率较高,但对室内墙、顶、地面和物品产生的长波热射线却能有效阻挡,可产生明显的"暖房效应",夏季空调能耗加大;净片玻璃对太阳光中紫外线的透过率较低;隔声;有一定的保温性能;是典型的脆性材料;有较高的化学稳定性,但长期遭受侵蚀性介质的作用也能导致变质和破坏;热稳定性较差,遇急冷或急热易发生炸裂。

### 二、装饰玻璃

#### 1. 彩色平板玻璃

彩色平板玻璃又称有色玻璃或饰面玻璃。彩色玻璃分为透明和不透明的两种。彩色平板玻璃也可以采用在无色玻璃表面上喷涂高分子涂料或粘贴有机膜制得。颜色有茶色、黄色、桃红色、宝石蓝色、绿色等。可以拼成各种图案,并有耐腐蚀、抗冲刷、易清洗等特点,主要用于建筑物的内外墙、门窗装饰及对光线有特殊要求的部位。

#### 2. 釉面玻璃

釉面玻璃图案精美,不褪色,不掉色,易于清洗,可按用户的要求或艺术设计图案制作。具有良好的化学稳定性和装饰性,广泛用于室内饰面层、一般建筑物门厅和楼梯间的饰面层及建筑物外饰面层。

#### 3. 压花玻璃

一般压花玻璃的表面凹凸不平,有透光而不透视的特点,具有私密性,表面的立体花纹图案具有良好的装饰性。安装时可将其花纹面朝向室内,以加强装饰感;作为浴室、卫生间门窗玻璃时,则应注意将其花纹面朝外,以防表面浸水而透视。

### 三、安全玻璃

#### 1. 钢化玻璃

钢化玻璃机械强度高,抗冲击性也很高,弹性比普通玻璃大得多,热稳定性好,在受急冷急热作用时,不易发生炸裂,碎后不易伤人。钢化玻璃常用作建筑物的门窗、隔墙、幕墙及橱窗、家具等。但钢化玻璃使用时不能切割、磨削,边角亦不能碰击挤压,按设计加工定制。用于大面积玻璃幕墙的钢化玻璃要采取必要技术措施,以避免受风荷载引起振动而自爆。

#### 2. 防火玻璃

防火玻璃是指在规定的耐火试验中能够保持其完整性和隔热性的安全玻璃。防火玻璃按结构可分为复合防火玻璃(FFB)和单片防火玻璃(DFB)。可选用普通平板玻璃、浮法玻璃、钢化玻璃等作原片,复合防火玻璃也可采用单片防火玻璃作原片。

防火玻璃按耐火性能分为 A、B、C 三类。A 类防火玻璃要同时满足耐火完整性、耐火隔热性的要求;B 类防火玻璃要同时满足耐火完整性、热辐射强度的要求;C 类防火玻璃要满足耐火完整性的要求。以上三类防火玻璃按耐火等级可分别分为 I 级、II 级、III 级、IV 级,其相应耐火指标如下。A 类:耐火完整性、耐火隔热性;B 类:耐火完整性、热辐射强度;C 类:耐火完整性。

#### 3. 夹丝玻璃

夹丝玻璃也称防碎玻璃或钢丝玻璃。夹丝玻璃提高了玻璃的强度,在遭受到冲击或温度骤变而破坏时,碎片不会飞散,避免了碎片对人的伤害。当遭遇火灾时,夹丝玻璃受热炸裂,但由于金属丝网的作用,玻璃仍能保持固定,防止火焰蔓延。也可起到防盗、防抢的安全作用。夹丝玻璃应用于建筑的天窗、采光屋顶、阳台及须有防盗、防抢功能,有一定的颜色,也称为着色吸热玻璃,有蓝色、茶色、灰色、绿色、金色等色泽。

### 四、节能玻璃

#### 1. 着色玻璃

着色玻璃可有效吸收太阳的辐射热,产生"冷室效应",达到蔽热节能的效果。对可见光有一定的吸收,使透过的阳光变得柔和,避免眩光。具有一定的透明度,能清晰地观察室外景物。能吸收太阳光中的紫外线,有效地防止紫外线对室内物品产生的褪色和变质作用。色泽鲜丽、经久不变,能增加建筑物的外形美观。广泛应用于既需采光又需隔热之处,合理利用太阳光,调节室内温度,节省空调费用;对建筑物的外形有很好的装饰效果。一般多用作建筑物的门窗或玻璃幕墙。

**2. 镀膜玻璃**

镀膜玻璃分为阳光控制镀膜玻璃和低辐射镀膜玻璃,是一种既能保证可见光良好透过,又可有效反射热射线的节能装饰型玻璃。

1) 阳光控制镀膜玻璃

阳光控制镀膜玻璃是对太阳光中的热射线具有一定控制作用的镀膜玻璃。其具有良好的隔热性能,在保证室内采光柔和的条件下,可有效地屏蔽进入室内的太阳辐射能,可以避免暖房效应,节约能源消耗。阳光控制镀膜玻璃具有单向透视性,又称为单反玻璃,可用作建筑门窗玻璃、幕墙玻璃,还可用于制作高性能中空玻璃,具有良好的节能和装饰效果。单面镀膜玻璃在安装时,应将膜层面向室内,以提高膜层的使用寿命和取得节能的最大效果。

2) 低辐射镀膜玻璃

低辐射镀膜玻璃又称"Low-E"玻璃,是一种对远红外热射线有较强阻挡作用的镀膜玻璃。低辐射镀膜玻璃还可以复合阳光控制功能,称为阳光控制低辐射玻璃。低辐射镀膜玻璃对于可见光有较高的透过率,有利于自然采光,可节省照明费用。但玻璃的镀膜对阳光中的和室内物体所辐射的热射线均可有效阻挡,因而可使夏季室内凉爽而冬季则有良好的保温效果,总体节能效果明显。低辐射镀膜玻璃还具有阻止紫外线透射的功能,可以有效地阻止室内物品、家具等受阳光中紫外线照射产生老化、褪色等现象。

低辐射镀膜玻璃一般不单独使用,往往与普通平板玻璃、浮法玻璃、钢化玻璃等配合,制成高性能的中空玻璃。

**3. 中空玻璃**

中空玻璃是由两片或多片玻璃以有效支撑均匀隔开并周边黏结密封,使玻璃层间形成干燥气体的封闭空间,达到保温隔热效果的节能玻璃制品。中空玻璃按玻璃有双层和多层之分,一般是双层结构。可采用无色透明玻璃、热反射玻璃、吸热玻璃或钢化玻璃等作为中空玻璃的基片。中空玻璃的性能特点如下:光学性能良好,采用不同的玻璃原片,其光学性能可在很大范围内变化,从而满足设计和工程的不同要求;玻璃层间干燥气体导热系数极小,故起着良好的隔热作用,有效保温隔热、降低能耗;露点很低,在露点满足的前提下,不会结露;具有良好的隔声性能。中空玻璃主要用于保温隔热、隔声等功能要求较高的建筑物和车船等交通工具。

【复习思考题】

1. 普通玻璃为什么是钠钙硅玻璃?

2. 市售的水晶玻璃闪闪发亮,其中主要是什么氧化物在起作用? 氧化铅在玻璃中有何作用?

3. 钢化玻璃的制造原理是什么? 有什么性质?

# 单元十二 陶 瓷

>>>→ |学习目标|......
1. 了解陶瓷的概念。
2. 掌握陶瓷的分类。
3. 熟悉陶瓷的一般生产工艺。

## 项目一 陶瓷的概念

陶瓷(ceramics)的传统概念是指所有以黏土等无机非金属矿物为原料的人工工业产品。它包括由黏土或含有黏土的混合物经混炼,成形,煅烧而制成的各种制品。由最粗糙的土器到最精细的细陶和瓷器都属于它的范围。陶瓷的主要原料是取之于自然界的硅酸盐矿物(如黏土、长石、石英等),因此,它与玻璃、水泥、搪瓷、耐火材料等工业,同属于"硅酸盐工业"(silicate industry)的范畴。随着近代科学技术的发展,近百年来又出现了许多新的陶瓷品种。它们不再使用或很少使用黏土、长石、石英等传统陶瓷原料,而是使用其他特殊原料,甚至扩大到非硅酸盐、非氧化物的范围,并且出现了许多新的工艺。美国和欧洲一些国家的文献已将"ceramic"一词理解为各种无机非金属固体材料的通称。因此,陶瓷的含义实际上已远远超越过去狭窄的传统观念了。迄今为止,陶瓷的界说可概括地作如下描述:陶瓷是用铝硅酸盐矿物或某些氧化物等为主要原料,依照人的意图通过特定的化学工艺在高温下以一定的温度和气氛制成的具有一定形式的工艺岩石。

## 项目二 陶瓷的分类

**1. 按瓷器等级分**

按瓷器等级可将陶瓷分为日用瓷器、骨灰瓷器、玲珑日用瓷器、釉下(中)彩日用瓷器、日用细陶器、普通陶瓷和精细陶瓷烹调器等。除骨灰瓷外,其余产品又按外观缺陷的多少或幅度的大小分为优等品、一等品、合格品等不同等级。

**2. 按花面装饰方式分**

按花面特色可将陶瓷分为釉上彩陶瓷、釉中彩陶瓷、釉下彩陶瓷和色釉瓷及一些未加彩的白瓷等。

1) 釉上彩陶瓷

釉上彩陶瓷是用釉上陶瓷颜料制成的花纸贴在釉面上或直接以颜料绘于产品表面,再经 700～850 ℃烤制而成的产品。因烤制温度没有达到釉层的熔融温度,所以花面不能沉入釉中,只能紧贴于釉层表面。如果用手触摸,制品表面有凹凸感,肉眼观察高低不平。

2) 釉中彩陶瓷

它的煅烧温度比釉上彩陶瓷高,达到了制品釉料的熔融温度,陶瓷颜料在釉料熔融时沉入釉中,冷却后被釉层覆盖。用手触摸制品表面平滑如玻璃,无明显的凹凸感。

3) 釉下彩陶瓷

釉下彩是我国一种传统的陶瓷装饰方法,陶瓷的全部彩饰都在瓷坯上进行,经施釉后高温一次烧成。这种陶瓷和釉中彩陶瓷一样,花面被釉层覆盖,表面光亮、平整,无高低不平的感觉。

色釉瓷则在陶瓷釉料中加入一种高温色剂,使烧成后的制品釉面呈现出某种特定的颜色,如黄色、蓝色、豆青色等。白瓷通常指未经任何彩饰的陶瓷,这种制品市场上销量一般不大。以上不同的装饰方式,除显示其艺术效果外,主要区别在铅、镉等重金属元素含量上。其中,釉中彩陶瓷、釉下彩陶瓷和绝大部分的色釉瓷、白瓷的铅、镉含量是很低的,而釉上彩陶瓷如果在陶瓷花纸加工时使用了劣质颜料,或在花面设计上对含铅、镉高的颜料用量过大,或烤烧时温度、通风条件不够,则很容易引起铅、镉溶出量的超标。有的白瓷,主要是未加彩的骨灰瓷,由于采用含铅的熔块釉,如果烧成时不严格按骨灰瓷的工艺条件控制,铅溶出量超标的可能性也很大。铅、镉溶出量是一项关系人体健康的安全卫生指标。人体血液中的铅、镉含量应越少越好。人们如果长期食用铅、镉含量过高的产品盛装的食物,就会造成铅在血液中的沉积,导致大脑中枢神经、肾脏等器官的损伤,尤其对少年儿童的智力发育会产生严重的影响。

**3. 按用途的不同分类**

1) 日用陶瓷

日用陶瓷是指为了满足人们日常生活所需的陶瓷制品,如餐茶具、缸、坛、盆、罐、盘、碟、碗等。

2) 艺术陶瓷

艺术陶瓷是指因观赏和精神需求而制成形象性形体和装饰的陶瓷,如花瓶、雕塑品、园林陶瓷、器皿、陈设品等。

3) 工业陶瓷

工业陶瓷是指应用于各种工业的陶瓷制品,可分为如下四种。①建筑-卫生陶瓷:如砖瓦、排水管、面砖、外墙砖、卫生洁具等。②化工陶瓷:用于各种化学工业的耐酸容器、管道、塔、泵、阀以及搪瓷反应锅的耐酸砖、灰等。③电瓷:用于电力工业高低压输电线路上的绝缘子,如电机用套管和支柱绝缘子、低压电器和照明用绝缘子,以及电讯用绝缘子、无线电用绝缘子等。④特种陶瓷:用于各种现代工业和尖端科学技术的特种陶瓷制品,有高铝氧质瓷、镁石质瓷、钛镁石质瓷、锆英石质瓷、锂质瓷、磁性瓷以及金属陶瓷等。

**4. 按所用原料及坯体的致密程度分类**

1) 陶器

陶器制品为多孔结构,吸水率大(5%~22%)、表面粗糙。可以根据原料杂质含量不同以及施釉情况,将其分为粗陶和细陶。粗陶一般不施釉,它是最原始、最低级的陶瓷器,一般以一种易熔黏土制造。在某些情况下也可以在黏土中加入熟料或砂与之混合,以减少收缩。这些制品的烧成温度变动很大,要依据黏土的化学组分所含杂质的性质与含量而定。用这种黏土制造砖瓦,如气孔率过高,则坯体的抗冻性能不好,过低又不易挂住砂浆,所以吸水率一般要保持在5%~15%,甚至达到22%。烧成后坯体的颜色取决于黏土中着色氧化物的含量和烧成气氛,在氧化焰中烧成多呈黄色或红色,在还原焰中烧成则多呈青色或黑色。建筑上常用的烧结黏土砖瓦均为粗陶制品。比如,我国建筑材料中的青砖,即以含有$Fe_2O_3$的黄色或红色黏土为原料,在临近止火时用还原焰煅烧,使$Fe_2O_3$还原为$FeO$,则砖呈青色。细陶一般要经素烧、施釉和釉烧工艺,根据施釉状况呈白、乳白、浅绿等颜色。细陶器坯体吸水率仍有$4\%\sim12\%$,因此有渗透性,没有半透明性,一般为白色。釉多采用含铅和硼的易熔釉。它与炻器比较,因熔剂量较少,烧成温度不超过$1300\ ℃$,所以坯体未充分烧结;与瓷器比较,对原料的要求较低,坯料的可塑性较大,烧成温度较低。细陶不易变形,因而可以简化制品的成型、装钵和其他工序。但细陶的机械强度和冲击强度比瓷器、炻器要小,同时它的釉比上述制品的釉要软,当它的釉层损坏时,多孔的坯体即容易沾污,影响卫生。细陶按坯体组成的不同,又可分为黏土质、石灰质、长石质、熟料质四种。黏土质细陶接近普通陶器。石灰质细陶以石灰石为熔剂,其制造过程与长石质细陶相似,而质量不及长石质细陶,近年来已很少生产,而为长石质细陶所取代。长石质细陶又称硬质细陶,以长石为熔剂,是陶器中最完美和使用最广的一种。现在很多国家用其大量生产日用餐具(杯、碟、盘等)及卫生陶器以代替价格昂贵的瓷器。熟料质细陶是在细陶坯料中加入一定量熟料,目的是减少收缩,避免产生废品。这种坯料多应用于大型和厚胎制品(如浴盆、大的盥洗盆等)。建筑上所用的釉面砖(内墙砖)即为此类。

2) 炻器

炻器在我国古籍上称"石胎瓷",坯体致密,已完全烧结,这一点已很接近瓷器。但它还没有玻化,仍有$2\%$以下的吸水率,坯体不透明,有白色的,而多数允许在烧后呈现颜色,所以对原料纯度的要求不及瓷器那样高,原料取得容易。炻器具有很高的强度和良好的热稳定性,适用于现代机械化洗涤,并能顺利地通过从冰箱到烤炉的温度急变,在国际市场上由于旅游业的发达和饮食的社会化,炻器比之搪瓷、陶器具有更大的销售量。

3) 半瓷器

半瓷器的坯料接近于瓷器坯料,但烧后仍有$3\%\sim5\%$的吸水率(真瓷器,吸水率在$0.5\%$以下),所以它的使用性能不及瓷器,比细陶则要好些。

4) 瓷器

瓷器是陶瓷器发展的更高阶段。它的特征是坯体已完全烧结,完全玻化,因此很致密,对液体和气体都无渗透性,胎薄处呈半透明,断面呈贝壳状,以舌头去舔,感到光滑而不被粘住。

**5. 按照原料的来源分**

1) 普通陶瓷

普通陶瓷又称传统陶瓷,以天然硅酸盐矿物为主要原料,如黏土、石英、长石等。主要制品有日用陶瓷、建筑陶瓷、电器绝缘陶瓷、化工陶瓷、多孔陶瓷等。

2) 特种陶瓷

特种陶瓷是随着现代电器、无线电、航空、原子能、冶金、机械、化学等工业以及电子计算机、空间技术、新能源开发等尖端科学技术的飞跃发展而发展起来的。这些陶瓷所用的主要原料不再是黏土、长石、石英,有的坯体也使用一些黏土或长石,然而更多的是采用纯粹的氧化物和具有特殊性能的原料,制造工艺与性能要求也各不相同。所以可以把特种陶瓷定义为以纯度较高的人工合成物为主要原料的人工合成化合物,如$Al_2O_3$、$ZrO_2$、$SiC$、$Si_3N_4$、$BN$等。

# 项目三  陶瓷的生产

## 一、陶瓷生产工艺流程

一般陶瓷生产工艺流程如图 12-1 所示。

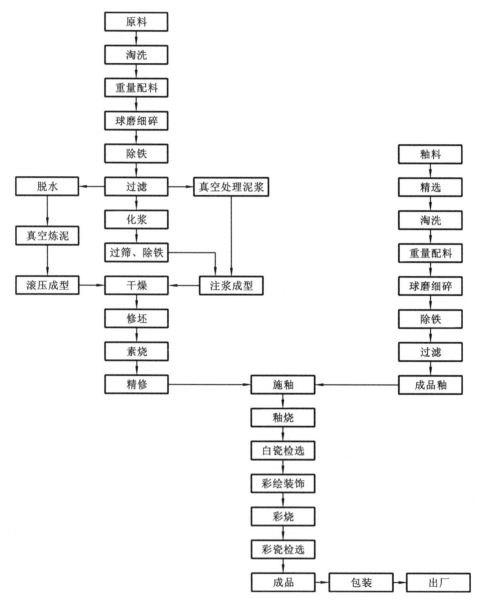

图 12-1  一般陶瓷生产工艺流程图

## 二、原料

原料包括菱镁矿、煤矸石、工业氧化铝、氧化钙、二氧化硅、氧化镁等。

### 三、坯料的制备

#### 1. 原料粉碎

块状的固体物料在机械力的作用下而粉碎,这种原料的处理操作,即为原料粉碎。

1) 粗碎

粗碎装置常采用颚式破碎机来进行,可以将大块原料破碎至 $40\sim50$ mm 的碎块,这种破碎机是无机材料工厂广泛应用的粗碎和中碎机械,是依靠活动颚板做周期性的往复运动,把进入两颚板间的物料压碎。颚式破碎机具有结构简单,管理和维修方便,工作安全可靠,使用范围广等优点。它的缺点是工作间歇式,非生产性的功率消耗大,工作时产生较大的惯性力,使零件承受较大的负荷,不适合破碎片状及软状黏性物质。

2) 中碎

碾轮机是常用的中碎装置。物料是碾盘与碾轮之间相对滑动与碾轮的重力作用下被碾磨与压碎的,碾轮越重尺寸越大,则粉碎力越强。陶瓷厂用于制备坯釉料的轮碾机常用石质碾轮和碾盘。一般轮子直径为物料块直径的 $14\sim40$ 倍,硬质物料取上限,软质物料取下限。轮碾机碾碎的物料颗粒组成比较合理,从微米到毫米级粒径,粒径分布范围广,具有较合理的颗粒范围,常用于碾碎物料。

3) 细碎

球磨机是陶瓷厂的细碎设备。在细磨坯料和釉料中,它起着研磨和混合的作用。陶瓷厂多数用间歇式湿法研磨坯料和釉料,这是由于湿式球磨时水对原料的颗粒表面的裂缝有劈尖作用,其研磨效率比干式球磨高,制备的可塑泥和泥浆的质量比干磨的好。泥浆除铁比粉除铁磁阻小、效率高,而且无粉尘飞扬。

4) 筛分

筛分是利用具有一定尺寸的孔径或缝隙的筛面进行固体颗粒的分级。当粉粒经过筛面后,被分级成筛上料和筛下料两部分。筛分有干筛和湿筛两种。干筛的筛分效率主要取决于物料温度。物料相对筛网的运动形式以及物料层厚度。当物料湿度和黏性较高时,容易黏附在筛面上,使筛孔堵塞,影响筛分效率。当料层较薄而筛面与物料之间相对运动越剧烈时,筛分效率就越高,湿筛和干筛的筛分效果主要取决于料浆的稠度和黏度。陶瓷厂常用的筛分机有摇动筛、回转筛以及振筛。

5) 除铁

坯料和釉料中混有铁质将使制品外观受到影响,如降低白度,产生斑点。因此,原料处理与坯料制备中,除铁是一个很重要的工序。磁选机有干法和湿法两种,干法一般用于分离中碎后粉料的铁质,而湿法是用于泥浆除铁的。目前,我国陶瓷工业所用干法除铁设备有轮式磁选机和传送式磁选机。在湿法除铁中,一般采用过滤式湿法磁选机,操作时先在线圈中通入直流电,使带筛格板的铁芯磁化,泥浆由漏斗进入,然后在静水压的作用下,由下往上经过筛格板,含铁杂质被吸住,而净化的泥浆由溢流槽流出。由于泥浆通过格筛板后呈薄层细流状,因此,湿法磁选机的除铁效果比较好。

6) 泥浆脱水

泥浆脱水常用的两种方法,即压滤脱水和喷雾干燥脱水。喷雾干燥机是以喷雾干燥塔为主体,并附由泵、风机与收集细粉的旋风分离器等设备构成的机组。泥浆由泵压送到干燥塔的雾化器将泥浆雾化成细滴,进入干燥塔内,相遇热空气进行热交换时干燥脱水。

7) 陈腐

陈腐是指将坯料放入封闭的仓库和池中,保持一定温度和湿度,存放一定时间。泥料经一段时间陈放后,可使其组分趋于均匀,可塑性提高,造粒后的压制坯料在密闭的仓库放一段时间,可使坯料的水分更加均匀。陈腐对提高坯料的成型性能和坯体强度有重要作用。但陈腐需要占用较大的面积,同时延长了坯料的周转期,使生产过程不能连续化,因而现代化生产不推荐通过延长陈腐时间来提高坯料的成型性能,可采用对坯料的真空处理来达到这一目的。

8) 练泥

练泥可以排除泥饼中的残留空气,提高泥料的致密度和可塑性,并使泥料组织均匀,改善成型性能,提高干燥强度和成瓷后的机械强度。

9) 造粒

造粒就是将粉体加工成形状和尺寸都比较均匀整齐,具有一定颗粒级配,流动性好的球形颗粒的过程,又叫团粒。喷雾干燥法是陶瓷生产中普遍采用的一种脱水和造粒方法,除此之外还有一些传统的造粒方法,如轮碾造粒等。轮碾造粒的工艺特点是产量大,能够连续操作,所得粉粒体积密度大但形状不规则,流动性差,颗粒分布难以控制。

**2. 成型**

压制成型可以分为干压成型和等静压成型。

(1) 成型压力。成型压力包括总压力和压强。总压力取决于所要求的压强,是压机选型的主要技术指标。压强是指垂直于受压方向上生坯单位面积所受到的压力,合适的成型压强取决于坯体的形状、高度,粉体的含水量及其流动性,要求坯体的致密度等。

(2) 加压方式。加压方式有单面加压、两面加压、四面加压等。粉料的受压面越大,越有利于生坯的致密度和均匀性,因此,干压法的进一步改进方法就是等静压成型法。此外,在加压过程中,采用真空抽气和振动等也有利于生坯致密和均匀性。上下加压可以通过不同的模具形式来实现;而要实现四面同时加压,只能采用等静压方式。

(3) 加压速度和加压时间。干压粉粒中有较多的空气,所以在加压力的过程中应该有充分的时间让空气排出。加压速度不能过快,最好先轻后重多次加压,并在达到最大压力时要维持一段时间,让空气有机会排出。

**3. 坯料的干燥**

(1) 干燥是指排出湿坯水分的工艺过程。干燥的作用就是将坯体中所含的大部分机械结合水排出,同时赋予坯体一定的干燥强度,使坯体能够有一定的强度以适应修坯、黏结及施釉等工序的要求。同时避免了在烧成时由于水分大量汽化而带来的能量损失。

(2) 干燥过程包括四个阶段:升速干燥阶段、等速干燥阶段、降速干燥阶段、平衡阶段。

(3) 干燥收缩与变形。影响坯体干燥收缩的因素主要有以下五个方面。①坯体中黏土的性质。黏土越细,烧成后坯体的收缩和变形就越大。②坯体的化学组成。坯体中黏土的阳离子对坯体干燥收缩有很大影响。在坯体中加入钠离子可以促使黏土颗粒平行排列。实践证明,含有钠离子的黏土矿物比含钙离子的黏土矿物的收缩率大。③坯料的含水率,与收缩率成正比。④坯体的成型方法。⑤坯体的形状。

(4) 干燥方法。干燥方法有很多,比如,热空气干燥、工频电干燥、直流电干燥、辐射干燥、综合干燥。其中,热空气干燥根据干燥设备不同可分为室式干燥、隧道式干燥、喷雾干燥、链式干燥、辊道传送式干燥、喷雾干燥、热泵干燥、少空气快速干燥。工频电干燥是将干坯两端加上电压,通入交变电流,这样湿坯就相当于电阻而被并联于电路中,当电流通过时,坯体内部就会产生热量,使水分蒸发而干燥。这种方法的干燥效率很高。采用直流电干燥同样可以使水分在干燥过程中减少,而且均匀分布。辐射干燥分为高频干燥和微波干燥。综合干燥可分为两种:一种是将辐射干燥和热空气对流干燥相结合;另一种是将电热干燥与红外干燥以及热风干燥相结合。

**4. 黏结、修坯与施釉**

1) 黏结

黏结过程是指用一定稠度的黏结泥浆将各自成型的生坯部件黏结在一起。而黏结方法主要分为干法黏结(坯体含水率在 3% 以下进行的黏结)和湿法黏结(坯体含水率在15%～19%进行的黏结)。黏结的一般步骤如下:先进行黏结面处理(对黏结件进行处理,使其弧度吻合较好),然后刷水(在坯体黏结点刷水,使其含水率与黏结泥的含水率接近,能减少粘连开裂),接着涂黏结泥和粘连(将涂有黏结泥的零件坯体与主体坯体粘连),最后刷余浆(用毛笔等工具刷去黏结点附近的多余黏结泥)。

2) 修坯

对于黏结完的坯体,由于其表面不太光滑,边口都有毛边,有的还留有模缝迹,而且有些产品还需要进一步加工,如挖底打孔等,因此需要进一步加工修平,称之为修坯。修坯方法有湿修和干修之分。湿修是在坯体含水很多,尚在湿软的情况下进行的,适合器具复杂或需经湿接的坯体,此时操作较容易而且修坯刀子不易磨损,其缺点是容易在搬运过程中使坯件受伤而变形,对提高品质不利。干修是在坯体含水量降到 6%～10%,或干燥后水分更低的情况下进行的。此时坯体强度增高,可减少因搬运受伤而引起的变形,对提高品质有利,其缺点是粉尘较大,而且对修坯刀的阻力大,容易跳刀,修坯刀的磨损较大,其技术也比较难以掌握。因此,需根据实际情况选用修坯方法。

3) 施釉

施釉是陶瓷工艺中必不可少的一项工艺,在施釉前,生坯或素烧坯需进行表面的清洁处理,以除去积存的污垢或油渍,保证坯釉良好结合。清洁办法一般采用压缩空气在通风柜内进行吹扫,或者用海绵浸水后湿抹,然后干燥至所需含水率。

(1) 釉浆施釉法。

①浸釉。浸釉法是将坯体浸入釉浆,利用坯体的吸水性或热坯对釉的黏附附着在坯体上,所以又称蘸釉。

②烧釉。烧釉法又称淋釉,是将釉浆浇到坯体上,对无法采用浸釉、荡釉等的大型器物,一般用这种方法。

③荡釉。对于中空制品,如壶、花瓶及罐等,其内部施釉采用其他方法无法实现或比较困难,应采用荡釉法。

(2) 干法施釉。

①干釉粉的制备。干法施釉是一种代替传统的以釉浆进行施釉的方法,它采用干粉釉,可以获得新的美观而又耐磨的表面。干釉粉分为以下四种:a. 熔块粉,粒度为 40～200 $\mu m$;b. 熔块粒,粒度为 0.2～2 $\mu m$;c. 熔块片,尺度为 2～5 $\mu m$;d. 造粒釉粉,其特点是熔块和生料经过造粒而成。

②施釉方法包括:a. 流化床施釉;b. 釉纸施釉;c. 干法静电施釉;d. 撒干釉;e. 干压施釉;f. 热喷施釉。

与传统的釉浆技术相比,干法施釉有以下优点:①大多数釉粉可以回收,釉浆总的消耗减少;②避免了湿法施釉的废水,淤浆处理,环境污染减少;③釉料制备工艺简化;④釉面性能好;⑤装饰效果更加多样化,且可获得传统湿法施釉无法达到的装饰效果;⑥能耗大大减少。

**5. 烧成**

烧成是陶瓷制造工艺过程中最重要的工序之一。对坯体来说,烧成过程就是将成型后的生坯在一定条件下进行热处理,经过一系列物理化学变化,得到具有一定矿物组成和显微结构,达到所要求的理化性能指标的成坯。

烧成过程包括如下几个阶段。

(1) 预热阶段(常温到 300 ℃)。本阶段的工艺目的主要是坯体的预热与坯体残余水分的排除。这时窑内升温速度与坯体残余水分、坯体尺寸形状、窑内温差、窑内制品装载密度等有关。

(2) 氧化分解阶段(300～950 ℃)。陶瓷坯釉在此阶段发生的物理变化主要有质量减轻、强度降低,发生的化学变化主要有结晶水排出,有机物、硫化物氧化,碳酸盐分解,石英晶型转变等。本阶段升温速度和气氛主要与坯料化学组成、颗粒组成、坯体尺度、形状及装窑密度等因素有关。

(3) 高温阶段(950 ℃至最高烧成温度)。该阶段坯体开始出现液相,釉层开始熔融。本阶段根据坯釉铁钛含量及对制品外观的颜色要求来决定是否采用还原气氛烧成。在使用还原气氛烧成时,本阶段又可分为氧化保温期、强化还原、弱还原期,这三个阶段之间的两个转化温度点及后两段还原气氛是确定气氛制度的关键。为使釉完全熔融前氧化反应能充分进行,气体完全排除,临界温度应在釉始熔前 100～150 ℃。强还原阶段气氛浓度(一氧化碳)为 3％～6％。这时,燃料燃烧的空气过剩系数约为 0.9。高温阶段也常称为成瓷阶段。在这个阶段,由于液相量增加,气孔率减小,坯体产生较大的收缩,这时应特别注意窑内烟气与制品间的传热状况,并加以调整,力求减少制品不同部分、同一部分表层及内部的温差,防止由于收缩相差太大而导致制品变形或开裂。在接近最高烧成温度段时,升温要早,但平均升温速度要小,以减少不同部位产品及产品内温度分布梯度。对壁厚级形状复杂的制品,这一点更应注意。最高烧成温度一般要根据成品所要求的吸水率烧成收缩、抗折强度等性能指标确定。最高烧成温度还与烧成周期有关,对于同一产品,烧成周期较长,最高烧成温度则应较低,反之,烧成周期较短,最高烧成温度应较高。

(4) 高火保温阶段。高火保温阶段即达到最高烧成温度后,再保持一段时间,由于制品不同,所使用的窑炉不同,装窑密度不同,烧成周期不同,高火保温时间也应不同,但这一阶段是必不可少的。高火保温阶段的主要作用是减少制品不同部分、同一部分表层及内部的温差,从而使坯体内各部分物理化学反应进行得同样完全,组织结构趋于均匀。同时也减少窑内各部分的温差,使窑内不同部位的制品处于接近相等的受热条件下,从而具有基本的成品理化性能。

(5) 冷却阶段。850 ℃以上由于有较多液相,因此坯体还处于塑性状态,故可进行快冷。快冷防止了液相析晶,晶体长大以及低价铁再氧化,从而提高了坯体的机械强度、白度以及釉面光泽度。

**【复习思考题】**

1. 长石在陶瓷工业生产中有何作用？钾长石和钠长石的熔融特性有何不同？

2. 浇筑成型过程中影响泥浆流动性和稳定性的因素有哪些？

3. 原料预烧有什么意义和作用？

4. 普通陶瓷烧成可以分成几个阶段？各个阶段发生了怎样的物理化学变化？

5. 黏土类原料有哪些工艺性质？它们各自有什么样的工艺意义？

6. 陈腐的机理是什么？

7. 在烧成过程中引起的缺陷主要有哪些？各有什么特征？

8. 陶瓷原料可分为哪三大类？

9. 什么叫黏土？什么是黏土的颗粒组成？其对黏土的工艺性能有何影响？

10. 日用陶瓷生产一般采用哪一种长石？对长石的熔融特性和组成有何要求？

# 主要参考文献

[1] 中华人民共和国国家质量监督检验检疫总局. 通用硅酸盐水泥：GB 175—2007[S]. 北京：中国标准出版社，2007.

[2] 中华人民共和国国家质量监督检验检疫总局. 建设用砂：GB/T 14684—2022[S]. 北京：中国标准出版社，2022.

[3] 中华人民共和国国家质量监督检验检疫总局. 建设用卵石、碎石：GB/T 14685—2022[S]. 北京：中国标准出版社，2022.

[4] 中华人民共和国住房和城乡建设部. 普通混凝土配合比设计规程：JGJ 55—2011[S]. 北京：中国建筑工业出版社，2011.

[5] 中华人民共和国住房和城乡建设部. 砌筑砂浆配合比设计规程：JGJ/T 98—2010[S]. 北京：中国建筑工业出版社，2011.

[6] 中华人民共和国住房和城乡建设部. 建筑砂浆基本性能试验方法标准：JGJ 70—2009[S]. 北京：中国建筑工业出版社，2009.

[7] 中华人民共和国住房和城乡建设部. 普通混凝土拌合物性能试验方法标准：GB/T 50080—2016[S]. 北京：中国建筑工业出版社，2017.

[8] 中华人民共和国住房和城乡建设部. 混凝土物理力学性能试验方法标准：GB/T 50081—2019[S]. 北京：中国建筑工业出版社，2019.

[9] 中华人民共和国国家质量监督检验检疫总局，中国国家标准化管理委员会. 烧结普通砖：GB 5101—2017[S]. 北京：中国标准出版社，2017.

[10] 中华人民共和国国家质量监督检验检疫总局，中国国家标准化管理委员会. 砌墙砖试验方法：GB/T 2542—2012[S]. 北京：中国标准出版社，2013.

[11] 中华人民共和国住房和城乡建设部. 普通混凝土长期性能和耐久性能试验方法标准：GB/T 50082—2009[S]. 北京：中国标准出版社，2009.

[12] 中华人民共和国国家质量监督检验检疫总局，中国国家标准化管理委员会. 钢筋混凝土用钢　第1部分：热轧光圆钢筋：GB 1499.1—2017[S]. 北京：中国标准出版社，2017.

[13] 中华人民共和国国家质量监督检验检疫总局，中国国家标准化管理委员会. 钢筋混凝土用钢　第2部分：热轧带肋钢筋：GB1499.2—2018[S]. 北京：中国标准出版社，2018.

[14] 魏鸿汉. 建筑材料[M]. 北京：中国建筑工业出版社，2012.

[15] 宋岩丽. 建筑与装饰材料[M]. 北京：中国建筑工业出版社，2010.

高等职业学校"十四五"规划土建类工学结合系列教材

# 建筑材料(第二版)
## 试验指导

# Experiment Guide for Building Material

主　　编　李江华　　李柱凯　　颜子博
副 主 编　胡　驰　　胡　敏　　胡楠楠　　王川昌
参编人员　彭　佳　　高　燕　　安　宁　　吴金花
　　　　　何俊辉　　宋京泰　　周文娟

华中科技大学出版社
中国·武汉

# 前　言

　　本书根据建筑类高等职业教育及应用型本科院校人才培养目标进行定位，重点依据是《建筑材料(第二版)》这本书。编写过程中主要依据了国家及相关行业的技术标准，一律采用最新标准和规范。

　　本试验指导在内容安排上注意加强理论与实践相结合，针对部分常用材料安排了试验指导及报告填写的内容，供教师试验教学和学生试验课使用。

　　本试验指导主要由四川建筑职业技术学院、河北水利电力学院部分老师编写。单元三、单元四由四川建筑职业技术学院李江华编写，单元五、单元六由四川建筑职业技术学院彭佳编写，单元七由四川建筑职业技术学院胡驰编写，单元八由河北水利电力学院吴金花编写。最新版的修订工作由四川建筑职业技术学院高燕完成。

　　由于编者水平和经验有限，书中难免存在疏漏和错误，衷心希望使用本书的读者给予批评指正。

# 本书微课列表

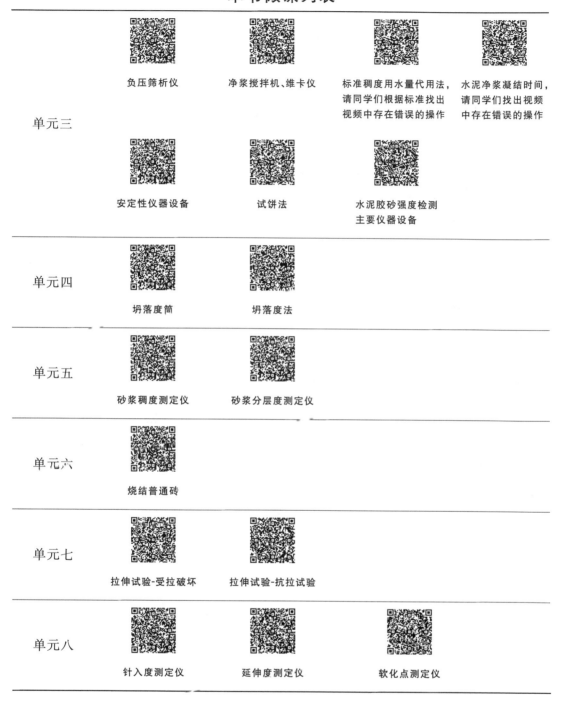

**单元三**

负压筛析仪

净浆搅拌机、维卡仪

标准稠度用水量代用法，请同学们根据标准找出视频中存在错误的操作

水泥净浆凝结时间，请同学们找出视频中存在错误的操作

安定性仪器设备

试饼法

水泥胶砂强度检测主要仪器设备

**单元四**

坍落度筒

坍落度法

**单元五**

砂浆稠度测定仪

砂浆分层度测定仪

**单元六**

烧结普通砖

**单元七**

拉伸试验-受拉破坏

拉伸试验-抗拉试验

**单元八**

针入度测定仪

延伸度测定仪

软化点测定仪

# 目　　录

# 单元三　水　　泥

## 项目一　试　验　指　导

### 试验一　水泥试样的取样

**1. 检测依据**

《通用硅酸盐水泥》(GB 175—2007)、《水泥取样方法》(GB/T 12573—2008)、《水泥细度检验方法　筛析法》(GB/T 1345—2005)、《水泥标准稠度用水量、凝结时间、安定性检验方法》(GB/T 1346—2021)、《水泥胶砂强度检验方法(ISO 法)》(GB/T 17671—1999)等。

**2. 水泥试验的一般规定**

(1) 取样方法:水泥按同品种、同强度等级进行编号和取样。袋装水泥和散装水泥应分别进行编号和取样。每一编号为一取样单位。编号根据水泥厂年生产能力按国家标准进行。取样应有代表性,可连续取,亦可从 20 个以上不同部位取等量样品,总量不得少于 12 kg。

(2) 取得的水泥试样应通过 0.9 mm 方孔筛,允分混合均匀,分成两等份,一份进行水泥各项性能试验,一份密封保存 3 个月,供仲裁检验时使用。

(3) 试验室用水必须是洁净的淡水。

(4) 水泥细度试验对试验室的温、湿度没有要求,其他试验要求试验室的温度应保持在 (20±2) ℃,相对湿度不低于 50%;湿气养护箱温度为(20±1) ℃,相对湿度不低于 90%;养护水的温度为(20±1) ℃。

(5) 水泥试样、标准砂、拌和水、仪器和用具的温度均应与试验室温度相同。

### 试验二　水泥细度检测

**1. 检测依据**

《水泥细度检验方法　筛析法》(GB/T 1345—2005)。

**2. 检测目的**

检验水泥颗粒粗细程度,评判水泥质量。

**3. 仪器设备(负压筛法)**

(1) 负压筛析仪:由筛座、负压筛、负压源及收尘器组成。筛座由转速(30±2) r/min 的喷气嘴、负压表、微电机及壳体组成,如图 3-1 所示。

负压筛析仪

(2) 天平:称量 100 g,感量 0.01 g。

**4. 检测步骤(负压筛法)**

(1) 试验前把负压筛放在筛座上,盖上筛盖,接通电源,检查控制系统,调节负压至 4000~6000 Pa 范围内。

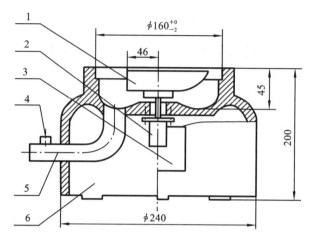

**图 3-1 负压筛析仪筛座示意图(单位:mm)**

1—喷气嘴;2—微电机;3—控制板开口;4—负压表接口;5—负压源及收尘器接口;6—壳体

(2)称取水泥试样精确至 0.01 g,80 μm 筛析试验称取 25 g;45 μm 筛析试验称取 10 g。将试样置于洁净的负压筛中,放在筛座上,盖上筛盖。

(3)启动负压筛析仪,连续筛析 2 min,在此期间若有试样粘附于筛盖上,可轻轻敲击筛盖使试样落下。

(4)筛毕,取下筛子,倒出筛余物,用天平称量筛余物的质量,精确至 0.01 g。

**5. 结果计算与评定**

水泥试样筛余百分数按下式计算,精确至 0.1%。

$$F = \frac{R_t}{W} \times 100\% \tag{3-1}$$

式中　　$F$——水泥试样筛余百分数,%;

　　　　$R_t$——水泥筛余物的质量,g;

　　　　$W$——水泥试样的质量,g。

合格评定时,每个样品应称取二个试样分别筛析,取筛余平均值为筛析结果。

## 试验三　水泥标准稠度用水量、凝结时间及安定性检测

### (一)水泥标准稠度用水量测定(标准法)

**1. 检测依据**

《水泥标准稠度用水量、凝结时间、安定性检验方法》(GB/T 1346—2011)。

**2. 检测目的**

测定水泥净浆达到标准稠度时的用水量,为水泥凝结时间和安定性试验做好准备。

**3. 仪器设备**

(1)水泥净浆搅拌机:由搅拌锅、搅拌叶片、传动机构和控制系统组成。搅拌叶片作旋转方向相反的公转和自转,控制系统可自动控制或手动控制。

(2)标准法维卡仪:如图 3-2 所示,由金属滑杆(下部可旋接测标准稠度用试杆或试锥、测凝结时间用试针,滑动部分的总质量为(300±1) g)、底座、松紧

净浆搅拌
机、维卡仪

螺丝、标尺和指针组成,标准法采用金属圆模。

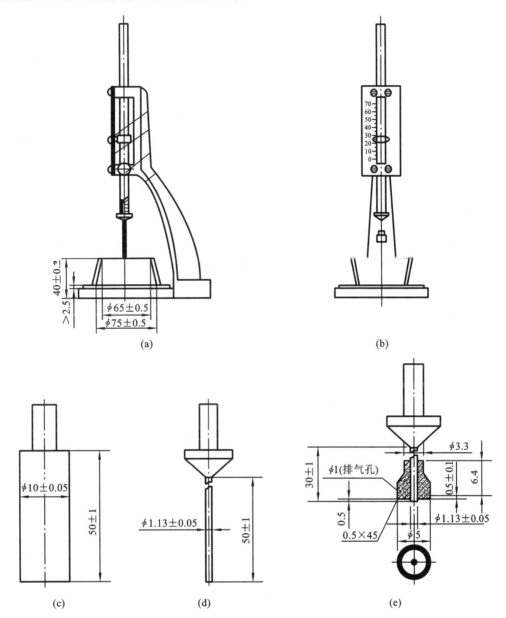

**图 3-2 测定水泥标准稠度和凝结时间用的维卡仪**

(a)标准稠度、初凝时间测定用立式试模侧视图;(b)终凝时间测定用反转试模的前视图;

(c)标准稠度试杆;(d)初凝用试针;(e)终凝用试针

(3)其他仪器:天平,最大称量不小于 1000 g,分度值不大于 1 g;量筒或滴定管,精度为±0.5 mL。

**4. 检测步骤**

(1)调整维卡仪并检查水泥净浆搅拌机。使得维卡仪上的金属棒能自由滑动,并调整至试杆接触玻璃板时的指针对准零点。搅拌机运行正常,并用湿布将搅拌锅和搅拌叶片擦湿。

(2)称取水泥试样 500 g,拌和水量按经验确定并用量筒量好。

(3) 将拌和水倒入搅拌锅内,然后在 5～10 s 内将水泥试样加入水中。将搅拌锅放在锅座上,升至搅拌位,启动搅拌机,先低速搅拌 120 s,停 15 s,同时将叶片和锅壁上的水泥刮入锅中间,再快速搅拌 120 s,然后停机。

(4) 拌和结束后,立即取适量水泥净浆一次性将其装入已置于玻璃底板上的试模中,浆体超过试模上端,用宽约 25 mm 的直边刀轻轻拍打超出试模部分的浆体 5 次以排除浆体中的孔隙,然后在试模上表面约 1/3 处,略倾斜于试模分别向外轻轻锯掉多余净浆,再从试模边沿轻抹顶部一次,使净浆表面光滑。在锯掉多余净浆和抹平的操作过程中,注意不要压实净浆;抹平后迅速将试模和底板移到维卡仪上,并将其中心定在试杆下,降低试杆直至与水泥净浆表面接触,拧紧螺丝 1～2 s 后,突然放松,使试杆垂直自由地沉入水泥净浆中。

(5) 在试杆停止沉入或释放试杆 30 s 时记录试杆距底板之间的距离。整个操作应在搅拌后 1.5 min 内完成。

标准稠度用水量代用法,请同学们根据标准找出视频中存在错误的操作

**5. 结果计算与评定**

以试杆沉入净浆并距底板(6±1) mm 的水泥净浆为标准稠度水泥净浆。标准稠度用水量($P$)以拌和标准稠度水泥净浆的水量除以水泥试样总质量的百分数为结果。

**(二) 水泥净浆凝结时间测定**

**1. 检测目的**

测定水泥的初凝时间和凝结时间,评定水泥质量。

**2. 仪器设备**

(1) 湿气养护箱:温度控制在(20±1) ℃,相对湿度大于 90%。

(2) 其他同标准稠度用水量测定试验。

**3. 检测步骤**

(1) 称取水泥试样 500 g,按标准稠度用水量制备标准稠度水泥净浆,并一次装满试模,轻拍数次并刮平,立即放入湿气养护箱中。记录水泥全部加入水中的时间作为凝结时间的起始时间。

(2) 初凝时间的测定。首先调整凝结时间测定仪,使其试针接触玻璃板时的指针为零。试模在湿气养护箱中养护至加水后 30 min 时进行第一次测定。测定时,从养护箱中取出圆模放到试针下,调整试针与水泥净浆表面接触,拧紧螺丝 1～2 s 后,突然放松,试针垂直自由地沉入水泥净浆。观察试针停止下沉或释放试针 30 s 时指针的读数。临近初凝时,每隔 5 min(或更短时间)测定一次,当试针沉至距底板(4±1) mm 时为水泥达到初凝状态。

(3) 终凝时间的测定。为了准确观察试针沉入的状况,在试针上安装一个环形附件。在完成水泥初凝时间测定后,立即将试模连同浆体以平移的方式从玻璃板取下,翻转 180°,直径大端向上,小端向下放在玻璃板上,再放入湿气养护箱中继续养护,临近终凝时间时,每隔 15 min(或更短时间)测定一次,当试针沉入水泥净浆只有 0.5 mm 时,即环形附件开始不能在水泥浆上留下痕迹时,为水泥达到终凝状态。

水泥净浆凝结时间,请同学们找出视频中存在错误的操作

(4) 测定时应注意,在最初测定的操作时应轻轻扶持金属柱,使其徐徐下降,以防试针撞弯,但结果以自由下落为准;在整个测试过程中试针沉入的位置至少要距试模内壁 10 mm。临近初凝时,每隔 5 min(或更短时间)测定一次,临近终凝时每隔 15 min(或更短时间)测定一次,到达初凝时应

立即重复测一次,当两次结论相同时才能确定到达初凝状态,到达终凝时,需要在试体另外两个不同点测试,确认结论相同才能确定到达终凝状态。每次测定不能让试针落入原针孔,每次测定后,须将试模放回湿气养护箱内,并将试针擦净,而且要防止试模受振。

**4. 结果计算与评定**

(1)由水泥全部加入水中至初凝状态的时间为水泥的初凝时间,用"min"表示。

(2)由水泥全部加入水中至终凝状态的时间为水泥的终凝时间,用"min"表示。

### (三)水泥体积安定性的测定

**1. 检测目的**

检验水泥是否由于游离氧化钙造成了体积安定性不良,以评定水泥质量。

**2. 仪器设备**

(1)沸煮箱:箱内装入的水,应保证在(30±5)min 内能由室温升至沸腾,并保持 3 h 以上,沸煮过程中不得补充水。

安定性
仪器设备

(2)雷氏夹:如图 3-3 所示。当一根指针的根部先悬挂在一根尼龙丝上,另一根指针的根部再挂上 300 g 的砝码时,两根指针针尖的距离增加应在(17.5±2.5)mm 范围内,即 $2x=(17.5±2.5)$ mm,去掉砝码后针尖的距离能恢复至挂砝码前的状态,如图 3-4 所示。

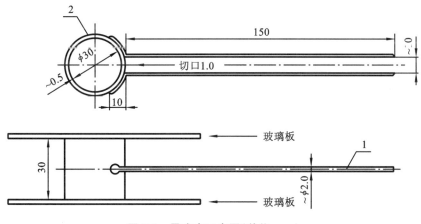

图 3-3 雷式夹示意图(单位:mm)

1—指针;2—环模

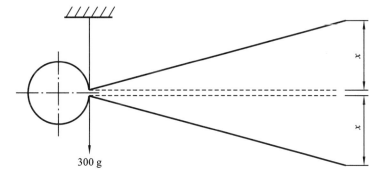

图 3-4 雷式夹受力示意图(单位:mm)

(3) 雷氏夹膨胀测定仪:如图 3-5 所示,标尺最小刻度为 0.5 mm。

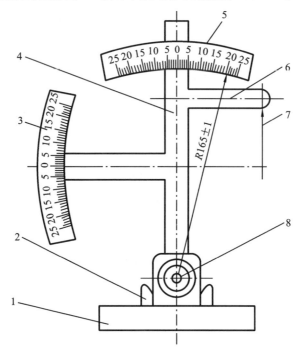

**图 3-5 雷式夹膨胀测定仪**

1—底座;2—模子座;3—测弹性标尺;4—立柱;5—测膨胀值标尺;6—悬臂;7—悬丝;8—弹簧顶钮

(4) 其他同标准稠度用水量试验。

**3. 检测步骤**

(1) 测定前准备工作。每个试样需成型两个试件,每个雷式夹需配备两块边长或直径约 80 mm、厚度为 4~5 mm 的玻璃板,一垫一盖,并先在与水泥接触的玻璃板和雷式夹内表面涂一层机油。

(2) 将制备好的标准稠度水泥净浆立即一次装满雷式夹,用小刀插捣数次,抹平,并盖上涂油的玻璃板,然后将试件移至湿气养护箱内养护(24±2) h。

(3) 脱去玻璃板取下试件,先测量雷式夹指针尖端间的距离($A$),精确至 0.5 mm。然后将试件放入沸煮箱水中的试件架上,指针朝上,调好水位与水温,接通电源,在(30±5) min 之内加热至沸腾,并保持(180±5) min。

(4) 取出沸煮后冷却至室温的试件,用雷式夹膨胀测定仪测量雷式夹两指针尖端间的距离($C$),精确至 0.5 mm。

**4. 结果计算与评定**

当两个试件沸煮后增加的距离($C-A$)的平均值不大于 5.0 mm 时,即认为水泥安定性合格。当两个试件的($C-A$)值相差超过 4.0 mm 时,应用同一样品立即重做一次试验。再如此,则认为水泥安定性不合格。

试饼法

# 试验四　水泥胶砂强度检测

**1. 检测依据**

《水泥胶砂强度检验方法(ISO 法)》(GB/T 17671—2021)。

**2. 检测目的**

测定水泥各龄期的强度,以确定水泥强度等级,或已知强度等级,检验强度是否满足国家标准所规定的各龄期强度数值。

**3. 仪器设备**

(1)行星式搅拌机:应符合 JC/T 681—2005 的要求,如图 3-6 所示。

水泥胶砂强度检测主要仪器设备

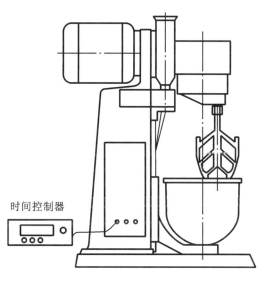

时间控制器

**图 3-6 行星式搅拌机示意图**

(2)试模:由三个水平的模槽(三联模)组成,可同时成型三条截面为 40 mm×40 mm、长 160 mm 的棱柱形试体。在组装试模时,应用黄甘油等密封材料涂覆模型的外接缝,试模的内表面应涂上一薄层模型油或机油。为控制试模内料层厚度和刮平胶砂,应备有两个播料器和一个金属刮平直尺。

(3)振实台:应符合 JC/T 682—2005 的要求,如图 3-7 所示。

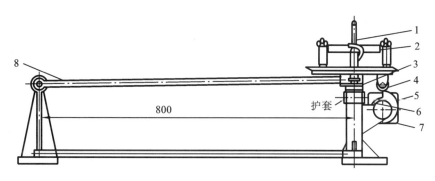

800

护套

**图 3-7 振实台示意图**

1—卡具;2—模套;3—突头;4—随动轮;5—凸轮;6—止动器;7—同步电机;8—臂杆

(4)抗折强度试验机:应符合 JC/T 724—2005 的要求,如图 3-8 所示。

(5)抗压强度试验机:试验机的最大荷载以 200～300 kN 为佳,在较大的 4/5 量程范围内记录的荷载应有±1% 精度,并具有按(2400±200) N/s 速率加荷的能力。

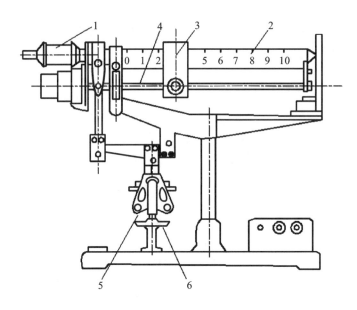

**图 3-8 抗折强度试验机示意图**

1—平衡砣;2—大杠杆;3—游动砝码;4—丝杆;5—抗压夹具;6—手轮

(6)抗压夹具:应符合 JC/T 683—1997 的要求,受压面积为 40 mm×40 mm。

(7)其他:称量用的天平精度应为±1 g,滴管精度应为±1 mL。

**4.检测步骤**

1)制作水泥胶砂试件

(1)水泥胶砂试件是由水泥、中国 ISO 标准砂、拌和用水按 1∶3∶0.5 的比例拌制而成的。一锅胶砂可成型三条试体,每锅材料用量见表 3-1。按规定称量好各种材料。

**表 3-1 每锅胶砂的材料用量**

| 材料 | 水泥 | 中国 ISO 标准砂 | 水 |
|---|---|---|---|
| 用量/g | 450±2 | 1350±5 | 225±1 |

(2)将水加入胶砂搅拌锅内,再加入水泥,把锅放在固定架上,升至固定位置,然后启动机器,低速搅拌 30 s,在第二个 30 s 开始的同时均匀地加入标准砂。再高速搅拌 30 s。停 90 s,在第一个 15 s 内用一胶皮刮具将叶片上和锅壁上的胶砂刮入锅中间。在高速下继续搅拌 60 s。各阶段的搅拌时间误差应在±1 s 内。

(3)将试模内壁均匀涂刷一层机油,并将空试模和模套固定在振实台上。

(4)用勺子将搅拌锅内的水泥胶砂分两次装模。装第一层时,每个槽里先放入 300 g 胶砂,并用大播料器垂直架在模套顶部沿每个模槽来回一次将料层播平,接着振动 60 次,再装第二层胶砂,用小播料器刮平,再振动 60 次。

(5)移走模套,取下试模,用金属直尺以近似 90°的角度架在试模模顶一端,沿试模长度方向做锯割动作慢慢向另一端移动,一次将超过试模部分的胶砂刮去,并用同一直尺以近乎水平的情况下将试件表面抹平。

2)水泥胶砂试件的养护

(1)脱模前的处理和养护。去掉试模四周的胶砂并做好标记,立即放入雾室或湿箱的水平架上养护,湿空气应能与试模各边接触。养护时不应将试模放在其他试模上。一直养护到规定的脱模时间再取出试件。脱模前用防水墨汁或颜料笔对试件编号。两个以上龄期的试件,在编号时应将同一试模中的三条试件分在两个以上龄期内。

(2)脱模。脱模可用塑料锤或橡皮榔头或专门的脱模器,应非常小心。对于 24 h 龄期的,应在破型试验前 20 min 内脱模。对于 24 h 以上龄期的,应在成型后 20~24 h 之间脱模。

(3)水中养护。将脱模后已做好标记的试件立即水平或竖直放在(20±1)℃水中养护,水平放置时刮平面应朝上。

试件放在不易腐烂的算子上,并彼此间保持一定间距,以让水与试件的六个面接触。养护期间试件之间间隔或试件上表面的水深不得小于 5 mm。每个养护池只养护同类型的水泥试件。不允许在养护期间全部换水。

除 24 h 龄期或延迟至 48 h 脱模的试件外,任何到龄期的试件应在破型前 15 min 从水中取出。揩去试件表面沉积物,并用湿布覆盖至试验为止。

(4)水泥胶砂试件养护至各规定龄期。试件龄期是从水泥加水搅拌开始起算。不同龄期的强度在下列时间里进行测定:24 h±15 min;48 h±30 min;72 h±45 min;7 d±2 h;28 d±8 h。

3)水泥胶砂试件的强度测定

(1)抗折强度试验。将试件安放在抗折夹具内,试件的侧面与试验机的支撑圆柱接触,试件长轴垂直于支撑圆柱。启动试验机,以(50±10) N/s 的速度均匀地加荷直至试件断裂。

(2)抗压强度试验。抗折强度试验后的六个断块试件保持潮湿状态,并立即进行抗压试验。将断块试件放入抗压夹具内,并以试件的侧面作为受压面。启动试验机,以(2400±200) N/s 的速度进行加荷,直至试件破坏。

**5. 结果计算与评定**

1)抗折强度

(1)每个试件的抗折强度 $f_{tm}$ 按下式计算,精确至 0.1 MPa。

$$f_{tm} = \frac{3FL}{2b^3} = 0.00234F \tag{3-2}$$

式中　　$F$——折断时施加于棱柱体中部的荷载,N;

$L$——支撑圆柱体之间的距离($L=100$ mm),mm;

$b$——棱柱体截面正方形的边长($b=40$ mm),mm。

(2)以一组三个棱柱体试件抗折结果的平均值作为试验结果。当三个强度值中有一个超出平均值±10%的强度值时,应剔除该强度值后再取剩余强度值的平均值作为抗折强度试验结果;当三个强度值中有两个超出平均值±10%时,则以剩余一个作为抗折强度试验结果。试验结果,精确至 0.1 MPa。

2)抗压强度

(1)每个试件的抗压强度 $f_c$ 按下式计算,精确至 0.1 MPa。

$$f_c = \frac{F}{A} = 0.000625F \tag{3-3}$$

式中　　$F$——试件破坏时的最大抗压荷载,N;

$A$——受压部分面积(40 mm×40 mm＝1600 mm$^2$),mm$^2$。

（2）以一组三个棱柱体上得到的六个抗压强度测定值的算术平均值作为试验结果。如六个测定值中有一个超出六个平均值的±10％,就应剔除这个结果,而以剩下五个的平均值作为试验结果。如果五个测定值中再有超过它们平均值±10％的,则此组试验结果作废。当六个测定值中同时有两个或两个以上超出平均值±10％时,则此组结果作废。试验结果精确至 0.1 MPa。

# 项目二  试 验 记 录

试验日期：_____年_____月_____日  班组：_____  姓名：_____

实验室温度：_____℃,相对湿度：_____%

水泥品种：_____ 强度等级：_____

生产厂家：_____ 出厂日期：_____年_____月_____日

## 一、水泥细度(80 μm 筛筛析法)检验记录

| 检验方法 | 干筛法 | 水筛法 | 负压筛法 | 结论 |
|---|---|---|---|---|
| 水泥试样质量/g | 50 | 50 | 25 | |
| 筛余物质量/g | | | | |
| 筛余百分数/(%) | | | | |

计算过程：

## 二、水泥标准稠度用水量测定记录(调整水量法)

| 水泥试样质量/g | 加水量/g | 试杆下沉深度 $S$/mm | 标准稠度用水量 $P$/(%) |
|---|---|---|---|
| 500 | | | |
| 500 | | | |
| 500 | | | |
| 500 | | | |

## 三、水泥净浆凝结时间测定记录

| 标准稠度用水量/(%) | 水全部加完的时刻/(时:分) | 达初凝时刻/(时:分) | 达终凝时刻/(时:分) | 结论 | |
|---|---|---|---|---|---|
| | | | | 初凝/(时:分) | 终凝/(时:分) |
| | | | | | |

### 四、水泥安定性测定记录

#### （一）雷氏法（标准法）

**1. 检验雷氏夹是否合格**

| 雷氏夹编号 | 两指针尖端间距离/mm | 挂 300 g 砝码后两指针尖端间距离/mm | 结论 |
|---|---|---|---|
| 1 | | | |
| 2 | | | |

**2. 水泥安定性**

| 试件编号 | 试件养护 24±2 h 后指针尖端间距离 $A$/mm | 试件恒沸 3 h±5 min 后指针尖端间距离 $C$/mm | $(C-A)$ /mm | $(C-A)$平均值/mm | 结论 |
|---|---|---|---|---|---|
| 1 | | | | | |
| 2 | | | | | |

#### （二）试饼法

试饼经养护（24±2）h 目测后，再经恒沸 3 h±5 min：

| 观察结果 | 第一个试饼 | 第二个试饼 | 结论 |
|---|---|---|---|
| | | | |

### 五、水泥胶砂强度检验记录

| 试件成型日期 | | 试件尺寸 /mm | 长 | 宽 | 高 |
|---|---|---|---|---|---|
| | | | 160 | 40 | 40 |
| 三条试件所需材料 | | 水泥/g | 标准砂/g | | 水/mL |
| | | 450 | 1350 | | 225 |
| 养护条件 | | 温度/℃ | 相对湿度/(%) | | |
| | | 有关尺寸/mm | $L=100$ | $b=40$ | $h=40$ |
| | | 试件编号 | 1 | 2 | 3 |
| 抗折强度 | 3 d | 破坏荷载 $F_f$/N | | | |
| | | 抗折强度/MPa | | | |
| | | 抗折强度代表值/MPa | | | |
| | 28 d | 破坏荷载 $F_f$/N | | | |
| | | 抗折强度/MPa | | | |
| | | 抗折强度代表值/MPa | | | |

续表

| 试件受压面积 $A$/mm² | | | 40 mm×40 mm | | | | | |
|---|---|---|---|---|---|---|---|---|
| | | 试件编号 | 1 | 2 | 3 | 4 | 5 | 6 |
| 抗压强度 | 3 d | 破坏荷载 $F_f$/N | | | | | | |
| | | 抗压强度/MPa | | | | | | |
| | | 抗压强度代表值/MPa | | | | | | |
| | 28 d | 破坏荷载 $F_f$/N | | | | | | |
| | | 抗压强度/MPa | | | | | | |
| | | 抗压强度代表值/MPa | | | | | | |

注:抗折强度计算公式 $f_m = \dfrac{3F_f L}{2bh^2}$(MPa);抗压强度计算公式 $f_c = \dfrac{F_f}{A}$(MPa)

计算过程:

## 六、所测定水泥的技术指标总评定

| 水泥品种 | | | | |
|---|---|---|---|---|
| 试验项目 | | 标准要求 | | 结论 |
| 细度 | 80 μm方孔筛筛余率/(%) | | | |
| | 比表面积/(m²/kg) | | | |
| 标准稠度/(%) | | | | |
| 凝结时间 | 初凝 | 不得早于: | | |
| | 终凝 | 不得迟于: | | |
| 安定性 | 试饼法 | | | |
| | 雷氏法 | | | |
| 强度/MPa | 抗折强度 3 d | | | 水泥强度等级为: |
| | 抗折强度 28 d | | | |
| | 抗压强度 3 d | | | |
| | 抗压强度 28 d | | | |

思考：

（1）检验水泥细度的目的是什么？

（2）什么叫水泥安定性？安定性不合格的水泥应如何处理？国家标准规定用什么方法检验水泥安定性？

（3）测定水泥胶砂强度为什么要使用标准砂并与水泥有一定比例？试件应进行什么样的养护？

（4）水泥胶砂抗压与抗折试验的加荷速度，强度计算方法和计算的精确度各有何要求？

# 单元四 混 凝 土

# 项目一 试 验 指 导

## 试验一 混凝土用集料试验

### (一)表观密度试验(标准方法)

**1. 主要仪器设备**

天平(称量 1000 g,感量 1 g);容量瓶(500 mL);烧杯(500 mL);试验筛(孔径为 4.75 mm);干燥器、烘箱[能使温度控制在(105±5) ℃]、铝制料勺、温度计、带盖容器、搪瓷盘、刷子和毛巾等。

**2. 试样制备**

将缩分至 660 g 左右的试样,在温度为(105±5) ℃的烘箱中烘干至恒量,待冷却至室温后,分成大致相等的两份备用。

**3. 试验步骤**

(1) 称取烘干试样 $m_0 = 300$ g,精确至 1 g。将试样装入容量瓶,注入冷开水至接近 500 mL 刻度处,用手摇动容量瓶,使砂样充分摇动,排出气泡,塞紧瓶盖,静置 24 h。

(2) 用滴管小心加水至容量瓶 500 mL 刻度处,塞紧瓶塞,擦干瓶外水分,称出其质量 $m_1$,精确至 1 g。

(3) 倒出瓶内水和试样,洗净容量瓶,再向瓶内注入水温相差不超过 2 ℃的冷开水至 500 mL 刻度处。塞紧瓶塞,擦干瓶外水分,称其质量 $m_2$,精确至 1 g。

**4. 结果评定**

(1) 砂表观密度 $\rho_s$,按下式计算(精确至 10 kg/m³):

$$\rho_s = \frac{m_0}{m_0 + m_2 - m_1} \times 1000$$

式中　　$m_0$——试样的烘干质量,g;

　　　　$m_1$——试样、水及容量瓶总质量,g;

　　　　$m_2$——水及容量瓶总质量,g;

(2) 砂的表观密度均以两次试验结果的算术平均值作为测定值,精确至 10 kg/m³;如两次试验结果之差大于 20 kg/m³时,应重新取样进行试验。

### (二)堆积密度试验

**1. 主要仪器设备**

烘箱[能使温度控制在(105±5) ℃];天平(称量 10 kg,感量 1 g);容量筒(内径 108 mm,净高 109 mm,筒底厚约 5 mm,容积为 1 L);方孔筛(孔径为 4.75 mm 筛一只);垫棒(直径 10 mm,长 500 mm 的圆钢);直尺、漏斗(图 4-1)或铝制料勺、搪瓷盘、毛刷等。

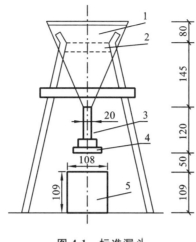

**图 4-1　标准漏斗**
1—漏斗;2—筛;3—ϕ20 管子;4—活动门;5—金属量筒

**2. 试样制备**

用搪瓷盘装取试样约 3 L,放在烘箱中于温度为(105±5) ℃下烘干至恒量,待冷却至室温后,筛除大于 4.75 mm 的颗粒,分成大致相等的两份备用。

**3. 试验步骤**

(1) 松散堆积密度:取试样一份,用砂用漏斗或铝制料勺将试样从容量筒中心上方 50 mm 处徐徐倒入,让试样以自由落体落下,当容量筒上部试样呈锥体,且容量筒四周溢满时,即停止加料。然后用直尺沿筒口中心线向两边刮平(试验过程中应防止触动容量筒),称出试样和容量筒总质量 $m_2$,精确至 1 g。倒出试样,称取空容量筒质量 $m_1$,精确至 1 g。

(2) 紧密堆积密度:取试样一份,分两次装入容量筒。装完第一层后,在筒底垫放一根一定直径为 10 mm 的垫棒,左右交替击地面各 25 次。然后装入第二层,第二层装满后用同样方法颠实(但筒底所垫钢筋的方向与第一层时的方向垂直),加试样直至超过筒口,然后用直尺沿筒口中心线向两边刮平,称出试样和容量筒总质量 $m_2$,精确至 1 g。

(3) 容重筒容积的校正方法:以温度为(20±2) ℃的饮用水装满容量筒,用玻璃板沿筒口滑移,使其紧贴水面。擦干筒外壁水分,然后称出其质量,砂容量筒精确至 1 g,石子容量筒精确至 10 g。用下式计算筒的容积(mL,精确至 1 mL):

$$V - m_2' - m_1'$$

式中　$m_2'$——容量筒、玻璃板和水总质量,g;

$m_1'$——容量筒和玻璃板质量,g。

**4. 结果评定**

(1) 松散堆积密度 $\rho_0'$ 和紧密堆积密度 $\rho_1'$ 分别按下式计算(kg/m³,精确至 10 kg/m³):

$$\rho_0'(\rho_1') = \frac{m_2 - m_1}{V} \times 1000$$

式中　$m_2$——试样和容量筒总质量,kg;

$m_1$——容量筒质量,kg;

$V$——容量筒的容积,L。

以两次试验结果的算术平均值作为测定值。

(2) 松散堆积密度空隙率 $P'$ 和紧密堆积密度空隙率 $P'_1$ 按下式计算(精确至 1%):

$$P' = \left(1 - \frac{\rho'_0}{\rho'}\right) \times 100\% \quad P'_1 = \left(1 - \frac{\rho'_1}{\rho'}\right) \times 100\%$$

式中　$\rho'_0$ ——松散堆积密度,$kg/m^3$;

　　　$\rho'_1$ ——紧密堆积密度,$kg/m^3$;

　　　$\rho'$ ——表观密度,$kg/m^3$。

### (三) 筛分析试验

**1. 主要仪器设备**

电热鼓风干燥箱(能使温度控制在(105±5) ℃);方孔筛(孔径为 150 $\mu m$、300 $\mu m$、600 $\mu m$、1.18 mm、2.36 mm、4.75 mm 及 9.50 mm 的筛各一只,并附有筛底和筛盖);天平(称量 1000 g,感量 1 g);摇筛机、搪瓷盘、毛刷等。

**2. 试样制备**

按规定方法取样约1100 g,放入电热鼓风干燥箱内于(105±5) ℃下烘干至恒量,待冷却至室温后,筛除大于 9.50 mm 的颗粒,记录筛余百分数;将过筛的砂分成两份备用。

注:恒量系指试样在烘干 1～3 h 的情况下,其前后两次质量之差不大于该项试验所要求的称量精度。

**3. 试验步骤**

(1) 称取试样 500 g,精确至 1 g。将试样倒入按孔径从大到小顺序排列、有筛底的套筛上,然后进行筛分。

(2) 将套筛置于摇筛机上,筛分 10 min;取下套筛,按孔径大小顺序再逐个手筛,筛至每分钟通过量小于试验总量的 0.1% 为止。通过筛的试样并入下一号筛中,并和下一号筛中的试样一起筛分;依次按顺序进行,直至各号筛全部筛完为止。

(3) 称取各号筛的筛余量,精确至 1 g。试样在各号筛上的筛余量不得超过按下式计算出的质量。超过时应按下列方法之一处理:

$$G = \frac{A \cdot d^{\frac{1}{2}}}{200}$$

式中　$G$——在一个筛上的筛余量,g;

　　　$A$——筛面面积,$mm^2$;

　　　$d$——筛孔尺寸,mm。

① 将该粒级试样分成少于按上式计算出的量,分别筛分,并以筛余量之和作为该号筛的筛余量。

② 将该粒级及以下各粒级的筛余混合均匀,称出其质量,精确至 1 g。再用四分法缩分为大致相等的两份,取其中一份,称出其质量,精确至 1 g,继续筛分。计算该粒级及以下各粒级的分计筛余量时,应根据缩分比例进行修正。

**4. 结果评定**

(1) 计算分计筛余率。以各号筛筛余量占筛分试样总质量百分率表示,精确至 0.1%。

(2) 计算累计筛余率。累计未通过某号筛的颗粒质量占筛分试样总质量的百分率,精确至 0.1%。如各号筛的筛余量同筛底的剩余量之和,与原试样质量之差超过 1% 时,须重新试验。

（3）砂的细度模数按下式计算（精确至 0.01）：

$$M_x = \frac{(A_2 + A_3 + A_4 + A_5 + A_6) - 5A_1}{100 - A_1}$$

式中　$M_x$——细度模数；

　　　　$A_1$、$A_2$、$A_3$、$A_4$、$A_5$、$A_6$——分别为 4.75 mm、2.36 mm、1.18 mm、0.60 mm、0.30 mm、0.15 mm 筛的累计筛余百分率。

（4）累计筛余百分率取两次试验结果的算术平均值，精确至 0.1%。细度模数取两次试验结果的算术平均值，精确至 0.1；如两次试验细度模数之差超过 0.20，须重做试验。

### （四）石子的筛分析试验

#### 1. 主要仪器设备

电热鼓风干燥箱（能使温度控制在（105±5）℃）；方孔筛（孔径为 2.36 mm、4.75 mm、9.50 mm、16.0 mm、19.0 mm、26.5 mm、31.5 mm、37.5 mm、53.0 mm、63.0 mm、75.0 mm 及 90 mm 筛各一只，并附有筛底和筛盖（筛框内径为 300 mm））；台秤（称量 10 kg，感量 1 g）；摇筛机、搪瓷盘、毛刷等。

#### 2. 试样制备

按规定方法取样，并将试样缩分至略大于表 4-1 规定的数量，烘干或风干后备用。

**表 4-1　颗粒级配所需试样数量**

| 最大粒径/mm | 9.5 | 16.0 | 19.0 | 26.5 | 31.5 | 37.5 | 63.0 | 75.0 |
|---|---|---|---|---|---|---|---|---|
| 最少试样质量/kg | 1.9 | 3.2 | 3.8 | 5.0 | 6.3 | 7.5 | 12.6 | 16.0 |

#### 3. 试验步骤

（1）称取按表 4-1 规定数量的试样一份，精确至 1 g。将试样倒入按孔径大小从上到下组合、附底筛的套筛上进行筛分。

（2）将套筛置于摇筛机上，筛分 10 min；取下套筛，按筛孔尺寸大小顺序逐个手筛，筛至每分钟通过量小于试样总质量的 0.1% 为止。通过的颗粒并入下一号筛中，并和下一号筛中的试样一起过筛，按此顺序进行，直至各号筛全部筛完为止。

注：当筛余颗粒的粒径大于 19.0 mm 时，在筛分过程中，允许用手指拨动颗粒。

（3）称出各号筛的筛余量，精确至 1 g。

#### 4. 结果评定

（1）计算分计筛余百分率。以各号筛的筛余量占试样总质量的百分率表示，计算精确至 0.1%。

（2）计算累计筛余百分率。该号筛的分计筛余百分率加上该号筛以上各分计筛余百分率之和，精确至 1%。筛分后，如每号筛的筛余量与筛底的筛余量之和，与原试样质量之差超过 1% 时，需重新试验。

（3）根据各号筛的累计筛余百分率，评定该试样的颗粒级配。

## 试验二　混凝土拌和物性质测定

### 一、混凝土拌和物取样及试样制备

#### (一)一般规定

(1)混凝土拌和物试验用料应根据不同要求,从同一盘或同一车运送的混凝土中取出,或在实验室用机械或人工单独拌制。取样方法和原则按《钢筋混凝土施工及验收规范》(GB50204—2015)及《混凝土强度检验评定标准》(GB/T 50107—2010)有关规定进行。

(2)在实验室拌制混凝土进行试验时,拌和用的集料应提前运入室内。拌和时实验室的温度应保持在(20±5)℃。

(3)材料用量以质量计,称量的精确度:集料为±1%;水、水泥和外加剂均为±0.5%。混凝土试配时的最小搅拌量为:当集料最大粒径小于 30 mm 时,拌制数量为 15 L;最大粒径为 40 mm 时,拌制数量为 25 L。搅拌量不应小于搅拌机额定搅拌量的1/4。

#### (二)主要仪器设备

搅拌机(容量75～100 L,转速 18～22 r/min);磅秤(称量 50 kg,感量 50 g);天平(称量 5 kg,感量 1 g);量筒(200 mL、100 mL 各一只);拌板(1.5 m×2.0 m 左右);拌铲、盛器、抹布等。

#### (三)拌和方法

(1)人工拌和。

① 按所定配合比备料,以全干状态为准。

② 将拌板和拌铲用湿布润湿后,将砂倒在拌板上,然后加入水泥,用铲自拌板一端翻拌至另一端,然后再翻拌回来,如此重复直至颜色混合均匀,再加入石子翻拌至混合均匀为止。

③ 将干混合料堆成堆,在中间做一凹槽,将已称量好的水倒入一半左右在凹槽中(勿使水流出),然后仔细翻拌,并徐徐加入剩余的水,继续翻拌。每翻拌一次,用铲在混合料上铲切一次,直至拌和均匀为止。

④ 拌和时力求动作敏捷,拌和时间从加水时算起,应大致符合以下规定:拌和物体积为30 L 以下时为 4～5 min;拌和物体积为 30～50 L 时为 5～9 min;拌和物体积为 51～75 L 时为 9～12 min。

⑤ 拌好后,根据试验要求,即可做拌和物的各项性能试验或成型试件。从开始加水时至全部操作完必须在 30 min 内完成。

(2)机械搅拌。

① 按所定配合比备料,以全干状态为准。

② 预拌一次,即用按配合比的水泥、砂和水组成的砂浆和少量石子,在搅拌机中涮膛,然后倒出多余的砂浆,其目的是使水泥砂浆先粘附满搅拌机的筒壁,以免正式拌和时影响混凝土的配合比。

③ 开动搅拌机,将石子、砂和水泥依次加入搅拌机内,干拌均匀,再将水徐徐加入。全部加料时间不得超过 2 min。水全部加入后,继续拌和 2 min。

④ 将拌和物从搅拌机中卸出,倒在拌板上,再经人工拌和 1～2 min,即可做拌和物的各

项性能试验或成型试件。从开始加水时算起,全部操作必须在 30 min 内完成。

## 二、混凝土拌和物性能试验

### (一)和易性(坍落度)试验

采取定量测定流动性,根据直观经验判定黏聚性和保水性的原则,来评定混凝土拌和物的和易性。定量测定流动性的方法有坍落度法和维勃稠度法两种。坍落度法适用于坍落度值不小于 10 mm 的塑性拌和物;维勃稠度法适用于维勃稠度在 5～30 s 之间的干硬性混凝土拌和物。要求集料的最大粒径均不得大于 40 mm。本试验只介绍坍落度法。

**1. 主要仪器设备**

坍落度筒(截头圆锥形,由薄钢板或其他金属板制成,形状和尺寸如图 4-2 所示);捣棒(端部应磨圆,直径 16 mm,长度 650 mm);装料漏斗、小铁铲、钢直尺、抹刀等。

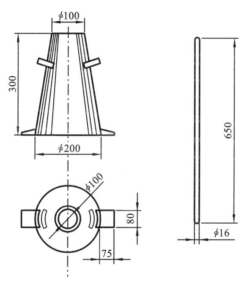

坍落度筒

**图 4-2　坍落度筒及捣棒**

**2. 试验步骤**

(1)湿润坍落度筒及其他用具,并把筒放在不吸水的刚性水平底板上,然后用脚踩住两边的踏脚板,使坍落度筒在装料时保持位置固定。

(2)把按要求取得的混凝土试样用小铲分三层均匀地装入坍落度筒内,使捣实后每层高度为筒高的三分之一左右。每层用捣棒插捣 25 次,插捣应沿螺旋方向由外向中心进行,每次插捣应在截面上均匀分布。插捣筒边混凝土时,捣棒可以稍稍倾斜。插捣底层时,捣棒应贯穿整个深度;插捣第二层或顶层时,捣棒　坍落度法应插透本层至下一层的表面。

浇灌顶层时,混凝土应灌到高出筒口。插捣过程中,如混凝土沉落到筒口以下,则应随时添加。顶层插捣完后,刮去多余的混凝土,并用抹刀抹平。

(3)清除筒边底板上的混凝土后,垂直平稳地提起坍落度筒,应在 5～10 s 内完成;从开始装料至提起坍落度筒的整个过程应不间断地进行,并应在 150 s 内完成。

(4)提起坍落度筒后,量测筒高与坍落后混凝土试体最高点之间的高度差,即为该混凝土拌和物的坍落度值(以 mm 为单位,读数精确至 5 mm)。如混凝土发生崩坍或一边剪坏的现象,则应重新取样进行测定。如第二次试验仍出现上述现象,则表示该混凝土和易性不好,应予以记录备查。具体如图 4-3 所示。

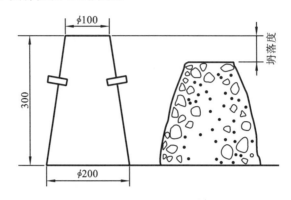

**图 4-3  坍落度试验示意图(单位:mm)**

(5)测定坍落度后,观察拌和物的下述性质,并记录。

①黏聚性。用捣棒在已坍落的混凝土锥体侧面轻轻敲打,如果锥体逐渐下沉,表示黏聚性良好;如果锥体坍塌、部分崩裂或出现离析现象,表示黏聚性不好。

②保水性。坍落度筒提起后如有较多的稀浆从底部析出,锥体部分的混凝土也因失浆而集料外露,则表明保水性不好;如无稀浆或只有少量稀浆自底部析出,则表明保水性良好。

(6)坍落度的调整。

①在按初步配合比计算好试拌材料的同时,内外还须备好两份为调整坍落度用的水泥和水。备用水泥和水的比例符合原定水灰比,其用量可为原计算用量的 5% 和 10%。

②当测得的坍落度小于规定要求时,可掺入备用的水泥或水,掺量可根据坍落度相差的大小确定;当坍落度过大,黏聚性和保水性较差时,可保持砂率一定,适当增加砂和石子的用量。如保水性较差,可适当增大砂率,即其他材料不变,适当增加砂的用量。

**(二)混凝土拌和物体积密度试验**

**1. 主要仪器设备**

容量筒(集料最大粒径不大于 40 mm 时,容积为 5 L;当粒径大于 40 mm 时,容量筒内径与高均应大于集料最大粒径的 4 倍);台秤(称量 50 kg,感量 50 g);振动台(频率(3000±200)次/min,空载振幅为(0.5±0.1) mm)。

**2. 试验步骤**

(1)润湿容量筒,称其质量 $m_1$(kg),精确至 50 g。

(2)将配制好的混凝土拌和物装入容量筒并使其密实。混凝土的装料及捣实方法应根据拌和物的稠度而定。坍落度不大于 90 mm 的混凝土,用振动台振实为宜;大于 90 mm 的用捣棒捣实为宜。

(3)用振动台振实时,将拌和物一次装满,振动时随时准备添料,振至表面出现水泥浆,没有气泡向上冒为止。用捣棒捣实时,混凝土分两层装入,每层插捣 25 次(对 5 L 容量筒),每一层插捣完后可把捣棒垫在筒底,用双手扶筒左右交替颠击 15 次,使拌和物布满插孔。

(4)用刮尺齐筒口将多余的混凝土拌和物刮去,表面如有凹陷应予填平。将容量筒外壁擦净,称出拌和物与筒总质量 $m_2$(kg)。

**3. 结果评定**

(1) 混凝土拌和物的体积密度 $\rho_{c0}$ 按下式计算(kg/m³,精确至 10 kg/m³):

$$\rho_{c0} = \frac{m_2 - m_1}{V_0} \times 1000$$

式中  $m_1$——容量筒质量,kg;

$m_2$——拌和物与筒总质量,kg;

$V_0$——容量筒体积,L。

**(三) 混凝土抗压强度试验**

**1. 主要仪器设备**

压力试验机(精度不低于±2%,试验时有试件最大荷载选择压力机量程。使试件破坏时的荷载位于全量程的 20%～80% 范围内);振动台[频率(50±3)Hz,空载振幅约为 0.5 mm];搅拌机、试模、捣棒、抹刀等。

**2. 试件制作与养护**

(1) 混凝土立方体抗压强度测定,以三个试件为一组。每组试件所用的拌和物的取样或拌制方法按本单元试验二的方法进行。

(2) 混凝土试件的尺寸按集料最大粒径选定,见表 4-2。

(3) 制作试件前,应将试模擦干净并在试模内表面涂一层脱模剂,再将混凝土拌和物装入试模成型。

表 4-2  混凝土试件的尺寸

| 粗集料最大粒径/mm | 试件尺寸/mm | 结果乘以换算系数 |
|---|---|---|
| 31.5 | 100×100×100 | 0.95 |
| 40 | 150×150×150 | 1.00 |
| 60 | 200×200×200 | 1.05 |

(4) 试件成型方法。宜根据混凝土拌和物的稠度或试验目的确定适宜的成型方法,混凝土应充分密实,避免分层离析。

①振动加振实成型,将混凝土一次装入试模并高出试模表面,将试件移至振动台上,开动振动台振至混凝土表面出现水泥浆并无气泡向上冒时为止。振动时应防止试模在振动台上跳动。刮去多余的混凝土,用抹刀抹平。记录振动时间。

②人工振捣成型,将混凝土分两层装入试模,每层厚度大约相等。用捣棒按螺旋方向从边缘向中心均匀插捣,次数一般每 100 cm² 不应少于 12 次。用抹刀沿试模内壁插入数次,最后刮去多余混凝土并抹平。

(5) 养护。按照试验目的不同,试件可采用标准养护或与构件同条件养护。采用标准养护的试件成型后表面应覆盖,以防止水分蒸发,并在(20±5)℃的条件下静置 1～2 昼夜,然后编号拆模。拆模后的试件立即放入温度为(20±2)℃,湿度为 95% 以上的标准养护室进行养护,直至试验龄期 28 d。在标准养护室内试件应搁放在架上,彼此间隔为 10～20 mm,避免用水直接冲淋试件。当无标准养护室时,混凝土试件可在温度为(20±2)℃的不流动的 Ca(OH)₂ 饱和溶液中养护。

**3. 试验步骤**

(1) 试件从养护室取出后尽快试验。将试件擦拭干净,测量其尺寸(精确至 1 mm),据此计算出试件的受压面积。如实测尺寸与公称尺寸之差不超过 1 mm,则按公称尺寸计算。

(2)将试件安放在试验机的下压板上,试件的承压面与成型面垂直。开动试验机,当上压板与试件接近时,调整球座,使其接触均匀。

(3)加荷时应连续而均匀,加荷速度为:当混凝土强度等级低于 C30 时,取(0.3~0.5)MPa/s;高于或等于 C30 时,取(0.5~0.8)MPa/s。当试件接近破坏而开始迅速变形时,停止调整试验机油门,直至试件破坏,记录破坏荷载 $P$(N)。

**4. 结果评定**

(1)混凝土立方体抗压强度 $f_{cu}$ 按下式计算(MPa,精确至 0.01 MPa):

$$f_{cu} = \frac{P}{A}$$

式中  $f_{cu}$ ——混凝土立方体试件抗压强度,MPa;

  $P$ ——破坏荷载,N;

  $A$ ——试件受压面积,mm$^2$。

(2)取标准试件 150 mm×150 mm×150 mm 的抗压强度值为标准,对于 100 mm×100 mm×100 mm 和 200 mm×200 mm×200 mm 的非标准试件,须将计算结果乘以相应的换算系数换算为标准强度。换算系数见表 4-2。

(3)以三个试件强度值的算术平均值作为该组试件的抗压强度代表值(精确至 0.1 MPa)。三个测值中的最大值或最小值与中间值之差超过中间值的 15% 时,取中间值作为该组试件的抗压强度代表值;如最大值和最小值与中间值之差均超过中间值的 15%,则该组试件的试验结果无效。

# 项目二  试 验 记 录

试验日期:_____年_____月_____日  班组:_____  姓名:_____

实验室温度:_____℃  相对湿度:_____%

**(一)建筑用砂试验**

**1. 砂的表观密度测定记录**

| 试样编号 | 试样质量 $m_0$/g | 试样+水+容量瓶总质量 $m_1$/g | 水+容量瓶总质量 $m_2$/g | 表观密度 $\rho_0$/(kg/m$^3$) | 表观密度平均值/(kg/m$^3$) |
|---|---|---|---|---|---|
| 1 | | | | | |
| 2 | | | | | |

计算:$\rho_0 = \dfrac{m_0}{m_0 + m_2 - m_1} \times 1000 (kg/m^3)$

**2. 砂的堆积密度测定记录**

| 试样编号 | 容量筒容积 V/L | 容量筒质量 $m_1$/kg | 容量筒与试样总质量 $m_2$/kg | 堆积密度 $\rho_0'$/(kg/m³) | 堆积密度平均值 /(kg/m³) |
|---|---|---|---|---|---|
| 1 | | | | | |
| 2 | | | | | |

计算：$\rho_0' = \dfrac{m_2 - m_1}{V} \times 1000 (\text{kg/m}^3)$

**3. 砂子空隙率计算**

计算：$P' = \left(1 - \dfrac{\rho_0'}{\rho_0}\right) \times 100\%$

**4. 砂子含水率测定记录（快速方法）**

| 试样编号 | 炒盘质量 $m_1$/g | 未烘干试样与炒盘质量 $m_2$/g | 烘干试样与炒盘质量 $m_3$/g | 烘干试样质量 $(m_3 - m_1)$/g | 试样中水分质量 $(m_2 - m_3)$/g | 砂子含水率 W/(％) | 平均含水率/(％) |
|---|---|---|---|---|---|---|---|
| 1 | | | | | | | |
| 2 | | | | | | | |

计算：$W_{含} = \dfrac{m_2 - m_3}{m_3 - m_1} \times 100\%$

**5. 砂子的筛分析试验记录(干砂试样质量 500 g)**

| 筛孔尺寸/mm | 分计筛余 | | 累计筛余百分率 $A_i$ |
| --- | --- | --- | --- |
| | 筛余量/g | 分计筛余百分率 $a_i$/(%) | |
| 4.75 | | | |
| 2.36 | | | |
| 1.18 | | | |
| 0.60 | | | |
| 0.30 | | | |
| 0.15 | | | |
| 0.15 以下 | | | |

(1) 计算砂的细度模数 $M_x$,按细度模数大小评定砂的粗细程度。

$$M_x = \frac{(A_2 + A_3 + A_4 + A_5 + A_6) - 5A_1}{100 - A_1}$$
$$=$$

粗细程度:

(2) 绘制砂的筛分曲线,评定砂的级配。

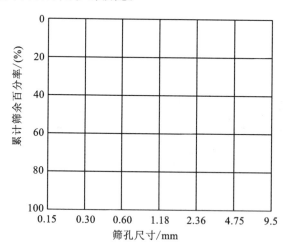

**图 4-2 砂的筛分曲线**

要求:

① 按建筑用砂颗粒级配区的规定,在上图中画出砂Ⅰ、Ⅱ、Ⅲ级配区曲线。

② 根据砂的累计筛余百分率(%),绘出筛分曲线。

③ 该砂筛分曲线在几区? 级配是否合格?

## （二）建筑用碎石（卵石）试验

### 1. 石子表观密度测定记录

1）广口瓶法

| 试样编号 | 试样质量 $m_0$/g | 试样＋水＋广口瓶＋玻璃片总质量 $m_1$/g | 水＋广口瓶＋玻璃片总质量 $m_2$/g | 表观密度 $\rho_0$/(kg/m³) | 表观密度平均值/(kg/m³) |
|---|---|---|---|---|---|
| 1 | | | | | |
| 2 | | | | | |

计算：$\rho_0 = \dfrac{m_0}{m_0 + m_2 - m_1} \times 1000 (\text{kg/m}^3)$

2）简易法

| 试样编号 | 试样质量 $m_0$/g | 量筒中水的体积 $V_1$/mL | 量筒中石子与水的总体积 $V_2$/mL | 表观密度 $\rho_0$/(kg/m³) | 表观密度平均值/(kg/m³) |
|---|---|---|---|---|---|
| 1 | | | | | |
| 2 | | | | | |

计算：$\rho_0 = \dfrac{m_0}{V_2 - V_1} \times 1000 (\text{kg/m}^3)$

### 2. 石子堆积密度测定记录

| 试样编号 | 容量筒体积 $V$/L | 容量筒质量 $m_1$/kg | 容量筒与试样总质量 $m_2$/kg | 堆积密度 $\rho_0'$/(kg/m³) | 堆积密度平均值/(kg/m³) |
|---|---|---|---|---|---|
| 1 | | | | | |
| 2 | | | | | |

计算：$\rho_0' = \dfrac{m_2 - m_1}{V} \times 1000 (\text{kg/m}^3)$

### 3. 石子空隙率的计算

计算：$P' = \left(1 - \dfrac{\rho'_0}{\rho_0}\right) \times 100\%$

### 4. 石子含水率的测定记录(快速方法)

| 试样编号 | 盘质量 $m_1$/g | 试样与盘质量 $m_2$/g | 烘干试样与盘质量 $m_3$/g | 烘干试样质量 $(m_3 - m_1)$/g | 试样中水分质量 $(m_2 - m_3)$/g | 含水率 $W$/(%) | 平均含水率/(%) |
|---|---|---|---|---|---|---|---|
| 1 | | | | | | | |
| 2 | | | | | | | |

计算：$W_{含} = \dfrac{m_2 - m_3}{m_3 - m_1} \times 100\%$

### 5. 石子筛分析试验记录

试样质量_____g

| 筛孔尺寸 /mm | 90.0 | 75.0 | 63.0 | 53.0 | 37.5 | 31.5 | 26.5 | 19.0 | 16.0 | 9.5 | 47.5 | 2.36 |
|---|---|---|---|---|---|---|---|---|---|---|---|---|
| 筛余量/g | | | | | | | | | | | | |
| 分计筛余/(%) | | | | | | | | | | | | |
| 累计筛余/(%) | | | | | | | | | | | | |
| 标准颗粒级配范围累计筛余/(%) | | | | | | | | | | | | |
| 结果评定 | 最大粒径/mm | | | | | | | | | | | |
| | 级配情况 | | | | | | | | | | | |

计算过程：

思考：

（1）为什么要进行砂石的级配试验？若用级配不符合要求的砂、石子配制混凝土时有何缺点？

（2）如果石子的级配不合格应该如何处理？

### （三）混凝土初步配合比设计书

**1. 初步计算配合比**

配制 1 m³ 混凝土，原材料的用量如下：

水泥：_____ kg；砂子：_____ kg；石子：_____ kg；水：_____ kg。

试拌_____ L 混凝土拌和物原材料的用量如下：

水泥：_____ kg；砂子：_____ kg；石子：_____ kg；水：_____ kg。

**2. 基准配合比调整试验记录**

1）混凝土拌和物和易性调整试验记录

| 项目 | 计算用量 | | 调整增加量 | | 调整后实际总用量/kg |
|---|---|---|---|---|---|
| | 1 m³ 用量/kg | 试拌（　）L 用量/kg | 第 1 次/kg | 第 2 次/kg | |
| 水泥 | | | | | |
| 砂子 | | | | | |
| 石子 | | | | | |
| 水 | | | | | |
| 坍落度/mm | | | 调整后坍落度/mm | | |
| 插捣情况（调整前后对比） | | | | | |
| 抹面情况（调整前后对比） | | | | | |
| 黏聚情况（调整前后对比） | | | | | |
| 泌水情况（调整前后对比） | | | | | |

注：(1) 插捣情况按插捣难易情况分为三级："易"表示插捣感觉很容易；"中"表示插捣有石子阻滞感觉；"难"表示很难插捣。

(2) 抹面情况（含砂情况）按外观含砂多少分为三级："多"表示一两次即可将混凝土表面抹平，说明砂浆含量很富余；"中"表示抹五六次可将混凝土表面抹平；"少"表示抹平很困难，表面有麻面。

(3) 黏聚情况按用捣棒在已坍落的拌和物锥体侧面轻轻敲打的沉落情况分为两级："好"表示逐渐下沉黏聚性良好；"差"表示产生突然倒塌或有石子离析、部分崩裂现象，即黏聚性不好。

(4) 泌水情况按提起坍落度筒后，从底部析出的水量多少分为三级："多"表示有多量水分析出；"少"表示有少量水分析出；"无"表示没有水分析出。

2）混凝土拌和物体积密度测定记录

| 量筒容积 V/L | 空量筒质量 $m_1$/kg | (量筒＋混凝土质量)$m_2$/kg | 混凝土体积密度 $\rho_{0h}$/(kg/m³) |
|---|---|---|---|
|  |  |  |  |

计算：$\rho_{0h} = \dfrac{m_2 - m_1}{V} \times 1000 (\text{kg/m}^3)$

3）计算每立方米混凝土各组成材料的用量（即基准配合比计算）

$m_{c基} =$        $m_{s基} =$        $m_{g基} =$        $m_{w基} =$

**3. 设计配合比调整测定记录**

1）配制三组混凝土

各组混凝土配合比如下：

| 组别编号 | 1 | 2 | 3 |
|---|---|---|---|
| 水灰比 | 基准水灰比 | 基准水灰比＋0.05 | 基准水灰比－0.05 |
| 单位用水量 | 基准用水量 | 基准用水量 | 基准用水量 |
| 砂率 | 基准砂率 | 基准砂率或稍作调整 | 基准砂率或稍作调整 |

2）混凝土强度调整测定记录

| 试件成型日期 |  |  |  | 试件养护龄期/d |  |  |  |  |  |
|---|---|---|---|---|---|---|---|---|---|
| 试件试压日期 |  |  |  |  |  |  |  |  |  |
| 组别编号 | 1 |  |  | 2 |  |  | 3 |  |  |
| 试件编号 | 1 | 2 | 3 | 1 | 2 | 3 | 1 | 2 | 3 |
| 试件受压面积/mm² |  |  |  |  |  |  |  |  |  |
| 破坏荷载/N |  |  |  |  |  |  |  |  |  |
| 抗压强度/MPa |  |  |  |  |  |  |  |  |  |
| 抗压强度代表值/MPa |  |  |  |  |  |  |  |  |  |
| 换算为标准试件时的抗压强度 |  |  |  |  |  |  |  |  |  |
| 换算为 28 d 龄期的抗压强度 |  |  |  |  |  |  |  |  |  |

计算过程：

3）通过作图，求解出能够满足强度要求的灰水比

4）混凝土设计配合比计算

该混凝土的设计配合比为：

思考：

（1）通过混凝土试件的抗压强度试验后，检查是否达到原设计的强度等级要求，并试述影响混凝土强度的主要因素有哪些？

（2）混凝土拌和物的和易性包括哪几方面？如何测试判断？

（3）混凝土试验中为什么规定试件尺寸大小、养护条件（温度、湿度、龄期）及加荷速度？

# 单元五 建筑砂浆

## 项目一 试验指导

### 试验一 砂浆稠度试验

**1. 试验仪器**

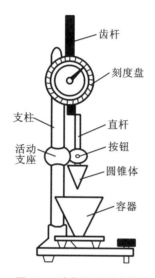

**图 5-1 砂浆稠度测定仪**

（1）砂浆稠度仪：如图 5-1 所示，由试锥、容器和支座三部分组成。试锥由钢材或铜材制成，试锥高度为 145 mm，锥底直径为 75 mm，试锥连同滑杆的重量应为(300±2) g；盛载砂浆容器由钢板制成，筒高为 180 mm，锥底内径为 150 mm；支座分底座、支架及刻度显示三个部分，由铸铁、钢及其他金属制成。

砂浆稠度
测定仪

（2）钢制捣棒：直径 10 mm、长 350 mm，端部磨圆。

（3）秒表等。

**2. 试验步骤**

（1）用少量润滑油轻擦滑杆，再将滑杆上多余的油用吸油纸擦净，使滑杆能自由滑动。

（2）用湿布擦净盛浆容器和试锥表面，将砂浆拌和物一次装入容器，使砂浆表面低于容器口 10 mm 左右。用捣棒自容器中心向边缘均匀地插捣 25 次，然后轻轻地将容器摇动或敲击 5、6 下，使砂浆表面平整，然后将容器置于稠度测定仪的底座上。

（3）拧松制动螺丝，向下移动滑杆，当试锥尖端与砂浆表面刚接触时，拧紧制动螺丝，使齿条测杆下端刚接触滑杆上端，读出刻度盘上的读数（精确至 1 mm）。

（4）拧松制动螺丝，同时计时，10 s 时立即拧紧螺丝，将齿条测杆下端接触滑杆上端，从刻度盘上读出下沉深度（精确至 1 mm），二次读数的差值即为砂浆的稠度值。

（5）盛装容器内的砂浆，只允许测定一次稠度，重复测定时，应重新取样测定。

**3. 试验结果**

稠度试验结果应按下列要求确定。

（1）取两次试验结果的算术平均值，精确至 1 mm。

（2）如两次试验值之差大于 10 mm，应重新取样测定。

## 试验二　砂浆分层度检测

砂浆的稳定性是指砂浆拌和物在运输及停放过程中内部各组分保持均匀、不离析的性质。砂浆的稳定性用"分层度"表示。一般分层度在 10～20 mm 之间为宜，不得大于 30 mm。分层度小于 10 mm，容易发生干缩裂缝；大于 30 mm，容易产生离析。

**1. 试验仪器**

砂浆分层
度测定仪

分层度试验所用仪器应符合下列规定。

（1）砂浆分层度筒（图 5-2）内径为 150 mm，上节高度为 200 mm，下节带底净高为 100 mm，用金属板制成，上、下层连接处需加宽到 3～5 mm，并设有橡胶垫圈。

（2）振动台：振幅（0.5±0.05）mm，频率（50±3）Hz。

（3）稠度仪、木锤等。

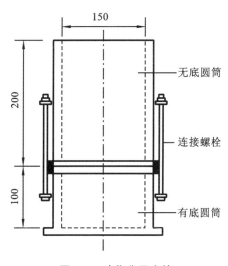

150

200

100

无底圆筒

连接螺栓

有底圆筒

**图 5-2　砂浆分层度筒**

**2. 试验步骤**

分层度试验应按下列步骤进行。

（1）首先将砂浆拌和物按稠度试验方法测定稠度。

（2）将砂浆拌和物一次装入分层度筒内，待装满后，用木锤在容器周围距离大致相等的四个不同部位轻轻敲击 1、2 下，如砂浆沉落到低于筒口，则应随时添加，然后刮去多余的砂浆并用抹刀抹平。

（3）静置 30 min 后，去掉上节 200 mm 砂浆，剩余的 100 mm 砂浆倒出放在拌和锅内拌

2 min,再按稠度试验方法测其稠度。前后两次测得的稠度之差即为该砂浆的分层度值。

也可采用快速法测定分层度,其步骤是:①按稠度试验方法测定稠度;②将分层度筒预先固定在振动台上,砂浆一次装入分层筒内,振动 20 s;③然后去掉上节 200 mm 砂浆,剩余 100 mm 砂浆倒出放在拌和锅内拌 2 min,再按稠度试验方法测其稠度,前后测得的稠度之差即为该砂浆的分层度值。如有争议,以标准法为准。

**3. 试验结果**

分层度试验结果应按下列要求确定:

(1) 取两次试验结果的算术平均值作为该砂浆的分层度值;

(2) 两次分层度试验值之差如大于 10 mm,应重新取样测定。

## 试验三   保水性检测

新拌砂浆能否保持水分的能力称为保水性,只有保水性良好的砂浆才能形成均匀密实的灰缝,保证砌筑质量。保水性用"保水率"表示,可用保水性试验测定。

**1. 试验仪器**

保水性试验所用仪器应符合下列规定。

(1) 金属或硬塑料圆环试模,内径 100 mm、内部高度 25 mm;可密封的取样容器,应清洁、干燥;2 kg 的重物;医用棉纱,尺寸为 110 mm×110 mm,宜选用纱线稀疏、厚度较薄的棉纱;超白滤纸,应采用《化学分析滤纸》(GB/T 1914—2017)规定的中速定性滤纸,直径应为 110 mm,单位面积质量应为 200 g/m²。

(2) 2 片金属或玻璃的方形或圆形不透水片,边长或直径大于 110 mm。

(3) 天平:量程 200 g,感量 0.1 g;量程 2000 g,感量 1 g。

(4) 烘箱。

**2. 试验步骤**

保水性试验应按下列步骤进行。

(1) 称量下不透水片与干燥试模质量 $m_1$ 和 8 片中速定性滤纸质量 $m_2$。

(2) 将砂浆拌和物一次性填入试模,并用抹刀插捣数次,当填充砂浆略高于试模边缘时,用抹刀以 45°角一次性将试模表面多余的砂浆刮去,然后再用抹刀以较平的角度在试模表面反方向将砂浆刮平。

(3) 抹掉试模边的砂浆,称量试模、下不透水片与砂浆总质量 $m_3$。

(4) 用 2 片医用棉纱覆盖在砂浆表面,再在棉纱表面放上 8 片滤纸,用不透水片盖在滤纸表面,以 2 kg 的重物把不透水片压着。

(5) 静置 2 min 后移走重物及不透水片,取出滤纸(不包括棉纱),迅速称量滤纸质量 $m_4$。

(6) 根据砂浆的配比及加水量计算砂浆的含水率,如无法计算,可按附录试验操作。

**3. 试验结果**

砂浆保水率应按下式计算:

$$W = \left[1 - \frac{m_4 - m_2}{\alpha \times (m_3 - m_1)}\right] \times 100\%$$

式中   $W$——保水率,%;

$m_1$——下不透水片与干燥试模质量,g,精确至 1 g;

$m_2$——8 片滤纸吸水前的质量,g,精确至 0.1 g;

$m_3$——试模、下不透水片与砂浆总质量,g,精确至 1 g;

$m_4$——8 片滤纸吸水后的质量,g,精确至 0.1 g;

$\alpha$——砂浆含水率,%。

取两次试验结果的平均值作为结果,如两个测定值中有 1 个超出平均值的 5%,则此组试验结果无效。砌筑砂浆保水率应符合表 5-1 的要求。

表 5-1 砌筑砂浆的保水率

| 砂浆种类 | 保水率/(%) |
| --- | --- |
| 水泥砂浆 | ≥80 |
| 水泥混合砂浆 | ≥84 |
| 预拌砂浆 | ≥88 |

**附:砂浆含水率测试方法**

称取 100 g 砂浆拌和物试样,置于一干燥并已称重的盘中,在$(105\pm5)$ ℃的烘箱中烘干至恒重,砂浆含水率应按下式计算:

$$\alpha = \frac{m_5}{m_6} \times 100\%$$

式中 $\alpha$——砂浆含水率,%;

$m_5$——烘干后砂浆样本损失的质量,g;

$m_6$——砂浆样本的总质量,g。

砂浆含水率值应精确至 0.1%。

## 试验四 砂浆强度试验

砂浆强度试验适用于测定砂浆立方体的抗压强度。

**1. 试验仪器**

砂浆立方体抗压强度试验所用仪器设备应符合下列规定。

试模:尺寸为 70.7 mm×70.7 mm×70.7 mm 的带底试模,每组试件 3 个。材质规定参照《混凝土试模》(JG 237—2008)第 4.1.1 及 4.2.1 条,应具有足够的刚度并拆装方便。试模的内表面应机械加工,其不平度应为每 100 mm 不超过 0.05 mm,组装后各相邻面的不垂直度不应超过±0.5°。

钢制捣棒:直径为 10 mm,长为 350 mm,端部应磨圆。

压力试验机:精度为 1%,试件破坏荷载应不小于压力机量程的 20%,且不大于全量程的 80%。

垫板:试验机上、下压板及试件之间可垫以钢垫板,垫板的尺寸应大于试件的承压面,其不平度应为每 100 mm 不超过 0.02 mm。

振动台:空载中台面的垂直振幅应为$(0.5\pm0.05)$ mm,空载频率应为$(50\pm3)$ Hz,空载台面振幅均匀度不大于 10%,一次试验至少能固定(或用磁力吸盘)三个试模。

**2. 试验步骤**

1) 砂浆立方体抗压强度试件的制作

先用黄油等密封材料涂抹试模的外接缝,试模内涂刷薄层机油或脱模剂,将拌制好的砂浆一次性装满砂浆试模,成型方法根据稠度而定。当稠度不小于 50 mm 时采用人工振捣成型,当稠度小于 50 mm 时采用振动台振实成型。

(1)人工振捣:用捣棒均匀地由边缘向中心按螺旋方式插捣 25 次,插捣过程中如砂浆沉落至试模口以下,应随时添加砂浆,可用油灰刀插捣数次,并用手将试模一边抬高 5～10 mm 各振动 5 次,使砂浆高出试模顶面 6～8 mm。

(2)机械振动:将砂浆一次装满试模,放置到振动台上,振动时试模不得跳动,振动 5～10 s 或持续到表面出浆为止;不得过振。

待表面水分稍干后,将高出试模部分的砂浆沿试模顶面刮去并抹平。

2)砂浆立方体抗压强度试件的养护

试件制作后应在室温为(20±5)℃的环境下静置(24±2)h,当气温较低时,可适当延长时间,但不应超过两昼夜,然后对试件进行编号、拆模。试件拆模后应立即放入温度为(20±2)℃,相对湿度为 90％以上的标准养护室中养护。养护期间,试件彼此间隔不小于 10 mm,混合砂浆试件上面应覆盖以防有水滴在试件上。

3)砂浆立方体试件抗压强度检测

试件从养护地点取出后应及时进行试验。试验前将试件表面擦拭干净,测量尺寸,并检查其外观。并据此计算试件的承压面积,如实测尺寸与公称尺寸之差不超过 1 mm,可按公称尺寸进行计算。

将试件安放在试验机的下压板(或下垫板)上,试件的承压面应与成型时的顶面垂直,试件中心应与试验机下压板(或下垫板)中心对准。开动试验机,当上压板与试件(或上垫板)接近时,调整球座,使接触面均衡受压。承压试验应连续而均匀地加荷,加荷速度应为每秒钟 0.25～1.5 kN(砂浆强度不大于 2.5 MPa 时,宜取下限,砂浆强度大于 2.5 MPa 时,宜取上限),当试件接近破坏而开始迅速变形时,停止调整试验机油门,直至试件破坏,然后记录一组三个试件的破坏荷载。

**3. 试验结果**

砂浆立方体抗压强度应按下式计算:

$$f_{m,cu} = K \frac{N_u}{A}$$

式中　　$f_{m,cu}$——砂浆立方体试件抗压强度,MPa;

$N_u$——试件破坏荷载,N;

$A$——试件承压面积,mm²;

$K$——换算系数,取 1.35。

砂浆立方体试件抗压强度应精确至 0.1 MPa。

应以三个测值的算术平均值作为该组试件的代表值。当三个测值的最大值或最小值中有一个与中间值的差值超过中间值的 15％时,则把最大值及最小值一并舍去,取中间值作为该组试件的抗压强度值;当有两个测值与中间值的差值均超过中间值的 15％时,则该组试件的试验结果无效。

# 项 目 二　　试 验 记 录

试验日期:＿＿＿＿＿年＿＿＿＿＿月＿＿＿＿＿日　　班组:＿＿＿＿＿　　姓名:＿＿＿＿＿

实验室温度：_____℃　相对湿度：_____%

水泥品种及强度等级：_____

砂的产地、种类、含水率、表观密度：_____

掺合料的种类、表观密度：_____

外加剂的种类：_____

砂浆的品种、强度等级及砌筑对象：_____

## 一、砂浆稠度测定记录

| 项目 | | 计算用量 | | 调整增加量 | | 调整后总用量 |
|---|---|---|---|---|---|---|
| | | 1 m³砂浆用量/kg | 试拌(　)L用量/kg | 第 1 次/kg | 第 2 次/kg | |
| 水泥 | | | | | | |
| 石灰膏 | | | | | | |
| 砂 | | | | | | |
| 水 | | | | | | |
| 掺合料 | | | | | | |
| 外加剂 | | | | | | |
| 沉入度 | 调整前 | | | | | |
| | 调整后 | | | | | |
| | 平均值 | | | | | |

## 二、砂浆分层度测定记录

| 试验次数 | 沉入度读数/mm | | 分层度(K₁−K₂)/mm | 分层度平均值/mm |
|---|---|---|---|---|
| | 沉入度 $K_1$ | 沉入度 $K_2$ | | |
| | | | | |
| | | | | |

### 三、砂浆抗压强度测定记录

| 试件成型日期 | | | 试件养护龄期/d | |
|---|---|---|---|---|
| 试件试压日期 | | | | |
| 试件编号 | 1 | 2 | 3 | |
| 试件受压面积/mm² | | | | |
| 破坏荷载/N | | | | |
| 抗压强度/MPa | | | | |
| 抗压强度代表值/MPa | | | | |
| 换算 28 d 抗压强度/MPa | | | | |
| 砂浆的强度等级 | | | | |

计算过程:

# 单元六　墙　体　材　料

# 项目一　试　验　指　导

## 烧结普通砖抗压强度试验

### 1. 试样制备

（1）将砖样切断或锯成两个半截砖,断开的半截砖长不得小于 100 mm,如图 6-1 所示。如果不足 100 mm,应另取备用试样补足。

（2）在试样制备平台上,将已断开的半截砖放入室温的净水中浸 10～20 min 后取出,并以断口相反方向叠放,两者中间用厚度不超过 5 mm 的水泥净浆黏结。水泥净浆采用强度等级为 32.5 MPa 的普通硅酸盐水泥调制,要求稠度适宜。上下两面用厚度不超过 3 mm 的同种水泥净浆抹平。制成的试件上下两面须互相平行,并垂直于侧面,如图 6-2 所示。

烧结普通砖

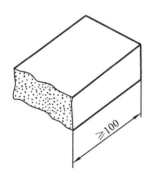

图 6-1　半截砖尺寸要求

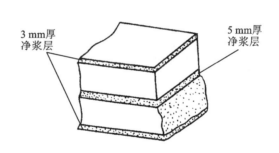

图 6-2　砖抗压试件示意图

### 2. 主要仪器设备

（1）材料试验机:试验机的示值误差不大于±1%,其下加压板应为球铰支座,预期最大破坏荷载应在量程的 20%～80% 之间。

（2）抗压试件制备平台:试件制备平台必须平整水平,可用金属或其他材料制作。

（3）水平尺:规格为 250～300 mm。

（4）钢直尺:分度值为 1 mm。

### 3. 试验步骤

（1）测量每个试件连接面或受压面的长、宽尺寸各两个,分别取其平均值,精确至 1 mm。

（2）分别将 10 块试件平放在加压板的中央,垂直于受压面加荷,应均匀平稳,不得发生冲击或振动。加荷速度为(5±0.5) kN/s,直至试件破坏为止,分别记录最大破坏荷载 $F$(单位为 N)。

**4. 试验结果评定**

(1) 按照以下公式分别计算 10 块砖的抗压强度值,精确至 0.1 MPa。

$$f_{mc} = \frac{F}{LB}$$

式中　$f_{mc}$——抗压强度,MPa;

　　　$F$——最大破坏荷载,N;

　　　$L$——受压面(连接面)的长度,mm;

　　　$B$——受压面(连接面)的宽度,mm。

(2) 按以下公式计算 10 块砖抗压强度的平均值和标准值。

$$\bar{f} = \sum_{i=1}^{10} f_i$$

$$s = \sqrt{\frac{1}{9} \sum_{i=1}^{10} (f_i - \bar{f})^2}$$

$$f_k = \bar{f} - 1.8s$$

式中　$\bar{f}$——10 块砖抗压强度的平均值,精确至 0.1 MPa;

　　　$s$——10 块砖抗压强度的标准差,精确至 0.01 MPa;

　　　$f_i$——分别为 10 块砖的抗压强度值($i=1\sim10$),精确至 0.1 MPa;

　　　$f_k$——10 块砖抗压强度的标准值,精确至 0.1 MPa。

(3) 强度等级评定。

采用抗压强度平均值和强度标准值来评定砖的强度等级,砖的强度等级分为 MU30、MU25、MU20、MU15、MU10 五个,各等级的强度标准详见表 6-1。

表 6-1　烧结普通砖的强度等级(GB 5101－2017)(MPa)

| 强度等级 | 抗压强度平均值 $\bar{f} \geqslant$ | 强度标准值 $f_k \geqslant$ |
|---|---|---|
| MU30 | 30.0 | 22.0 |
| MU25 | 25.0 | 18.0 |
| MU20 | 20.0 | 14.0 |
| MU15 | 15.0 | 10.0 |
| MU10 | 10.0 | 6.5 |

# 项目二　试验记录

试验日期:＿＿＿＿年＿＿＿＿月＿＿＿＿日　　班组:＿＿＿＿　　姓名:＿＿＿＿

实验室温度:＿＿＿＿℃　　相对湿度:＿＿＿＿%

烧结普通砖抗压强度试验记录

| 试件编号 | 试件尺寸/mm | | 受压面积 /mm² | 破坏荷载 /N | 抗压强度 $f_i = \dfrac{F}{LB}$ /MPa |
|---|---|---|---|---|---|
| | 长 L | 宽 B | | | |
| 1 | | | | | |
| 2 | | | | | |
| 3 | | | | | |
| 4 | | | | | |
| 5 | | | | | |
| 6 | | | | | |
| 7 | | | | | |
| 8 | | | | | |
| 9 | | | | | |
| 10 | | | | | |
| 变异系数 | | 标准值 | | 平均值 | 最小值 |
| 评定结论 | | | | | |

计算过程：

# 单元七　建筑钢材

## 项目一　试验指导

### 试验一　建筑钢材拉伸性能检测

#### 1. 试验目的

测定钢筋的屈服点、抗拉强度和伸长率,评定钢筋的强度等级。

拉伸试验-
受拉破坏

#### 2. 主要仪器设备

(1)万能材料试验机:示值误差不大于1%。其量程应满足在试验达到最大荷载时,指针最好在第三象限(180°~270°)内,或者数显破坏荷载为量程的50%~75%。

(2)钢筋打点机或划线机、游标卡尺(精度为0.1 mm)等。

拉伸试验-
抗拉试验

#### 3. 试样制备

拉伸试验用钢筋试件不得进行车削加工,可以用两个或一系列等分小冲点或细划线标出试件原始标距,测量标距长度 $L_0$,精确至 0.1 mm,如图 7-1 所示。计算钢筋强度用横截面积采用表 7-1 所列公称横截面积。

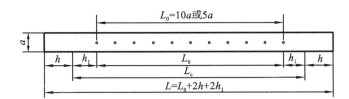

**图 7-1　钢筋拉伸试验试件**

$a$—试样原始直径;$L_0$—标距长度;$h_1$—取$(0.5\sim1)a$;$h$—夹具长度

**表 7-1　钢筋的公称横截面积**

| 公称直径/mm | 公称横截面积/mm² | 公称直径/mm | 公称横截面积/mm² |
|---|---|---|---|
| 8 | 50.27 | 22 | 380.1 |
| 10 | 78.54 | 25 | 490.9 |
| 12 | 113.1 | 28 | 615.8 |
| 14 | 153.9 | 32 | 804.2 |
| 16 | 201.1 | 36 | 1018 |
| 18 | 254.5 | 40 | 1257 |
| 20 | 314.2 | 50 | 1964 |

#### 4. 试验步骤

（1）将试件上端固定在试验机上夹具内，调整试验机零点，装好描绘器、纸、笔等，再用下夹具固定试件下端。

（2）开动试验机进行拉伸，拉伸速度为：屈服前，应力增加速度按表 7-2 规定，并保持试验机控制器固定在这一速率位置上，直至该性能测出为止；屈服后试验机活动夹头在荷载下移动速度不大于 $0.5\,L_c/\min$，直至试件拉断。

表 7-2　屈服前的加荷速率

| 金属材料的弹性模量 /MPa | 应力速率/[N/(mm² · s)] | |
| --- | --- | --- |
| | 最小 | 最大 |
| <150000 | 2 | 20 |
| ≥150000 | 6 | 60 |

（3）拉伸过程中，测力度盘指针停止转动时的恒定荷载，或第一次回转时的最小荷载，即为屈服荷载 $F_s$(N)。向试件继续加荷直至试件拉断，读出最大荷载 $F_b$(N)。

（4）测量试件拉断后的标距长度 $L_1$。将已拉断的试件两端在断裂处对齐，尽量使其轴线位于同一条直线上。

如拉断处距离邻近标距端点大于 $L_0/3$，可用游标卡尺直接量出 $L_1$。如拉断处距离邻近标距端点小于或等于 $L_0/3$，可按下述移位法确定 $L_1$：在长段上自断点起，取等于短段格数得 $B$ 点，再取等于长段所余格数（偶数如图 7-2(a)）之半得 $C$ 点；或者取所余格数（奇数如图 7-2(b)）减 1 与加 1 之半得 $C$ 与 $C_1$ 点。则移位后的 $L_1$ 分别为 $AB+2BC$ 或 $AB+BC+BC_1$。

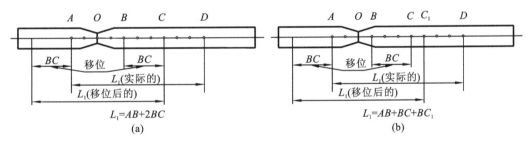

图 7-2　用移位法计算标距

如果直接测量所求得的伸长率能达到技术条件要求的规定值，则可不采用移位法。

#### 5. 结果评定

（1）钢筋的屈服点 $\sigma_s$ 和抗拉强度 $\sigma_L$ 按式（7-1）、式（7-2）计算：

$$\sigma_s = \frac{F_s}{A} \qquad (7\text{-}1)$$

$$\sigma_b = \frac{F_b}{A} \qquad (7\text{-}2)$$

式中　$\sigma_s$、$\sigma_b$——分别为钢筋的屈服点和抗拉强度，MPa；当 $\sigma_s>1000$ MPa 时，应计算至 10 MPa，$\sigma_s$ 为 200～1000 MPa 时，计算至 5 MPa，$\sigma_s<200$ MPa 时，计算至 1 MPa。$\sigma_b$ 的

精度要求同 $\sigma_s$。

$F_s$、$F_b$——分别为钢筋的屈服荷载和最大荷载,N;

$A$——试件的公称横截面积,$mm^2$。

(2)钢筋的伸长率 $\delta_5$ 或 $\delta_{10}$ 按式(7-3)计算:

$$\delta_5(或\ \delta_{10}) = \frac{L_1 - L_0}{L_0} \times 100\% \tag{7-3}$$

式中  $\delta_5$、$\delta_{10}$——分别为 $L_0 = 5a$ 或 $L_0 = 10a$ 时的伸长率,精确至 1%;

$L_0$——原标距长度 5a 或 10a,mm;

$L_1$——试件拉断后直接量出或按移位法的标距长度,mm,精确至 0.1 mm。

如试件在标距端点上或标距处断裂,则试验结果无效,应重做试验。

## 试验二  钢材的冷弯试验

**1. 试验目的**

通过冷弯试验,对钢筋塑性进行严格检验,也间接测定钢筋内部的缺陷及可焊性。

**2. 主要仪器设备**

万能材料试验机、具有一定弯心直径的冷弯冲头等。

**3. 试验步骤**

(1)钢筋冷弯试件不得进行车削加工,试样长度通常按式(7-4)确定:

$$L \approx 5a + 150(mm)(a\ 为试件原始直径) \tag{7-4}$$

(2)半导向弯曲。

试样一端固定,绕弯心直径进行弯曲,试样弯曲到规定的弯曲角度或出现裂纹、裂缝或断裂为止。

(3)导向弯曲。

① 试样放置在两个支点上,在试样两个支点中间施加压力,使试样弯曲到规定的角度或出现裂纹、裂缝或断裂为止。

② 试样在两个支点上按一定弯心直径弯到两臂平行时,可以一次性完成试验,亦可先弯曲 45°,然后放置在试验机平板之间继续施加压力,压至试样两臂平行。此时可以加与弯心直径相同尺寸的衬垫进行试验。

③ 当试样需要弯曲至两臂接触时,首先将试样弯曲到两臂平行,然后放置在两平板间继续施加压力,直至两臂接触。

(4)试验应在平稳压力作用下,缓慢施加试验压力。两支辊间距离为 $(d+2.5a)\pm 0.5a$,并且在试验过程中不允许有变化。当出现争议时,试验速率为 $(1\pm 0.2)$ mm/s。

(5)试验应在 10~35 ℃ 或控制在 $(23\pm 5)$ ℃下进行。

**4. 结果评定**

(1)应按照相关产品标准的要求评定弯曲试验结果。如未规定具体要求,弯曲试验后不使用放大仪器观察,试样弯曲外表面无可见裂纹应评定为合格。

(2)以相关产品标准规定的弯曲角度作为最小值;或规定弯曲压头直径,以规定的弯曲压头直径作为最大值。

# 项目二 试 验 记 录

试验日期：_____年_____月_____日 班组：_____ 姓名：_____

实验室温度：_____ 实验室湿度：_____

钢筋品种：_____ 强度等级：_____

## 一、钢筋拉伸试验记录（钢筋原材）

| 项目 | | 试件编号 | |
|---|---|---|---|
| | | 1 | 2 |
| 试件尺寸 /mm | 标距长度 $L_0$/mm | | |
| | 公称直径 $d$/mm | | |
| | 受拉面积 $S_0$/mm² | | |
| 屈服点荷载/N | | | |
| 极限荷载/N | | | |
| 断后标距长 $L_1$/mm | | | |
| 屈服强度 $\sigma_s$/MPa | | | |
| 抗拉强度 $\sigma_b$/MPa | | | |
| 伸长率 $\delta$/(%) | | | |

计算过程：

## 二、冷弯试验记录

| 试件编号 | 试件直径/mm | 弯心直径 $d$/mm | 跨度 $L$/mm | 弯曲角度 $\alpha$ | 试验结果 |
|---|---|---|---|---|---|
| 1 | | | | | |
| 2 | | | | | |

### 三、试验结论

| 钢筋品种 | | 强度等级 | |
|---|---|---|---|
| 试验项目 | 标准要求 | | 结论 |
| 屈服强度 $\sigma_s$/MPa | | | |
| 抗拉强度 $\sigma_b$/MPa | | | |
| 伸长率 $\delta$/(%) | | | |
| 冷弯性能 | | | |

思考:

(1) 做拉伸试验的钢筋试件,若是经过切削加工的,其受力截面积 $S_0$ 如何确定? 若是不经过切削加工的,其受力截面积 $S_0$ 又如何确定?

(2) 拉伸试验时加荷速度有何规定? 加荷速度过快或过慢对试验结果有何影响?

(3) 测定伸长率时拉断后的标距 $L_1$ 应如何确定?

# 单元八　有机材料

## 项目一　试验指导

### 试验一　针入度测定

**1. 主要仪器设备**

(1) 针入度仪:针连杆质量为(47.5±0.05) g,针和针连杆组合件总质量为(50±0.05) g。

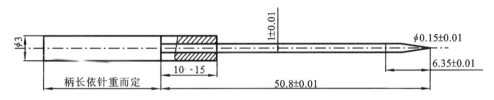

针入度
测定仪

(2) 标准针:由硬化回火的不锈钢制成,洛氏硬度54~60,尺寸要求如图8-1所示。

**图 8-1　标准钢针的形状及尺寸**

(3) 试样皿:为金属圆柱形平底容器。针入度小于 200 时,内径为 55 mm,内部深度 35 mm;针入度在 200~350 时,内径 70 mm,内部深度为 45 mm。

(4) 恒温水浴:容量不小于 10 L,能保持温度在试验温度的±0.1 ℃范围内。水中应备有一个带孔的支架,位于水面下不少于 100 mm,距浴底不少于 50 mm 处。

(5) 平底玻璃皿、秒表、温度计、金属皿或瓷柄皿、筛、砂浴或可控制温度的密闭电炉等。

**2. 试样制备**

(1) 将预先除去水分的沥青试样在砂浴或密闭电炉上小心加热,不断搅拌以防止局部过热,加热温度不得超过试样估计软化点 100 ℃。加热时间不得超过 30 min,用筛过滤除去杂质。加热搅拌过程中避免试样中混入空气。

(2) 将试样倒入预先选好的试样皿中,试样深度应大于预计穿入深度 10 mm。

(3) 试样皿在 15~30 ℃的空气中冷却 1~1.5 h(小试样皿)或 1.5~2 h(大试样皿),防止灰尘落入试样皿。将试样皿移入保持规定试验温度的恒温水浴中软化。小试验皿恒温 1~1.5 h,大试验皿恒温 1.5~2 h。

**3. 试验步骤**

(1) 调节针入度仪的水平,检查针连杆和导轨,以确认无水和其他外来物,无明显摩擦。用甲苯或其他合适的溶剂清洗针,用干净布将其擦干,把针插入针连杆中固定。按试验条件放好砝码。

(2) 从恒温水浴中取出试验皿,放入水温控制在试验温度的平底玻璃皿中的三腿支架上,试样表面以上的水层高度应不小于 10 mm,将平底玻璃皿置于针入度仪的平台上。

（3）慢慢放下针连杆，使针尖刚好与试样接触。必要时用放置在合适位置的光源反射来观察。拉下活杆，使其与针杆顶端接触，调节针入度仪读数为零。

（4）用手紧压按钮，同时启动秒表，使标准针自由下落穿入沥青试样，到规定时间停压按钮，使针停止移动。

（5）拉下活杆与针连杆顶端接触，此时的读数即为试样的针入度。

（6）同一试样至少重复测定三次，测定点之间及测定点与试样皿之间距离不应小于10 mm。每次测定前应将平底玻璃皿放入恒温水浴。每次测定换一根干净的针或取下针用甲苯或其他溶剂擦干净，再用干净的布擦干。

（7）测定针入度大于200的沥青试样时，至少用三根针，每次测定后将针留在试样中，直至三次测定完成后，才能把针从试样中取出。

**4. 结果评定**

（1）取三次测定针入度的平均值，取至整数作为试验结果。三次测定的针入度值相差不应大于表8-1中规定的数值。否则，试验应重做。

表 8-1　针入度测定允许最大差值

| 针入度 | 0～49 | 50～149 | 150～249 | 250～350 |
|---|---|---|---|---|
| 最大差值 | 2 | 4 | 6 | 20 |

（2）重复性和再现性的要求见表8-2。

表 8-2　针入度测定的重复性与再现性要求

| 试样针入度，25 ℃ | 重复性 | 再现性 |
|---|---|---|
| 小于50 | 不超过2单位 | 不超过4单位 |
| 50及大于50 | 不超过平均值的4% | 不超过平均值的8% |

# 试验二　延度测定

**1. 主要仪器设备**

（1）延度仪，如图8-2所示。

延伸度
测定仪

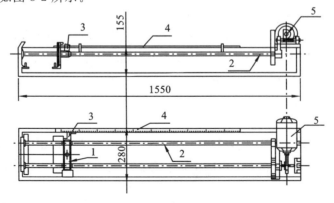

图 8-2　沥青延度仪
1—滑动器；2—螺旋杆；3—指针；4—标尺；5—电动机

（2）试件模具：由两个端模和两个侧模组成，形状及尺寸如图 8-3 所示。

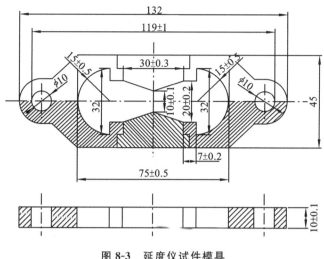

图 8-3　延度仪试件模具

（3）恒温水浴：容量不小于 10 L，能保持温度在试验温度的 ±0.1 ℃ 范围内。水中应备有一个带孔的支架，位于水面下不少于 100 mm，距浴底不少于 50 mm 处。

（4）温度计（0～50 ℃，分度 0.1 ℃ 和 0.5 ℃ 各一支）、金属皿或瓷皿、筛、砂浴或可控制温度的密闭电炉等。

**2. 试样制备**

（1）将甘油滑石粉隔离剂（甘油：滑石粉＝2∶1，以质量计）拌和均匀，涂于磨光的金属板上。

（2）将除去水分的试样在砂浴上小心加热，防止局部过热，加热温度不得超过试样估计软化点 100 ℃。用筛过滤，充分搅拌，避免试样中混入空气。然后将试样呈细流状，自模的一端至另一端往返倒入，使试样略高于模具。

（3）试样在 15～30 ℃ 的空气中冷却 30 min，然后放入（25±0.1）℃ 的水浴中，保持 30 min 后取出，用热刀将高出模具的沥青刮去，使沥青面与模具面平齐。沥青的刮法应自模的中间向两边，表面应十分光滑。将试件连同金属板再浸入（25±0.1）℃ 的水浴中恒温 1～1.5 h。

**3. 试验步骤**

（1）检查延度仪的拉伸速度是否符合要求，然后移动滑板使其指针正对标尺的零点，保持水槽中水温为（25±0.5）℃。

（2）将试件移至延伸仪的水槽中，模具两端的孔分别套在滑板及槽端的金属柱上，水面距试件表面应不小于 25 mm，然后去掉侧模。

（3）确认延度仪水槽中水温为（25±0.5）℃ 时，开动延度仪，此时仪器不得有振动。观察沥青的拉伸情况。在测定时，如发现沥青细丝浮于水面或沉入槽底，则应在水中加入食盐水调整水的密度，至与试样的密度相近后，再进行测定。

（4）试件拉断时指针所指标尺上的读数，即为试样的延度，以 cm 表示。在正常情况下，应将试样拉伸成锥尖状，在断裂时实际横断面面积为零。如不能得到上述结果，则应报告在此条件下无测定结果。

**4. 结果评定**

（1）取平行测定三个结果的算术平均值作为测定结果。若三次测定值不在平均值的 5% 以内,但其中两个较高值在平均值的 5% 以内,则舍去最低测定值,取两个较高值的平均值作为测定结果。

（2）两次测定结果之差,不应超过重复性平均值的 10% 和再现性平均值的 20%。

# 试验三  软化点测定(环球法)

**1. 主要仪器设备**

（1）沥青软化点测定器,如图 8-4 所示,包括钢球、试样环(图 8-5)、钢球定位器(图 8-6)、支架、温度计等。

软化点测定仪

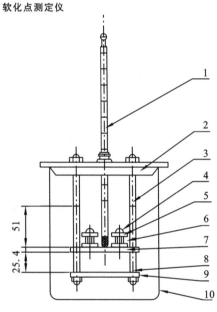

**图 8-4  沥青软化点测定器**

1—温度计;2—上承板;3—枢轴;4—钢球;5—环套;
6—环;7—中承板;8—支承座;9—下承板;10—烧杯

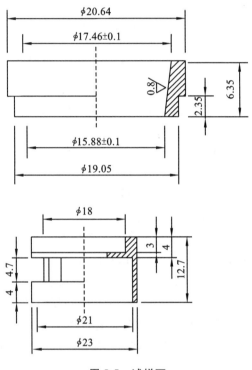

**图 8-5  试样环**

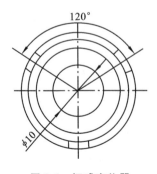

**图 8-6  钢球定位器**

（2）电炉及其他加热器。

（3）金属板或玻璃板、刀、筛等。

**2. 试样制备**

（1）将黄铜环置于涂有甘油滑石粉（质量比为 2∶1)隔离剂的金属板或玻璃板上。

（2）将预先脱水试样加热熔化，不断搅拌，以防止局部过热，加热温度不得高于试样估计软化点 100 ℃，加热时间不超过 30 min，用筛过滤。将试样注入黄铜环内至略高出环面为止。若估计软化点在 120 ℃ 以上，应将黄铜环和金属板预热至 80～100 ℃。

（3）试样在 15～30 ℃ 的空气中冷却 30 min 后，用热刀刮去高出环面的试样，使沥青与环面平齐。

（4）估计软化点高于 80 ℃ 的试样，将盛有试样的黄铜环及板置于盛有水的保温槽内，水温保持在(5±0.5) ℃，恒温 15 min。估计软化点高于 80 ℃ 的试样，将盛有试样的黄铜环及板置于盛有甘油的保温槽内，甘油温度保持在(32±1) ℃，恒温 15 min，或将盛试样的环水平地安放在环架中承板的孔内，然后放在盛有水或甘油的烧杯中，恒温 15 min，温度要求同保温槽。

（5）烧杯内注入新煮沸并冷却至 5 ℃ 的蒸馏水（估计软化点不高于 80 ℃ 的试样），或注入预先加热至约 32 ℃ 的甘油（估计软化点高于 80 ℃ 的试样），使水平面或甘油面略低于环架连杆上的深度标记。

**3. 试验步骤**

（1）从水或甘油中取出盛有试样的黄铜环放置在环架中承板的圆孔中，套上钢球定位器，把整个环架放入烧杯内，调整水面或甘油液面至深度标记，环架上任何部分不得有气泡。将温度计由上层板中心孔垂直插入，使水银球底部与铜环下面平齐。

（2）将烧杯移至有石棉网的三角架上或电炉上，然后将钢球放在试样上（须使各环的平面在全部加热时间内处于水平状态），立即加热，使烧杯内水或甘油温度在 3 min 保持每分钟上升(5±0.5) ℃，在整个测定过程中如温度的上升速度超出此范围，则试验应重做。

（3）试验受热软化下坠至与下承板面接触时的温度，即为试样的软化点。

**4. 结果评定**

（1）取平行测定两个结果的算术平均值作为测定结果。

（2）精密度：重复测定两个结果间的温度差不得超过表 8-3 的规定；同一试样由两个试验室各自提供的试验结果之差不应超过 5.5 ℃。

表 8-3　软化点测定的重复性要求

| 软化点/℃ | <80 | 80～100 | 100～140 |
|---|---|---|---|
| 允许差数/℃ | 1 | 2 | 3 |

# 项目二 试 验 记 录

试验日期：_____年_____月_____日　班组：_____　姓名：_____

实验室温度：_____　　　实验室湿度：_____

样品名称：_____　　规格型号：_____

## 一、石油沥青针入度测定记录(25 ℃、100 g、5 s)

| 试验次数 | 试针插入试样前的读数/度 | 试针插入试样后的读数/度 | 针入度/度 | 针入度平均值/度 | 标准规定/度 | 结果评定 |
|---|---|---|---|---|---|---|
| 1 | | | | | | |
| 2 | | | | | | |
| 3 | | | | | | |

## 二、石油沥青延度测定记录(25 ℃、延伸速度(50±5) mm/min)

| 试验次数 | 延度/cm | 延度平均值/cm | 标准规定/cm | 结构评定 |
|---|---|---|---|---|
| 1 | | | | |
| 2 | | | | |
| 3 | | | | |

## 三、石油沥青软化点测定记录(环球法)

| 烧杯中液体种类 | 烧杯中液体初始温度/℃ | 加热时每分钟上升温度/℃ | 软化点/℃ | 平均软化点/℃ | 标准规定/℃ | 结果评定 |
|---|---|---|---|---|---|---|
| | | | | | | |
| | | | | | | |

## 四、弹性体改性沥青防水材料(SBS 卷材)拉力及最大拉力时延伸率试验记录

| 项目 | | 试件编号 | | | | | 平均值 | 标准规定 | 结果评定 |
|---|---|---|---|---|---|---|---|---|---|
| | | 1 | 2 | 3 | 4 | 5 | | | |
| 纵横向 | 拉力/(N/50 mm) | | | | | | | | |
| | 最大拉力伸长值/mm | | | | | | | | |
| | 最大拉力时延伸率/(%) | | | | | | | | |
| 横纵向 | 拉力/(N/50 mm) | | | | | | | | |
| | 最大拉力伸长值/mm | | | | | | | | |
| | 最大拉力时延伸率/(%) | | | | | | | | |

### 五、弹性体改性沥青防水材料(SBS 卷材)不透水性试验记录

| 试件编号 | 压强/MPa | 开始渗水时间/min | 标准规定/min | 结果评定 |
|---|---|---|---|---|
| 1 | | | | |
| 2 | | | | |
| 3 | | | | |

### 六、弹性体改性沥青防水材料(SBS 卷材)耐热度试验记录

| 试件编号 | 温度/℃ | 加热 2 h 后观察 | 标准规定 | 结果评定 |
|---|---|---|---|---|
| 1 | | | | |
| 2 | | | | |
| 3 | | | | |

### 七、弹性体改性沥青防水材料(SBS 卷材)低温柔度试验记录

| 卷材厚度/mm | | 柔度(板)半径/mm | | | 温度/℃ | |
|---|---|---|---|---|---|---|
| 试件编号 | 1 | 2 | 3 | 4 | 5 | 6 |
| 结果观察 | | | | | | |
| 标准规定 | | | | | | |
| 结果评定 | | | | | | |

思考：

(1) 沥青针入度说明沥青的什么性质？

(2) 做沥青软化点试验时,如不按规定的升温速度加热,当加热速度过快,结果如何？若加热速度缓慢,其结果又如何？

高等职业学校"十四五"规划土建类工学结合系列教材

# 建筑材料(第二版)
## 单元练习题
# Workbook for Building Material

| | | | | |
|---|---|---|---|---|
| **主　　编** | 李江华 | 李柱凯 | 颜于博 | |
| **副主编** | 胡　驰 | 胡　敏 | 胡楠楠 | 王川昌 |
| **参编人员** | 彭　佳 | 高　燕 | 安　宁 | 吴金花 |
| | 何俊辉 | 宋京泰 | 周文娟 | |

华中科技大学出版社
中国·武汉

# 前　言

　　本书根据建筑类高等职业教育及应用型本科院校人才培养目标进行定位,重点依据是《建筑材料(第二版)》这本书。编写过程中主要依据了国家及相关行业的技术标准,一律采用了最新标准和规范。

　　本单元练习题在内容安排上注意加强理论与实践相结合,在整体设计上每个单元都安排了练习题,供教师教学和学生课后使用。

　　本单元练习题主要由四川建筑职业技术学院、广安职业技术学院、河北水利电力学院部分老师编写,单元一由广安职业技术学院李柱凯编写,单元二由四川建筑职业技术学院安宁编写,单元三、单元四由四川建筑职业技术学院李江华编写,单元五由四川建筑职业技术学院彭佳编写,单元六由四川建筑职业技术学院胡楠楠编写,单元七、单元十由四川建筑职业技术学院胡驰编写,单元八由河北水利电力学院吴金花编写,单元九、单元十一、单元十二由四川建筑职业技术学院颜子博编写。

　　由于编者水平和经验有限,书中难免存在疏漏和错误,衷心希望使用本书的读者给予批评指正。

# 目　　录

# 单元一　建筑材料的基本性质

## 一、填空题

1. 材料的实际密度是指材料在（　　　　　）状态下（　　　　　　）。用公式表示为（　　　　　）。

2. 材料的体积密度是指材料在（　　　　　）状态下（　　　　　　）。用公式表示为（　　　　　）。

3. 块体材料的体积包括（　　　　　）和（　　　　　　）两部分。颗粒或粉末状材料的体积包括（　　　　　）、（　　　　　　）和（　　　　　　）三部分。

4. 材料的堆积密度是指（　　　　　）材料在（　　　　　　）状态下（　　　　　）的质量，其大小与堆积的（　　　　　　）有关。

5. 材料孔隙率的计算公式是（　　　　　　），式中 $\rho$ 为材料的（　　　　　），$\rho_0$ 为材料的（　　　　　）。

6. 材料内部的孔隙分为（　　　　　　）孔和（　　　　　　）孔。一般情况下，材料的孔隙率越大，且连通孔隙越多的材料，则其绝对密度（　　　　　），体积密度（　　　　　），强度（　　　　　），吸水性、吸湿性（　　　　　），导热性（　　　　　），保温隔热性能（　　　　　）。

7. 材料空隙率的计算公式为（　　　　　）。式中 $\rho_0$ 为材料的（　　　　　）密度，$\rho_0'$ 为材料的（　　　　　）密度。

8. 材料的耐水性用（　　　　　）表示，其值越大，则耐水性越（　　　　　）。一般认为，（　　　　　）大于（　　　　　）的材料称为耐水材料。

9. 材料的抗冻性用（　　　　　）表示，抗渗性一般用（　　　　　）表示。

10. 材料的导热性用（　　　　　）表示。材料的导热系数越小，则材料的导热性越（　　　　　），保温隔热性能越（　　　　　）。常将导热系数（　　　　　）的材料称为绝热材料。

11. 材料的吸水性是指材料在（　　　　　）吸水的性质，用指标（　　　　　）表示。材料吸水能力的大小主要与材料的（　　　　　）和（　　　　　）有关。

12. 材料的吸湿性是指材料在（　　　　　）吸水的性质，用指标（　　　　　）表示。材料吸湿能力的大小主要与（　　　　　）、（　　　　　）和（　　　　　）有关。

## 二、名词解释

1. 软化系数

2. 材料的强度

3. 材料的耐久性

4. 材料的弹性和塑性

## 三、简述题

1. 什么是材料的导热性？材料导热系数的大小与哪些因素有关？

2. 材料的抗渗性主要与哪些因素有关？怎样提高材料的抗渗性？

3. 材料的强度按通常所受外力作用的不同分为哪几个（画出示意图）？分别如何计算？单位如何表示？

## 四、案例分析题

1. 为什么冬季新建成的房屋墙体保温性能比较差?

2. 实验室测定砂的表观密度,首先称量干砂 300 g,装入容量瓶中,加水至刻度线,称得质量为 856 g,然后倒出砂和水,再用该容量瓶只加水至刻度线,称得质量为 668 g。试计算砂的表观密度。

## 五、计算题

1. 某一块材料的全干质量为 100 g,自然状态下的体积为 40 cm³,绝对密实状态下的体积为 33 cm³,计算该材料的实际密度、体积密度、密实度和孔隙率。

2. 已知一块烧结普通砖的外观尺寸为 240 mm×115 mm×53 mm,其孔隙率为 37%,干燥时质量为 2487 g,浸水饱和后质量为 2984 g,试求该烧结普通砖的体积密度、绝对密度以及质量吸水率。

3. 工地上抽取卵石试样,烘干后称量 482 g 试样,将其放入装有水的量筒中吸水至饱和,水面由原来的 452 cm³ 上升至 630 cm³,取出石子,擦干石子表面水分,称量其质量为 487 g,试求该卵石的表观密度、体积密度以及质量吸水率。

4. 某工程现场搅拌混凝土,每罐需加入干砂 120 kg,而现场砂的含水率为 2%。计算每罐应加入湿砂的质量?

5. 测定烧结普通砖抗压强度时,测得其受压面积为 115 mm×118 mm,抗压破坏荷载为 260 kN。计算该砖的抗压强度(精确至 0.1 MPa)。

6. 公称直径为 20 mm 的钢筋作拉伸试验,测得其能够承受的最大拉力为 145 kN。计算钢筋的抗拉强度(精确至 5 MPa)。

# 单元二　气硬性胶凝材料

## 一、填空题

1. 胶凝材料按照化学成分分为（　　　　　　）和（　　　　　　）两类。无机胶凝材料按照硬化条件不同分为（　　　　　　）和（　　　　　　）两类。

2. 建筑石膏的化学成分是（　　　　　　），高强石膏的化学成分为（　　　　　　），生石膏的化学成分为（　　　　　　）。

3. 建筑石膏按（　　　　　　）、（　　　　　　）、（　　　　　　）分为（　　　　　　）、（　　　　　　）和（　　　　　　）三个质量等级。

4. 生石灰熟化过程的特点：一是（　　　　　　），二是（　　　　　　）。

5. 生石灰按照煅烧程度不同可分为（　　　　　　）、（　　　　　　）和（　　　　　　）；按照 MgO 含量不同分为（　　　　　　）和（　　　　　　）。

6. 建筑生石灰、建筑生石灰粉和建筑消石灰粉按照其主要活性指标（　　　　　　）的含量划分为（　　　　　　）、（　　　　　　）和（　　　　　　）三个质量等级。

7. 水玻璃的特性是（　　　　　　）、（　　　　　　）和（　　　　　　）。

8. 水玻璃的凝结硬化较慢，为了加速硬化，需要加入（　　　　　　）作为促硬剂，适宜掺量为（　　　　　　）。

## 二、名词解释

1. 气硬性胶凝材料

2. 水硬性胶凝材料

## 三、简述题

1. 简述气硬性胶凝材料和水硬性胶凝材料的区别。

2. 建筑石膏与高强石膏的性能有何不同?

3. 建筑石膏的特性如何? 有何用途?

4. 生石灰在熟化时为什么需要陈伏两周以上? 为什么在陈伏时需在熟石灰表面保留一层水?

5. 石灰有何用途? 在储存和保管时需要注意哪些方面?

6. 水玻璃有何用途?

# 单元三  水  泥

## 一、填空题

1. 建筑工程中通用水泥主要包括（              ）、（              ）、（              ）、（              ）、（              ）和（              ）六大品种。

2. 水泥按其主要水硬性物质分为（              ）、（              ）、（              ）、（              ）及（              ）等系列。

3. 硅酸盐水泥是由（              ）、（              ）、（              ）经磨细制成的水硬性胶凝材料。按是否掺入混合材料分为（              ）和（              ），代号分别为（              ）和（              ）。

4. 硅酸盐水泥熟料的矿物组成主要有（              ）、（              ）、（              ）和（              ）。其中决定水泥强度的主要矿物是（              ）和（              ）。

5. 水泥石是由（              ）、（              ）、（              ）和（              ）组成的。

6. 硅酸盐水泥的技术性质，国家标准规定：

（1）细度：比表面积（              ）；

（2）凝结时间：初凝不早于（              ）min，终凝不迟于（              ）h；

（3）$SO_3$含量：不超过（              ）；

（4）MgO 含量不超过（              ），若水泥经蒸压安定性试验合格，则允许放宽到（              ）；

（5）体积安定性：经过（              ）法检验必须（              ）。

7. 混合材料按其性能分为（              ）和（              ）两类。

8. 硅酸盐水泥的强度等级有（              ）、（              ）、（              ）、（              ）、（              ）和（              ）六个。其中 R 型为（              ），主要是其（              ）d 强度较高。

9. 水泥石的腐蚀主要包括（              ）、（              ）、（              ）和（              ）四种。

10. 普通硅酸盐水泥是由（              ）、（              ）和（              ）磨细制成的水硬性胶凝材料，代号为（              ）。

11. 普通水泥的技术性质，国家标准规定：

（1）细度：比表面积（              ）；

（2）凝结时间：初凝不早于（              ）min，终凝不迟于（              ）h；

（3）强度等级有（              ）、（              ）、（              ）和（              ）；

12. 矿渣水泥、粉煤灰水泥和火山灰水泥的强度等级有（              ）、（              ）、（              ）、（              ）和（              ），其中 R 型为（              ）。

13. 矿渣水泥、粉煤灰水泥和火山灰水泥的性能,国家标准规定:
(1) 细度:通过( )的方孔筛筛余量不超过( );
(2) 凝结时间:初凝不早于( )min,终凝不迟于( )h;
(3) SO$_3$含量:矿渣水泥不超过( ),其他水泥不超过( );
(4) 体积安定性:经过( )法检验必须( )。
14. 矿渣水泥与普通水泥相比,其早期强度较( ),后期强度的增长较( ),抗冻性较( ),抗硫酸盐腐蚀性较( ),水化热较( ),耐热性较( )。
15. 水泥胶砂强度试件的标准尺寸是( )。

## 二、名词解释

1. 水泥的细度

2. 水泥的体积安定性

3. 混合材料

4. 水泥标准稠度用水量

5. 水泥的初凝时间和终凝时间

6. 水泥的水化热

## 三、单项选择题

1. 有硫酸盐腐蚀的混凝土工程应优先选择( )水泥。
A. 硅酸盐　　　　　　　　　　B. 普通
C. 矿渣　　　　　　　　　　　D. 高铝
2. 有耐热要求的混凝土工程,应优先选择( )水泥。
A. 硅酸盐　　　　　　　　　　B. 矿渣
C. 火山灰　　　　　　　　　　D. 粉煤灰
3. 有抗渗要求的混凝土工程,应优先选择( )水泥。
A. 硅酸盐　　　　　　　　　　B. 矿渣
C. 火山灰　　　　　　　　　　D. 粉煤灰

4. 下列材料中,属于非活性混合材料的是( )。

A. 石灰石粉 B. 粒化高炉矿渣

C. 火山灰 D. 粉煤灰

5. 为了延缓水泥的凝结时间,在生产水泥时必须掺入适量( )。

A. 石灰 B. 石膏

C. 助磨剂 D. 水玻璃

6. 通用水泥的储存期不宜过长,一般不超过( )。

A. 一年 B. 六个月

C. 一个月 D. 三个月

7. 对于大体积混凝土工程,应优先选择( )水泥。

A. 硅酸盐 B. 普通

C. 粉煤灰 D. 高铝

8. 硅酸盐水泥熟料矿物中,水化热最高的是( )。

A. $C_3S$ B. $C_2S$

C. $C_3A$ D. $C_4AF$

9. 有抗冻要求的混凝土工程,在下列水泥中应优先选择( )硅酸盐水泥。

A 矿渣 B. 火山灰

C. 粉煤灰 D. 普通

10. 水泥石产生腐蚀的内因是:水泥石中存在( )。

A. $Ca(OH)_2$ B. $CaO$

C. 水化硅酸钙 D. 钙矾石

11. 在生产水泥时,若掺入的石膏过量,则会产生( )后果。

A. 水泥石的腐蚀 B. 水泥安定性不良

C. 快凝现象 D. 慢凝现象

12. 沸煮法只能检测出( )原因引起的水泥体积安定性不良。

A. $SO_3$含量超标 B. 游离 $CaO$ 含量超标

C. 游离 $MgO$ 含量超标 D. 生产时石膏掺量超标

## 四、多选题

1. 引起水泥体积安定性不良的原因有( )。

A. 碱含量超标 B. 游离 $CaO$ 含量超标

C. 游离 $MgO$ 含量超标 D. 生产时石膏掺量超标

2. 检测水泥强度时,需测定( )指标。

A. 3 d 水泥胶砂抗折强度 B. 3 d 水泥胶砂抗压强度

C. 28 d 水泥胶砂抗压强度 D. 28 d 水泥胶砂抗折强度

## 五、简述题

1. 矿渣水泥、粉煤灰水泥、火山灰水泥这三种水泥的共同特性是什么?

2. 水泥在储存和保管时应注意哪些方面?

3. 防止水泥石腐蚀的措施有哪些?

4. 仓库内有三种白色胶凝材料,它们分别是生石灰粉、建筑石膏和白水泥,用什么简易方法可以辨别?

5. 水泥的验收包括哪几个方面？过期受潮的水泥如何处理？

### 六、计算题

1. 称取 25 g 矿渣水泥做细度试验，称得筛余量为 2.0 g。问该水泥的细度是否达到国家标准要求？

2. 某通用水泥，储存期超过三个月。已测得其 3 d 强度达到强度等级为 32.5 的要求。现又测得其 28 d 抗折、抗压破坏荷载如下表所示：

| 试件编号 | 1 | | 2 | | 3 | |
|---|---|---|---|---|---|---|
| 抗折破坏荷载/kN | 2.9 | | 2.6 | | 2.8 | |
| 抗压破坏荷载/kN | 65 | 64 | 64 | 53 | 66 | 70 |

计算后判定该水泥是否能按 32.5 的强度等级使用。

# 单元四　混　凝　土

## 一、填空题

1. 普通混凝土由（　　　　）、（　　　　）、（　　　　）、（　　　　）以及必要时掺入的（　　　　）组成。

2. 普通混凝土用细骨料是指（　　　　）的岩石颗粒。细骨料砂有天然砂、（　　　　）和（　　　　）三类，天然砂按产源不同分为（　　　　）、（　　　　）和（　　　　）等。

3. 普通混凝土用砂的颗粒级配按（　　　　）mm 筛的累计筛余率分为（　　　　）、（　　　　）和（　　　　）三个级配区；按（　　　　）模数的大小分为（　　　　）、（　　　　）、（　　　　）和（　　　　）。

4. 普通混凝土用粗骨料石子按产源可分为（　　　　）和（　　　　）两种。

5. 石子的压碎指标值越大，则石子的强度越（　　　　）。

6. 根据《混凝土结构工程施工规范》(GB 50666—2011)规定，混凝土用粗骨料的最大粒径不得大于结构截面最小尺寸的（　　　　），同时不得大于钢筋间最小净距的（　　　　）；对于实心板，可允许使用最大粒径达（　　　　）板厚的骨料，但最大粒径不得超过（　　　　）mm。

7. 石子的颗粒级配分为（　　　　）和（　　　　）两种。采用（　　　　）级配配制的混凝土和易性好，不易发生离析。

8. 混凝土拌和物的和易性包括（　　　　）、（　　　　）和（　　　　）三个方面的含义。和易性的评定采用定量测定（　　　　），直观经验评定（　　　　）和（　　　　）。

9. 混凝土拌和物按流动性分为（　　　　）和（　　　　）两类。其流动性的测定分别采用（　　　　）法和（　　　　）法。

10. 混凝土的立方体抗压强度是以边长为（　　　　）mm 的立方体试件，在温度为（　　　　）℃，相对湿度为（　　　　）以上的潮湿条件下养护（　　　　）d，用标准试验方法测定的抗压极限强度，用符号（　　　　）表示，单位为（　　　　）。

11. 混凝土的强度等级是按照其（　　　　）划分，用（　　　　）和（　　　　）值表示。有（　　　　）、（　　　　）、（　　　　）、（　　　　）、（　　　　）、（　　　　）、（　　　　）、（　　　　）、（　　　　）、（　　　　）、（　　　　）、（　　　　）、（　　　　）、（　　　　）共 14 个强度等级。

12. 混凝土的轴心抗压强度采用尺寸为（　　　　）的棱柱体试件测定。

13. 混凝土拌和物的耐久性主要包括（　　　　）、（　　　　）、（　　　　）、（　　　　）和（　　　　）五个方面。

14. 混凝土中掺入减水剂：在混凝土流动性不变的情况下，若强度不变，可以减少

（　　　　　　　）;若提高混凝土的强度,可以减少（　　　　　　　）。在用水量及水灰比一定时,混凝土的（　　　　　）增大。

15. 在普通混凝土配合比设计中,混凝土的强度主要通过控制参数（　　　　　　　）,混凝土拌和物的流动性主要通过控制参数（　　　　　　　）,混凝土的耐久性主要通过控制参数（　　　　　）和（　　　　　　　）,来满足普通混凝土的技术要求。

16. 混凝土立方体抗压强度试件的标准尺寸是（　　　　　　　）。

17. 在混凝土拌和物中水泥浆起（　　　　　）作用,砂石起（　　　　　　　）作用;在硬化混凝土中水泥石起（　　　　　）作用,砂石起（　　　　　　）作用。

## 二、单选题

1. 普通混凝土用砂应选择（　　）较好。
A.空隙率小的　　　　　　　　　　　B.尽可能粗的
C.尽可能细的　　　　　　　　　　　D.空隙率小的条件下尽可能粗的

2. 混凝土的水灰比值在一定范围内越大,则其强度（　　）。
A.越低　　　　　　　　　　　　　　B.越高
C.不变　　　　　　　　　　　　　　D.无影响

3. 普通混凝土用中砂的细度模数范围为（　　）。
A.3.7～3.1　　　　　　　　　　　　B.3.1～2.3
C.3.7～1.6　　　　　　　　　　　　D.2.3～1.6

4. 混凝土的砂率过大,则混凝土拌和物的流动性（　　）。
A.越差　　　　　　　　　　　　　　B.越好
C.不变　　　　　　　　　　　　　　D.无影响

5. 混凝土的强度主要取决于（　　）和（　　）。
A.水灰比　　　　　　　　　　　　　B.水泥的强度
C.砂率　　　　　　　　　　　　　　D.单位用水量

6. 在配合比不变的情况下,用卵石和用碎石拌制的混凝土相比较,前者（　　）比后者好,而后者（　　）比前者好。
A.流动性　　　　　　　　　　　　　B.黏聚性
C.保水性　　　　　　　　　　　　　D.强度

7. 混凝土拌和物和易性的主要影响因素有（　　）和（　　）。
A.砂率　　　　　　　　　　　　　　B.水泥的强度
C.用水量　　　　　　　　　　　　　D.养护条件

## 三、多选题

1. 影响混凝土强度的主要因素有（　　）。
A.水泥强度　　　　　　　　　　　　B.砂率
C.水灰比　　　　　　　　　　　　　D.养护条件

2. 混凝土配合比设计的基本要求是（　　）。
A.和易性好　　　　　　　　　　　　B.强度符合要求
C.耐久性良好　　　　　　　　　　　D.经济合理

3. 当混凝土拌和物的流动性不足时,可采用( )方法调整。

A. 增加砂石用量           B. 提高砂率

C. 增加水泥浆量           D. 加减水剂

## 四、名词解释

1. 颗粒级配和粗细程度

2. 石子最大粒径

3. 石子间断级配

4. 混凝土拌和物和易性

5. 砂率和合理砂率

6. 混凝土减水剂

7. 混凝土配合比

## 五、简述题

1. 混凝土的特点如何?

2. 影响混凝土拌和物和易性的主要因素有哪些？改善和易性措施有哪些？应优先选择哪种措施？

3. 影响混凝土抗压强度的主要因素有哪些？提高混凝土强度的措施有哪些？

4. 提高混凝土耐久性的措施有哪些？

5. 什么是混凝土减水剂？减水剂的作用效果如何？

6. 什么是混凝土配合比？配合比的表示方法如何？配合比设计的基本要求有哪些？

7. 试述下列符号的含义:C30、P8、F150。

## 六、案例分析题

1. 现场浇筑混凝土时严禁向其中随意加水,为什么? 凝结后为什么又要求洒水养护?

2. 在施工现场,试验室出具的混凝土设计配合比能否直接使用? 为什么?

3. 混凝土配合比试配时,出现下列情况,请采用正确方法进行配合比的调整。
(1)坍落度偏大　　　　　　　　　　(2)坍落度偏小

### 七、计算题

1. 某砂作筛分试验,分别称取 500 g,各筛两次筛余量的平均值如下表所示:

| 方孔筛筛径/mm | 9.5 mm | 4.75 mm | 2.36 mm | 1.18 mm | 600 $\mu$m | 300 $\mu$m | 150 $\mu$m | <150 $\mu$m | 合计 |
|---|---|---|---|---|---|---|---|---|---|
| 筛余量/g | 0 | 32.5 | 48.5 | 40.0 | 187.5 | 118.0 | 65.0 | 8.8 | 500.3 |

计算各筛的分计筛余率、累计筛余率、细度模数,并评定该砂的颗粒级配和粗细程度。

2. 某钢筋混凝土构件,其截面最小边长为 240 mm,采用钢筋为 $\phi$20,钢筋中心距为 80 mm。问选择哪一粒级的石子拌制混凝土较好?

3. 采用普通水泥、卵石和天然砂配制混凝土,制作一组标准试件,标准养护 28 d,测得的抗压破坏荷载分别为 550 kN、660 kN 和 650 kN。计算该组混凝土试件的立方体抗压强度。

4. 某工程现浇室内钢筋混凝土梁,混凝土设计强度等级为 C30,坍落度为 30～50 mm。所用原材料如下。水泥:普通水泥强度等级 42.5,$\rho_c$＝3100 kg/m³。砂:中砂,级配Ⅱ区合格,$\rho'_s$＝2650 kg/m³。石子:卵石 5～40 mm,$\rho'_g$＝2650 kg/m³。水:自来水(未掺外加剂),$\rho_w$＝1000 kg/m³。采用体积法计算该混凝土的初步配合比。

5. 某混凝土试配前,称取各材料分别为水泥 3.1 kg,砂 6.5 kg,卵石 12.5 kg,水 1.8 kg。(1)拌制的混凝土和易性符合要求,测得拌和物的体积密度为 2400 kg/m³。计算 1 m³ 混凝土各材料的用量。(2)拌制的混凝土流动性不足,于是水灰比不变、增加水泥浆 10%,符合要求后测得其体积密度为 2420 kg/m³。计算 1 m³ 混凝土各材料的用量。

6. 某混凝土,其试验室配合比为 $m_c : m_s : m_g = 1 : 2.10 : 4.68$,$m_w/m_c = 0.52$。现场砂、石子的含水率分别为 2% 和 1%,堆积密度分别为 $\rho'_{s0}$＝1600 kg/m³ 和 $\rho'_{g0}$＝1500 kg/m³。1 m³ 混凝土的用水量为 $m_w$＝160 kg。

计算:

(1) 该混凝土的施工配合比;

(2) 1 袋水泥(50 kg)拌制混凝土时其他材料的用量;(按施工配合比计算)

(3) 拌制 500 m³ 混凝土需要砂、石子各多少(以 m³ 计)? 水泥多少(以 t 计)(按施工配合比计算)?

# 单元五 建筑砂浆

## 一、填空题

1. 建筑砂浆按照用途分为（　　　　　　）、（　　　　　　）、（　　　　　　）、（　　　　　　）、（　　　　　　）（　　　　　　）等品种。按照胶凝材料不同分为（　　　　　　）、（　　　　　　）和（　　　　　　）。

2. 砌筑砂浆的和易性包括（　　　　　　）、（　　　　　　）、（　　　　　　）三个方面的含义。

3. 水泥砂浆及预拌砌筑砂浆的强度等级按其抗压强度分为（　　　　　　）、（　　　　　　）、（　　　　　　）、（　　　　　　）、（　　　　　　）、（　　　　　　）七个强度等级,水泥混合砂浆强度等级按其抗压强度分为（　　　　　　）、（　　　　　　）、（　　　　　　）、（　　　　　　）四个强度等级。

4. 普通抹面砂浆通常分三层进行,底层主要起（　　　　　　）作用,中层主要起（　　　　　　）作用,面层主要起（　　　　　　）作用。

5. 预拌砂浆按照供料方式可分为（　　　　　　）和（　　　　　　）两种。

6. 建筑砂浆稠度试验时,应让标准圆锥自由沉入砂浆（　　　　　　）s时,拧紧螺丝,测出其下沉深度(精确至1mm),即为砂浆稠度值。

7. 采用标准法测建筑砂浆分层度时,测出第一次沉入度后,应静置（　　　　　　）min,去掉上节（　　　　　　）mm的砂浆,将剩余的（　　　　　　）mm砂浆倒出放在拌和锅内搅拌,再按稠度试验方法测其稠度,两次沉入度的差值即为分层度。

8. 砂浆立方体抗压强度试验中,标准养护条件是温度（　　　　　　）,湿度（　　　　　　）。

## 二、单选题

1. 测定砌筑砂浆抗压强度时采用的试件尺寸为（　　　）。

A. 100 mm×100 mm×100 mm
B. 150 mm×150 mm×150 mm
C. 200 mm×200 mm×200 mm
D. 70.7 mm×70.7 mm×70.7 mm

2. 砌筑砂浆的流动性指标用（　　　）表示。

A. 坍落度
B. 维勃稠度
C. 沉入度
D. 分层度

3. 砌筑砂浆的保水性指标用（　　　）表示。

A. 坍落度
B. 保水率
C. 沉入度
D. 分层度

4. 砌筑砂浆的稳定性指标用（　　　）表示。

A. 坍落度
B. 保水率
C. 沉入度
D. 分层度

5. 对于吸水基层,砌筑砂浆的强度主要取决于( )。

A. 水灰比                    B. 水泥用量

C. 单位用水量             D. 水泥的强度等级和用量

6. 砖在砌筑前浇水的目的是( )。

A. 提高砖的强度           B. 提高砂浆的强度

C. 提高砖与砂浆的黏结力      D. 提高施工效率

## 三、名词解释

1. 砌筑砂浆

2. 预拌砂浆

3. 稳定性

## 四、简答题

1. 建筑砂浆与砌筑材料黏结力的大小和哪些因素有关?

2. 砌筑砂浆的流动性过大,流动性过小分别会导致什么不利现象?

### 五、计算题

1. 请计算某水泥石灰砂浆的配合比，要求砂浆强度等级为 M10、稠度为 60～80mm、分层度为 30mm，采用强度等级为 42.5 级的普通硅酸盐水泥，含水率为 2% 的中砂，其堆积密度为 1450kg/m³，用实测稠度为 120mm±5mm 的石灰膏，根据已有 25 组以上资料，计算得到强度标准差 σ=2.50。

已知资料如下表所示。

| 施工水平 | 强度等级 | 强度标准差 σ/MPa | | | | | | | k |
| --- | --- | --- | --- | --- | --- | --- | --- | --- | --- |
| | | M5 | M7.5 | M10 | M15 | M20 | M25 | M30 | |
| 优良 | | 1.00 | 1.50 | 2.00 | 3.00 | 4.00 | 5.00 | 6.00 | 1.15 |
| 一般 | | 1.25 | 1.88 | 2.50 | 3.75 | 5.00 | 6.25 | 7.50 | 1.20 |
| 较差 | | 1.50 | 2.25 | 3.00 | 4.50 | 6.00 | 7.50 | 9.00 | 1.25 |

2. 某同学测得 28d 龄期的砂浆立方体抗压破坏荷载分别为 28.9kN，25.0kN，24.8kN，请计算该砂浆的立方体抗压强度，问该砂浆达到什么强度等级。

# 单元六 墙体材料

## 一、填空题

1. 砌墙砖按有无孔洞和孔洞率大小分为（　　　　）、（　　　　）和（　　　　）三种；按生产工艺不同分为（　　　　）和（　　　　）。

2. 烧结普通砖按照所用原材料不同主要分为（　　　　）、（　　　　）、（　　　　）、（　　　　）、（　　　　）、（　　　　）、（　　　　）八种。

3. 烧结普通砖的标准尺寸为（　　　　）mm×（　　　　）mm×（　　　　）mm。（　　　　）块砖长、（　　　　）块砖宽、（　　　　）块砖厚，分别加灰缝（每个按 10 mm 计），其长度均为 1 m。理论上，1 m³ 砖砌体大约需要砖（　　　　）块。

4. 烧结普通砖按抗压强度分为（　　　　）、（　　　　）、（　　　　）、（　　　　）五个强度等级。

5. 烧结多孔砖是以（　　　　）、（　　　　）、（　　　　）、（　　　　）及其（　　　　）等为主要原料，经焙烧而成，主要用于建筑物（　　　　）部位的多孔砖。

6. 烧结空心砖和空心砌块是以（　　　　）、（　　　　）、（　　　　）、（　　　　）及其（　　　　）为主要原料，经焙烧而成，主要用于建筑物（　　　　）部位的空心砖和空心砌块。

7. 建筑工程中常用的非烧结砖有（　　　　）、（　　　　）、（　　　　）等。

8. 砌块按用途分为（　　　　）和（　　　　）；按有无孔洞可分为（　　　　）和（　　　　）。

9. 建筑工程中常用的砌块有（　　　　）、（　　　　）、（　　　　）、（　　　　）、（　　　　）等。

## 二、简述题

1. 烧结普通砖在砌筑前为什么要浇水使其达到一定的含水率？

2.烧结多孔砖、空心砖与实心砖相比,有何技术经济意义? 为什么国家要禁止生产使用烧结黏土砖?

3.墙用板材的主要类型有哪些? 预计未来的发展方向是什么?

### 三、计算题

有烧结普通砖一批,经抽样 10 块作抗压强度试验(每块砖的受压面积以 120 mm×115 mm 计)结果如下表所示。确定该砖的强度等级。

| 试样编号 | 1 | 2 | 3 | 4 | 5 | 6 | 7 | 8 | 9 | 10 |
|---|---|---|---|---|---|---|---|---|---|---|
| 破坏荷载/kN | 254 | 270 | 218 | 183 | 238 | 259 | 225 | 280 | 220 | 250 |
| 抗压强度/MPa | | | | | | | | | | |

# 单元七 建筑钢材

## 一、填空题

1. 目前大规模炼钢方法主要有（　　　　　）、（　　　　　）和（　　　　　）三种。

2. 钢按照化学成分分为（　　　　　）和（　　　　　）两类；按质量分为（　　　　　）、（　　　　　）和（　　　　　）三种。

3. 低碳钢的拉伸过程经历了（　　　　　）、（　　　　　）、（　　　　　）和（　　　　　）四个阶段。高碳钢（　　　　　）的（　　　　　）阶段不明显，以（　　　　　）代替其屈服点。

4. 钢材冷弯试验的指标以（　　　　　）和（　　　　　）来表示。

5. 热轧钢筋按照轧制外形式分为（　　　　　）、（　　　　　）。

6. 热轧光圆钢筋的强度等级代号为（　　　　　），热轧带肋钢筋的强度等级代号为（　　　　　）、（　　　　　）、（　　　　　）、（　　　　　）、（　　　　　）五类。

7. 冷轧带肋钢筋分为（　　　　　）、（　　　　　）、（　　　　　）、（　　　　　）、（　　　　　）、（　　　　　）六个牌号。其中，（　　　　　）和（　　　　　）为普通钢筋混凝土用钢筋，（　　　　　）、（　　　　　）、（　　　　　）为预应力混凝土用钢筋。（　　　　　）既可作为普通钢筋混凝土钢筋，也可作为预应力混凝土用钢筋使用。

8. 预应力混凝土用钢丝分为（　　　　　）、（　　　　　）、（　　　　　）、（　　　　　）四种。

## 二、名词解释

1. 低碳钢的屈服点 $\sigma_s$

2. 高碳钢的条件屈服点 $\sigma_{0.2}$

3. 钢材的冷加工和时效

4. 碳素结构钢的牌号 Q235BF

5. CRB650

6. HRB400

7. HPB300

8. Q35ND

## 三、单选题

1. 普通碳素钢按屈服点、质量等级及脱氧方法划分为若干个牌号,随牌号提高,钢材
(　　)。
A. 强度提高,韧性提高 　　　　　　　　　B. 强度降低,伸长率降低
C. 强度提高,伸长率降低 　　　　　　　　D. 强度降低,伸长率高

2. 钢材随时间延长而表现出强度提高,塑性和冲击韧性下降,这种现象称为(　　)。
A. 钢的强化 　　　　　　　　　　　　　　B. 时效
C. 时效敏感性 　　　　　　　　　　　　　D. 钢的冷脆

3. 热轧钢筋级别提高,则其(　　)。
A. 屈服点、抗拉强度提高,伸长率下降 　　B. 屈服点、抗拉强度下降,伸长率下降
C. 屈服点、抗拉强度下降,伸长率提高 　　D. 屈服点、抗拉强度提高,伸长率提高

4. (　　)含量增加,显著地提高了钢的热加工性能和可焊性,易产生"热脆性"。
A. 硫 　　　　　　　　　　　　　　　　　B. 磷
C. 氧 　　　　　　　　　　　　　　　　　D. 氮

5. 钢的有利合金元素为(　　)。
A. 硫 　　　　　　　　　　　　　　　　　B. 磷
C. 硅 　　　　　　　　　　　　　　　　　D. 钒
E. 氧 　　　　　　　　　　　　　　　　　F. 钛

## 四、判断题

1. 合金钢中碳元素仍然是与技术性能密切相关的合金元素。　　　　　　　(　　)
2. 低合金钢适用于经受动荷载的钢结构。　　　　　　　　　　　　　　　(　　)
3. 钢号为 Q235Ab 的钢其性能好于钢号为 Q235DF 的钢。　　　　　　　　(　　)
4. 钢号为 Q235AF 中的 F 代表钢所含合金元素。　　　　　　　　　　　　(　　)
5. Q235C 的钢材,其质量要比 Q235A 的钢材好。　　　　　　　　　　　　(　　)
6. 钢号为 Q235Ab 的钢其性能好于钢号为 Q235Db 的钢。　　　　　　　　(　　)
7. 钢中碳的含量越少则强度越低、塑性越差。　　　　　　　　　　　　　(　　)

8. 钢筋经冷加工时效后,其强度提高而硬度减小。　　　　　　　　　(　　)

9. 钢中 P 的危害主要是冷脆性。　　　　　　　　　　　　　　　(　　)

10. 钢筋经冷加工时效,可获得强度提高而塑性降低的效果。　　　(　　)

## 五、简述题

1. 低碳钢拉伸过程经历了哪几个阶段? 各阶段有何特点? 低碳钢拉伸过程的指标如何? (请画出低碳钢应力应变关系图)

2. 什么是钢材的冷弯性能? 怎样判定钢材冷弯性能合格? 对钢材进行冷弯试验的目的是什么?

3. 对钢材进行冷加工和时效处理的目的是什么?

4. 钢中含碳量的高低对钢的性能有何影响?

5. 为什么碳素结构钢中 Q235 号钢在建筑钢材中得到广泛的应用？

6. 预应力混凝土用钢绞线的特点和用途如何？结构类型有哪几种？

7. 什么是钢材的锈蚀？钢材产生锈蚀的原因有哪些？防止锈蚀的方法有哪些？

8. 为何说屈服点、抗拉强度、伸长率是建筑用钢材的重要技术性能指标？

## 六、计算题

1. 某一钢材试件,直径为 32 mm,原标距为 125 mm,做拉伸试验,屈服点荷载为 287.3 kN 时,达到最大荷载为 301.5 kN,拉断后测得的标距为 138 mm。试求该钢筋的屈服强度、抗拉强度及断后伸长率。

2. 某建筑工地有一批热轧钢筋,其标签上牌号字迹模糊,为了确定其牌号,截取两根钢筋做拉伸性能试验,测得结果如下:屈服点的荷载分别为 33.0 kN、34.0 kN,抗拉极限荷载分别为 63.1 kN、65.2 kN。钢筋实测直径为 12 mm,标距为 60 mm,拉断后长度分别为 73.0 mm、72.1 mm。试求该钢筋的屈服强度、抗拉强度及伸长率,并判断这批钢筋的牌号。

# 单元八　有机材料

## 一、填空题

1. 沥青按其在自然界中获得的方式可分为（　　　　　）和（　　　　　）两大类。
2. 土木工程中最常采用的沥青为（　　　　　）。
3. 沥青在常温下，可以呈（　　　　　）、（　　　　　）和（　　　　　）状态。
4. 沥青材料是由高分子的碳氢化合物及其非金属（　　　　　）、（　　　　　）、（　　　　　）等的衍生物组成的混合物。
5. 石油沥青的三组分分析法是将石油沥青分离为（　　　　　）、（　　　　　）和（　　　　　）。
6. 软化点的数值因采用的仪器不同而异，我国现行试验法是采用（　　　　　）法。
7. 评价粘稠石油沥青路用性能最常用的经验指标是（　　　　　）、（　　　　　）、（　　　　　），通称为三大指标。
8. 石油沥青的闪点是表示（　　　　　）性的一项指标。
9. 改性沥青可分为（　　　　　）、（　　　　　）、（　　　　　）三类。
10. 聚氯乙烯防水卷材根据基料的组分及其特性分为（　　　　　）、（　　　　　），单层或复合使用，（　　　　　）或（　　　　　）施工。
11. 氯磺化聚乙烯防水卷材使用寿命为（　　　　　）以上，属于（　　　　　）档防水卷材，（　　　　　）施工。
12. 涂料一般是由四种基本成分组成：（　　　　　）、（　　　　　）、（　　　　　）和（　　　　　）。
13. 建筑涂料的分类方法较多，如按基料的种类可分为（　　　　　）、（　　　　　）、（　　　　　）。有机涂料由于其使用的溶剂不同，又分为（　　　　　）和（　　　　　）涂料两类。
14. 树脂的品种繁多，按树脂合成方式不同，将树脂分为（　　　　　）和（　　　　　）；按受热时性能变化的不同，又分为（　　　　　）和（　　　　　）。

## 二、名词解释

1. 沥青材料

2. 针入度

3. 环球法软化点

4. 沥青老化

5. 延度

6. 闪点

7. 合成高分子防水卷材

8. 涂料

9. 塑料

10. 热塑性树脂

11. 胶黏剂

12. 聚合物混凝土

## 三、简述题

1. 石油沥青有哪些技术性质？

2. 沥青防水卷材有哪些种类?

3. 常用的涂料助剂有哪些?

4. 建筑涂料除了需要具有装饰功能之外还需具备哪些特殊功能?

5. 建筑常用涂料有哪些?

6. 塑料的主要组成?

7. 塑料的主要特性?

8. 为保证胶黏剂的使用,应重视哪些基本性能?

9. 胶黏剂的种类多,作用亦有所区别,应根据实际工程选用,可遵循哪些原则?

# 单元九　石　　材

## 一、填空题

1. 按地质分类法,天然岩石分为(　　　　)、(　　　　)和(　　　　)三大类。其中岩浆岩按形成条件不同又分为(　　　　)、(　　　　)和(　　　　)。

2. 建筑工程中的花岗岩属于(　　　　)岩,大理石属于(　　　　)岩,石灰石属于(　　　　)岩。

3. 天然石材按体积密度大小分为(　　　　)、(　　　　)两类。

4. 砌筑用石材分为(　　　　)和料石两类。其中料石按表面加工的平整程度又分为(　　　　)、(　　　　)、(　　　　)和(　　　　)四种。

5. 天然大理石板材主要用于建筑物室(　　　　)饰面,少数品种如(　　　　)、(　　　　)等可用作室(　　　　)饰面材料;天然花岗石板材用作建筑物室(　　　　)高级饰面材料。

6. 花岗岩属于(　　　　),具有耐磨性好、耐酸性好、抗风化性及耐久性好的特点,使用年限可达数十年至百年。

7. 硅质砂岩是由(　　　　)将(　　　　)等胶结在一起的沉积岩,性能接近于花岗岩。

8. 石灰岩属于(　　　　)岩,由(　　　　)组成,化学成分为 $CaCO_3$,当接触酸性水或二氧化碳含量多的水时,方解石会被酸或碳酸溶蚀。

9. 石英岩由(　　　　)变质而成,结构致密均匀、坚硬、耐酸、抗压强度高、耐久性好,使用寿命可达千年以上。

## 二、判断题

1. 花岗石板材既可用于室内装饰又可用于室外装饰。　　　　　　　　(　　　)

2. 大理石板材既可用于室内装饰又可用于室外装饰。　　　　　　　　(　　　)

3. 汉白玉是一种白色花岗石,因此可用作室外装饰和雕塑。　　　　　(　　　)

4. 石材按其抗压强度共分为 MU100、MU80、MU60、MU50、MU40、MU30、MU20、MU15 和 MU10 九个强度等级。　　　　　　　　　　　　　　　　　(　　　)

5. 菱苦土的主要成分是氢氧化镁。　　　　　　　　　　　　　　　　(　　　)

6. 片石形状虽不规则,但它有大致平行的两个面。　　　　　　　　　(　　　)

## 三、思考题

1. 测定建筑石材弯曲强度有何意义?

2. 建筑石材弯曲强度测试时应该注意哪些方面？

3. 建筑石材的放射性元素测定有什么意义？为什么要进行建筑石材的放射性测试？

4. 建筑石材在建筑领域上的应用有哪些？

# 单元十　木　　材

## 一、名词解释

1. 木材的纤维饱和点

2. 木材的平衡含水率

3. 木材的标准含水率

## 二、简述题

1. 木材按树种分为哪几类？其特点如何？

2. 木材含水率的变化对其性能有何影响？

3. 什么是胶合板？胶合板的特点和用途各如何？

4. 木材的强度有哪几种? 影响强度的因素有哪些?

5. 影响木材强度的因素有哪些? 如何影响?

6. 简述木材综合利用的方式有哪些。

7. 简述木材腐蚀的原因和防止对策。

# 单元十一　玻　　璃

## 一、填空题

1. 净片玻璃是指未经深加工的（　　　　　　）玻璃，也称为（　　　　　　）玻璃。

2. 为了消除冷爆现象，玻璃制品在成型后必须进行（　　　　　　），退火就是在某一温度范围内（　　　　　　）或（　　　　　　）一段时间以消除或减少玻璃中（　　　　　　）到允许值。

3. 一般玻璃的成型方法有（　　　　）、（　　　　）、（　　　　）、（　　　　）。

4. 玻璃生产时的辅助原料一般包括（　　　　）、（　　　　）、（　　　　）、（　　　　）、（　　　　）等。

5. 着色玻璃可有效吸收太阳的辐射热，产生（　　　　　　），达到蔽热节能的效果。

6. 镀膜玻璃分为（　　　　　　）和（　　　　　　），是一种既能保证可见光良好透过，又可有效反射热射线的节能装饰型玻璃。

7. 玻璃钢制作的关键工序是（　　　　　　）层制作；缠绕时，只要树脂不滴到地上，最里面的环向要（　　　　　　）。

8. 玻璃的通性有：（　　　　）、（　　　　）、（　　　　）、（　　　　）、（　　　　）。

9. 无规则网络学说强调了玻璃结构的（　　　　）、（　　　　）、（　　　　）。

10. 玻璃（　　　　　　）的作用，使玻璃具有光滑平整的表面。

11. 平板玻璃的几种主要成分中，含量最高的是（　　　　　　），玻璃厂一般用（　　　　　　）和（　　　　　　）来引入这种氧化物。

12. 玻璃二次加热退火过程有（　　　　）、（　　　　）、（　　　　）、（　　　　）阶段。

## 二、判断题

1. 酸性氧化物原料：含有 $SiO_2$、$Na_2O$、$Al_2O_3$ 等的原料。　　　　　　　　　　（　　　）

2. 阳光控制镀膜玻璃又称"Low-E"玻璃，是一种对远红外热射线有较强阻挡作用的镀膜玻璃。　　　　　　　　　　　　　　　　　　　　　　　　　　　　　　　　（　　　）

3. 防火玻璃是指在规定的耐火试验中能够保持其完整性和隔热性的安全玻璃。
　　　　　　　　　　　　　　　　　　　　　　　　　　　　　　　　　　　（　　　）

4. 彩色平板玻璃主要用于建筑物的内外墙、门窗装饰及对光线有特殊要求的部位。
　　　　　　　　　　　　　　　　　　　　　　　　　　　　　　　　　　　（　　　）

5. 8～12 mm 的平板玻璃可用于有框门窗的采光。　　　　　　　　　　　　（　　　）

6. 玻璃的黏度随着温度的升高而升高。　　　　　　　　　　　　　　　　　（　　　）

7. 浮法是指玻璃液漂浮在熔融金属表面上生产平板玻璃的方法。　　　　　（　　　）

8. 由于浮法生产中，玻璃带与锡液间的摩擦力太小，玻璃不容易拉薄。　　（　　　）

9. 配合料制备时,混合机混合时间越长,均匀性越好。　　　　　　（　　）
10. 一定成分的玻璃的熔点是固定的。　　　　　　　　　　　　　（　　）
11. 玻璃在潮湿的空气中比在水中更容易遭到损坏。　　　　　　　（　　）
12. 产生二次气泡的主要原因在于熔制温度偏低。　　　　　　　　（　　）
13. 玻璃中由于各部分之间存在杂质而产生的应力称为热应力。　　（　　）
14. 退火分区分为加热均热预退火区、重要冷却区、冷却区、热风循环强制对流冷却区。
　　　　　　　　　　　　　　　　　　　　　　　　　　　　　（　　）

## 三、简述题

1. 测定玻璃的化学稳定性有何意义？

2. 玻璃的化学稳定性与哪些因素有关？

3. 单色透过率和总透过率有何异同点？它们之间有无联系？

4. 试样厚度为什么会对避光率产生影响？

5.玻璃的定义是什么？

6.防火玻璃的等级如何划分？分哪几类？

7.简述澄清的目的和影响澄清过程的因素。

8.简述玻璃的退火原理。

# 单元十二　陶　　瓷

## 一、填空题

1.瓷器的光泽度决定于表面的（　　　　　　）和釉的（　　　　　　）。

2.提高釉的化学稳定性可以添加（　　　　　　）。

3.为了提高瓷器釉面的光泽度,可以适当降低瓷釉在（　　　　　　）,适当提高釉面的（　　　　　　）。

4.影响瓷胎白度的主要因素是化学组成,（　　　　　　）,（　　　　　　）,烧成温度。

5.必须使釉处于（　　　　　　）状态才能提高它的机械强度,可以使釉的膨胀系数略（　　　　　　）坯体来实现。

6.MgO 其弹性模量（　　　　　　）,弹性（　　　　　　）。

7.一次莫来石为（　　　　　　）状,交织成网,对提高机械强度有利。

8.绢云母质瓷是以（　　　　　　）为熔剂的（　　　　　　）系统瓷,采用（　　　　　　）烧成。

9.具有（　　　　　　）特色,成为中国瓷的传统风格和独有特点。

10.熔块釉通常是由于与（　　　　　　）的生料釉相比,其（　　　　　　）低之原因被采用的。

11.长石质日用瓷坯典型的三元配方是由（　　　　　　）、（　　　　　　）和（　　　　　　）三种原料配合而成的。

12.长石质瓷是以长石为（　　　　　　）的瓷,以（　　　　　　）,（　　　　　　）,（　　　　　　）为主要原料。

13.骨灰瓷的特点是（　　　　　　）、（　　　　　　）,（　　　　　　）,（　　　　　　）,（　　　　　　）,热稳定性较（　　　　　　）。骨灰瓷的化学成分主要是 $P_2O_5$、（　　　　　　）、$Al_2O_3$、（　　　　　　）。

14.乳浊釉根据产生乳浊方法不同可分为气相乳浊、（　　　　　　）、（　　　　　　）;常见的固相乳浊釉根据乳浊剂的不同又可分为锡乳浊釉、（　　　　　　）、（　　　　　　）。

15.色釉按着色机理不同,可分为离子着色、（　　　　　　）和晶体着色三种。

16.绢云母质瓷除具有长石质瓷的特点外,还具有较高的（　　　　　　）,加之白里泛青的特色,成为中国瓷的传统风格和独有特点。

17.可塑成型一般要求坯料具有（　　　　　　）和（　　　　　　）。

18.试写出,可塑性指数＝（　　　　　　）,可塑性指标＝黏土泥团受外力作用最初出现裂纹时应力×应变。

19.喷雾造粒获得的粉料,其颗粒呈（　　　　　　）,并具有合适的（　　　　　　）级配,该粉料的流动性好。因此,现代墙地砖生产多使用这种粉料。

20.日用陶瓷可塑成型方法主要有:旋压成型,（　　　　　　）,拉坯成型,（　　　　　　）等。

21.等静压成型是(　　　　　　　　　)的发展。其弹性模具的材料为(　　　　　　　　)。

## 二、判断题

1.北方黏土含有机物较多,含游离石英和铁质较少,因而可塑性好,干燥强度大。
（　　）

2.高岭石、伊利石、叶蜡石、滑石、蒙脱石等矿物都属于黏土矿物。　　（　　）

3.膨润土具有高的可塑性,并且具有较小的收缩率,是陶瓷工业常用的优质黏土。
（　　）

4.母岩风化后残留在原生地的黏土称为二次黏土。　　　　　　（　　）

5.天然黏土具有固定的化学组成,有固定的熔点。　　　　　　（　　）

6.黏土－水系统具有一系列胶体化学性质的原因是黏土颗粒带电。　　（　　）

7.黏土的阳离子吸附与交换特性影响黏土本身的结构。　　　　（　　）

8.黏土的结合水量与黏土的阳离子交换容量成正比。　　　　　（　　）

9.泥浆的触变性是由于电解质加入量过多。　　　　　　　　（　　）

10.在釉料的实验式中,往往取中性氧化物的摩尔数的总和为1。　　（　　）

11.只表示出物质化学成分中各氧化物之间的数量比关系,而不表示其结构特性的化学
式,称为实验式。　　　　　　　　　　　　　　　　　（　　）

12.用实验式表示坯料组成时,称为示性矿物组成表示法。　　　（　　）

13.以各种氧化物的摩尔比来表示的方法叫做化学实验式表示法,简称实验式。（　　）

14.在陶瓷配方中用原料的质量分数来表示配方组成的方法,叫做配料量表示法。
（　　）

15.叶蜡石质、透辉石质坯体可以适应低温快烧的要求。　　　（　　）

16.锂辉石是一种良好的助熔原料。　　　　　　　　　　　（　　）

17.瓷石不是单一的矿物岩石,而是多种矿物的集合体。　　　（　　）

18.没有烧的陶瓷半成品叫做坯体,用于做坯的泥料叫做坯料。　（　　）

## 三、简述题

1. 测定建筑陶瓷砖吸水率、断裂模数、破坏强度有何意义?

2. 建筑陶瓷砖耐污性与哪些因素有关?

3. 建筑陶瓷的吸水率和陶瓷质量的关系。

4. 建筑陶瓷在建筑领域的应用有哪些?

5. 饰面陶瓷砖有哪几种? 其性能、特点和用途各如何?

6. 建筑陶瓷品种主要有哪些？

7. 石英晶型转化在陶瓷生产中有什么指导意义？

8. 我国南方和北方陶瓷的特色、生产工艺、烧成气氛有何不同？其不同的原因是什么？